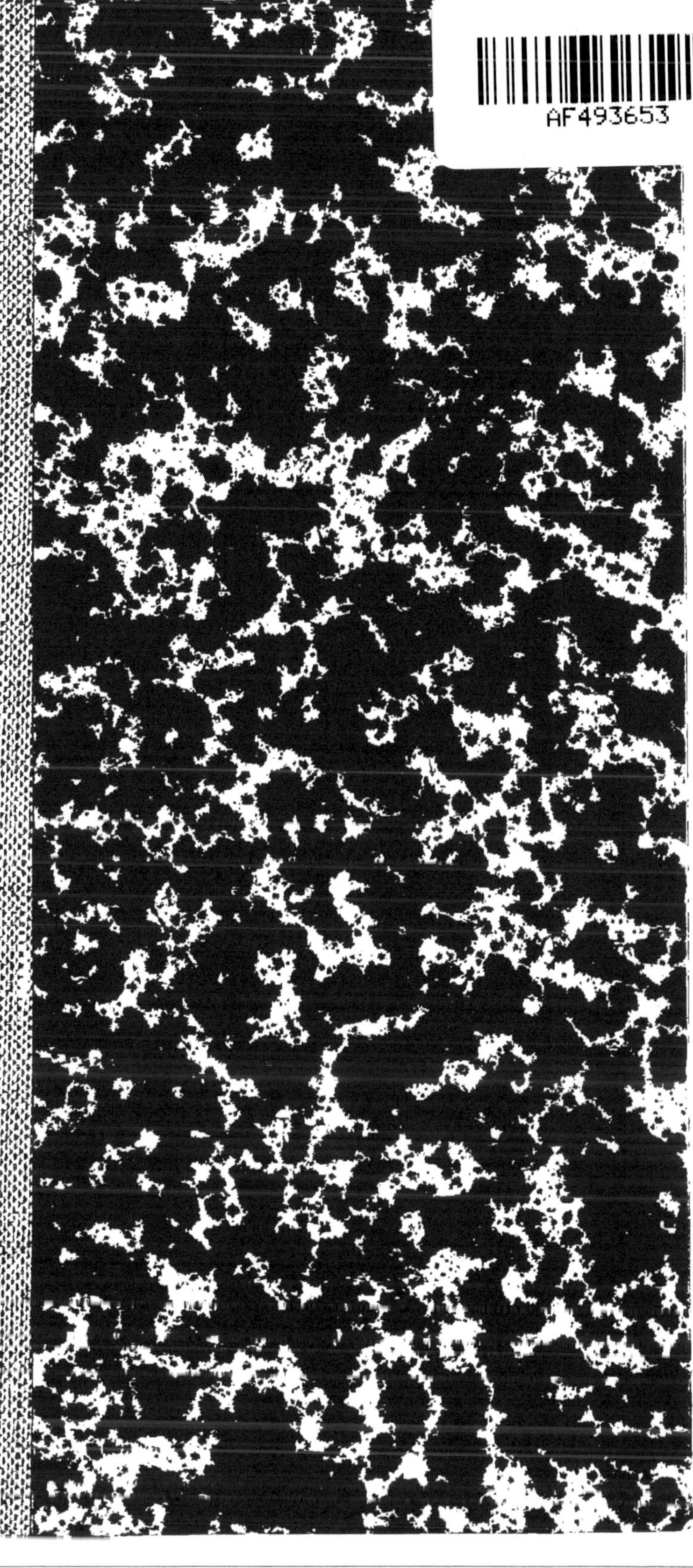

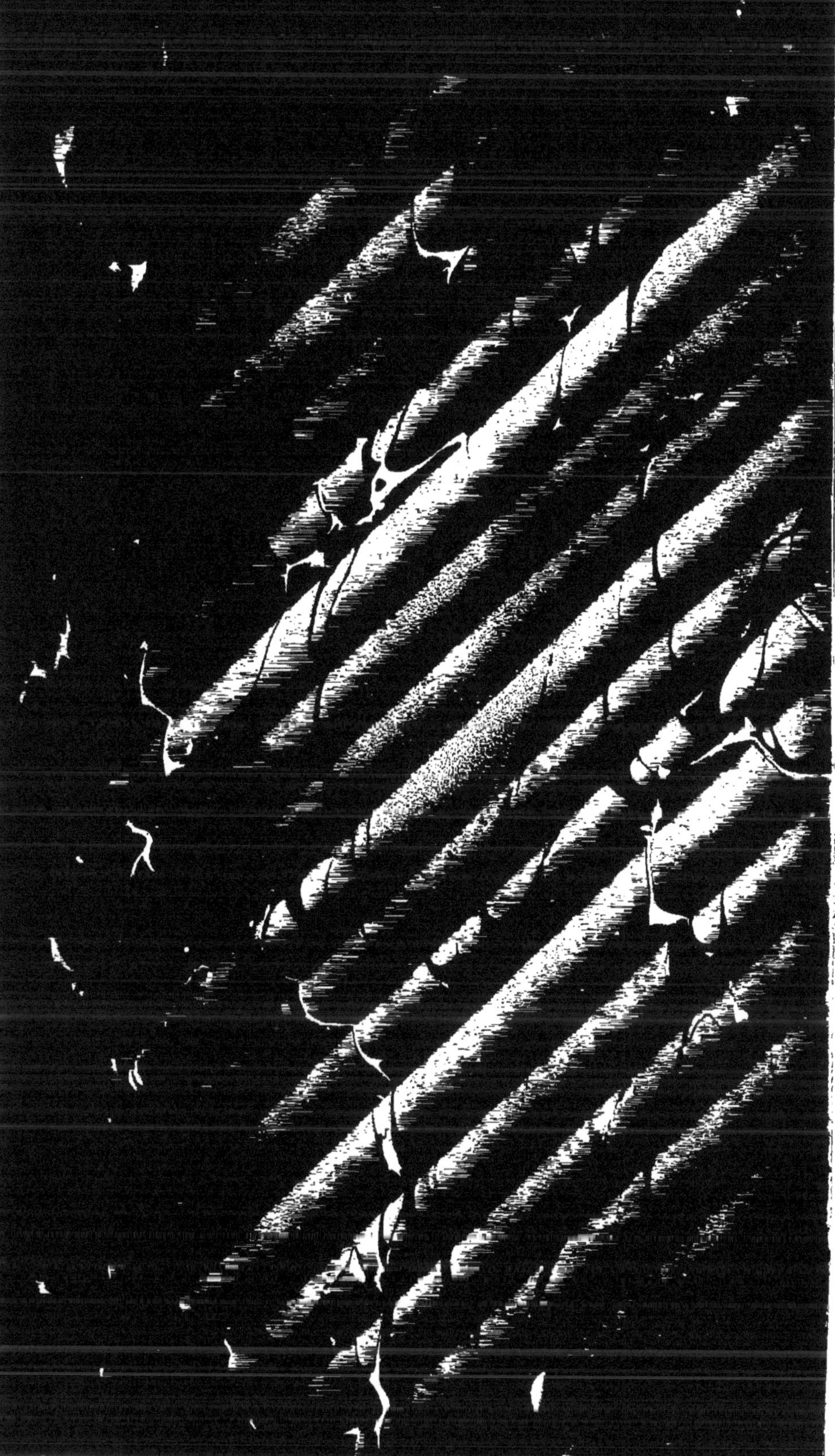

J. EBRARD

HISTOIRE NATURELLE

DES

COLÉOPTÈRES

DE FRANCE

PAR

E. MULSANT

Sous-Bibliothécaire de la ville de Lyon,
Professeur d'histoire naturelle au Lycée,
Correspondant du Ministère de l'instruction publique, etc.

ET

CL. REY

Membre de la Société Linnéenne de Lyon, etc.

VÉSICULIFÈRES.

PARIS
F. SAVY, LIBRAIRE-ÉDITEUR
RUE HAUTEFEUILLE, 24

1867

COLÉOPTÈRES

DE FRANCE

LYON. — IMP. PITRAT AINÉ, 4, RUE GENTIL

HISTOIRE NATURELLE

DES

COLÉOPTÈRES

DE FRANCE

PAR

E. MULSANT

Sous-Bibliothécaire de la ville de Lyon,
Professeur d'histoire naturelle au Lycée,
Correspondant du Ministère de l'instruction publique, etc.

ET

CL. REY

Membre de la Société Linnéenne de Lyon.

VÉSICULIFÈRES.

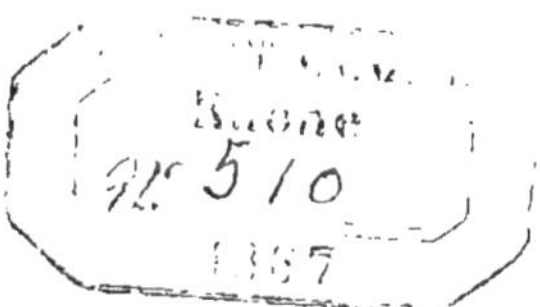

PARIS
F. SAVY, LIBRAIRE-ÉDITEUR
RUE HAUTEFEUILLE, 24

1867

A MONSIEUR

JEAN-OBADIAH WESTWOOD

PROFESSEUR A OXFORD
MEMBRE DES SOCIÉTÉS LINNÉENNE ET ENTOMOLOGIQUE
DE LONDRES, ETC., ETC., ETC.

MONSIEUR,

Peu d'entomologistes ont produit, en nos jours, des travaux aussi remarquables et aussi variés que les vôtres.

En vous priant d'abriter ces feuilles sous votre nom, notre hommage n'est pas seulement l'expression de nos sentiments d'admiration pour vos talents ; nous désirons vous offrir une preuve nouvelle de l'estime et de l'affection avec lequelles.

Nous avons l'honneur d'être

Vos dévoués

E. MULSANT et Cl. REY.

Lyon, le 14 novembre 1866.

TABLEAU MÉTHODIQUE

DES

COLÉOPTÈRES VÉSICULIFÈRES

DE FRANCE

Famille unique. MALACHIENS.

1re BRANCHE. APALOCHRAIRES.

Genre *Apalochrus*.

flavolimbatus, MULSANT ET REY.

2me BRANCHE. MALACHIAIRES.

1er Rameau. MALACHIATES.

Genre *Anthodytes*. KIESENWETTER.

cyanipennis, ERICHSON.
longicollis, ERICHSON.

Genre *Malachius*. FABRICIUS.

S.-genre *Clanoptilus*. MOTSCHULSKY.

rufus, FABRICIUS.
marginellus, FABRICIUS.
semilimbatus, FAIRMAIRE.
parilis, ERICHSON.
elegans, OLIVIER.
geniculatus, GERMAR.
spinipennis, GERMAR.
spinosus, ERICHSON.

S. genre *Hypoptilus*. MULSANT ET REY

Barnevillei, PUTON.

Malachius in sp.).

aeneus, LINNÉ.
rubidus, ERICHSON.
bipustulatus, LINNÉ.
australis, MULSANT ET REY.
viridis, FABRICIUS.
dilaticornis, GERMAR.
dentifrons, ERICHSON.

S.-genre *Micrinus*. MULSANT ET REY.

inornatus, KUSTER.

Genre *Axinotarsus*. MOTSCHULSKY.

ruficollis, OLIVIER.
pulicarius, FABRICIUS.
marginalis, LAPORTE.

2me Rameau. ANTHOCOMATES.

Genre *Anthocomus*.

Anthocomus in sp.).

sanguinolentus, FABRICIUS.

S.-genre *Celidus*. MULSANT ET REY.

equestris, FABRICIUS.
fasciatus, LINNÉ.

Genre *Cerapheles*. MULSANT ET REY.
(*Cerapheles* in sp.).
lateplagiatus, FAIRMAIRE.

S.-genre *Diaphonus*. MULSANT ET REY.
terminatus, MÉNÉTRIÉS.

Genre *Atholinus*. MULSANT ET REY.
(*Antholinus* in sp.).
distinctus, MULSANT ET REY.
jocosus, ERICHSON.
lateralis, ERICHSON.

S.-genre *Abrinus*. MULSANT ET REY.
ulicis, ERICHSON.
amictus, ERICHSON.
analis, PANZER.
pictus, KIESENWETTER.

S.-genre *sphinginus*. MULSANT ET REY.
lobatus, OLIVIER.
constrictus, ERICHSON.

Genre *Pelochrus*. MULSANT ET REY.
pallidulus, ERICHSON.

Genre *Nepachys*. TOMSON.
cardiacae, LINNÉ.
pulchellus, MULSANT ET REY.

Genre *Attalus*. ERICHSON.
gracilentus, MULSANT ET REY.
dalmatinus, ERICHSON.
alpinus, GIRAUD.

Genre *Ebaeus*. ERICHSON.
pedicularius, SCHRANK.
flavicornis, ERICHSON.
appendiculatus, ERICHSON.
taeniatus, MULSANT ET REY.
collaris, ERICHSON.
thoracicus, OLIVIER.
glabricollis, MULSANT ET REY.

Genre *Hypebaeus*. KIESENWETTER.
Brisouti, MULSANT ET REY.
flavicollis, ERICHSON.
alicianus, JACQUELIN DU VAL.
albifrons, FABRICIUS.
flavipes, FABRICIUS.

Genre *Charopus*. ERICHSON.
flavipes, PAYKULL.
concolor, FABRICIUS.
nitidus, KUSTER.
docilis, KIESENWETTER.
pallipes, OLIVIER.

G. *Homœodipnis*. JACQUELIN DU VAL.
Javeti, JACQUELIN DU VAL.

Genre *Colotes*. ERICHSON.
maculatus, LAPORTE.

Genre *Antidipnis*. WOLLASTON.
punctatus, ERICHSON.

3me Rameau. TROGLOPATES.

Genre *Troglops*. ERICHSON.
albicans, LINNÉ.
silo, ERICHSON.
cephalotes, OLIVIER.
cruentus, KIESENWETTER.

Genre *Atelestus*. ERICHSON.
brevipennis, LAPORTE.
Peragallonis, PERRIS.

TRIBU

DES

VÉSICULIFÈRES

Caractères. *Corps* de consistance molle ; muni en dessous sur les côtés de deux paires de *vésicules rétractiles* plus ou moins irrégulières, ordinairement trilobées, d'apparence charnue, de couleur écarlate, orangée ou jaunâtre : la première située au-dessous des angles antérieurs du prothorax ; la deuxième logée derrière les épisternums, entre ceux-ci et la base des côtés du premier segment de l'abdomen.

Tête inclinée, le plus souvent transverse, rarement plus large que le prothorax. *Front* large ou très-large. *Epistome* et *labre* plus ou moins fortement transverses. *Mandibules* généralement robustes, longitudinalement engagées sous les côtés de l'épistome et du labre, peu saillantes au delà de celui-ci. *Mâchoires* à deux lobes plus ou moins cornés, plus ou moins ciliés à leur extrémité (1). *Palpes maxillaires* de quatre articles : le premier très-petit, le deuxième beaucoup plus long, le pénultième plus court ; le dernier aussi long ou plus long que le deuxième, de forme variable. *Palpes labiaux* de trois articles : le premier très-court (2), le deuxième beaucoup plus long ; le dernier plus long ou au moins aussi long que le deuxième, de forme un peu variable. *Menton* en carré plus ou moins transverse. *Languette* assez grande, le plus souvent membraneuse, ordinairement entière à son sommet.

Yeux assez grands, plus ou moins saillants, subarrondis, toujours entiers.

(1) Comme les mâchoires sont à peu près toujours construites sur le même plan, nous ne répéterons pas à chaque genre leur définition.

(2) Le premier article, tant des palpes labiaux que des maxillaires, étant insignifiant, nous n'en ferons pas mention dans les caractéristiques des genres.

Antennes généralement plus longues que la tête et le prothorax réunis; médiocrement rapprochées à leur base; toujours insérées assez loin des yeux; souvent dentées en scie ou même pectinées en dessous; de onze articles et très-rarement de dix apparents.

Prothorax de forme variable; à bord antérieur plus ou moins largement arrondi et plus ou moins prolongé dans son milieu au-dessus du niveau du vertex; à bord postérieur subtronqué, recouvrant parfois plus ou moins la base de l'écusson et des élytres; offrant au-dessous des angles antérieurs une entaille subtriangulaire, pratiquée sur le devant des replis latéraux et destinée au passage de la première paire de vésicules.

Ecusson médiocre, transverse.

Elytres oblongues; souvent tronquées, excavées, chiffonnées et appendiculées au sommet chez les ♂; quelquefois raccourcies en arrière et ne recouvrant pas tout l'abdomen, surtout chez les ♀; offrant rarement un repli latéral distinct. *Epaules* plus ou moins saillantes.

Epimères du médipectus assez développées, transversalement obliques. *Métasternum* à bord apical très-obliquement coupé sur ses côtés. *Episternums du postpectus* triangulaires ou cunéiformes, larges ou assez larges en avant. *Epimères du postpectus* cachées.

Hanches antérieures et intermédiaires plus ou moins coniques ou conicocylindriques, obliques ou sublongitudinales, plus ou moins contiguës: *les postérieures* subtransversales, sans lame supérieure distincte, un peu écartées à leur naissance, graduellement élargies de dehors en dedans en forme de cône renversé, à partir de l'extrémité postérieure des épisternums jusqu'à l'insertion des trochanters.

Ventre toujours de six segments distincts: les premier, deuxième et troisième (ou même quatrième et cinquième) souvent plus ou moins membraneux à leur bord apical, quelquefois aussi sur leurs côtés et plus rarement dans leur milieu.

Pieds allongés, plus ou moins grêles. *Cuisses* ne touchant pas aux hanches, latéralement et obliquement implantées sur les trochanters. *Tibias postérieurs* parfois un peu arqués en dehors, souvent recourbés en dessous vers leur dernier tiers. *Tarses* plus longs ou au moins aussi longs que la moitié des tibias; de cinq articles: *les antérieurs* quelquefois de quatre chez les ♂. *Ongles* souvent munis en dessous d'un lobe membraneux.

Obs. Cette tribu se distingue parfaitement de celle des *Mollipennes* par la présence seulement de six segments à l'abdomen, et surtout par la propriété curieuse et toute particulière que possèdent les espèces qui la composent, de faire sortir violemment des côtés de leur corps des *vésicules rétractiles* plus ou moins dévelopées, propriété qui nous a conduit à leur appliquer la dénomination de *Vésiculifères*.

ÉTUDE DES PARTIES EXTÉRIEURES DU CORPS

Toutes les parties essentielles et constituantes de la tribu des *Vésiculifères* semblent à peu près construites sur le même plan, et concourir à leur donner un air d'affinité telle, qu'il est impossible à l'œil le moins exercé de confondre quelqu'une de leurs espèces avec celles des tribus voisines.

La tête, plus ou moins inclinée, est le plus souvent transverse ou subtransverse, plus ou moins brusquement et triangulairement rétrécie antérieurement. Cependant, par exception et dans une seule espèce (*Pelochrus pallidulus*), elle est sensiblement prolongée en avant en forme de museau court et aplati. Souvent dégagée, d'autres fois plus ou moins engagée sous le prothorax, elle reste néanmoins libre; car elle peut, en se relevant, s'enfoncer sensiblement dans celui-ci, dont le bord antérieur est un peu élevé au-dessus du niveau du vertex, comme pour moins la gêner dans ses mouvements.

Le front varie peu dans son développement transversal ; toujours large et ordinairement déprimé, il se prolonge plus ou moins en avant du niveau des yeux. Tantôt uni, tantôt plus ou moins impressionné sur son milieu ; il présente chez certains mâles des particularités remarquables. Ainsi, par exemple, dans le *Malachius dentrifrons* ♂, il se prolonge en avant entre les antennes en forme de dent tronquée et bien prononcée. D'autres fois, chez ce même sexe, il offre entre les yeux une excavation transversale très-profonde, comme caverneuse, occupant toute sa largeur, à arête supérieure plus ou moins échancrée dans son milieu et armée de chaque côté d'un tubercule ou même d'une dent corniforme. Alors les côtés de la tête, semblant céder à l'instrument puissant qui a servi à creuser cette excavation, se sont dilatés notablement ; et cette conformation toute curieuse, bien que propre à un seul sexe, a imprimé aux deux genres (*Troglops et Atelestus*) qui la présentent, un cachet tout spécial, et nous a conduits à les réunir dans un rameau détaché, les *Troglopates*.

Les joues, peu développées, n'offrent rien d'important, si ce n'est, chez quelques mâles (*Colotes, Antidipnis*) une impression transversale plus ou moins prononcée, destinée à loger le premier article des antennes et en même temps l'arête apicale du dernier article des palpes maxillaires, qui, à l'état de repos, se renverse supérieurement contre les joues.

L'épistome, presque toujours court, plus ou moins transverse, quelquefois même sublinéaire, varie aussi de consistance. Il est quelquefois corné, souvent membraneux ou submembraneux (1). Coupé en ligne droite à son bord antérieur, il est en arrière séparé du front par une suture fine et bien distincte, généralement rectiligne, parfois transformée en sillon transversal, ainsi qu'on peut le remarquer chez quelques mâles de *Malachies*.

Le labre est toujours bien visible, subtransverse, transverse, ou même fortement transverse et de consistance cornée. Il est subarrondi ou subtronqué au sommet avec celui-ci quelquefois bordé d'un liseré membraneux et toujours cilié d'assez longs poils.

Les mandibules robustes ou assez robustes, bien qu'assez larges, sont toujours longitudinalement engagées sous les côtés de l'épistome et du labre, peu saillantes au-delà de celui-ci, plus ou moins arquées ou recourbées à leur extrémité et constamment bidentées ou bifides à leur sommet.

Les mâchoires sont divisées intérieurement en deux lobes distincts et plus ou moins coriaces, parfois accolés, plus ou moins élargis et plus ou moins ciliés à leur sommet. Elles sont prolongées à leur base en forme de dent large, saillante et tronquée.

Les palpes maxillaires ont une importance plus grande que tous les organes buccaux que nous venons d'examiner, car ils deviennent, pour certains genres, le seul et principal caractère distinctif. Ils sont composés de quatre articles, dont le premier se remarque par sa petitesse, et le dernier par son développement souvent anormal. Le deuxième est assez développé quoique généralement moins que le premier. Le pénultième est ordinairement plus court que ceux entre lesquels il se trouve placé ; mais, exceptionnellement, il est beaucoup plus large et plus épais que le deuxième, au moins chez les ♂ (*Antidipnis*, *Homoeodipnis*).

Les palpes labiaux n'ont rien de particulier. Ils sont composés de trois articles distincts, dont le premier est petit et très-court, le deuxième assez développé, le troisième aussi long ou un peu plus long que le précédent, très-rarement sécuriforme.

La languette est assez grande, saillante, plus ou moins membraneuse, rarement cornée. Elle est entière à son bord apical qui est tronqué, subarrondi, arrondi ou angulé.

(1) Il est souvent corné à sa base et membraneux dans sa moitié ou ses deux tiers antérieurs.

Le menton, ou corné ou submembraneux, toujours en carré plus ou moins transverse ou trapéziforme, est largement tronqué au sommet et séparé de la pièce prébasilaire par une ligne droite.

La pièce prébasilaire, assez large, est subverticalement disposée.

La pièce basilaire est horizontale, séparée des tempes, de chaque côté, par une ligne longitudinale enfoncée.

Les tempes sont très-développées et retournent plus ou moins derrière les yeux.

Les yeux, presque toujours au-dessus de la grosseur moyenne, sont situés sur les côtés de la tête, et parfois au sommet d'une dilatation transversale de celle-ci, ainsi que chez les *Troglops*. Ils sont plus ou moins saillants, arrondis ou subarrondis et toujours entiers. Ils sont séparés du bord antérieur du prothorax par un intervalle variable, suivant que la tête s'enfonce plus ou moins dans celui-ci, et cet intervalle, souvent assez notable, est quelquefois nul ou presque nul.

Les antennes, bien que diversement conformées suivant les espèces et suivant les sexes, ne jouent pas, comme caractère générique, un rôle aussi important qu'on serait disposé à le croire de prime abord Elles sont assez développées et dépassent toujours la base du prothorax et souvent même la moitié du corps. Médiocrement rapprochées à leur base, elles sont toujours insérées assez loin des yeux, ou entre ceux-ci ou à l'angle antéro-externe du front. Quant à leur structure, elles sont rarement absolument filiformes, mais souvent subatténuées vers leur extrémité ; rarement simples, mais souvent plus ou moins dentées en scie en dessous ou même quelquefois fortement pectinées chez les ♂, comme dans les *Nepachys*. Leur premier article est toujours plus ou moins épaissi, avec le deuxième ordinairement beaucoup plus petit et souvent subglobuleux. Mais dans quelques *Malachiates*, ce même article et les deux ou trois suivants sont diversement et notablement dilatés en dessous chez les ♂. Le dernier, de forme un peu variable, toujours plus ou moins allongé, fusiforme ou subcylindrico-fusiforme, est plus long que le pénultième et plus ou moins acuminé à son sommet.

Le prothorax, généralement transverse ou subtransverse, n'offre pas souvent de différences remarquables suivant les genres. Cependant, chez quelques-uns, il est aussi long que large ou presque carré ; d'autres fois, il est sensiblement plus long que large (*Apalochrus*), et dans ce cas, il est visiblement plus étroit en arrière et quelquefois même subétranglé avant la base (*Anthocomus*, sous-genre *Sphinginus*). Celle-ci, toujours finement rebordée, souvent un peu relevée, est le plus souvent tronquée ou subarrondie. Le bord antérieur a ceci de particulier, qu'il s'avance un peu au-dessus du niveau du vertex, afin de ne pas gêner les mouvements de la tête, quand celle-ci se relève. Les angles sont généralement plus ou moins fortement arrondis, et les postérieurs sont souvent relevés sur une assez grande étendue. Ceux-ci néanmoins sont quelquefois droits, surtout quand le prothorax est subétranglé postérieurement sur ses côtés, ainsi que dans le sous-genre *Sphinginus* et dans le genre *Troglops*. Son disque, en général peu convexe, est quelquefois creusé en arrière avant la base d'une impression transversale, qui fait paraître la partie antérieure un peu plus convexe et force l'extrême base à se relever en forme de bourrelet (sous-genre *Sphinginus*, genre *Troglops*) ; alors celle-ci, se trouvant refoulée, forme comme une espèce de lobe large qui recouvre plus ou moins la base de l'écusson et des élytres, disposition qui est toujours plus ou moins appréciable, quoique souvent très-faible, et qui, du reste, aidant à faciliter les mouvements du prothorax, lorsque celui-ci s'élève ou se renverse, est en quelque sorte motivée par les habitudes de la plupart des espèces de nos VÉSICULIFÈRES, qu'on surprend souvent à déchirer des proies vivantes. Mais, sans contredit, le caractère le plus important du prothorax, caractère constitutif de la tribu, c'est d'offrir en dessous, sur le bord antérieur des replis latéraux, une échancrure triangulaire, destinée au passage d'une paire de vésicules rétractiles, molles, plus ou moins irrégulières, rouges ou orangées.

L'écusson, toujours distinct, est d'une grandeur médiocre. Il affecte le plus souvent la forme transverse, trapéziforme ou sémicirculaire, et n'a pas de valeur même pour la séparation des espèces.

Les élytres, jamais soudées, n'embrassent les côtés du corps qu'à la base au-dessous des épaules. Elles sont à peine ou très-finement rebordées en dehors, et leur repli latéral est caché ou plus ou moins réfléchi en dessous. Néanmoins, chez les *Apalochres*, les *Colotes*, les *Antidipnis* et une espèce d'*Attale*, elles présentent une côte ou carène submarginale qui semble être le vestige d'un repli latéral supérieur. Leur forme, plus ou moins variable, est tantôt oblongue, tantôt suballongée, tantôt parallèle ou subparallèle, rarement subovalaire. Généralement peu convexes, elles sont plus ou moins déclives sur les côtés et en arrière, avec leur sommet plus ou moins arrondi et assez souvent tronqué, excavé, chiffonné et appendiculé chez les ♂. Le plus souvent elles recouvrent entièrement l'abdomen; d'autres fois, mais assez rarement, elles sont plus ou moins raccourcies en arrière et laissent à découvert les derniers segments de cette partie du corps; et alors, il est à remarquer qu'elles sont ou tronquées au sommet (*Atelestus*), ou bien subovalairement élargies en arrière (*Charopus*), sauf une seule exception, le genre *Pelochrus*. Leur surface, généralement unie, n'est jamais striée, mais plus ou moins finement pointillée.

Les ailes sont assez développées, mais elles manquent complétement dans certains genres et chez certaines femelles.

Les épaules sont plus ou moins saillantes, plus ou moins arrondies, très-rarement effacées.

Le dessous du corps, qui, chez d'autres Tribus, offre une importance principale, comme répondant aux organes les plus en harmonie avec les fonctions de relation, ne présente dans nos Vésiculifères que peu ou que de légères modifications, et c'est là un motif de plus pour considérer cette Tribu comme très-naturelle et très-distincte, comme réunissant des genres et des espèces de la plus grande affinité (1)

Les prosternum et *mésosternum* n'offrent rien de remarquable qu'un très-court développement d'avant en arrière, avec leur lame médiane en forme d'angle peu prononcé et plus ou moins ouvert. Le prosternum est quelquefois bordé en avant d'un liseré membraneux.

Le métasternum, généralement assez développé, est exceptionnellement (*Atelestus*) plus ou moins masqué par l'étendue anormale des hanches intermédiaires. Il présente un caractère essentiel à la Tribu dans la manière dont il est coupé à son bord postérieur, dont les côtés sont tout à fait obliques, avec son milieu plus ou moins prolongé entre les hanches postérieures en angle bifide ou entaillé au sommet. Sa ligne médiane est presque toujours marquée d'un sillon lisse plus ou moins obsolète.

Les épisternums du médipectus sont très-grands, transverses ; *ceux du postpectus*, larges ou assez larges à la base, sont fortement rétrécis en arrière en forme de triangle, de coin ou d'onglet ; et c'est derrière leur pointe postérieure que se trouve l'ouverture ou l'échancrure par où se déploie la deuxième paire de vésicules (2).

Les épimères du médipectus sont les seules visibles. Elles sont assez développées, transversales, obliquement disposées. Par leur coloration, elles servent quelquefois à la séparation des espèces.

Les hanches antérieures et intermédiaires sont coniques ou conico-cylin-

(1) C'est précisément cette grande affinité qui rend les coupes génériques difficiles à définir, quoique l'œil exercé y découvre un ensemble, un faciès différent.

(2) Cette échancrure forme comme un angle rentrant sur les côtes du corps, à la base du premier segment ventral.

driques, et plus ou moins saillantes. *Les antérieures* sont contiguës à leur sommet et plus ou moins obliques; *les intermédiaires*, contiguës ou subcontiguës, sont quelquefois plus oblongues, plus développées, longitudinalement disposées et couchées, et alors elles voilent ainsi une grande partie du métasternum (*Atelestus*). *Les postérieures*, subtransversales, rarement sublongitudinales, sont plus ou moins légèrement écartées l'une de l'autre à leur naissance intérieurement, et souvent plus ou moins divergentes à leur sommet. Elles n'offrent point de lame supérieure distincte; et, quand elles sont subtransversales, elles sont graduellement élargies de dehors en dedans en forme de cône renversé depuis la pointe des épisternums jusqu'à l'insertion des trochanters.

Le ventre offre toujours six segments bien distincts, libres, parfois entièrement cornés, souvent membraneux à leur bord apical, quelquefois aussi sur leurs côtés ainsi que sur leur milieu, où ils sont alors plus ou moins plissés ou raccornis. Le premier est plus ou moins rétréci ou voilé au milieu de sa base par le prolongement des hanches postérieures; les deuxième à quatrième sont ordinairement subégaux, le cinquième généralement un peu plus développé; le sixième plus ou moins saillant, ordinairement ogival, subogival ou conique, plus rarement semilunaire, souvent plus ou moins fendu ou entaillé chez les mâles.

Le pygidium, chez le même sexe, déborde généralement le segment inférieur; il est plus ou moins saillant, en cône souvent tronqué, parfois sinué ou subéchancré à son bord apical.

Les pieds, allongés et plus ou moins grêles, libres et dégagés, indiquent à première vue des êtres à mouvements prompts et agiles.

Les postérieurs sont toujours plus développés que les autres dans toutes leurs parties.

Les trochanters, plus ou moins saillants et plus ou moins développés, affectent généralement une forme ovale-oblongue, le plus souvent subacuminée ou quelquefois subarrondie au sommet. Elles se lient aux hanches au moyen d'une espèce de rotule qui tourne avec facilité dans une échancrure ou cavité pratiquée à l'extrémité de ces dernières.

Les cuisses débordent plus ou moins notablement les côtés du corps; et comme les postérieures sont susceptibles de se retirer fortement, elles se recourbent plus ou moins supérieurement, afin d'être moins gênées dans leurs mouvements par la rencontre du bord latéral des élytres, et de permettre aux genoux et partant aux tibias de s'élever le plus possible. A peine renflées dans leur milieu, elles offrent, en outre, une particularité remarquable qui concourt à la liberté pleine et entière des pieds, c'est qu'elles ne touchent pas aux hanches, et qu'elles sont obliquement et latéralement implantées sur les trochanters ; et l'on a déjà vu que ceux-ci, offrant une rotule à leur insertion, sont par là même susceptibles de mouvements très-variés.

Les tibias, plus ou moins grêles, sont plus longs ou au moins aussi longs que la cuisse et le trochanter réunis. Ils sont ordinairement terminés, au sommet de leur tranche externe, par une petite échancrure qui permet aux tarses de se relever plus librement, et, au sommet de leur tranche interne, par un très-petit éperon, le plus souvent obsolète et à peine visible. Ils sont tantôt droits ou presque droits, tantôt faiblement arqués à leur base ; mais *les postérieurs* sont parfois sensiblement arqués en dehors sur toute leur longueur, et souvent, en outre, plus ou moins distinctement recourbés en dessous vers leur dernier tiers.

Les tarses, toujours assez grêles et assez développés, dépassent presque toujours la moitié de la longueur des tibias, et rarement ils sont presque aussi longs que ceux-ci (genre *Atelestus*). Ils sont toujours libres, souvent subcomprimés latéralement, et plus ou moins finement ciliés ou tomenteux en dessous. Ils sont ordinairement composés de cinq articles, plus ou moins allongés ou oblongs, suivant la paire de pieds à laquelle ils appartiennent. *Les antérieurs* néanmoins ne comptent que quatre articles chez les mâles, dans les genres *Homœodipnis*, *Colotes*, *Antidipnis* et *Troglops*. Leurs premier à quatrième articles sont graduellement plus courts, sauf certains cas assez nombreux où le premier n'est pas plus long ou même un peu moins long que le deuxième. Ils sont le plus souvent tous les quatre plus ou moins échancrés en cœur supérieurement à leur sommet, et plus ou moins obliquement prolongés en dessous ; de sorte que le deuxième, vu de dessus, paraît inséré au fond de l'échancrure du précédent, et ainsi de suite des autres.

Les tarses antérieurs, chez les ♂, offrent une singularité remarquable dans la structure de leur deuxième article, qui est, dans plusieurs genres, notablement prolongé au-dessus du troisième, qu'il recouvre en majeure partie ou presque entièrement. Ce prolongement affecte tantôt la forme d'une lame droite en dessus, subconcave en dessous, subélargie à son extrémité et obtusément et obliquement tronquée au sommet, tantôt celle d'une lame subrétrécie et plus ou moins fortement recourbée en dessous à son extrémité en une espèce de crochet ; et alors, dans ces deux cas, le reste du tarse, ne pouvant s'élever à cause de l'obstacle qui le domine, possède par compensation la faculté de se déjeter fortement de côté, souvent à angle droit, ou même en arrière. Le dernier article de tous les tarses est partout le même, c'est-à-dire allongé, graduellement plus ou moins élargi vers son extrémité, où il est subtronqué, tronqué ou même subsinueusement tronqué et toujours plus épais à son sommet que les précédents.

Les ongles, dont ce dernier article est armé vers sa troncature, sont plus ou moins développés, plus ou moins infléchis et divergents, plus ou moins régulièrement arqués. Ils jouent un certain rôle, du moins quant à la séparation des espèces, car chacun d'eux est muni en dedans d'un lobe membraneux, de forme et d'étendue variables.

VIE ÉVOLUTIVE

Pendant longtemps on a ignoré la forme sous laquelle se présentent les Vésiculifères au sortir de l'œuf; pendant longtemps on a regardé leurs larves comme vivant de matières végétales. Les recherches intelligentes, les investigations patientes de notre savant ami, M. Perris, ont rectifié cette erreur traditionnelle, et fait connaître le but providentiel de la création de ces Coléoptères.

Ils sont destinés à décimer les larves d'autres insectes qui font aux plantes des torts plus ou moins considérables.

Voici, d'après notre Réaumur de Mont-de-Marsan, la description du *Malachius æneus* qui suffira pour faire connaître l'organisation de toutes celles connues jusqu'à ce jour.

Tête déprimée, carrée, à peine plus longue que large, cornée, ferrugineuse, finement et irrégulièrement ponctuée, marquée de deux sillons peu apparents, formant un V, et de plusieurs fossettes longitudinales.

Epistome transversalement linéaire.

Labre en ellipse transversal et velu ; ces deux organes d'un ferrugineux pâle.

Mandibules fortes, ferrugineuses à la base, noires à l'extrémité, munies de deux dents assez fortes, disposées sur une même ligne, mais de manière à former une sorte de triangle avec la dent apicale.

Mâchoires assez fortes ; à un lobe court, surmonté de petites soies.

Palpes maxillaires un peu arqués en dedans, assez longs et de trois articles, dont le premier est le plus petit, et le deuxième le plus grand.

Lèvre un peu arrondie antérieurement.

Palpes labiaux de deux articles égaux.

Antennes de quatres articles : le premier en cône tronqué ; le deuxième plus long que le précédent et un peu plus épais à l'extrémité qu'à la base ; le troisième de la longueur du premier, à peu près cylindrique et surmonté de deux longs poils ; le quatrième plus court et beaucoup plus délié que les autres, terminé par un long poil et accompagné d'un autre article de moitié plus petit et conique : le deuxième article est susceptible de rentrer dans le premier, et tous les deux, ainsi emboîtés, peuvent disparaître dans la tête ; de sorte que, dans le repos ou après la mort, la larve ne laisse voir que les deux derniers articles.

Ocelles situés derrière les antennes, au nombre de quatre : trois sur une ligne transversale un peu oblique : le quatrième un peu plus gros que les autres, en quinconce avec les deux premiers : ces ocelles ordinairement envahis par une tache noire qui occupe l'emplacement où ils se trouvent.

Corps de douze segments, très-médiocrement, mais également convexes en dessus et en dessous, à bords latéraux parallèles, sauf, le plus souvent, un petit renflement abdominal.

Segments thoraciques à peu près égaux, plus grands que les autres, et presque carrés : le premier orné, à partir du quart antérieur, d'une tache linéaire ferrugineuse, coupée longitudinalement en deux par un trait pâle, et, de chaque côté de cette tache, d'une autre en arc de cercle, d'un ferrugineux brunâtre : le deuxième et le troisième, marqués, près du bord postérieur, de deux taches semblables, mais moins marqués, et à peu près en forme de virgule renversée : chacun de ces trois segments porte une paire de pattes longues, velues, surtout sur le tibia qui est tout hérissé, et terminé par un ongle assez long.

Abdomen de neuf segments : les huit premiers ne présentent rien de particulier, si ce n'est, près de chaque côté, un petit sillon longitudinal limitant un bourrelet qui règne le long des flancs, et, en dedans de ce sillon, une petite proéminence, une sorte d'ampoule très-peu saillante, destinée sans doute à favoriser les mouvements de la larve. Dernier segment ferrugineux, avec un peu de brun à la base: corné, échancré, terminé par deux pointes coniques un peu courbées en haut, brunes à l'extrémité, et munies, en dessous, à la base, d'une petite aspérité ; en dessous, un mamelon pseudopode, charnu et rétractile, au centre duquel est l'anus.

Stigmates au nombre de neuf paires, dont la première près du bord antérieur du segment métathoracique, et les autres au tiers antérieur des côtés des huit segments abdominaux. La tête et tout le corps de cette larve sont couverts, tant en dessus qu'en dessous, de poils courts, roussâtres, fins et assez touffus, entremêlés d'un ou de deux poils plus longs et un peu plus forts, près de chaque angle postérieur des segments; ceux du dernier segment et des crochets sont tous longs (1).

Ces larves, dont nous avons décrit la conformation, n'ont pas la robe veloutée de celles des Téléphores avec lesquels nos Vésiculifères, à l'état parfait, ont une assez grande analogie. Aussi ne sont-elles pas destinées à dévorer ces hélices, dont le corps mollasse est constamment englué d'une sorte de matière muqueuse; mais leur rôle, dans l'économie de la nature, n'est pas moins utile. Les unes, s'insinuent dans les galeries obscures, creusées dans l'écorce de nos grands végétaux, pour y poursuivre d'une dent avide les vers lignivores qui nuisent ainsi à nos arbres. D'autres, savent trouver, dans les sombres retraites où elles se croiraient en sûreté, diverses larves qui cherchent leur nourriture dans les matières vivantes et desséchées (2). Toutes contribuent ainsi à maintenir les lois d'harmonie si sagement établies par la Providence, en empêchant la trop grande multiplication des races nombreuses qui attaquent les végétaux ligneux, la richesse de nos bois, l'ornement de nos parcs ou de nos grandes routes, celles qui outragent d'autres plantes moins importantes, et jusqu'à celles qui réduisent en poussière les modestes toits de chaume des cabanes des bergers. Quand nos larves chasseresses ont fait un nombre suffisant de victimes pour arriver au terme de leur grosseur, elles se font une niche dans les lieux où elles se trouvent pour y couler en paix les jours de sommeil ou de repos précurseurs de leur résurrection.

MOEURS ET HABITUDES DES INSECTES PARFAITS

Les Vésiculifères, en rejetant la pellicule qui leur servait de linceul à l'état de nymphe, se hâtent de mettre à profit les jours de bonheur qui naissent pour eux.

A peine l'hiver a-t-il fui, à l'approche des vents attiédis chargés de réveiller la sève engourdie des végétaux ; dès que nos prés commencent à reprendre une verdure nouvelle et nos champs à se parer des fleurs du printemps, on

(1) Perris, *Ann. de la Soc. Entom. de France*, 1852, p. 591, pl. xv, n° I, fig. 1 à 8.

(2) Voy. Perris, loc. cit. — Id. *Ann. de la Soc. Entom. de France*, 1864, p. 593. — Jacquelin du Val, *Gener. col. d'Europe*, introd., p. xxxix.

les voit visitant leurs corolles épanouies. Ils voltigent des ombelles des Caucalis ou des Panais, aux corymbes des Obiers ; quittent les grappes des Spirées pour les humbles panicules des Gaillets ou des Agrostis, ou s'accrochent en parasites aux épis de nos blés.

Courtisans empressés, mais souvent dangereux de ces ornements de nos campagnes, s'ils se bornent quelquefois à s'abreuver des liquides emmiellés exsudés par les nectaires, le plus souvent ils coupent et dévorent les étamines, et font ainsi évanouir une partie des richesses promises aux cultivateurs. Mais leurs dents avides ne se bornent pas toujours à outrager nos végétaux ; quelquefois, à l'exemple des Téléphores, avec lesquels ils ont des rapports si nombreux, mémoratifs, des instincts cruels de leur jeune âge, ils attaquent les insectes plus ou moins faibles qui semblent vouloir leur disputer leur nourriture, et les déchirent sans pitié, moins pour se repaître de leurs membres palpitants, que pour se donner le barbare plaisir de les sacrifier.

Ils ne montrent pas ordinairement tant d'audace quand ils sont menacés par des ennemis puissants, auxquels la mollesse de leur corps et la flexibilité de leurs téguments permettraient difficilement de résister. Si, par exemple, notre main cherche à les saisir, au lieu de demander à leurs mandibules des moyens de défense, ils font saillir sur les côtés de leur prothorax et de leur abdomen, des vésicules trilobées, d'un rouge écarlate, connues sous le nom de *cocardes*, organes qui semblent analogues aux vésicules exsertiles de l'extrémité du corps des *Staphylins*, mais non désagréablement odorantes comme celles-ci.

On s'est demandé souvent dans quel but la nature a donné à nos insectes ces appendices couleur de feu : sont-ils destinés comme ces images horribles et fantastiques peintes sur les bannières des armées chinoises, à effrayer leurs ennemis? Ils semblent n'avoir pas d'autre but. Dans tous les cas, ces organes ne sont pas essentiels à leur existence. On a privé quelquefois ces insectes de ces appendices, sans qu'ils aient paru moins agiles et moins vifs.

Au moindre motif de crainte, ils font sortir brusquement ces instruments dociles, et ils essayent, par ces démonstrations hostiles de faire fuir leurs agresseurs. Dès que le danger est passé, ils font rentrer dans leur état ordinaire ces organes inoffensifs, dont une faible saillie indique dès-lors l'existence.

Cette petite tribu a des représentants dans toutes les zones de notre pays ;

mais nos chaudes provinces du Midi ont des espèces qui ne s'éloignent pas de leurs champs favorisés.

Destinés à vivre au grand jour et à faire la cour aux fleurs, les Vésiculifères ont été généralement parés avec une coquetterie remarquable. Les uns portent une robe d'un vert ou bleu métallique, dont les côtés du corsage et l'extrémité des étuis portent une large goutte d'un jaune de gomme gutte, pour en faire ressortir les teintes lustrées. D'autres ont une cuirasse d'un noir vernissé, diversément variée de cinabre ou d'orpin. Quelques autres enfin, comme les grands dignitaires de l'Eglise, sont revêtus d'un manteau d'un rouge écarlate, dont quelques parties, d'un vert bronzé, altèrent l'uniformité.

Mais l'existence heureuse dont ils semblent jouir sous leur dernière forme, n'a qu'une durée passagère, comme celle des fleurs avec lesquelles ils rivalisent de beauté. La saison qui les voit arriver à leurs plus brillantes destinées, voit aussi la fin de leurs jours fortunés; après avoir, joyeux convives, apparu quelques moments au banquet de la vie, ils disparaissent pour jamais, en laissant après eux l'espérance d'avoir des descendants chargés de recommencer la route qu'ils ont parcourue.

HISTORIQUE DE LA SCIENCE

Nous allons, suivant notre coutume, essayer de montrer par quelles phases a passé la classification de ces insectes, avant de parvenir au point où en est la science.

1758. — Linné, soit dans la 10e édition de son *Systema Naturæ*, soit dans ses publications suivantes, comprit tous nos Vésiculifères, connus de lui, dans son genre *Cantharis*.

1762. — Geoffroy, dans son *Histoire abrégée des Insectes*, ayant avec raison voulu conserver le nom de *Cantharis* au genre dont notre *cantharide visicatoire* doit être le type, donna aux *cantharis* de Linné le nom de *Cicindela*, dénomination qui apportait une confusion malheureuse dans la science, car ce nom avait déjà été appliqué à des insectes très-différents par le Pline du Nord.

1775. — De Geer, qui avait adopté la méthode tarsienne dont Geoffroy était l'inventeur, mieux inspiré que ce dernier, donna aux *Cantharis* de Linné le nom de *Telephorus*, et comprit ainsi nos Vésiculifères dans cette coupe générique.

1775. — Fabricius, dans son *Systema entomologiæ*, sentit, le premier, la nécessité de séparer, des autres *cantharis* de son illustre maître, les espèces portant cocardes, dont il est ici question, et il leur donna le nom de *Malachius*, en raison du peu de consistance ou de la flexibilité de leurs tegments.

Le nouveau nom créé par l'entomologiste danois, dans cet ouvrage, fut dès lors admis par les entomologistes, à l'exception d'un petit nombre d'admirateurs passionnés de Linné, qui considéraient les progrès faits dans la science, depuis ce grand homme, comme des innovations inutiles.

1790. — Olivier, dans son *Entomologie*, commença à rapprocher les uns des autres des genres d'insectes ayant entre eux de l'analogie et qui se trouvaient souvent très-séparés, dans les ouvrages de Fabricius. Ses efforts en ce genre, que rendirent plus faciles la méthode tarsienne, furent un véritable progrès. Ainsi, dans le t. II de l'ouvrage précité, on trouve successivement les genres *melyris*, *tillus*, *drilus*, *omalisus*, *lymexylon*, *telephorus*, *malachius*, *lampyris*, *lycus*.

1796-1797. — Latreille, dans son *Précis des caractères génériques des Insectes*, faible essai de ses ouvrages subséquents, constitua avec les mêmes genres, un peu autrement disposés, la douzième famille de ses coléoptères, à laquelle il ajouta le genre *zygia*.

1800. — Duméril, dans les *Leçons d'anatomie comparée* de Georges Cuvier, donna à la fin du premier volume des tableaux dans lesquels, perfectionnant l'idée de Latreille, il donna aux familles d'insectes qu'il établissait des noms particuliers rappelant leurs principaux caractères. Sa famille des *Apalytres* ou coléoptères à élytres molles, comprit les genres *Lampyris lycus*, *Telephorus*, *Malachius*, *Lymexylon*, *Tillus*, *Drilus*.

1801. — Lamarck, dans son *Système des animaux sans vertèbres*, prodrome d'un plus grand travail qu'il méditait, se borna, comme Olivier, à des divisions génériques

1801. — Fabricius, dans son *Systema Eleutheratorum*, ne crut pas devoir également entrer dans la voie nouvelle ouverte par Latreille et Duméril : sa classification systématique, fondée sur la forme des antennes et sur des parties de la bouche, s'y serait difficilement prêtée.

1804. — Latreille, dans son *Histoire naturelle des Crustacés et des Insectes*, révéla le talent supérieur qui a élevé son nom si haut parmi les entomologistes ; il divisa les insectes en familles, disposées avec plus de tact, caractérisées avec plus de précision et de clarté, et ayant des dénominations particulières.

La sixième de ses Coléoptères ou celle des MALACODERMES, correspondant à celle des *Apalytres* de Duméril, se composa des mêmes genres que la douzième de son Précis, à part le genre *Tillus*, rejeté dans la 9e famille.

Depuis cette époque, nos Vésiculifères, réunis sous le nom de *Malachius*, constituèrent pendant longtemps un seul genre, placé dans le voisinage des *Téléphores*, détachés comme eux du genre *Cantharis* de Linné.

Il serait inutile de suivre les modifications diverses que Latreille fit subir à sa famille des *Malacodermes*, qui ne devint, dans la 2e édition du règne animal de Cuvier, qu'une section de sa famille des Serricornes. Les Malacodermes y furent partagés en cinq tribus : *Cébrionides*, *Lampyrides*, *Melyrides* (parmi lesquels figurèrent les *Malachies*) *Clairones* et *Ptiniores*.

1840. — Erichson, dans ses *Entomographies*, donna la description de toutes les espèces de Malachies possédées par le Muséum d'histoire naturelle de Berlin. Dans cette étude monographique, digne du savant éminent dont l'entomologie pleure encore la perte, la coupe établie par Fabricius fut divisée en un assez grand nombre de genres. Voici ceux qui se rapportent aux espèces d'Europe : *Apalochrus*, *Malachius*, *Attalus*, *Anthocomus*, *Ebacus*, *Charopus*, *Atelestus*, *Troglops*, *Colotes*. On regrette seulement que l'auteur n'ait pas donné un tableau méthodique de ces diverses coupes.

1845. — M. L. Redtenbacher y suppléa en partie, dans son travail sur les *Genres de la Faune des Coléoptères de l'Allemagne, disposés d'après une méthode analytique*. La famille de *Malachii*, correspondant à la tribu des *Mélyrides* de Latreille, n'admit pas tous les genres de l'entomologiste de Berlin, et renferma les genres *Dasytes* et *Dolichosoma*, étrangers à notre travail.

1857. — Nos *Vésiculifères*, dans le *Genera* de M. Lacordaire, firent partie de la tribu des Melyrides, la cinquième de la famille des Malacodermes; ils y constituèrent la première sous-Tribu à celle des *Malachiides*, caractérisée par des yeux entiers, et des vésicules exsertiles au prothorax et à l'abdomen. Ils furent divisés, pour nos espèces françaises, de la manière suivante :

	Genres
A Antennes de dix articles apparents : le deuxième étant rudimentaire.	APALOCHRUS.
AA Antennes de onze articles.	
B Insérées sur le front.	MALACHIUS.
BB Insérées sur les côtés du museau.	
C Tarses antérieurs de cinq articles dans les deux sexes.	
D Le deuxième des antérieurs prolongé chez les ♂.	ATTALUS.

DD Le deuxième des antérieurs non prolongé chez les ♂.
E Antennes insérées immédiatement au devant des yeux. Abdomen corné, avec le bord postérieur de la plupart des segments moyens étroitement coriaces. — ANTHOCOMUS.
EE Antennes insérées sur les côtés du museau. Segments abdominaux entièrement cornés
F Epistome très-fortement transversal, coriace. — EBAEUS.
FF Epistome à peine distinct, membraneux.
G Dernier article des palpes maxillaires allongé et acuminé. Elytres variables selon les sexes. — CHAROPUS.
GG Dernier article des palpes maxillaires fusiforme et tronqué au bout. Elytres ne recouvrant que la base de l'abdomen dans les deux sexes. — ATELESTUS.
CC Tarses antérieurs de quatre articles seulement chez les ♂.
H Quatrième article des palpes maxillaires ovalaire. — TROGLOPS.
HH Quatrième article des palpes sécuriforme. — COLOTES.

Enfin, M. Jacquelin-Duval, dans son *Genera des coléoptères d'Europe* reprenant la dénomination adoptée par M. L. Redtenbacher, divisa la famille en deux groupes : celui des *Malachites*, qui, pour nous, devient la tribu des Vésiculifères, et celui des *Dasytides*. Le savant entomologiste de Paris ajouta aux genres créés par Erichson, celui de *Homœodipnis* établi par lui sur un insecte décrit dans ses *Glanures entomologiques*, et celui de *Antidipnis*, publié par M. Wolaston dans ses *Insecta maderensia*.

Jacquelin-Duval donna, de ces divers genres, le tableau suivant :

Genres.

A Antennes en apparence de dix articles seulement. — APALOCHRUS.
AA Antennes de onze articles bien distincts.
B Antennes insérées entre les yeux, sur la partie antérieure du front. — MALACHIUS.
BB Antennes insérées en avant des yeux, sur les côtés, plus ou moins proches du bord antérieur du front.
C Tarses antérieurs de cinq articles dans les deux sexes.
D Elytres normalement développées. Tarses antérieurs à premier article simple chez les deux sexes.
E Tarses antérieurs à premier article simple dans les deux sexes. Elytres subparallèles, impressionnées au sommet chez les ♂. — ANTHOCOMUS.
EE. Tarses antérieurs à deuxième article prolongé en dessus ou fortement oblique chez les ♂.
F Deuxième article des tarses antérieurs offrant en dessus au sommet, chez les ♂, un prolongement concave en dessous, qui recouvre au moins le suivant. Languette grande, largement mais légèrement arrondie antérieurement. — ATTALUS.

FF Deuxième article des tarses antérieurs plus ou moins fortement coupé obliquement, chez les ♂, et prolongé en dessus et en dedans au sommet, languette triangulaire en avant. EBÆUS.

EEE Tarses antérieurs à deuxième article simple dans les deux sexes. Elytres subparallèles, avec un petit appendice au sommet chez les ♂ ; élargies postérieurement chez les ♀ : celles-ci, aptères. CHAROPUS.

DD Elytres fortement raccourcies. Tarses antérieurs à premier article obliquement coupé chez les ♂, et dilaté par suite en dehors et en dessous sur la base du deuxième. ATELESTUS.

CC Tarses antérieures de quatre articles seulement chez les ♂.

G Palpes maxillaires semblables dans les deux sexes, à troisième article notablement plus court que le deuxième et beaucoup plus petit que le dernier.

H Dernier article des palpes maxillaires médiocre, subovalaire ou très obtusément sécuriforme. Tête fortement et largement excavée en dessus chez les ♂. TROGLOPS.

HH Dernier article des palpes maxillaires très-grand, fortement renflé, brièvement ovalaire. Tête simple dans les deux sexes. HOMŒODIPNIS.

GG Palpes maxillaires très-dissemblables chez les deux sexes ; à troisième article grand et beaucoup plus épais chez les ♂.

I Palpes maxillaires robustes chez les ♂, subfiliformes chez les ♀ ; à dernier article grand, presque en carré un peu plus long que large chez les premiers; médiocre, oblong et atténué au sommet, chez les secondes. ANTIDIPNIS.

II Palpes maxillaires à dernier article très-grand et très-obscurément sécuriforme chez les ♀ ; très-grand, fortement élargi et largement sécuriforme chez les ♂. COLOTES.

Nous partageons nos *Vésiculifères* de la manière suivante :

FAMILLE UNIQUE

LES MALACHIENS

Caractères. Les mêmes que ceux de la tribu.

Nous diviserons la famille des *Malachiens* en deux branches :

Antennes	seulement de dix articles apparents: le deuxième étant caché dans le sommet du premier. *Tête* souvent oblongue.	Apalochraires.
	de onze articles apparents : le deuxième très-distinct. *Tête* plus ou moins transverse, très rarement oblongue.	Malachiaires.

PREMIÈRE BRANCHE.

APALOCHRAIRES.

Caractères. *Corps* assez étroit. *Tête* souvent oblongue ou suboblongue. *Antennes* subfiliformes, insérées en avant et loin des yeux; seulement de dix articles apparents : le deuxième étant très-petit, à peine distinct et enfoui dans le sommet du premier *Prothorax* oblong ou aussi long que large. *Elytres* allongées ou suballongées. *Pieds* assez grêles. *Ongles* munis chacun en dessus d'un lobe basilaire et corné.

La branche des *Apalochraires* ne renferme qu'un seul genre indigène.

Genre *Apalochrus* apalochre Erichson.

Erichson, Entom., t. I, p. 50.

Etymologie : ἁπαλὸς, mou : χρῶς, peau, cuir.

Caractères. Corps allongé, assez étroit.

Tête oblongue ou suboblongue, inclinée, libre et nullement engagée dans le prothorax. *Front* large, sensiblement prolongé au-delà du niveau antérieur des yeux. *Epistome* plus ou moins membraneux, en trapèze transverse, plus étroit en avant, séparé du front par une suture fine et rectiligne. *Labre* corné, transverse, presque en hémicycle. *Mandibules* assez robustes, peu saillantes, longitudinalement engagées sous les côtés de l'épistome et du labre, recourbées et bidentées à leur sommet. *Palpes maxillaires* assez développés, épais, à deuxième article court, le troisième très-court, le dernier subsécuriforme. *Palpes labiaux* petits, assez épais, à dernier article brièvement et étroitement sécuriforme. *Menton* en carré transverse, obtusément tronqué en avant.

Yeux peu saillants, en ovale court, séparés du bord antérieur du prothorax par un intervalle très-grand.

Antennes assez courtes, paraissant de dix articles seulement, le deuxième étant caché et fortement engagé dans le sommet du premier; notablement écartées à leur naissance; insérées sur les côtés et sur le devant du front, en avant et loin des yeux; subfiliformes (1); sensiblement et latéralement comprimées à partir du troisième; faiblement dentées en scie en dessous vers leur extrémité; à premier article épaissi en massue oblongue, le deuxième presque imperceptible, le troisième allongé, les quatrième à dixième oblongs.

Prothorax oblong ou aussi long que large, faiblement arqué à son bord antérieur, rétréci en arrière, tronqué à la base.

Écusson en carré transverse.

Elytres allongées ou suballongées, recouvrant entièrement l'abdomen, subparallèles ou faiblement élargies en arrière, plus ou moins obtuses à leur sommet dans les deux sexes; à peine ou très-finement rebordées en dehors; offrant latéralement une côte submarginale qui forme un repli distinct, assez étroit, prolongé environ jusqu'aux trois-quarts de la longueur. *Epaules* saillantes.

Echancrures du dessous du prothorax petites, arrondies à leur sommet.

Lames médianes des prosternum et mésosternum petites, peu apparentes, en angle très-ouvert. *Epimères du médipectus* assez développées, obliques. *Métasternum* très-obliquement coupé sur les côtés de son bord apical, prolongé entre les hanches postérieures en angle peu saillant et légèrement bifide.

Episternums du postpectus rétrécis en arrière en forme d'onglet.

Hanches antérieures et intermédiaires oblongues, en cône tronqué, couchées, contigües : *les postérieures* obliques, saillantes, également en cône

(1) Du moins dans la seule espèce française.

tronqué, légèrement écartées intérieurement à leur base et un peu divergentes à leur sommet.

Ventre de six segments bien visibles et submembraneux à leurs intersections : les premier à quatrième graduellement un peu plus courts : le cinquième plus développé que le précédent : le sixième assez saillant, subogival.

Pieds allongés, assez grêles : *les postérieurs* plus développés que les autres dans toutes leurs parties.

Trochanters ovale-oblongs : *les postérieurs* plus allongés, subelliptiques. *Cuisses* débordant les côtés du corps, légèrement renflées vers leur milieu. *Tibias* aussi longs ou un peu plus longs que les cuisses. *Tarses* plus longs que la moitié des tibias, finement tomenteux en dessous, de cinq articles dans les deux sexes ; les premier à quatrième articles graduellement plus courts ; le dernier allongé, élargi de la base à l'extrémité. *Les postérieurs* assez grêles, les *intermédiaires* et les *antérieurs* assez robustes : ceux-ci à deuxième chez les ♂, fortement prolongé au-dessus du troisième. *Crochets* assez petits ; chacun d'eux muni en dessous à leur base d'un lobe arrondi et subcorné.

Obs. Ce genre diffère de tous les autres par les antennes ne paraissan que de dix articles, le deuxième étant très-court et caché dans le sommet du premier. Ce caractère lui est commun avec les deux genres exotiques *Collops*, Erichson, et *Laïus*, Guérin ; mais, chez ces derniers, les palpes sont filiformes, au lieu de présenter leur dernier article sécuriforme.

1. **Apalochrus flavolimbatus.** Mulsant et Rey.

Allongé, presque glabre en dessus, d'un noir métallique, un peu verdâtre sur les élytres, avec celles-ci parées d'une bordure flave sur le milieu de leurs côtés ; la bouche, la base des antennes, le prothorax, le bord apical des segments ventraux et les pieds (moins les genoux) d'un rouge testacé. Tête un peu brillante, oblongue, fortement et densement ponctuée. Prothorax un peu plus long que large, sensiblement rétréci en arrière, assez convexe transversalement sillonné avant sa base, brillant, légèrement ponctué sur les côtés. Elytres un peu brillantes, rugueusement ponctuées, obtusément arrondies au sommet. Tibias postérieurs légèrement arqués à leur base.

Apalochrus flavolimbatus, Mulsant et Rey. Op. Ent., 2e cahier, 1853, p. 8. — *Kiesenwetter*, Ins., Deut., t. 4, p. 578.

Long. 0m,0040 (1 l. 3/4). — Larg. 0m,0012 (1/2 l.).

♂ *Tarses antérieurs* à deuxième article un peu dilaté et prolongé au-dessus du troisième.

♀ *Tarses antérieurs* à deuxième article simple.

Corps allongé, subparallèle, peu convexe, presque glabre en dessus, parsemé en dessous de quelques poils flaves et redressés.

Tête oblongue, plus étroite que le prothorax, glabre sur son disque, ciliée sur les côtés des tempes de quelques longs poils obscurs ; fortement et densement ponctuée, avec les points plus ou moins contigüs, surtout à la partie antérieure ; entièrement d'un noir submétallique un peu brillant. *Front* déprimé, offrant sur sa ligne médiane un léger espace lisse, et un autre, de chaque côté, un peu plus en arrière et en dedans des yeux. *Epistome* subcorné et d'un rouge un peu obscur à sa base, membraneux et d'un rouge testacé dans ses deux tiers antérieurs; offrant en arrière sur ses côtés un long poil testacé. *Labre* d'un rouge testacé, distinctement cilié sur ses bords de poils pâles et brillants. *Toutes les autres parties de la bouche* d'un roux testacé, avec la pointe des *mandibules* rembrunie.

Yeux peu saillants, en ovale court, noirs, séparés du bord antérieur du prothorax par un intervalle égal à celui qui les sépare du sommet du labre.

Antennes beaucoup plus courtes que la moitié du corps, dépassant un peu la base du prothorax ; subfiliformes à partir du troisième article inclusivement; très-finement pubescentes, obsolètement ciliées sur sa tranche supérieure, plus distinctement sur l'inférieure, surtout vers l'extrémité de chaque article; noirâtres ou brunâtres, avec les quatre premiers articles d'un roux testacé, ainsi que souvent la base des suivants : le premier article très-grand, sensiblement épaissi en massue oblongue et tronquée au sommet : le deuxième très-court, caché dans le premier, à peine apparent : le troisième allongé, beaucoup plus étroit mais aussi long que le premier : le quatrième sensiblement plus court que le précédent : les cinquième à dixième un peu moins longs que le quatrième, subégaux : les septième à dixième faiblement en dents de scie en dessous : le dernier beaucoup plus long que le pénultième, subelliptique, acuminé au sommet.

Prothorax plus étroit que les élytres à leur base, oblong, un peu plus long que large antérieurement; subparallèle dans sa première moitié, subsinueusement rétréci dans la seconde; très-faiblement arqué à son bord antérieur qui est à peine prolongé au-dessus du niveau du vertex; assez largement arrondi aux angles antérieurs, un peu plus étroitement aux postérieurs; subtronqué ou très-faiblement et subarcuément échancré à la base, avec celle-ci et les côtés munis d'un rebord très-fin, devenant moins distinct en approchant des angles antérieurs; assez convexe sur le dos, assez fortement déclive antérieurement sur les côtés; creusé en arrière, vers les trois-quarts de sa longueur, d'un sillon transversal assez marqué, qui fait paraître la base relevée en forme de large bourrelet; presque lisse sur son milieu, légèrement et subrugueusement ponctué sur les côtés; glabre; d'un rouge testacé brillant avec le disque quelquefois un peu rembruni.

Ecusson en carré transverse, subarrondi en arrière, longitudinalement subsillonné dans son milieu, glabre, obsolètement et rugueusement ponctué, d'un noir submétallique un peu brillant.

Elytres un peu plus longues que trois fois leur largeur à la base, presque trois fois aussi longues que le prothorax; subparallèles ou faiblement et graduellement élargies d'avant en arrière; obtusément et simultanément arrondies au sommet, ou bien largement à l'angle postéro-externe, subtronquées à leur bord apical, avec l'angle sutural assez marqué, mais émoussé ou étroitement arrondi; offrant le long des côtés une nervure submarginale s'effaçant vers leur dernier quart; peu convexes ou subdéprimées le long de la suture et légèrement déclives en arrière et latéralement; presque glabres, ou obsolètement et brièvement pubescentes vers leur extrémité; ruguleusement et assez densement ponctuées; d'un noir un peu verdâtre et un peu brillant; parées chacune d'une bordure externe flave, rétrécie aux deux bouts, naissant en avant vers le cinquième ou le quart de la longueur, prolongée en arrière jusqu'aux trois-quarts, ou même se continuant d'une manière nébuleuse jusque près du sommet. *Epaules* saillantes, arrondies en dehors, limitées en dedans par un petit sillon longitudinal obsolète ou peu marqué; offrant en dessous, le long de la nervure, un autre sillon, submarginal et prolongé en s'affaiblissant jusqu'après le milieu des côtés.

Dessous du corps assez brillant; très-obsolètement, finement et subrugueusement pointillé; parsemé, surtout sur le ventre et sur le milieu du métasternum, de quelques poils testacés; d'un noir de poix, avec les replis du prothorax et l'extrémité des segments ventraux, d'un rouge testacé. *Métasternum* convexe, marqué sur sa ligne médiane d'un sillon lisse et peu prononcé. *Ventre* à intersections submembraneuses, à sixième segment subogival, subsinué à son sommet (♀). *Le sixième segment abdominal*, débordant un peu l'inférieur, en cône largement et obtusément tronqué à son bord apical, longuement cilié sur ses bords de poils obscurs.

Pieds allongés, assez grêles; très-finement et brièvement pubescents; obsolètement ruguleux; d'un rouge testacé avec le sommet des cuisses rembruni ou d'un noir de poix. *Tibias* un peu arqués à leur base. *Tarses* ciliés en dessus d'un ou deux poils vers le sommet de chaque article; à premier à quatrième articles graduellement plus courts; le dernier allongé, subarcuément et graduellement élargi vers l'extrémité, où il est subtronqué et un peu plus épais que les précédents. *Ongles* acérés. *Tarses antérieurs* et *intermédiaires* plus robustes que les *postérieurs*.

Patrie. Cette espèce se rencontre, mais très-rarement, dans le Languedoc aux environs de Montpellier.

Obs. Cette espèce, la seule française du genre, est distincte de toutes ses congénères, par la couleur et les dessins des élytres.

Toutes les autres espèces d'*Apalochrus* sont des contrées les plus méridionales de l'Europe. Nous allons donner néanmoins une courte description d'une espèce qui se retrouve également dans quelques contrées germaniques.

Apalochrus femoralis. Erichson.

Allongé, très-finement pubescent et éparsement sétosellé, noir, avec les élytres d'un vert bleuâtre; la bouche, les antennes, les tibias et les tarses testacés, et le dernier article de ceux-ci un peu plus sombre. Tête brillante, largement subimpressionnée en avant, fortement et rugueusement ponctuée, finement et longitudinalement carinulée dans son milieu. Prothorax presque aussi long que large, sensiblement rétréci en arrière, assez convexe, transversalement impressionné avant sa base, brillant, assez fortement et rugueusement ponctué sur les côtés et presque lisse sur son disque. Elytres assez brillantes, densement et subrugueusement pointillées. Tibias postérieurs légèrement arqués à leur base.

Apalochrus femoralis, Erichson. Entom., t. I, p. 53, 7.

Long. 0^m,0038 (1/4 l.). — Larg. 0^m,0012 (1/2 l.).

Patrie. L'Istrie, la Hongrie, la Russie méridionale. Cette espèce nous a été obligeamment communiquée par M. Charles Brisout de Barneville.

DEUXIÈME BRANCHE.

MALACHIAIRES.

Caractères. *Corps* ovale-oblong, suballongé ou allongé. *Tête* subtransverse, rarement oblongue. *Antennes* subfiliformes ou graduellement subatténuées vers leur extrémité ; insérées entre les yeux ou plus ou moins en avant de ceux-ci ; de onze articles apparents, le deuxième très-distinct. *Prothorax* de forme variable. *Elytres* allongées, oblongues, ovales-oblongues ou ovalaires. *Pieds* grêles. *Ongles* munis chacun en dessous d'un lobe allongé et membraneux.

La branche des *Malachiaires* peut se partager en trois rameaux :

		Rameaux
Antennes.	insérées sur le devant du front, entre les yeux ou au moins sur une ligne tangente au bord antérieur de chaque œil. *Front* non excavé chez les ♂.	MALACHIATES.
	insérées sur les côtés du front, en avant d'une ligne tangente au bord antérieur de chaque œil. *Front* non excavé chez les ♂. *Tête* moins large ou rarement (♂) plus large que le prothorax.	ANTHOCOMATES.
	insérées sur les côtés du front, bien en avant d'une ligne tangente au bord antérieur de chaque œil. Mais, *front* profondément et largement excavé chez les ♂. *Tête*, chez les ♂ surtout, plus large que le prothorax, subangulairement dilatée sur les côtés à la hauteur des yeux, plus ou moins brusquement rétrécie derrière ceux-ci.	TROGLOPATES.

PREMIER RAMEAU.

MALACHIATES.

Caractères. *Antennes* insérées entre les yeux sur le devant du front, ou au moins sur une ligne idéale qui serait tangente au bord antérieur de chaque œil ; avec les fossettes antennaires situées plus ou moins près du bord postérieur de l'épistome et séparées des côtés du front par un intervalle sensible. *Tête* un peu plus étroite, aussi large ou un peu plus large que le prothorax. *Front* non excavé chez les ♂.

Le rameau des Malachiates renferme les genres suivants :

Genres.

oblong, rétréci en arrière. *Dernier article des palpes maxillaires* allongé, également le double de la longueur du deuxième. *Antennes* à deuxième article plus grand (♂) ou seulement un peu plus court (♀) que le premier. *Elytres* simples au sommet dans les deux sexes, subovalairement élargies en arrière chez les ♀ : *celles-ci aptères*. *Tarses antérieurs* à deuxième article simple dans les deux sexes. *Ongles* très-petits, chacun d'eux muni en dessous d'une membrane aussi longue que lui. — ANTHODYTES.

Prothorax transverse ou pas plus long que large, non rétréci ou même un peu plus large en arrière. *Antennes* à deuxième article généralement plus court que le premier (1). *Elytres* subparallèles dans les deux sexes : ceux-ci *tous deux ailés*. *Tarses antérieurs* à deuxième article

simple dans les deux sexes. *Dernier article des palpes maxillaires* oblong, subégal au deuxième. *Antennes* à articles basilaires ou intermédiaires souvent prolongés ou dilatés en dessous, surtout chez les ♂. *Elytres* ou simples, ou excavées et appendiculées au sommet chez les ♂. *Crochets des tarses* assez développés : chacun d'eux muni en dessous d'une membrane généralement plus courte que lui (2). — MALACHIUS.

prolongé au-dessus du troisième en forme de lame concave en dessous. *Dernier article des palpes maxillaires* oblong, un peu plus long que le deuxième. *Antennes* simples dans les deux sexes. *Elytres* excavées et appendiculées au sommet chez les ♂. *Crochets des tarses* petits : chacun d'eux muni en dessous d'une membrane aussi longue que lui. — AXINOTARSUS.

Genre *Anthodytes*, ANTHODYTE. KIESENWETTER.

Kiesenwetter, Ins., Deut., t. 4, p. 591.

Etymologie : ἄνθος, fleur ; δύτης, qui plonge.

CARACTÈRES. *Corps* allongé, assez étroit antérieurement. *Tête* épaisse, inclinée, subtriangulairement rétrécie en avant, dégagée, non enfoncée sous le prothorax jusqu'aux yeux. *Front* large, très-peu prolongé au-devant du niveau antérieur des yeux. *Epistome* subcorné, en trapèze fortement transverse, plus étroit en avant et largement tronqué à son bord antérieur, séparé du front par une suture fine et droite. *Mandibules* robustes,

(1) Il faut excepter les *M. æneus, scutellaris et inornatus*, chez lesquels le deuxième article est au moins aussi long que le premier (♂) ou seulement un peu moins long (♀).

(2) Il est à regretter que ce caractère, commun aux deux sexes, ne convienne pas également à toutes les espèces. En effet, les *M. dilaticornis, dentifrons et inornatus* semblent y faire exception ; mais ces trois espèces se reconnaîtront toujours entre celles du genre *Axinotarsus* par leur taille plus forte, par leurs élytres simples au sommet dans les deux sexes, par leurs antennes à articles basilaires ou intermédiaires plus ou moins prolongés ou dilatés en dessous chez les ♂.

peu saillantes, engagées longitudinalement sous les côtés de l'épistome et du labre, arcuément recourbées à leur extrémité et bifides à leur sommet. *Palpes maxillaires* à dernier allongé, égalant le double de la longueur du deuxième, subatténué vers son extrémité et légèrement tronqué au bout : le pénultième bien plus court que la moitié du suivant. *Palpes labiaux* à dernier article oblong, en cône tronqué au sommet. *Menton* petit, en trapèze fortement transverse, subrétréci en avant. *Languette* mambraneuse, subarrondie antérieurement.

Yeux saillants, subarrondis, séparés du bord antérieur du prothorax par un intervalle assez grand.

Antennes assez longues, de onze articles distincts; insérées entre les yeux, sur le devant du front, à une distance assez sensible de la base de l'épistome, séparées entre elles, à leur naissance, par un intervalle plus grand que celui qui sépare chacune d'elles des yeux; graduellement et faiblement subatténuées vers leur extrémité ; latéralement subcomprimées à partir du troisième article; simples (♀) ou à articles basilaires dilatés en dessous (♂): à deuxième article subégal au moins en longueur au premier; les cinquième à dixième allongés, subégaux: le dernier très-allongé.

Prothorax oblong, rétréci en arrière ; à bord antérieur largement arrondi et prolongé au dessus du niveau du vertex : à base subtronquée et recouvrant sensiblement celle des élytres. *Epaules* saillantes.

Ecusson en carré fortement transverse, obtusément arrondi au sommet.

Elytres plus ou moins allongées, presque indistinctement rebordées en dehors; subparallèles, recouvrant entièrement l'abdomen, et avec des ailes en dessous chez les ♂; subovalairement élargies en arrière, ne recouvrant pas entièrement l'abdomen (1), et sans ailes en dessous chez les ♀ ; simples ou laciniées au sommet chez les ♂. *Epaules* saillantes.

Echancrures du dessous du prothorax triangulaires.

Lames médianes des prosternum et mésosternum petites, à angle ouvert.

Epimères du médipectus assez développées. *Métasternum* très-obliquement coupé sur les côtés de son bord apical, prolongé entre les hanches postérieures en un angle bifide. *Episternums du postpectus* rétrécis en arrière en forme d'onglet.

Hanches antérieures et *intermédiaires* contiguës : les *antérieures* coniques, les *intermédiaires* conico-cylindriques, couchées : les *postérieures* également coniques, rapprochées mais non contiguës intérieurement à leur naissance, divergentes à leur sommet.

(1) Laissant à nu le dernier ou les deux derniers segments abdominaux.

Ventre de six segments bien visibles, plus ou moins nombreux à leurs intersections : le premier voilé dans le milieu de sa base : les deuxième à quatrième subégaux : le cinquième, un peu plus développé : le dernier subogival ou conique.

Pieds allongés, grêles : les *postérieurs* plus développés que les autres dans toutes leurs parties. *Trochanters* subovalaires : les *postérieurs* oblongs, obtusément acuminés au sommet. *Cuisses* débordant de beaucoup les côtés du corps, subcylindriques ou à peine renflées avant leur milieu : les *postérieures* se recourbant un peu en dessus. *Tibias* un peu plus longs que les cuisses : les *postérieurs* sensiblement recourbés en dessous vers leur dernier tiers. *Tarses* un peu plus longs que la moitié des tibias, finement tomenteux en dessous, simples dans les deux sexes, de cinq articles : à premier à quatrième articles graduellement plus courts : le dernier allongé, élargi de la base à l'extrémité. *Ongles* très-petits, chacun d'eux muni en dessous d'une membrane subaccollée aussi longue que lui.

Obs. Ce genre se distingue facilement par son faciès tout particulier, un peu resserré vers le milieu ; par son prothorax oblong ; par ses élytres sensiblement élargies en arrière et un peu raccourcies chez les ♀, qui sont aptères.

Les *Anthodytes* sont de petits insectes légèrement sétosellés sur les élytres.

Les deux espèces françaises peuvent être caractérisées ainsi à première vue :

a *Elytres* simples au sommet chez les ♂. *Prothorax* d'un noir verdâtre, paré de chaque côté d'une large bordure rouge. *Cyanipennis.*

aa *Elytres* impressionnées et laciniées au sommet chez les ♂. *Prothorax* entièrement rouge. *Longicollis.*

a *Elytres* simples au sommet chez les ♂. *Prothorax* rouge seulement sur les côtés.

1. Anthodytes cyanipennis. Erichson.

Allongé, finement pubescent, éparsement sétosellé sur les élytres; d'un vert foncé ou bleuâtre, avec une large bordure rouge sur les côtés du prothorax, une tache apicale aux élytres des ♂, d'un jaune souvent orangé ; la bouche, les intersections des segments ventraux, les tarses et les antennes d'un roux testacé : celles-ci tachées de noir à leur base et souvent obscurcies vers leur extrémité, et les épimères du médipectus pâles. Tête un peu brillante, finement et densement pointillée, légèrement impressionnée et fovéolée entre les yeux. Prothorax oblong, sensiblement rétréci en arrière, un peu brillant, très-fine-

ment et densement pointillé. Elytres brillantes, obsolètement pointillées, obtusément arrondies au sommet. Tibias postérieurs sensiblement recourbés en dessous vers leur dernier tiers. Ongles petits, pas plus longs que leur membrane.

♂♀ *Malachius cyanipennis* (Dejean. Cat. 1837, p. 122).— Erichson, Entomogr. t. I, p. 86, 30. — Kiesenwetter. Ins. Deut. t. IV, p. 591, 13, (s. g *Anthodytes*).

♀ *Malachius ovalis*. Laporte, Rev. Ent. de G. Silbermann, 1836, t. IV, p. 28, 3.

Long. 0m,0033 (1 1/2 l); — Larg. 0m,0010 à 0m,0013 (1/2 à 3/5 l).

♂ *Tête*, y compris les yeux, sensiblement plus large que le prothorax antérieurement. *Front* creusé en avant de deux impressions obliques assez distinctes et prolongées intérieurement le long de la base des antennes; longitudinalement élevé entre celles-ci, avec le devant de l'élévation (1) et tout le bord antérieur, d'un roux testacé; creusé en outre sur son milieu, entre les yeux, d'une petite fossette ponctiforme assez visible. *Epistome* entièrement testacé ou rosé, offrant derrière le milieu de ses côtés un long cil obscur. *Antennes* sensiblement plus longues que la moitié du corps; à premier article épaissi, en ovale tronqué au sommet: le deuxième un peu plus long que le premier, mais fortement dilaté en dessous en forme de quadrilatère un peu plus large à sa base, où il offre un angle droit ou presque aigu, tandis que celui du sommet est assez fortement arrondi: le troisième plus court que le précédent, assez sensiblement prolongé en dessous en dent de scie arrondi; le quatrième sensiblement plus long que le troisième, un peu moins fortement dilaté à son sommet en dent de scie arrondi, mais distinctement échancré vers la base de sa tranche inférieure, ce qui fait souvent apparaître la dent comme un peu retournée en arrière. *Elytres* avec des *ailes* en dessous, recouvrant entièrement l'abdomen; subparallèles, largement arrondies au sommet, transversalement déprimées ou subimpressionnées avant leur bord apical, parées à leur extrémité d'une assez grande tache d'un jaune testacé ou orangé. Le *sixième segment ventral* subogival, longitudinalement fendu dans son milieu jusque près de sa base; le *sixième segment abdominal* débordant de beaucoup l'inférieur, en cône largement et obtusément tronqué à son bord apical.

(1) Cette partie testacée de l'élévation forme, entre les insertions des antennes, comme une languette projetée en arrière et empiétant sur la couleur foncière du front.

♀ *Tête*, y compris les yeux, un peu plus large que le prothorax antérieurement. *Front* marqué en avant de deux impressions obliques légères, situées au dessus des fossettes antennaires; obtusément subélevé entre les antennes; d'un rouge testacé seulement au dessous des insertions de celles-ci; noté en outre sur son milieu, entre les yeux, mais un peu en arrière, d'une petite fossette obsolète, souvent indistincte. *Epistome* d'un roux testacé, parfois d'un noir métallique sur son premier tiers; offrant avant la base une rangée transversale de longs cils obscurs. *Mandibules* avec une série de cils obscurs près de leurs côtés. *Antennes* un peu plus longues que la moitié du corps; à premier article en massue allongée, le deuxième un peu ou à peine plus court que le précédent, obconique, subarrondi, mais non prolongé en dessous: le troisième aussi long ou à peine plus long que le précédent, également obconique, mais un peu plus étroit, subarrondi, mais non prolongé inférieurement vers son sommet. *Elytres sans ailes* en dessous; ne recouvrant pas entièrement tout l'abdomen; subparallèles dans leur premier quart, puis graduellement, sensiblement et subovalairement élargies en arrière; largement subarrondies ou obtusément tronquées à leur bord apical; simples et concolores à leur sommet. *Les sixièmes segments ventral et abdominal* saillants, subégaux, coniques, à bord apical subsinueusement tronqué.

Corps allongé, revêtu d'une fine pubescence blanchâtre; parsemé sur les élytres de poils sétiformes, assez longs, clairsemés, noirs et redressés.

Tête épaisse, subtransverse, un peu (♀) ou sensiblement plus large que le prothorax; subconvexe; très-finement et à peine pubescente et ciliée sur les côtés des tempes d'assez longs poils noirs; finement, densement et légèrement pointillée; d'un noir verdâtre ou bleuâtre, assez brillant avec la partie antérieure des joues, le dessous des fossettes antennaires (♀) ou tout le devant du front (♂) d'un roux testacé. *Front* plus (♀) ou moins (♂) légèrement biimpressioné en avant, marqué dans son milieu d'une petite fossette plus (♂) ou moins (♀) distincte. *Epistome* transversalement élevé en arrière, déprimé en avant, entièrement testacé (♂), quelquefois d'un noir métallique à sa base (♀); plus (♀) ou moins (♂) cilié avant celle-ci. *Labre* subconvexe, d'un rouge testacé parfois un peu obscurci sur son disque, cilié sur ses bords de longs poils pâles et brillants. *Mandibules* plus (♀) ou moins (♂) ciliées vers leurs côtés, testacées, avec leur extrémité d'un noir de poix. *Toutes les autres parties de la bouche* testacées ou d'un rouge testacé assez pâle.

Yeux saillants, subarrondis, noirs, séparés du bord antérieur du prothorax par un intervalle assez grand.

Antennes sensiblement (♀) ou un peu (♂) plus longues que la moitié du corps ; graduellement plus (♂) ou moins (♀) subatténuées vers leur extrémité ; très-finement pubescentes et légèrement ciliées en dessous vers le sommet de chaque article, excepté le premier (♀) ou les deux premiers (♂) ; d'un roux testacé avec l'extrémité souvent un peu obscurcie, et une grande tache d'un noir métallique sur le premier article et une plus petite sur le deuxième ; presque simples chez les (♀), à articles basilaires plus ou moins prolongés ou dilatés en dessous chez les ♂ ; à deuxième article un peu plus long (♂) ou à peine moins long (♀) que le premier : les cinquième à dixième simples dans les deux sexes, allongés, obconico-cylindriqnes, subégaux : le dernier très-allongé, beaucoup plus long que le précédent, subfusiforme, subacuminé au sommet.

Prothorax oblong, sensiblement plus long que large ; sensiblement rétréci en arrière ; beaucoup plus étroit que les élytres à sa base ; largement arrondi à son bord antérieur, qui est médiocrement prolongé au dessus du niveau du vertex, presque droit sur les côtés ; assez fortement arrondi aux angles postérieurs et plus largement aux antérieurs ; subsinueusement tronqué, un peu relevé et très-finement rebordé à la base, avec le rebord remontant environ jusques vers le milieu des côtés ; sensiblement prolongé en arrière sur la base des élytres ; subconvexe sur le dos, légèrement déclive sur les côtés ; obliquement et largement impressionné de chaque côté le long des angles postérieurs qui sont sensiblement relevés sur une assez grande étendue ; creusé en arrière après son dernier tiers d'un sillon transversal assez large et peu profond, et, en outre, d'une impression assez distincte, au devant de l'écusson ; très-finement et à peine pubescent ; densement, finement et un peu plus légèrement pointillé que la tête ; d'un noir verdâtre un peu brillant, avec une bordure latérale d'un rouge testacé, aussi large ou plus large que la bande dorsale ; ou bien d'un rouge testacé avec une bande longitudinale et dorsale, souvent (♀) n'atteignant pas la base.

Ecusson en carré fortement transverse, obtusément arrondi au sommet, à peine pubescent, finement rugueux, d'un noir verdâtre peu brillant.

Elytres deux fois et demie aussi longues que le prothorax ; subparallèles (♂) ou subovalairement élargies en arrière (♀) ; légèrement arrondies (♂) ou obtuses (♀) à leur bord apical, avec l'angle sutural assez marqué et plus (♀) ou moins (♂) arrondi à son sommet ; subdéprimées le long de la suture (♂) ou assez convexes (♀) ; très-finement et brièvement pubescentes, et parcimonieusement et distinctement sétosellées ; obsolètement pointillées (♂) ou presque lisse (♀) ; ordinairement d'un bleu foncé assez brillant; quelquefois un peu verdâtre; parées à leur extrémité, chez les (♂) seulement, d'une assez grande tache apicale jaune ou d'un jaune orangé. *Epaules* saillantes, arrondies.

Dessous du corps assez brillant, obsolètement pointillé, revêtu d'une très-fine pubescence cendrée, plus longue que celle de dessus; d'un noir verdâtre, avec les replis du prothorax d'un rouge testacé, le bord antérieur du prosternum d'un testacé de poix, les intersections des segments ventraux rougeâtres ou rosées, et les épimères du médipectus pâles. *Métasternum* assez élevé, mais subdéprimé et souvent presque lisse sur son disque, creusé sur sa ligne médiane d'un sillon lisse, quelquefois assez marqué. *Ventre* plus ou moins membraneux à ses intersections. *Pygidium* longuement cilié sur ses bords.

Pieds allongés, très-finement pubescents, obsolètement et subrugueusement pointillés; d'un noir un peu verdâtre ou bleuâtre assez brillant, avec les tarses d'un roux testacé. *Tibias postérieurs* sensiblement recourbés en dessous vers leur dernier tiers. *Tarses* un peu plus longs que la moitié des tibias, avec quelques cils en dessus au sommet de chaque article; à premier, à quatrième articles graduellement plus courts: le dernier allongé, graduellement élargi vers son extrémité où il est assez largement tronqué et un peu plus épais que les précédents. *Ongles* très-petits: chacun d'eux muni en dessous d'une membrane aussi longue que lui.

Patrie. Cette espèce est assez commune, pendant l'été, dans les parties méridionales de la Provence.

Obs. Nous avons dû rejeter le nom d'*ovalis* de Laporte, bien que antérieur à celui de *cyanipennis*, parce qu'il rappelle une forme qui n'appartient qu'au seul sexe féminin.

aa. *Elytres* lacinées au sommet chez les ♂. *Prothorax* entièrement rouge

2. Anthodytes longicollis. Erichson.

D'un noir bleuâtre, avec le prothorax oblong, rouge sans taches, et les élytres bleues.

Malachius longicollis. Erichson, Entomogr., t. I, p. 86, 31. — Kiesenwetter, Ins. Deut., t. 4, p. 592 (*s. g. Anthodytes*).

Long. 0m,0033 (1 1/2 l.)

♂ *Front* armé d'une corne. *Antennes* à cinquième article triangulaire, le sixième, muni à son sommet d'un crochet grêle et assez long. *Elytres* subparallèles, rouges à leur extrémité, creusées et laciniées à leur sommet.

♀ *Front* inerme. *Antennes* simples. *Elytres* ovolairement renflées en arrière, concolores à leur extrémité et simples à leur bord apical.

D'un noir bleuâtre, peu brillant, revêtu d'une courte pubescence blanchâtre, légèrement pilosellé en dessus de poils noirs. *Antennes* noires, avec les cinq premiers articles d'un roux de poix en dessous vers leur sommet. *Tête* de la largeur du prothorax, avec le front obsolètement impressionné dans son milieu, l'épistome et les mandibules d'un roux testacé, et le labre d'un noir de poix. *Prothorax* oblong, plus étroit que les élytres, un peu rétréci vers sa base, un peu arrondi sur les côtés, plus fortement à son bord antérieur; d'un rouge vif, sans taches. *Elytres* très-finement et obsolètement ponctuées, bleues, à peine brillantes. *Poitrine et épimères du mésothorax* concolores. *Pieds* concolores.

PATRIE : Sardaigne, Andalousie.

OBS. Plusieurs catalogues indiquent de la France méridionale cette espèce que nous n'avons pas vue en nature, et nous en donnons la description d'après Erichson et M. de Kiesenwetter.

On trouve en Corse une espèce voisine de la précédente, et qui pourrait peut-être constituer une coupe nouvelle (*Oogynes* de, ὠόν œuf, et γυνή, femelle), laquelle différerait des véritables *anthodytes* par le deuxième article des antennes beaucoup plus court que le premier, par les fossettes antennaires joignant presque la base de l'épistome, par le dernier article des palpes maxillaires beaucoup plus sensiblement atténué vers son extrémité, par le deuxième article des mêmes palpes proportionnellement plus développé, par le prothorax un peu moins long, et enfin par les ongles paraissant un peu plus longs que leur membrane qui est détachée.

Oogynes signicollis. MULSANT ET REY.

Suballongé, très-finement pubescent, parcimonieusement sétosellé sur les élytres, bleu ou d'un vert bleuâtre, avec le prothorax rouge et paré à la base d'une large tache bleuâtre et souvent bifurquée en avant, et une tache apicale aux élytres des ♂ rouge; la base des antennes en dessous et la bouche plus ou moins testacées, avec les palpes d'un noir de poix ; les intersections des segments ventraux d'un rose pâle. Tête brillante, obsolètement pointillée, subimpressionnée entre les yeux. Prothorax un peu plus long que large, rétréci en arrière, un peu brillant; très-finement et très obsolètement pointillé.

Elytres assez brillantes, obsolètement pointillées. Tibias postérieurs sensiblement recourbés en dessous vers leur dernier tiers. Ongles petits, grêles, un peu plus longs que leur membrane.

Variété a. Prothorax entièrement rouge.

♂ *Antennes* à troisième article légèrement, le quatrième plus fortement prolongé en dessous en angle arrondi au sommet : le cinquième échancré à la base de sa tranche inférieure, prolongé en dessous à son extrémité en forme de dent obtuse. *Elytres* subparallèles, peu brillantes, parées à leur extrémité d'une tache rouge ou orangée ; creusées et chiffonnées à leur sommet, munies, sur la suture vers le fond de l'excavation, chacune d'une lanière obscure et terminée par deux soies frisées, avec l'angle sutural largement rembruni et prolongé en forme de dent angulaire, forte, aiguë et ciliée à son sommet. Le *sixième segment ventral* ogival, profondément incisé dans son milieu à son sommet.

♀ *Antennes* à troisième, quatrième et cinquième articles presque simples : le quatrième un peu plus long que le précédent, à peine prolongé et subarrondi à sa tranche inférieure : le cinquième à peine en dent de scie obtuse en dessous (1). *Elytres* subovalairement élargies en arrière, ne recouvrant pas entièrement tout l'abdomen, sans ailes en dessous, obtuses au sommet, assez brillantes, concolores. Le *sixième segment ventral* subogival, entier et subarrondi à son bord apical.

PATRIE. Cette espèce se trouve en Corse, où elle paraît être assez commune.

Genre *Malachius*, MALACHIE. Fabricius.

Fabricius, Syst., Ent., p. 207.

Etymologie : μαλακός, mou.

CARACTÈRES. *Corps* oblong ou suballongé. *Tête* épaisse, inclinée, subtrapéziforme, triangulairement rétrécie en avant, plus ou moins dégagée et non enfoncée sous le prothorax jusqu'aux yeux. *Front* assez large, très-peu prolongé au devant du niveau antérieur des yeux. *Epistome* corné (2), sou-

(1) Les cinq premiers articles des antennes sont en dessous chez les ♀, d'un testacé plus obscur que chez les ♂, et chez ce premier sexe le labre est souvent presque entièment métallique.

(2) L'épistome et le labre varient un peu dans leur développement, non seulement suivant les espèces, mais encore suivant les sexes et même suivant les individus. Le labre s'enfonce quelquefois sous la membrane de l'épistome, laquelle se replie sur elle-même vers la partie cornée.

vent membraneux ou submembraneux dans sa moitié antérieure; transverse ou subtransverse, trapéziforme, plus étroit en avant, séparé du front par une ligne droite ou très-faiblement arquée en arrière. *Labre* corné, en carré plus ou moins transverse, à bord antérieur légèrement arrondi (1). *Mandibules* robustes, peu saillantes, longitudinalement engagées sous les côtés de l'épistome et du labre, assez brusquement recourbées vers leur extrémité et distinctement bifides ou bidentées au sommet. *Palpes maxillaires* filiformes, à dernier article oblong, aussi long ou à peine plus long que le deuxième, plus ou moins atténué vers son extrémité et légèrement tronqué au bout; le pénultième toujours plus court que ceux entre lesquels il se trouve. *Palpes labiaux* à dernier article atténué à son extrémité et légèrement tronqué au bout. *Menton* en carré transverse. *Languette* membraneuse, assez grande, largement tronquée ou subéchancrée à son bord apical.

Yeux saillants ou assez saillants, subarrondis, séparés du bord antérieur du front par un intervalle plus ou moins grand.

Antennes assez longues, de onze articles distincts, insérées entre les yeux, sur le devant du front, non loin de la base de l'épistome; séparées entre elles à leur naissance par un intervalle généralement plus grand que celui qui sépare chacune d'elles des yeux; subfiliformes ou faiblement subatténuées vers leur extrémité; latéralement subcomprimées à partir des troisième ou quatrième articles; plus ou moins dilatées (♂) ou dentées en scie (♀) en dessous, surtout près de la base; à premier article plus ou moins épaissi: le deuxième ordinairement (2) beaucoup plus court que le précédent; les suivants de grandeur et de forme variable; le dernier plus allongé que le pénultième.

Prothorax carré ou transverse, à bord antérieur plus ou moins largement arrondi et un peu prolongé au dessus du niveau du vertex; plus ou moins relevé à ses angles postérieurs; tronqué ou subtronqué à sa base.

Ecusson en carré transverse, obtusément arrondi au sommet.

Elytres oblongues, recouvrant entièrement l'abdomen, subparallèles sur leurs côtés; ou simples ou excavées et appendiculées au sommet chez les ♂; non distinctement rebordées en dehors. *Epaules* assez saillantes.

Echancrures du dessous du prothorax profondes, subtriangulaires, à sommet arrondi.

(1) Quelquefois même obtusément tronqué.

(2) Excepté les *M. aeneus, scutellaris* et *inornatus*.

Lames médianes des prosternum et mésosternum petites, angulaires, peu apparentes. *Epimères du médipectus* assez développées (1), un peu obliques. *Métasternum* obliquement coupé sur les côtés de son bord apical, prolongé entre les hanches postérieures en angle bifide et entaillé au sommet. *Episternums du postpectus* triangulaires, assez larges à la base et fortement rétrécis en arrière.

Hanches antérieures et intermédiaires en cône tronqué, contiguës à leur sommet : les *intermédiaires* couchées : les *postérieures* légèrement écartées mais non contiguës, transversalement obliques, élargies intérieurement en forme de cône.

Ventre de six segments bien visibles, plus ou moins membraneux à leurs intersections : le premier, fortement voilé dans le milieu de sa base : les deuxième, troisième et quatrième, subégaux : le cinquième, un peu plus développé : le sixième, saillant, subogival ou conique.

Pieds allongés, grêles : les *postérieurs* plus développés que les autres dans toutes leurs parties. *Trochanters* ovales ou ovale-oblongs : les *postérieurs* arrondis ou obtusément acuminés au sommet ainsi que parfois les *intermédiaires*. *Cuisses* débordant de beaucoup les côtés du corps, très-faiblement renflées avant leur milieu. *Tibias* un peu plus longs que les cuisses, presque droits ou à peine arqués à leur base ; les *postérieurs* plus ou moins recourbés en dessous vers leur dernier tiers. *Tarses* égalant au moins la moitié des tibias, tomenteux en dessous, simples dans les deux sexes, de cinq articles ; avec les premier à quatrième graduellement plus courts : le premier, néanmoins paraissant parfois subégal au deuxième : le dernier allongé, graduellement élargi vers son extrémité. *Ongles* assez développés, chacun d'eux muni en dessous d'un lobe membraneux généralement plus court ou un peu plus court que lui (2).

Obs. Les *Malachies* sont des insectes d'une taille médiocre, toujours plus ou moins sétosellées, au moins sur les élytres.

(1) Ce développement s'entend quant à la largeur, et cette pièce est toujours plus ou moins transversalement oblique.

(2) Ce lobe membraneux varie beaucoup dans son développement. Il est généralement moins long que l'ongle, d'autrefois à peine moins long, plus rarement aussi long ou même paraissant le dépasser et embrasser sa pointe. Il est inutile d'essayer d'asseoir des groupes sur ces diverses modifications de grandeur, qui sont elles-mêmes susceptibles de variations, non seulement dans la même espèce, mais encore d'un tarse à l'autre, du moins c'est ce qui nous a paru : ces membranes étant d'une observation difficile et par conséquent inadmissible.

Les diverses espèces du genre *Malachius* peuvent se grouper de la manière suivante :

Gr. 1 *Elytres* tronquées, plissées, excavées et appendiculées ou épineuses au sommet chez les ♂. *Deuxième article des antennes* toujours beaucoup plus court que le premier (*S.-genre Clanoptilus* MOTSCH.).

A *Elytres* entièrement écarlates. — *Rufus*.

AA *Elytres* vertes ou bleuâtres, avec une tache apicale rouge, orangée ou jaune, au moins chez les ♂.

a *Prothorax* paré sur les côtés d'une bordure rouge ou d'un rouge testacé.

b *Prothorax* légèrement arrondi sur les côtés, à bordure large et rouge. *Elytres* à soies noires, à tache apicale dans les deux sexes. *Ongles* sensiblement plus longs que leur membrane. — *Marginellus*

bb *Prothorax* sensiblement arrondi sur les côtés, à bordure étroite et d'un rouge testacé souvent assez pâle. *Elytres* à soies cendrées, à tache apicale seulement chez les ♂, concolores chez les ♀. *Ongles* à peine aussi longs que leur membrane. — *Semilimbatus*.

aa *Prothorax* concolore. *Elytres* à soies toujours noires, tachées au sommet dans les deux sexes.

c *Elytres des* ♂ avec une seule épine ou appendice spiniforme.

d *Tache des élytres* ordinairement jaune.

e *Prothorax* subtransverse, à peine plus étroit que les élytres. *Antennes* à premier article médiocrement épaissi chez les ♂. *Elytres* à épine terminale des ♂ subélargie à son extrémité, avec l'angle sutural étroitement rembruni au sommet. — *Parilis*.

ee *Prothorax* aussi long que large, sensiblement plus étroit que les élytres. *Antennes* à premier article fortement épaissi chez les ♂. *Elytres* à épine terminale des ♂ subatténuée à son extrémité, à angle sutural largement rembruni au sommet. — *Elegans*.

dd *Tache des élytres* ordinairement rouge ou écarlate.

f *Les quatrième et cinquième articles des antennes des* ♂ fortement échancrés en dessous. *Elytres des* ♂ à épine terminale légèrement infléchie. *Ongles* évidemment plus longs que leur membrane. *Palpes maxillaires* à deuxième, troisième et quatrième articles flaves à leur sommet. *Tarses antérieurs* ordinairement testacés. *Taille* assez grande. — *Geniculatus*.

ff *Les quatrième et cinquième articles des antennes des* ♂ faiblement échancrés en dessous. *Elytres des* ♂ à épine terminale fortement infléchie. *Ongles* à peine plus longs que leur membrane. *Palpes maxillaires et tarses antérieurs* ordinairement concolores. *Taille* beaucoup moindre. — *Spinipennis*.

cc *Elytres des* ♂ avec deux épines ou lanières, séparées entre elles par une dilatation angulaire. *Ongles* évidemment plus longs que leur membrane. *Tache apicale* des élytres rouge. *Spinosus.*

Gr. II *Elytres* légèrement et transversalement impressionnées au sommet chez les ♂, mais non appendiculées, ni épineuses ou laciniées. *Elytres* à soies noires; concolores dans les deux sexes. *Ongles* un peu plus longs que leur membrane (*S.-genre Hypoptilus, nobis*). *Barnevillei.*

Gr. III *Elytres* simples au sommet dans les deux sexes, à soies toujours noires (*S. genre Malachius*).

B *Elytres* rouges, avec une bande suturale d'un vert bronzé.

b *Celle-ci* embrassant la base, assez large et prolongée sur les deux tiers de la longueur. *Antennes* à deuxième article plus (♂) ou moins (♀) développé. *Ongles* sensiblement plus longs que la membrane. *Aeneus.*

bb. *La bande suturale* n'embrassant pas la base, étroite et prolongée seulement sur la moitié de la longueur. *Antennes* à deuxième article court dans les deux sexes. *Ongles* un peu plus longs que la membrane. *Rubidus.*

BB *Elytres* vertes ou bleuâtres, avec une tache apicale rouge ou orangée. *Antennes* à deuxième article court dans les deux sexes.

c *Cinquième article des antennes* non dilaté ou épaissi supérieurement chez les ♂. *Tête, prothorax et élytres* sétosellés.

d *Epistome* relevé à sa base, chez les ♂, en forme de lame triangulaire et fasciculée au sommet; séparé du front par un sillon plus ou moins profond. *Antennes des* ♂ à deuxième, troisième et quatrième articles fortement et diversement dilatés inférieurement. *Tache apicale* des élytres assez grande. *Ongles* un peu plus longs que leur membrane.

e *Prothorax* avec une très-étroite bordure rouge aux angles antérieurs. *Antennes* à deuxième article dilaté, chez les ♂, en forme de lobe allongé : le cinquième à tranches subparallèles chez les ♂, sur ses deux tiers antérieurs, obconique chez les ♀ ou graduellement rétréci du sommet à la base. *Tache apicale* des élytres rouge. *Bipustulatus.*

ee *Prothorax* concolore. *Antennes* à deuxième article dilaté, chez les ♂, en triangle ou fer de hache court : le cinquième un peu plus large à son premier tiers qu'à son sommet chez les ♂, subparallèle chez les ♀. *Tache apicale* des élytres rouge ou orangée. *Australis.*

dd *Epistome* relevé à sa base simultanément avec le milieu du sommet du front en forme de gibbosité obtuse. *Antennes* des ♂ simplement dentés en scie inférieurement. *Tache apicale* des élytres plus ou moins réduite, rouge. *Ongles* évidemment plus longs que leur membrane. *Viridis.*

cc *Cinquième article des antennes* très-grand, fortement épaissi ou dilaté supérieurement chez les ♂. *Elytres* seules séto-sellées. *Membrane* presque aussi longue que l'ongle (1).

f *Prothorax* bordé de flave seulement aux angles postérieurs. *Front des* ♂ inerme. *Tarses antérieurs* ordinairement testacés. *Dilaticornis.*

ff *Prothorax* entièrement bordé de flave sur les côtés. *Front des* ♂ relevé entre les antennes en dent saillante mais tronquée. *Tarses antérieurs* ordinairement concolores. *Dentifrons.*

BBB *Elytres* concolores dans les deux sexes. *Antennes* à deuxième article presque aussi long que le premier, chez les ♂. *Ongles* un peu plus longs que leur membrane. (*S.genre Micrinus*, *nobis*, de μικρὸς, petit. *Inornatus.*

Gr. I. *Elytres* tronquées, plissées, excavées et appendiculées ou épineuse au sommet, chez les ♂ (*S.-Genre Clanoptilus*, Motschulsky).

A *Elytres* entièrement écarlates.

1. **Malachius** (*Clanoptilus*) **rufus**. Fabricius.

Oblong, très-finement pubescent, garni en dessus d'assez longs poils sétiformes, noirs et redressés ; d'un vert bronzé obscur avec la bouche jaune ; les élytres, le bord antérieur et les côtés du prothorax, et la base du ventre d'un rouge écarlate ; le dessous des premiers articles des antennes et les tarses antérieurs testacés, et les épimères du médipectus pâles. Tête assez brillante, légèrement pointillée , creusée entre les yeux d'une fossette ponctiforme profonde. Prothorax pas plus long que large, légèrement arrondi sur les côtés, assez brillant, finement et très-obsolètement pointillé. Elytres subparallèles, peu brillantes, chargées de trois côtes longitudinales très-obsolètes. Tibias postérieurs sensiblement recourbés en dessous vers leur dernier tiers. Ongles sensiblement plus longs que leur membrane.

Malachius rufus. Fabricius, Syst., El., t. I, p. 306, 5. — Olivier, Entom., t. II, n° 27, p. 4, 1, pl. 1, fig. 4 ; — Erichson, Entomogr. 1, p. 77, 17 ; — Jacquelin du Val, Gen., col. Eur., t. III, pl. 42, f. 207.

Long. 0^m,0060 à 0^m,0070 (3 l.). — Larg. 0^m,0025 (1 l. 1/4).

(1) Une division basée sur le grand développement de la membrane réunirait les *M. semilimbatus*, *spinipennis*, *Barnevillei*, *dilaticornis* et *dentifrons*, appartenant à divers groupes et d'ailleurs disparates sous plus d'un rapport.

♂ *Antennes* sensiblement plus longues que la moitié du corps, fortement dentées en scie en dessous, à partir du deuxième article jusqu'au septième inclusivement : les deuxième, troisième et quatrième à dent obtuse et arrondie : les suivants, à dent forte et aiguë : les intermédiaires presque pectinés : les deuxième à huitième plus ou moins flaves ou jaunâtres en dessous. *Elytres* tronquées, plissées et profondément excavées au sommet, avec le lobe supérieur de l'excavation échancré et terminé à son angle externe par une ou deux longues soies noires ; munies chacune, sur la suture immédiatement en dessous dudit lobe, d'un appendice submembraneux, foliacé, noir, subverticalement infléchi, intérieurement cilié près de son extrémité et terminé par une ou deux soies spiniformes et noires (1). Le *sixième segment ventral* ogival, fendu à son sommet jusque près de sa base ; le *sixième segment abdominal* débordant l'inférieur, en cône largement et obtusément tronqué à son bord apical. *Cuisses* assez longuement pubescentes en dessous.

♀ *Antennes* à peine plus longues que la moitié du corps, légèrement dentées en scie en dessous à partir du deuxième article jusqu'au dixième inclusivement ; à premier, deuxième et troisième articles à peine testacés en dessous à leur sommet. *Elytres* simples et assez largement arrondies à leur extrémité, avec l'angle sutural émoussé et plus ou moins arrondi. Les *sixièmes segments abdominal* et *ventral* saillants, subégaux, coniques : le supérieur tronqué, l'inférieur étroitement arrondi à leur bord apical. *Cuisses* moins longuement pubescentes en dessous.

Corps oblong, subparallèle, revêtu d'une fine pubescence cendrée, courte et couchée en dessus, assez longue et en partie redressée en dessous, avec le dessus garni d'assez longs poils sétiformes, noirs et redressés.

Tête un peu plus étroite que le prothorax, subdéprimée, légèrement pubescente, sétosellée, avec les soies plus longues sur les côtés des tempes ; très-légèrement et densement pointillée ; d'un vert bronzé obscur et assez brillant, avec les joues et tout le bord antérieur d'un jaune flave. *Front* obliquement relevé de chaque côté au dessus des fossettes antennaires, légèrement impressionné entre les yeux, creusé dans son milieu, entre ceux-ci, d'une fossette ponctiforme profonde ; avec la couleur verte s'arrêtant sur les côtés vers le milieu du bord interne des yeux, formant en avant entre les antennes une ligne droite qui ne dépasse pas l'insertion de celles-ci, d'au-

(1) Le lobe inférieur de l'excavation n'offre rien de remarquable. Il forme l'angle sutural, il est fortement arrondi au sommet et plus ou moins réfléchi en dessous.

trefois s'avançant d'une manière subarquée et indéterminée jusque près du bord antérieur. *Epistome* corné ou quelquefois submembraneux dans sa moitié ou ses deux tiers antérieurs, subdéprimé en avant, lisse, d'un jaune flave. *Labre* subconvexe, presque lisse, d'un jaune flave, cilié vers son sommet d'assez longs poils pâles et brillants. *Mandibules* longuement ciliées de poils pâles; d'un jaune flave avec leur extrémité d'un noir de poix. Les *parties inférieures de la bouche* flaves avec le dernier article des *palpes* noir; les *maxillaires* à pénultième article évidemment plus long que la moitié du suivant.

Yeux assez saillants, noirâtres, séparés du bord antérieur du prothorax par un intervalle toujours plus grand que la moitié du diamètre antéro-postérieur de l'œil.

Antennes plus (♂) ou moins (♀) développées, plus (♂) ou moins (♀) subatténuées vers leur extrémité; finement pubescentes, brièvement fasciculées en dessous au sommet de chaque article; rugueusement pointillées, obscures, légèrement métalliques et un peu brillantes vers leur base, avec leurs premiers articles plus (♂) ou moins (♀) testacés en dessous ou au moins (♀) à leur sommet: le premier en massue oblongue, plus (♂) ou moins (♀) renflée: le deuxième court, égal à la moitié du précédent, paraissant plus court chez les ♂ en raison de sa dilatation transversale plus grande: les troisième à dixième suballongés, subégaux en longueur, mais graduellement un peu plus étroits vus de dessus leur tranche supérieure, et graduellement en dents de scie de moins en moins prononcées en s'approchant de l'extrémité: le dernier allongé fusiforme, sensiblement plus long que le précédent, subacuminé au sommet.

Prothorax à peine (♂) ou un peu (♀) plus étroit que les élytres à leur base; pas plus long que large; en forme de carré largement arrondi à ses angles, à peine plus étroit en avant; fortement arrondi à son bord antérieur, qui est sensiblement prolongé dans son milieu au dessus du niveau du vertex; légèrement arrondi sur les côtés; tronqué, un peu relevé et finement rebordé à la base; faiblement convexe sur le dos, et sensiblement déclive sur les côtés; légèrement impressionné près des angles antérieurs, plus largement et obliquement le long des angles postérieurs qui sont assez fortement relevés sur une assez grande étendue; transversalement et faiblement impressionné avant la base, avec une fossette plus (♂) ou moins (♀) marquée au devant de l'écusson; revêtu d'une fine pubescence grisâtre, couchée et dirigée en avant, assez longue sur les côtés; parsemé en outre de poils sétiformes noirs et redressés; finement, densement et très-obsolètement pointillé; assez brillant; d'un rouge écarlate, avec une large bande dorsale d'un vert obscur ou bleuâtre, longitudinale, oblongue, un peu plus étroite en avant, souvent plus ou moins faiblement bissinuée sur ses côtés, n'atteignant jamais le bord antérieur qui présente une ceinture rouge toujours bien moins large que celle des côtés.

Ecusson en carré transverse, obtusément arrondi au sommet, finement pubescent, finement pointillé, d'un vert bronzé obscur assez brillant.

Elytres oblongues, égalant environ deux fois (♂) ou deux fois et un quart (♀) leur largeur, deux fois et demie aussi longues que le prothorax; subparallèles sur leurs côtés (♀) ou à peine subélargies en arrière (♀); subdéprimées le long de la suture et déclives sur les côtés; chargées sur leur disque de trois côtes longitudinales obsolètes, un peu obliques, plus ou moins apparentes, plus ou moins raccourcies en avant ou en arrière; très-finement et brièvement pubescentes et distinctement sétosellées; presque lisses ou obsolètement et subrugueusement chagrinées; d'un rouge écarlate vif, mat et seulement un peu plus brillant vers la base. *Epaules* assez saillantes, arrondies, plus longuement sétosellées.

Dessous du corps brillant, revêtu d'une pubescence grisâtre, assez longue, couchée sur les côtés, un peu plus longue, redressée et un peu frisée sur les régions médianes; obsolètement pointillé; d'un vert obscur, avec le dessous du prothorax, le milieu de la base du ventre et les intersections des segments ventraux d'un rouge écarlate, et les épimères du médipectus pâles. *Métasternum* assez convexe, lisse et longitudinalement sillonné sur sa ligne médiane. *Ventre* très-mou, plus ou moins plissé ou raccorni, membraneux à ses parties colorées. *Pygidium* longuement et plus ou moins densement cilié sur ses bords.

Pieds allongés, grêles, finement pubescents, obsolètement pointillés; d'un noir un peu verdâtre et assez brillant, avec les tarses antérieurs testacés ainsi que souvent le sommet des tibias antérieurs et même, plus rarement, celui des tibias intermédiaires, et les insertions des trochanters d'un jaune pâle. *Cuisses* plus (♂) ou moins (♀) longuement pubescentes en dessous. *Tibias postérieurs* obsolètement sétosellés sur leur tranche extérieure (1), plus (♂) ou moins (♀) recourbés inférieurement vers leur dernier tiers. *Tarses* un peu plus longs que la moitié des tibias, distinctement ciliés en dessus au sommet de chaque article; avec les premier et quatrième articles graduellement plus courts: le dernier allongé, sensible-

(1) Les autres tibias le sont encore moins distinctement et souvent nullement.

ment élargi de la base à l'extrémité où il est largement tronqué et plus épais que les précédénts. *Ongles* évidemment plus longs que leur membrane.

Patrie. Cette espèce se rencontre assez communément dans le Languedoc et la Provence et dans presque toute la France méridionale. On la prend sur les fleurs et sur les plantes herbacées.

Obs. Elle varie peu. Néanmoins la couleur verte devient quelquefois bleuâtre ou violette ; le milieu du ventre est parfois rouge jusqu'au sommet du quatrième segment; et le dernier article des palpes est, rarement, plus ou moins flave à sa base. Chez les ♂ les plus développés, le prothorax paraît plus large en arrière, plus fortement impressionné avant la base et le long des angles postérieurs; et les antennes sont en même temps plus fortement dentées en scie, presque pectinées dans leur milieu, avec leurs articles jaunes en dessous depuis le deuxième jusqu'au dixième inclusivement. Chez le même sexe, le *sixième segment abdominal* est quelquefois légèrement sinué au milieu de son bord apical. Nous avons un exemplaire ♂, dont l'appendice terminal des élytres est tout-à-fait glabre sur sa tranche interne, et, de plus, largement tronqué à son sommet.

AA *Elytres* vertes ou bleuâtres avec une tache apicale rouge, orangée ou jaune, au moins chez les ♂.

a *Prothorax* paré sur les côtés d'une bordure rouge ou d'un rouge testacé.

b *Prothorax* à bordure large et rouge. *Elytres* à soies obscures ou noires, à tache apicale dans les deux sexes.

2. **Malachius** (*Clanoptilus*) **marginellus**. Fabricius.

Oblong, finement pubescent, parsemé en dessus d'assez longs poils sétiformes, noirs et redressés ; d'un vert bronzé ou bleuâtre, avec la bouche jaune, les côtés du prothorax, le sommet des élytres et les intersections des segments ventraux rouges ou d'un rouge orangé ; le dessous des premiers articles des antennes et les genoux antérieurs et intermédiaires flaves, les tarses antérieurs plus ou moins testacés, et les épimères du médipectus pâles. Tête brillante, obsolètement pointillée, creusée entre les yeux d'une fossette ponctiforme assez profonde. Prothorax à peine moins long que large, légèrement arrondi sur les côtés, brillant, très-obsolètement pointillé. Elytres subparallèles, peu brillantes, subruguleuses. Tibias postérieurs faiblement recourbés en dessous vers leur dernier tiers. Ongles sensiblement plus longs que leur membrane.

Malachius marginellus FABRICIUS, Syst., El. 1, p. 307, 6; — OLIVIER, Ent., t. II n° 27, p. 6, 5, pl. 3, fig. 18; — ERICHSON, Entomogr. 1, p. 77, 18; — REDTENBACHER, Faun., Austr., 2e édit., p. 537, 4; — KIESENWETTER, Ins. Deut., t. IV, p. 587, 7.

♂ *Malachius dentipennis*. LAPORTE, Rev. Ent. de G. Silbermann, 1836, t. IV, p. 28, 1.

Variété a. Elytres et milieu du prothorax d'un cuivreux pourpré.

Long. 0m,0040 à 0m,0060 (2 l. 1/2 à 2 l. 3/4). — Larg. 0m,0022 (1 l.).

♂ *Antennes* un peu plus longues que la moitié du corps; à premier article épaissi en hexaèdre oblong, ou en parallèlipède oblique à angles émoussés : le deuxième court, légèrement dilaté et arrondi en dessous vers son extrémité : les troisième à septième plus ou moins échancrés à leur tranche inférieure, les quatrième et cinquième un peu plus fortement : les cinq ou sept premiers jaunes ou flaves en dessous. *Bord antérieur du front et base de l'épistome* transversalement et silmultanément élevés (1). Couleur verte du front s'arrêtant ordinairement à la hauteur des fossettes antennaires entre lesquelles elle émet parfois dans son milieu une languette nébuleuse. *Elytres* subtronquées plissées et excavées au sommet; avec le lobe supérieur dilaté en dehors en forme d'angle aigu et cilié à son sommet de deux ou trois longues soies noires; munies chacune d'un appendice sublinéaire, noir, brusquement coudé à sa base et plus ou moins infléchi, bifide et sétifère à son extrémité, inséré sur la suture au-dessous du lobe supérieur; avec l'angle sutural rembruni et un peu arrondi à son sommet, et offrant au milieu de son ouverture une fossette ponctiforme assez profonde et parfois obscurcie. *Le sixième segment ventral* ogival, profondément fendu à son sommet jusque près de la base; *le sixième segment abdominal* débordant l'inférieur, en cône largement et obtusément arrondi ou même subsinué à son bord apical.

♀ *Antennes* à peine plus longues que la moitié du corps; à premier article en massue oblongue et renflée vers son extrémité : le deuxième court, obconique ou à peine prolongé et subarrondi en dessous vers son sommet : les troisième à septième à peine ou très-faiblement sinués à leur tranche inférieure, à peine et presque indistinctement et obtusément prolongés en dents de scie en-dessous; les trois premiers d'un flave testacé inférieurement : les quatrième et cinquième seulement à leur sommet.

(1) Ce caractère constant ne s'apperçoit bien qu'en regardant la tête de profil. Alors, les parties élevées apparaissent sur un autre plan que la partie antérieure de l'épistome.

Bord antérieur du front et base de l'épistome non à peine élevés transversalement. *Couleur verte du front* prolongée entre les antennes jusqu'au bord antérieur. *Elytres* simples et assez fortement arrondies à leur sommet ainsi qu'à l'angle sutural. *Les sixième segments abdominal et ventral* saillants, subégaux, coniques, obtusément tronqués à leur bord apical.

Corps oblong, subparallèle, revêtu d'une fine pubescence cendrée, courte et couchée en dessus, plus longue et en partie redressée en dessous ; avec tout le dessus parsemé d'assez longs poils sétiformes, noirs et redressés.

Tête un peu plus étroite que le prothorax, subdéprimée, légèrement pubescente, sétosellée avec les soies un peu plus longues sur les côtés des tempes, finement et obsolètement pointillée ; d'un vert bronzé ou bleuâtre assez brillant, avec la partie antérieure des joues, le dessous des yeux et des fossettes antennaires d'un jaune flave. *Front* un peu relevé sur les côtés au-dessus des insertions des antennes ; plus ou moins impressionné entre les yeux, creusé dans son milieu entre ceux-ci d'une fossette ponctiforme plus ou moins profonde ; avec la couleur verte plus (♀) ou moins (♂) avancée entre les antennes. *Epistome* corné à sa base, submembraneux et déprimé sur sa moitié ou ses deux tiers antérieurs, lisse, d'un jaune flave. *Labre* subconvexe, d'un jaune flave, presque lisse, cilié sur ses bords d'assez longs poils pâles et brillants. *Mandibules* ciliés sur leurs côtés de quelques poils obscurs ; d'un jaune flave avec leur extrémité d'un brun de poix. *Les parties inférieures de la bouche* d'un jaune flave, avec une tache métallique sur la base des mâchoires et le dernier article des *palpes* noir. Le pénultième article des *maxillaires* évidemment plus long que la moitié du suivant.

Yeux saillants, subarrondis, d'un brun noirâtre, séparés du bord antérieur du prothorax par un intervalle toujours plus grand que la moitié du diamètre antéro-postérieur de l'œil.

Antennes un peu (♂) ou à peine (♀) plus longues que la moitié du corps ; légèrement subaténuées vers leur extrémité ; finement pubescentes avec un fascicule de poils plus longs vers le sommet interne de chaque article ; très-finement et rugueusement pointillées ; obscures, un peu plus brillantes et verdâtres vers leur base, avec les cinq ou sept premiers articles plus (♂) ou moins (♀) jaunes (♂) ou testacés (♀) en dessous : le premier plus (♂) ou moins (♀) épaissi : le deuxième court, à peine égal à la moitié du précédent : les troisième à dixième suballongés, subégaux, plus (♂) ou moins (♀) prolongés en dessous en dents de scie émoussées de moins en moins prononcées en approchant de l'extrémité : le dernier plus (♂) ou moins (♀) allongé, plus long que le pénulième, fusiforme, subacuminé au sommet.

Prothorax à peine (♂) ou un peu (♀) plus étroit que les élytres ; à peine moins long que large ; en forme de carré largement arrondi à ses angles et à peine plus étroit en avant ; assez fortement arrondi à son bord antérieur qui est médiocrement prolongé dans son milieu au-dessus du niveau du vertex ; légèrement arrondi sur les côtés ; subtronqué, un peu relevé et finement rebordé à la base ; faiblement convexe sur le dos et sensiblement déclive sur les côtés ; légèrement impressionné près des angles antérieurs, plus fortement et obliquement le long des angles postérieurs qui sont fortement relevés sur une assez grande étendue ; transversalement subimpressionné avant la base, avec une faible fossette peu distincte au devant de l'écusson ; finement pubescent et légèrement sétosellé ; très-obsolètement pointillé ; brillant ; d'un vert bronzé ou bleuâtre, avec une large bande écarlate occupant les côtés sur au moins le quart du diamètre transversal : la bande dorsale verte étant quelquefois dilatée sur les côtés derrière leur milieu.

Ecusson en carré transverse, un peu plus étroit en arrière, plus ou moins arrondi au sommet, finement pubescent, très-finement pointillé, d'un vert bronzé ou bleuâtre un peu brillant.

Elytres oblongues, aussi longues que deux fois et un tiers leur largeur, deux fois et demie aussi longues que le prothorax ; subparallèles sur leurs côtés (♂) ou à peine élargies en arrière (♀) ; subdéprimées le long de la suture et déclives sur les côtés ; très-finement pubescentes et éparsement sétosellées ; subruguleuses ; d'un vert bronzé ou bleuâtre mat, seulement un peu plus brillant vers la base ; parées chacune à leur sommet d'une grande tache ordinairement rouge ou orangée. *Epaules* assez saillantes, arrondies, ciliées de quelques soies plus longues.

Dessous du corps brillant, revêtu d'une pubescence cendrée assez longue, couchée sur les côtés, redressée sur les régions médianes ; obsolètement pointillé ; vert ou bleuâtre, avec le bord antérieur du prosternum testacé, les replis du prothorax, les insertions des segments ventraux ou même le milieu de la base du ventre d'un rouge écarlate ou orangé, et les épimères du médipectus pâles. *Métasternum* convexe, lisse et longitudinalement sillonné sur sa ligne médiane. *Ventre* mou, souvent plissé ou raccorni, plus ou moins membraneux à ses parties colorées, avec les cinquième et sixième segments quelquefois d'un bronzé obscur. *Pygidium* longuement cilié sur ses bords.

Pieds allongés, grêles; finement pubescents; subrugueusement pointillés ; d'un vert bronzé assez brillant, avec les genoux antérieurs et intermédiaires étroitement et les insertions des trochanters flaves, le sommet des tibias antérieurs et leurs tarses testacés, avec le dernier article de ceux-ci un peu plus sombre. *Cuisses antérieures et intermédiaires* assez longuement pubescentes en dessous vers leur base. *Tibias, les postérieurs* surtout, obsolètement sétosellés à leur tranche externe : ceux-ci plus (♀) ou moins (♂) faiblement recourbés en dessous vers leur dernier tiers. *Tarses* obsolètement ciliés en dessus au sommet de chaque article, un peu plus longs que la moitié des tibias ; avec les premier à quatrième articles graduellement plus courts, le dernier allongé subarcuément élargi de la base à l'extrémité : où il est assez largement tronqué et plus épais que les précédents. *Ongles* sensiblement plus longs que leur membrane.

Patrie. Cette espèce est assez commune sur les fleurs et les herbes des prés humides et des marécages, dans toute la France, dans les environs de Paris et de Lyon, le Beaujolais, la Bresse, le Bugey, l'Auvergne, la Savoie, le Languedoc, la Provence, etc.

Obs. La couleur foncière passe du vert bronzé au vert bleuâtre, ou même au cuivreux pourpré (*variété a*). La bande médiane du prothorax se dilate quelquefois latéralement vers son tiers postérieur, en échancrant ainsi les bandes rouges des côtés. L'extrémité de l'abdomen et du ventre est parfois d'un violet foncé. La tache posticale des élytres est assez rarement d'un jaune orangé. Assez souvent, le sommet des tibias intermédiaires et les premiers articles de leurs tarses sont plus ou moins obscurément testacés.

bb *Prothorax* à bordure étroite et d'un rouge testacé assez pâle. *Élytres* à soies cendrées ; à tache apicale seulement chez les ♀.

3. **Malachius** (*Clanoptilus*) **semilimbatus**. Fairmaire.

Oblong, très-finement pubescent, parsemé sur les élytres de poils pâles et redressés ; d'un vert bronzé, avec une étroite bordure sur les côtés du prothorax et une tache apicale aux élytres des ♀ d'un rouge testacé, ainsi que le prosternum, les épimères du médipectus, le milieu et les intersections des segments ventraux, et la base des cuisses antérieures et intermédiaires ; le dessous des premiers articles des antennes, l'épistome et la plupart des parties inférieures de la bouche, d'un roux testacé ; les tibias et les tarses antérieurs d'un testacé obscur. Tête assez brillante, très-obsolètement pointillée, biimpressionnée entre les yeux et subsillonnée en arrière sur son milieu. Prothorax assez fortement transverse, sensiblement arrondi sur les côtés, assez brillant, très-finement pointillé. Elytres subparallèles, peu brillantes, rugueusement chagrinées. Tibias postérieurs flexueux. Ongles à peine aussi longs que leur membrane.

Malachius semilimbatus. FAIRMAIRE, Ann. Soc. Ent. France, 1862, t. II, p. 550, 6.

Long. 0m,0045 (2 l.). — Larg. 0m,0018 (3/4 l.).

♂ *Antennes* sensiblement plus longues que la moitié du corps, à articles intermédiaires (cinquième à neuvième) aigument dentés en scie inférieurement : les premier et deuxième d'un roux testacé en dessous à leur sommet. *Elytres* parées à leur extrémité d'une tache d'un rouge testacé ; tronquées et fortement excavées à leur sommet, avec l'excavation notée vers son bord supérieur d'une tache noire et offrant intérieurement, sur la suture, une lanière courte, assez grêle, subredressée, obscure et terminée par une ou deux soies pâles ; l'angle interne du repli supérieur également terminé par une ou deux soies pâles. *Le sixième segment ventral* ogival, aigument échancré à son sommet jusqu'à sa moitié environ. *Le sixième segment abdominal* débordant l'inférieur, en cône largement subtronqué au sommet.

♀ *Antennes* un peu plus longues que la moitié du corps ; à articles intermédiaires faiblement dentés en scie inférieurement : le sommet du premier et les deuxième et troisième entièrement testacés en dessous. *Elytres* concolores à leur extrémité, simples et arrondies à leur sommet. *Le sixième segmant ventral* subogival, entier et étroitement arrondi au sommet ; *le sixième segment abdominal* subégal à l'inférieur, en cône assez étroitement et obtusément tronqué à son bord apical.

Corps oblong, subparallèle, revêtu d'une très-fine pubescence cendrée, très-courte en dessus, plus longue en dessous, avec les élytres parsemées de poils pâles, fins, assez longs et redressés.

Tête, les yeux compris, à peine (♂) ou un peu (♀) plus étroite que le prothorax ; subdéprimée ; très-finement et à peine pubescente ; très-finement et obsolètement pointillée ; entièrement d'un vert bronzé assez brillant. *Front* marqué entre les yeux de deux impressions plus ou moins prononcées ; offrant entre les antennes deux petites fossettes souvent effacées, et en arrière sur le vertex un petit sillon longitudinal, subobsolète et parfois se terminant en avant par un point enfoncé. *Epistome* submembraneux, déprimé, d'un roux testacé. *Labre* subconvexe, d'un noir métallique brillant, avec son extrémité à peine plus pâle et légèrement ciliée. *Mandibules* d'un roux testacé avec leur extrémité plus foncée. *Les parties inférieures de la bouche* d'un roux testacé, avec le dernier article des *palpes* largement rembruni à son sommet. *Le pénultième des maxillaires* plus long que la moitié du suivant.

Yeux saillants, subarrondis, brunâtres, séparés du bord antérieur du prothorax par un intervalle notable.

Antennes sensiblement (♂) ou un peu (♀) plus longues que la moitié du corps ; légèrement subatténuées vers leur extrémité ; très-brièvement et à peine pubescentes, très-légèrement ciliées en dessous au sommet de chaque article ; finement rugueuses ; d'un noir submétallique obscur, avec le premier article plus lisse et plus brillant, d'un roux testacé en dessous à son sommet : le suivant (♂) ou les deux suivants (♀) également d'un roux testacé inférieurement ou au moins à leur extrémité : le premier plus (♂) ou moins (♀) épaissi en massue oblongue et subtronquée au sommet : le deuxième court, obconique, égal environ à la moitié du précédent : le troisième oblong, obconique : le quatrième oblong, un peu (♂) ou à peine (♀) plus court que le troisième, non (♀) ou un peu (♂) prolongé en dessous en dent de scie émoussée : les cinquième à dixième plus (♂) ou moins (♀) allongés, sensiblement (♂) ou faiblement (♀) prolongés inférieurement en dents de scie graduellement moins prononcés : le dernier à peine plus long que le pénultième, subelliptique (♀) ou subcylindrico-fusiforme, obtusément acuminé au sommet.

Prothorax à peine plus étroit que les élytres à leur base ; fortement transverse, largement arrondi à ses angles, pas plus étroit en avant qu'en arrière ; largement arrondi à son bord antérieur qui est médiocrement prolongé dans son milieu au-dessous du niveau du vertex ; sensiblement arrondi sur ses côtés et même obtusément subdilaté après le milieu de ceux-ci ; tronqué, un peu relevé et finement rebordé à la base ; faiblement convexe et sensiblement déclive sur les côtés ; fortement et obliquement impressionné le long des angles postérieurs qui sont fortement relevés sur une grande étendue ; très-finement et brièvement pubescent ; très-finement et très-légèrement pointillé ; d'un vert bronzé assez brillant, avec les côtés parés d'une étroite bordure d'un rouge testacé souvent pâle, plus ou moins rétréci dans son milieu et un peu plus large vers les angles.

Ecusson assez fortement transverse, subarrondi au sommet, à peine pubescent, à peine pointillé, d'un bronzé foncé et assez brillant.

Elytres oblongues, deux fois et un quart aussi longues que larges, près que trois fois aussi longues que le prothorax ; subparallèles sur les côtés ;

subdéprimées le long de la suture et légèrement déclives sur leurs côtés ; très-finement et brièvement pubescentes, parsemées en outre de poils pâles, assez longs et plus ou moins redressés ; densement et rugueusement chagrinées ; d'un vert bronzé assez mat et néanmoins un peu plus brillant vers la base ; parées à leur sommet, chez les ♂ seulement, d'une tache rouge assez grande. *Epaules* assez saillantes, arrondies.

Dessous du corps brillant, finement pubescent, très-obsolètement et subrugueusement pointillé ; d'un vert bronzé, avec la partie antérieure des replis du prothorax, le prosternum, les épimères du médipectus, les intersections et tout le milieu des quatre premiers segments ventraux rouges ou d'un rouge testacé. *Métasternum* subconvexe, garni d'assez longs poils, lisse sur son disque, longitudinalement subsillonné sur sa ligne médiane. *Ventre* mou, plissé, raccorni, plus ou moins membraneux à ses parties rouges. *Pygidium* longuement cilié sur ses bords.

Pieds allongés, grêles, finement pubescents, obsolètement et subrugueusement pointillés ; d'un vert bronzé assez brillant, avec les insertions des trochanters d'un testacé rosat ; les tibias antérieurs plus ou moins testacés, surtout inférieurement, ainsi que les trois ou quatre premiers articles de leurs tarses ; la base des cuisses antérieures et intermédiaires, surtout en avant, d'un rouge testacé assez clair. *Tibias postérieurs* plus ou moins flexueux, vus de dessus leur tranche externe, sensiblement recourbés en dessous derrière leur milieu. *Tarses* plus longs que la moitié des tibias, avec un ou deux petits cils en dessus au sommet de chaque article ; le premier pas plus long que le deuxième : les deuxième à quatrième graduellement plus courts : le dernier allongé, élargi de la base à l'extrémité où il est tronqué et plus épais que les précédents. *Ongles* à peine aussi longs que leur membrane qui est soudée avec eux.

Patrie. Cette espèce a été découverte aux environs de Collioure (Pyrénées Orientales) par M. le docteur Grenier. Elle nous a été communiquée par MM. Henri de Bonvouloir et Ch. Brisout de Barneville, envers lesquels la science est déja si redevable.

Obs. Elle se distingue de toute autre espèce par son prothorax plus fortement transverse, et par les soies de ses élytres qui sont pâles au lieu d'être noires, caractère qui lui est exclusif, du moins quant aux espèces françaises. Elle diffère des espèces voisines par l'étroite bordure rouge de son prothorax, et par la longueur de la membrane des ongles, particularité qui, si ce n'était les élytres excavées et laciniées chez les ♂, la rapprocherait des *malachius dilaticornis et dentifrons* dont elle a la taille et le faciès.

Les trochanters antérieurs et intermédiaires sont parfois plus ou moins testacés, ainsi que les tarses intermédiaires.

aa *Prothorax* concolore.

a *Elytres* des ♂ à une seule épine ou appendice spiniforme.

d *Tache des élytres* ordinairement jaune.

e *Prothorax* subtransverse, à peine plus étroit que les élytres. *Antennes* à premier article médiocrement épaissi chez les ♂. *Elytres* des ♂ à épine terminale subélargie à son extrémité, à angle sutural étroitement rembruni au sommet.

4. Malachius (*Clanoptilus*) parilis. Erichson

Oblong, finement pubescent, parsemé en dessus de longs poils sétiformes, noirs et redressés ; d'un vert doré ou bleuâtre, avec le sommet des élytres jaune ou orangé ; la bouche, le dessous des premiers articles des antennes et les intersections des segments ventraux flaves ou jaunâtres, les épimères du médipectus pâles, et les tarses antérieurs testacés. Tête brillante, très-obsolètement pointillée, creusée entre les yeux d'une fossette ponctiforme assez profonde. Prothorax à peine plus étroit que les élytres, sensiblement moins long que large, légèrement arrondi sur les côtés, brillant, très-obsolètement pointillé. Elytres subparallèles, peu brillantes, subruguleuses. Tibias postérieurs faiblement recourbés en dessous vers leur dernier tiers. Ongles sensiblement plus longs que leur membrane.

Malachius parilis. Erichson, Entomogr. 1, p. 80, 22.

Long. $0^{m},0055$ à $0^{m},0056$ (2 l. 1/2 à 2 l. 3/4). — Larg. $0^{m},0020$ à $0^{m},0025$ (7/8 l. à 1 l. 1/4).

(♂) *Antennes* sensiblement plus longues que la moitié du corps ; à premier article médiocrement épaissi en ovale oblong, obliquement tronqué au sommet : le deuxième court, légèrement dilaté et arrondi en dessous vers son extrémité : les troisième à septième prolongés inférieurement à leur sommet en dents de scie graduellement de moins en moins émoussées ou arrondies : le troisième obconique, à peine subsinué inférieurement : les quatrième à sixième distinctement subéchancrés à leur tranche inférieure, le septième plus légèrement : les huitième et neuvième faiblement en dents de scie mais non prolongés en dessous ; les trois premiers, flaves ou jaunâtres inférieurement sur toute leur longueur, les quatrième à septième seulement à leur extrémité. *Elytres* subtronquées plissées et excavées à leur sommet ; avec le lobe supérieur dilaté en dehors en forme d'angle assez aigu et cilié à son sommet de longs poils sétiformes noirs ; munies chacune d'un long appendice noir, sublinéaire, brusquement coudé vers sa base, à peine incliné, latéralement comprimé, un peu élargi et bifide au sommet, inséré sur la suture un peu au dessus du milieu de l'excavation ; avec le lobe inférieur saillant, prolongé en angle aigu un peu émoussé au sommet, subsinué sur son extrémité et offrant au milieu de son ouverture une fossette profonde. Le *sixième segment ventral* ogival, longitudinalement fendu dans son milieu depuis le sommet jusque près de la base ; le *sixième segment abdominal* débordant l'inférieur, en cône largement et arcuément tronqué à son bord apical. *Cuisses* et *tibias* ciliés en dessous de longs poils un peu frisés.

♀ *Antennes* à peine aussi longues que la moitié du corps ; à premier article légèrement épaissi en massue oblongue et obliquement tronquée au sommet : le deuxième court, obconique, à peine ou non prolongé en dessous à son extrémité : les troisième et quatrième très-faiblement et obtusément dentés en scie inférieurement : le cinquième, subparallèle sur ses tranches ou presque aussi large immédiatement au dessus de sa base qu'à son sommet : les sixième à neuvième à peine en dents de scie en dessous : les trois premiers jaunâtres inférieurement sur toute leur longueur : les quatrième et cinquième seulement à leur extrémité. *Elytres* simples et assez fortement arrondies à leur sommet ainsi qu'à l'angle sutural. Les *sixièmes segments abdominal* et *ventral* saillants, subégaux, coniques : le supérieur obtusément tronqué, l'inférieur subarrondi à leur bord apical. *Cuisses* garnies en dessous de poils assez longs et non frisés ; *tibias* simplement et brièvement pubescents en dessous.

Corps oblong, subparallèle, revêtu d'une fine pubescence cendrée, courte et couchée en dessus, beaucoup plus longue et en partie redressée en dessous ; avec le dessus garni de longs poils sétiformes, noirs et redressés.

Tête un peu plus étroite que le prothorax, subdéprimée, légèrement et finement pubescente, sétosellée avec des soies un peu plus longues sur les côtés des tempes ; très-obsolètement pointillée ou presque lisse ; d'un vert brillant souvent bleuâtre, avec les joues et le dessous des yeux et des fossettes antennaires flaves. *Front* un peu relevé au dessus des insertions des antennes, légèrement impressionné entre les yeux, creusé dans son milieu entre ceux-ci d'une fossette ponctiforme profonde ; avec la couleur verte toujours avancée entre les antennes jusqu'au bord antérieur. *Epistome* corné, souvent submembraneux et déprimé dans sa moitié ou ses deux tiers antérieurs, lisse et flave. *Labre* subconvexe, presque lisse, flave, cilié vers son sommet de longs poils pâles et brillants. *Mandibules* ciliées sur leurs côtés de quelques longs poils noirs ; flaves avec leur extrémité d'un noir de poix. Les *parties inférieures* de la bouche d'un jaune flave, avec la base des mâchoires métallique et le dernier article des *palpes* noir ; le pénultième des *maxillaires* évidemment plus long que la moitié du précédent.

Yeux saillants, subarrondis, noirâtres, séparés du bord antérieur du prothorax par un intervalle toujours plus grand que la moitié du diamètre antéro-postérieur de l'œil.

Antennes plus longues (♂) ou à peine aussi longues ♀ que la moitié du corps ; graduellement subatténuées vers leur extrémité ; finement pubescentes, avec quelques poils un peu plus longs vers le sommet interne de chaque article ; densement et rugueusement pointillées ; obscures, avec leur base un peu brillante, légèrement verdâtre ou bleuâtre, et les cinq (♀) ou sept (♂) premiers articles plus ou moins jaunes ou jaunâtres en dessous : le premier plus (♂) ou moins (♀) épaissi : le deuxième court, à peine égal à la moitié du précédent : les troisième à dixième plus (♂) ou moins (♀) allongés, graduellement de moins en moins en dents de scie en dessous : le dernier plus (♂) ou moins (♀) allongé, plus long que le pénultième, fusiforme, subacuminé au sommet.

Prothorax à peine plus étroit que les élytres à leur base ; sensiblement moins long que large ; en forme de carré transverse, largement arrondi à ses angles et un peu plus étroit en avant ; sensiblement arrondi à son bord antérieur qui est médiocrement prolongé dans son milieu au dessus du niveau du vertex ; légèrement arrondi sur les côtés ; subtronqué, un peu relevé et finement rebordé à la base ; faiblement convexe sur le dos et sensiblement déclive sur les côtés ; subimpressionné vers les angles antérieurs, plus fortement et obliquement impressionné le long des angles postérieurs qui sont fortement relevés sur une assez grande étendue ; transversalement subimpressionné avant la base avec une fossette obsolète au devant de l'écusson ; très-finement pubescent et assez fortement sétosellé ; très-obsolètement pointillé ou même presque lisse ; brillant ; concolore et entièrement d'un vert doré ou bleuâtre.

Ecusson en carré transverse, obtusément arrondi au sommet, finement pubescent, finement pointillé, d'un vert plus ou moins obscur et peu brillant.

Elytres oblongues, égalant environ deux fois et un quart leur largeur, deux fois et demie aussi longues que le prothorax ; subparallèles sur leurs côtés ou à peine élargies en arrière ; subdéprimées le long de la suture et légèrement déclives sur les côtés; finement et brièvement pubescentes, éparsement sétosellées; subruguleuses et subinégales; d'un vert un peu doré ou bleuâtre, mat, seulement plus ou moins brillant vers la base; parées chacune à leur sommet d'une grande tache ordinairement jaune ou orangée. *Epaules* assez saillantes, arrondies, ciliées de soies plus longues.

Dessous du corps brillant, revêtu d'une longue pubescence cendrée, couchée sur les côtés et plus ou moins redressée sur les régions médianes; obsolètement pointillé; vert ou bleuâtre, avec les épimères du médipectus et parfois le bord antérieur du prosternum pâles et les intersections des segments ventraux flaves ou rosées. *Métasternum* assez convexe, creusé sur sa ligne médiane d'un sillon lisse assez marqué. *Ventre* mou, souvent plissé ou raccorni, membraneux à ses parties colorées. *Pygidium* longuement cilié sur ses bords.

Pieds allongés, grêles, finement pubescents, rugueusement pointillés; d'un vert bronzé ou bleuâtre assez brillant, avec les insertions des trochanters flaves, une tache jaunâtre ou testacée très-petite et peu distincte au-dessous des genoux antérieurs et intermédiaires, le sommet des tibias antérieurs et leurs tarses testacés avec le dernier article de ceux-ci un peu plus sombre, et les tarses intermédiaires quelquefois d'un testacé plus ou moins obscur. *Cuisses* plus (♂) ou moins (♀) longuement pubescentes en dessous. *Tibias* légèrement et souvent obsolètement ciliés sur leur tranche externe; les *postérieurs* faiblement recourbés en dessous vers leur dernier tiers. *Tarses* un peu plus longs que la moitié des tibias, légèrement ciliés en dessus au sommet de chaque article; avec les premier à quatrième graduellement plus courts: le dernier allongé, élargi de la base à l'extrémité où il est assez largement tronqué et un peu plus épais que les précédents. *Ongles* sensiblement plus longs que leur membrane.

Patrie. On rencontre cette espèce sur les tiges des graminées et des carex et autres plantes herbacées, aux environs de Lyon, dans le Beaujolais, et surtout dans la Provence et dans le département des Pyrénées-Orientales où elle n'est pas très-rare.

Obs. Sa couleur passe du vert cl ir au vert doré, au vert bleuâtre ou même au bronzé obscur. Le sommet des tibias antérieurs est quelquefois plus ou moins largement testacé surtout en dessous, ainsi que les tarses intermédiaires et même, rarement, les postérieurs. La tache apicale des élytres est ordinairement jaune ou orangée.

cc *Prothorax* aussi long que large, sensiblement plus étroit que les élytres. *Antennes* à premier article fortement épaissi chez les ♂. *Elytres* des ♂ à épine terminale subatténuée à son extrémité, à angle sutural largement rembruni au sommet.

5. **Malachius** (*Clanoptilus*) **elegans**. Olivier.

Suballongé, finement pubescent, parsemé en dessus de longs poils sétiformes, noirs et redressés; vert ou bleuâtre, avec le sommet des élytres et les intersections des segments ventraux jaunes ou orangés; la bouche, le dessous des cinq ou six premiers articles des antennes et les genoux antérieurs et intermédiaires jaunes; les épimères du médipectus pâles, et les tarses antérieurs testacés. Tête brillante, très-obsolètement pointillée, creusée entre les yeux d'une fossette ponctiforme profonde. Prothorax évidemment un peu plus étroit que les élytres, pas plus long que large, presque droit sur les côtés, brillant, très-obsolètement pointillé. Elytres subparallèles, un peu brillantes, subruguleuses. Tibias postérieurs plus ou moins recourbés en dessous vers leur dernier tiers. Ongles un peu plus longs que leur membrane.

Malachius elegans. Olivier, Ent., t. II, n° 27, p. 6, 4, pl. 3, fig. 12. — Erichson, Entomogr. 1, p. 79, 20. Redtenbacher, Faun. Austr., 2e édit., p. 538, 9. — Kiesenwetter, Ins. Deut., t. IV, p. 588, 9.

Long. 0m,0050 à 0m,0065 (2 l. à 2 l. 3/4). — Larg. 0m,0018 à 0m,0023 (2/3 l. à 1 l.)

♂ *Antennes* un peu plus longues que la moitié du corps; à premier article fortement rétréci en forme de parallélipède à angles inférieurs émoussés : le deuxième court, légèrement dilaté et arrondi en dessous vers son extrémité : les troisième et septième prolongés inférieurement à leur sommet en dent de scie obtuse chez les troisième, quatrième et cinquième, à peine émoussée chez les sixième et septième : le troisième obconique : les quatrième et cinquième sensiblement, le sixième un peu moins, le septième à peine échancrés à leur tranche inférieure : les huitième à dixième à peine en dent de scie mais non prolongés en dessous : les quatre premiers jaunes en dessous sur toute leur longueur : les cinquième à septième seulement à leur extrémité. *Bord antérieur du front et base de l'épistome* transversalement et simultanément élevés. *Elytres* subtronquées, plissées et excavées à leur extrémité; avec le lobe supérieur dilaté en dehors en angle droit et cilié à son sommet de longs poils sétiformes, noirs; munies chacune d'un long appendice noir, sublinéaire, assez brusquement coudé vers sa base fortement infléchi, latéralement comprimé, un peu rétréci à son extrémité, bifide et sétigère au sommet, inséré sur la suture un peu au-dessus du milieu de l'excavation; à lobe inférieur assez saillant, prolongé en angle aigu, un peu réfléchi en dessous, sinué sur son côté externe, largement rembruni à son sommet, et offrant dans son ouverture une fossette profonde. *Le sixième segment ventral* ogival ou triangulaire, fendu à son sommet jusque près de la base; *le sixième segment abdominal* débordant l'inférieur en cône tronqué, avec les angles de la troncature obliquement, largement et subsinueusement coupés, de sorte que son bord apical représente une ligne brisée, composée de trois lignes dont les deux externes ordinairement arquées en dedans.

♀ *Antennes* pas plus longues que la moitié du corps; à premier article sensiblement épaissi en massue oblongue : le deuxième court, subarrondi mais non dilaté en dessous : les troisième à dixième non prolongés inférieurement, très-faiblement en dent de scie graduellement moins distinctes mais en même temps moins obtuses en s'avançant vers l'extrémité : les troisième à cinquième subarrondis à leur angle terminal inférieur : les sixième et septième un peu moins émoussés : le troisième obconique. les quatrième à sixième faiblement subsinués à leur tranche inférieure : les quatre premiers jaunâtres ou testacés en dessous, les cinquième et sixième seulement à leur extrémité. *Bord antérieur du front et base de l'épistome* à peine élevés transversalement. *Elytres* simples et assez fortement arrondies à leur sommet ainsi qu'à l'angle sutural. *Les sixième segments abdominal et ventral* saillants, subégaux, coniques, obtusément tronqués au sommet.

Corps suballongé, subparallèle, revêtu d'une fine pubescence cendrée, courte et couchée en dessus, assez longue et en partie redressée en dessous; avec tout le dessus parsemé de longs poils sétiformes, noirs et redressés.

Tête un peu plus étroite que le prothorax, subdéprimée; légèrement et finement pubescente, éparsement sétosellée, avec les soies un peu plus longues sur les côtés des tempes; très-obsolètement pointillée ou presque lisse; verte ou bleuâtre, brillante, avec le dessous des yeux et des fossettes antennaires, et souvent le devant du front jaunes. *Front* plus (♂) ou moins (♀) impressionné entre les yeux, et creusé dans son milieu entre ceux-ci d'une fossette ponctiforme profonde; avec la couleur verte plus (♀) ou moins (♂) avancée entre les antennes, arrêtée ordinairement au niveau inférieur des fossettes antennaires dans les ♂, chez lesquels elle projettent souvent dans son milieu un angle ou languette nébuleuse; généralement prolongée, chez les ♀, jusqu'au bord antérieur et n'y touchant le plus souvent que par le milieu de sa limite qui est arquée en avant. *Epistome* corné, souvent submembraneux et subdéprimé dans sa moitié ou ses deux tiers antérieurs, lisse et jaune. *Labre* subconvexe, presque lisse, jaune, cilié sur ses bords de longs poils pâles et brillants. *Mandibules* ciliées vers leurs côtés de longs poils obscurs ; jaunâtres avec leur extrémité d'un noir de poix. *Les parties inférieures de la bouche* jaunes, avec la base des *mâchoires* métallique et le dernier article des *palpes* noirs. *Le pénultième article des maxillaires* un peu plus long que la moitié du suivant.

Yeux assez saillants, subarrondis, noirâtres, séparés du bord antérieur du prothorax par un intervalle toujours plus grand que la moitié du diamètre antéro-postérieur de l'œil.

Antennes un peu (♂) ou pas (♀) plus longues que la moitié du corps, graduellement subatténuées vers leur extrémité ; très-finement et très-légèrement pubescentes, ciliées en dessous de quelques poils plus longs vers le sommet de chaque article ; obscures, plus ou moins brillantes et verdâtres ou bleuâtres vers leur base, avec les cinq (♀) ou sept (♂) premiers articles plus ou moins jaunes ou jaunâtres en dessous ; le premier plus (♂) ou moins (♀) épaissi : le deuxième court, moins long que la moitié du précédent : les troisième à dixième plus ou moins allongés, graduellement moins en dent de scie inférieurement : le dernier plus (♂) ou moins (♀) allongé, fusiforme, subacuminé au sommet.

Prothorax évidemment un peu plus étroit que les élytres à leur base, aussi long que large ; en forme de carré largement arrondi à ses angles, pas plus étroit en avant qu'en arrière ; sensiblement arrondi à son bord antérieur qui est médiocrement prolongé au-dessus du niveau du vertex ; presque droit sur les côtés ; subtronqué, un peu relevé et finement rebordé à la base, avec celle-ci souvent subsinuée au devant de l'écusson ; faiblement convexe sur le dos et sensiblement déclive sur les côtés ; subimpressionné vers les angles antérieurs, plus fortement et obliquement le long des angles postérieurs qui sont fortement relevés sur une assez grande étendue ; offrant au-dessus de l'écusson une faible impression ou fossette obsolète ; légèrement et finement pubescent et assez fortement sétosellé ; très-obsolètement pointillé ou presque lisse ; brillant ; entièrement d'un vert doré, bronzé ou bleuâtre.

Écusson en carré transverse, obtusément arrondi au sommet, légèrement pubescent, obsolètement pointillé, d'un vert assez brillant et plus ou moins bleuâtre.

Elytres suballongées, égalant environ deux fois et demie leur largeur, deux fois et demie aussi longues que le prothorax ; subparallèles (♂) ou à peine élargies en arrière (♀) ; subdéprimées le long de la suture et déclives sur les côtés ; très-finement et brièvement pubescentes et éparsement et distinctement sétosellées ; subruguleuses, subinégales ; d'un vert doré ou bleuâtre un peu brillant ; parées chacune à leur sommet d'une grande tache jaune ou orangée. *Epaules* assez saillantes, subarrondies, ciliées sur leurs côtés de soies un peu plus longues.

Dessous du corps brillant, revêtu d'une assez longue pubescence cendrée, couchée sur les côtés et plus ou moins redressée sur les régions médianes ; obsolètement pointillé ; d'un vert foncé ou bleuâtre, avec le bord antérieur du prosternum parfois subtestacé, les épimères du médipectus pâles, et les intersections des segments ventraux jaunes ou orangées. *Métasternum* convexe, creusé sur sa ligne médiane d'un sillon lisse, assez large et peu profond. *Ventre* mou, souvent plissé ou raccorni, membraneux dans ses parties colorées. *Pygidium* longuement et plus ou moins densement cilié sur ses bords.

Pieds allongés, grêles, finement pubescents, rugueusement pointillés ; d'un vert bronzé ou bleuâtre assez brillant, avec une tache jaunâtre aux genoux antérieurs et une autre plus petite au-dessous des genoux intermédiaires ; les insertions des trochanters et les tarses antérieurs testacés, et le dernier article de ceux-ci un peu plus sombre. *Cuisses*, les antérieures et intermédiaires surtout, plus longuement pubescentes en dessous. *Tibias* obsolètement sétosellés en dehors, surtout vers leur base ; *les postérieurs* plus ou moins recourbés en dessous vers leur dernier tiers. *Tarses* un peu plus longs que la moitié des tibias, avec tous les articles légèrement ciliés en dessus à leur sommet : les premier à quatrième graduellement plus courts, le premier toujours sensiblement plus long que le deuxième : le dernier allongé; graduellement et subarcuément élargi vers son extrémité où il est assez largement tronqué et plus épais que les précédents. *Ongles* seulement un peu plus longs que leur membrane.

Patrie. Cette espèce est très-commune. On la prend souvent sur les épis des céréales ou autres graminées, dans presque toute la France, dans les environs de Paris et de Lyon, dans le Beaujolais, la Bourgogne, le Bugey, etc.

Obs. Elle est facile à confondre avec le *M. parilis*. *Er.* Elle s'en distingue par sa forme un peu plus étroite ; par son prothorax moins court, plus droit sur les côtés et surtout sensiblement plus étroit que les élytres, et par celles-ci un peu plus parallèles et un peu plus brillantes. Quant au ♂, il se distingue du ♂ du *paralis* par son premier article des antennes épaissi en forme de parallélipipède ; par le bord antérieur du front et la base de l'épistome transversalement et simultanément élevés ; par l'appendice des élytres plus fortement infléchi et subatténué à son extrémité, avec l'angle sutural toujours beaucoup plus largement rembruni et moins saillant ; par les tibias antérieurs, chez le même sexe, non ciliés en dessous de longs poils frisés, etc.

La couleur passe du vert doré au bleu ou au vert bronzé obscur ; quelquefois le sommet des tibias antérieurs est plus ou moins testacé, et les tarses intermédiaires sont d'un testacé obscur. Une variété rare offre les deuxième et troisième articles des palpes maxillaires d'un brun de poix avec leur sommet jaune.

dd Tache des élytres ordinairement rouge.

f Les quatrième et cinquième articles des antennes des ♂ fortement échancrés en dessous. *Ongles* évidemment plus longs que leur membrane. *Palpes maxillaires* à derniers articles testacés à leur sommet.

6. **Malachius** (*Clanoptilus*) **geniculatus**. Germar.

Suballongé, finement pubescent, parsemé en dessus d'assez longs poils sétiformes, noirs et redressés ; d'un vert bronzé, avec l'extrémité des élytres rouge ; l'épistome, la plupart des parties de la bouche, le dessous des quatre ou cinq premiers articles des antennes et les genoux antérieurs flaves ; les épimères du médipectus pâles ; les intersections des deux ou trois premiers segments ventraux plus ou moins rosées, et les tarses antérieurs testacés. Tête brillante, obsolètement pointillée ou presque lisse, transversalement subimpressionné et fovéolée entre les yeux. Prothorax un peu plus étroit que les élytres, un peu moins long que large, à peine arrondi sur les côtés, brillant, très-obsolètement pointillé ou presque lisse. élytres subparallèles, peu brillantes, finement rugueuses. Tibias postérieurs un peu recourbés en dessous vers leur dernier tiers. Ongles évidemment plus longs que leur membrane.

Malachius geniculatus. Germar, Sp. Ins. 1, p. 73, 125. — Erichson, Entomogr. 1, p. 78, 10. — Redtenbacher, Faun. Austr., 2e édit., p. 538, 10. — Kiesenwetter, Ins. Deut., p. 587, 8.

Malachius annulatus. GEBLER, Ins. sib. Ledebour Reis. II, anh. III.

Long. $0^m,0055$ à $0^m,0060$ (2 l. 1/2 à 2 l. 3/4) ; — Larg. $0^m,0020$ à $0^m,0025$ (7/8 l. à 1 l. 1/4).

♂ *Antennes* un peu plus longues que la moitié du corps ; à premier article fortement épaissi en parallélipède plus large à sa base : le deuxième court, légèrement dilaté et arrondi en dessous vers son extrémité : le troisième suballongé, prolongé inférieurement en dent de scie émoussée : les quatrième et cinquième subégaux, fortement et circulairement échancrés au milieu de leur tranche inférieure, avec le lobe terminal assez fortement prolongé et obtusément tronqué : les sixième et septième sensiblement prolongés en dessous en dents de scie subsinuées avant leur sommet : les cinq premiers d'un flave testacé inférieurement sur toute leur longueur. *Elytres* subtronquées, plissées et excavées à leur sommet ; avec le lobe supérieur de l'excavation largement tronqué, et offrant à son angle externe une ou deux soies plus longues ; munies chacune, sur la suture, un peu au-dessus du fond de l'excavation, d'un long appendice noir, sublinéaire, légèrement infléchi, latéralement comprimé, un peu élargi vers son extrémité et bifide au sommet, avec la lanière inférieure, surtout, rétrécie en une soie assez longue ; à lobe inférieur assez saillant, médiocrement prolongé en angle émoussé au sommet, subsinué sur son côté externe et assez étroitement rembruni sur ses bords. *Le sixième segment ventral* ogival, fendu à son sommet jusque près de la base ; *le sixième segment abdominal* débordant l'inférieur, conique, subsinueusement subtronqué au sommet. *Cuisses antérieures et intermédiaires* garnies en dessous de longs poils un peu frisés. *Tibias postérieurs* très-grêles, assez subitement élargis tout-à-fait près de leur extrémité.

♀ *Antennes* environ de la longueur de la moitié du corps ; à premier article sensiblement épaissi en massue ovalaire : le deuxième court, subglobuleux : le troisième suballongé, obconique : les quatrième et cinquième suballongés, presque aussi larges vers leur premier quart qu'à leur sommet : le cinquième à peine plus court que le quatrième : les sixième et septième suballongés, à peine en dents de scie inférieurement : les quatre premiers plus ou moins testacés en dessous, le cinquième seulement vers son extrémité. *Elytres* simples et assez étroitement arrondies à leur sommet, avec l'angle sutural peu marqué. *Les sixième segments abdominal et ventral* subégaux : l'inférieur subogival, obtusément arrondi à son sommet : le supérieur conique, largement et subsinueusement tronqué à son bord apical.

Cuisses antérieures et intermédiaires garnies en dessous d'assez longs poils non frisés. *Tibias postérieurs* grêles, graduellement et faiblement élargis à leur extrémité depuis leur partie recourbée.

Corps suballongé, subparallèle, revêtu d'une fine pubescence cendrée, courte et couchée en dessus, beaucoup plus longue et plus ou moins redressée en dessous ; avec tout le dessus parsemé en outre de poils sétiformes assez longs, noirs et redressés.

Tête visiblement plus étroite que le prothorax, subdéprimée ; finement pubescente, éparsement sétosellée avec les soies un peu plus longues sur les côtés des tempes ; très-obsolètement et très-finement pointillée ou presque lisse ; d'un vert bronzé brillant, avec les fossettes antennaires, le bord antérieur des joues, et souvent tout le dessous des yeux d'un flave testacé. *Front* légèrement et transversalement impressionné entre les yeux ; souvent creusé sur le milieu de l'impression d'une fossette ponctiforme plus (♀) ou moins (♂) faible ; parfois obsolètement bifovéolé en avant entre les antennes. *Epistome* subcorné à sa base, déprimé et parfois submembraneux dans sa moitié ou ses deux tiers antérieurs, presque lisse, obsolètement cilié en arrière, entièrement d'un flave testacé. *Mandibules* ciliés de poils obscurs vers leurs côtés ; d'un flave testacé avec leur extrémité d'un noir de poix. *Les parties inférieures de la bouche* d'un flave testacé, avec la base des mâchoires métallique, et les palpes d'un noir de poix, avec leurs articles plus ou moins largement testacés à leur sommet. *Le pénultième des maxillaires* évidemment un peu plus long que la moitié du suivant.

Yeux assez saillants, subarrondis, noirs, séparés du bord antérieur du prothorax par un intervalle au moins aussi grand que la moitié du diamètre antéro-postérieur de l'œil.

Antennes un peu (♂) ou pas (♀) plus longues que la moitié du corps ; graduellement subatténuées vers leur extrémité ; finement pubescentes, légèrement ciliées en dessous vers le sommet de chaque article ; finement et rugueusement pointillées ; obscures, légèrement bronzées et un peu plus brillantes à leur base, avec les quatre ou cinq premiers articles plus (♂) ou moins (♀) flaves ou testacés en dessous : le premier plus (♂) ou moins (♀) fortement épaissi : le deuxième court, subglobuleux, à peine aussi long que la moitié du précédent : les troisième à dixième plus ou moins allongés, plus (♂) ou moins (♀) dentés en scie inférieurement : le dernier allongé, un peu plus long que le pénultième, subcylindrico-fusiforme, subacuminé au sommet.

Prothorax un peu plus étroit que les élytres à leur base, un peu moins long que large ; en forme de carré subtransverse, arrondi à ses angles et un peu plus largement aux postérieurs, non ou à peine plus étroit en avant qu'en arrière ; sensiblement arrondi à son bord antérieur qui est médiocrement prolongé dans son milieu au dessus du niveau du vertex ; à peine arrondi sur les côtés ; subtronqué, un peu relevé et finement rebordé à sa base ; subconvexe sur le dos et assez sensiblement déclive sur les côtés ; faiblement ou à peine subimpressionné vers les angles antérieurs, beaucoup plus fortement et obliquement le long des postérieurs qui sont notablement relevés sur une grande étendue ; marqué au devant de l'écusson d'une impression légère et obsolète ; finement pubescent, distinctement sétosellé ; très-finement et très-obsolètement pointillé ou presque lisse ; entièrement d'un vert bronzé brillant, parfois un peu cuivreux.

Ecusson en carré transverse, obtusément arrondi au sommet, à peine pubescent, finement chagriné, d'un vert bronzé brillant.

Elytres suballongées, égalant deux fois et demie leur largeur, presque trois fois aussi longues que le prothorax ; subparallèles ; subdéprimées le long de la suture et légèrement déclives sur les côtés ; finement et brièvement pubescentes et distinctement sétosellées ; finement et densement rugueuses ; d'un vert bronzé assez mat, mais plus brillant vers la base ; parées chacune à leur extrémité d'une assez grande tache écarlate, rarement orangée. *Epaules* assez saillantes, arrondies. *Dessous du corps* brillant, revêtu d'une assez longue pubescence cendrée, couchée sur les côtés et plus ou moins redressée sur les régions médianes ; finement et subrugueusement pointillé ; d'un vert bronzé, avec les épimères du médipectus pâles, et les intersections des deux ou trois premiers segments ventraux rosées ou rougeâtres. *Métasternum* convexe, creusé sur sa ligne médiane d'un sillon lisse, assez large et assez marqué. *Ventre* mou, plus ou moins raccorni, plus ou moins membraneux à ses intersections colorées. *Pygidium* longuement et plus (♂) ou moins (♀) densement cilié sur ses bords.

Pieds allongés, grêles, finement et assez densement pubescents ; finement, obsolètement et subrugueusement pointillés ; d'un vert bronzé assez brillant, avec les insertions des trochanters, les genoux antérieurs des deux côtés, les intermédiaires seulement en dedans, testacés ou d'un flave testacé ; le sommet des tibias antérieurs et leurs tarses d'un testacé plus ou moins obscur, avec le dernier article de ceux-ci toujours un peu plus foncé. *Cuisses* garnies en dessous d'une pubescence plus ou moins longue. *Tibias* plus ou moins sétosellés sur leur tranche externe, surtout vers leur base ; les *postérieurs* un peu recourbés en dessous vers leur dernier tiers. *Tarses* plus longs que la moitié des tibias, avec un ou deux cils en dessus au sommet de chaque article; avec les premier à quatrième articles graduellement plus courts : le dernier élargi de la base à l'extrémité ou il est subtronqué et un peu plus épais que les précédents : le premier des postérieurs paraissant seulement un peu ou à peine plus long que le deuxième. *Ongles* sensiblement plus longs que leur membrane.

PATRIE. Cette espèce, répandue dans plusieurs provinces méridionales de l'empire d'Autriche, se rencontre très-rarement dans les parties orientales de la France, et se montre même jusqu'aux environs de Lyon.

OBS. Le sommet des tibias intermédiaires, ainsi que la base de leurs tarses, sont quelquefois d'un roux testacé.

Cette espèce tient à la fois des *Malachius parilis et elegans*. Elle diffère de l'un et l'autre par la couleur rouge de la tache apicale de ses élytres, et par la conformation des quatrième et cinquième articles des antennes chez les ♂. Elle se distingue du premier par sa forme un peu plus allongée; par son prothorax un peu moins transverse ; par la lanière supérieure de l'appendice des élytres des ♂ terminée par une soie assez longue et bien distincte, et par l'angle sutural, chez le même sexe, entièrement bordé de noir, au lieu de n'être rembruni qu'au sommet. Une taille plus avantageuse, le prothorax un peu plus court, l'appendice des élytres des ♂ un peu élargi vers son extrémité; l'angle sutural moins largement rembruni chez le même sexe ; tels sont les caractères qui distinguent cette espèce du *Malachius elegans*. OLIVIER.

La ♀ ressemble tout-à-fait, quant à la couleur générale aux femelles des *Malachius bipustulatus* et *australis* : mais elle en diffère par la couleur des palpes, et surtout par les troisième et quatrième articles des antennes qui sont proportionnellement beaucoup plus allongés et non dilatés en dessous.

ff Les quatrième et cinquième articles des antennes des ♂ faiblement échancrés en dessous. *Ongles* à peine plus longs que leur membrane. *Palpes maxillaires* concolores.

7. **Malachius** (*Clanoptilus*) **spinipennis**. GERMAR.

Oblong, très-finement pubescent, parsemé en dessus d'assez longs poils sétiformes, noirs et redressés ; d'un vert assez foncé ou bleuâtre, avec une tache rouge au sommet des élytres ; la plupart des parties de la bouche et le dessous des premiers articles des antennes jaunes ou jaunâtres, et les épimères du médipectus pâles. Tête assez brillante, finement pointillée, creusée entre les yeux d'une fossette assez profonde. Prothorax un peu moins long que large, à peine plus étroit que les élytres, presque droit sur les côtés, assez brillant, finement pointillé. Elytres subparallèles, peu brillantes, finement chagrinées. Tibias postérieurs légèrement recourbés en dessous vers leur dernier tiers. Ongles à peine plus longs que leur membrane.

Malachius spinipennis. GERMAR, Spec. Ins. 75, 127. — ERICHSON, Entomogr. 1, p. 80, 21. — REDTENBACHER, Faun. Austr., 2e édit., p. 538, 10. — KIESENWETTER, Ins. Deut., t. IV, p. 589, 10.

Long. 0m,0045 (2 l. 1/4). — Larg. 0m,0020 (7/8 l.).

♂ *Antennes* un peu plus longues que la moitié du corps; à premier article fortement épaissi en forme de parallélipipède court, un peu dilaté et arrondi en dessous à son sommet : les troisième à septième légèrement prolongés en dents de scie plus ou moins arrondies : le troisième allongé, obconique : les quatrième à sixième distinctement, le septième à peine échancrés à leur tranche inférieure : les huitième à dixième à peine dentés en scie et non prolongés inférieurement : les trois premiers jaunes en dessous sur toute leur longueur, les trois ou quatre suivants seulement à leur sommet. *Bord antérieur du front et base de l'epistome* transversalement et simultanément élevés. *Elytres* subtronquées, plissées et excavées à leur extrémité; avec le lobe supérieur dilaté en dehors en angle peu saillant, un peu obtus et terminé à son sommet par un ou deux poils sétiformes, noirs; munies chacune, sur la suture, immédiatement au dessous du lobe supérieur, d'un appendice spiniforme, noir, brusquement soudé vers sa base et fortement infléchi, subarqué, latéralemeut comprimé, composé dans sa dernière moitié de deux lanières superposées, dont la supérieure, sétiforme, déborde l'inférieure et se recourbe arcuément à son extrémité ; à lobe inférieur peu saillant, angulaire, légèrement rembruni au sommet. Le *sixième segment ventral* ogival, fendu à son extrémité jusque près de la base. Le *sixième segment abdominal* débordant un peu l'inférieur, en cône largement et obtusément arrondi au sommet. *Cuisses antérieures et intermédiaires* ciliées en dessous de longs poils cendrés, mous et redressés.

♀ *Antennes* à peine aussi longues que la moitié du corps; à premier article assez fortement épaissi en massue ovalaire : le deuxième très-court, légèrement arrondi, mais non prolongé en dessous : les troisième à sixième faiblement en dents de scie inférieurement : les troisième à cinquième obtusément, les septième à dixième non ou presque indistinctement : les quatrième et cinquième à peine rétrécis à leur base et à peine échancrés à leur tranche inférieure : les trois premiers testacés en dessous sur toute leur longueur, les quatrième et cinquième seulement à leur extrémité. *Bord antérieur du front et base de l'épistome* à peine élevés transversalement. *Elytres* simples et assez fortement arrondies à leur sommet, ainsi qu'à l'angle sutural. Les *sixièmes segments abdominal et ventral* assez saillants, subégaux, coniques, obtusément tronqués à leur bord apical. *Cuisses antérieures et intermédiaires* ciliées en dessous de poils cendrés, mous et couchés, seulement un peu plus longs que le reste de la pubescence.

Corps oblong, subparallèle, revêtu d'une très-fine pubescence cendrée, très-courte et couchée en dessus, plus longue et en partie redressée en dessous ; avec le dessus parsemé d'assez longs poils sétiformes, noirs et redressés.

Tête un peu plus étroite que le prothorax, subdéprimée ; très-finement pubescente et sétosellée, avec les soies un peu plus longues sur les côtés des tempes ; finement et obsolètement pointillée ; d'un vert bronzé ou bleuâtre assez brillant. *Front* offrant entre les yeux un sillon ou impression transversale plus (♂) ou moins (♀) marquée, et creusée dans son milieu d'une fossette plus (♂) ou moins (♀) profonde ; avec la couleur verte toujours avancée jusqu'au bord antérieur et latéralement étendue au dessous des antennes et des yeux. *Epistome* subcorné ou submembraneux, subdéprimé à sa partie antérieure, lisse et jaune. *Labre* subconvexe, presque lisse, d'un jaune flave, cilié vers son sommet de longs poils pâles et brillants. *Mandibules* ciliées vers leurs côtés de quelques poils obscurs ; d'un jaune flave, avec leur extrémité d'un noir de poix. Les *parties inférieures de la bouche* d'un flave testacé, avec la base des mâchoires métallique, et les *palpes* plus ou moins obscurs. Le *pénultième article des maxillaires* à peine plus long que la moitié du suivant.

Antennes un peu (♂) ou pas (♀) plus longues que la moitié du corps ; graduellement subatténuées vers leur extrémité ; très-finement pubescentes, légèrement ciliées en dessous vers le sommet de chaque article ; obscures, plus ou moins métalliques et un peu brillantes vers leur base, avec les cinq (♀) ou sept (♂) premiers articles plus ou moins jaunes ou flaves en dessous : le premier plus (♂) ou moins (♀) fortement épaissi : le deuxième très-court, noueux, sensiblement moins long que la moitié du précédent : les troisième à dixième plus (♂) ou moins (♀) allongés, graduellement moins dentés en scie : le dernier plus (♂) ou moins (♀) allongé, fusiforme, subacuminé au sommet.

Prothorax à peine plus étroit que les élytres, un peu moins long que large; en forme de carré subtransverse, assez largement arrondi à ses angles, et un peu plus étroit en avant; largement arrondi à son bord antérieur, qui est un peu prolongé dans son milieu au dessus du niveau du vertex; presque droit sur les côtés; subtronqué, à peine relevé et finement rebordé à la base; faiblement convexe sur le dos et sensiblement déclive sur les côtés; légèrement subimpressionné vers les angles antérieurs, plus fortement et obliquement le long des angles postérieurs qui sont notablement relevés sur une assez grande étendue; offrant au devant de l'écusson une faible fossette ou impression subarrondie; à peine et finement pubescent et assez fortement sétosellé; très-obsolètement et finement pointillé; assez brillant; entièrement d'un vert souvent bleuâtre.

Ecusson en carré transverse, subarrondi au sommet, à peine pubescent, obsolètement pointillé, d'un vert assez brillant et souvent bleuâtre.

Elytres oblongues, sensiblement plus longues que deux fois leur largeur, deux fois et demie aussi longues que le prothorax; subparallèles (♂) ou à peine élargies en arrière (♀); subdéprimées le long de la suture et déclives sur les côtés; finement pubescentes et distinctement sétosellées; finement chagrinées et subinégales (1); d'un vert peu brillant et souvent bleuâtre, avec une grande tache apicale d'un rouge écarlate. *Epaules* assez saillantes, arrondies, ciliées sur leurs côtés de soies un peu plus longues. *Dessous du corps* brillant, revêtu d'une assez longue pubescence cendrée, couchée sur les côtés, plus longue et redressée sur les régions médianes; d'un vert bronzé, avec les épimères du médipectus pâles, ainsi que parfois le bord antérieur du prosternum. *Métasternum* convexe, creusé sur sa ligne médiane d'un sillon lisse, assez large et peu profond. *Ventre* presque entièrement corné, à intersections des segments à peine pellucides. *Pygidium* longuement cilié sur ses bords.

Pieds allongés, grêles, finement pubescents, subrugueusement pointillés; d'un vert bronzé ou bleuâtre assez brillant, avec les insertions des trochanters d'un testacé de poix, et les tarses antérieurs parfois d'un testacé plus ou moins obscur. *Cuisses antérieures et intermédiaires* plus (♂) ou moins (♀) longuement ciliées en dessous. *Tibias* obsolètement sétosellés sur leur tranche externe, surtout vers la base; les *postérieurs* légèrement recourbés en dessous vers leur dernier tiers. *Tarses* un peu plus longs que la moitié des tibias, avec tous leurs articles légèrement ciliés en dessus vers

(1) Les élytres vues de côté, offrent quelquefois des vestiges presque indistincts de côtes longitudinales, plus visibles en arrière.

leur sommet : les premier à quatrième graduellement plus courts : le dernier allongé, élargi de la base à l'extrémité où il est largement tronqué et sensiblement plus épais que les précédents. *Ongles* à peine plus longs que leur membrane.

Patrie. Cette espèce, particulière à l'Autriche, à la Dalmatie et à la Grèce, se rencontre rarement dans les parties les plus méridionales de la France.

Obs. Les palpes maxillaires offrent quelquefois leur pénultième article entièment flave, le deuxième d'un testacé obscur, le dernier d'un noir de poix avec sa pointe plus claire. Le sommet des tibias antérieurs et leurs tarses sont parfois plus ou moins testacés, avec le dernier article de ceux-ci un peu plus sombre. Les antennes des ♂ présentent, rarement, leurs huitième, neuvième et dixième articles un peu testacés en dessous, à leur extrémité.

Elle diffère du *Malachius elegans* Ol. par sa taille moindre, un peu moins étroite, par ses élytres à tache apicale rouge, et par le devant du front toujours concolore. Les ♂ ont leurs troisième à dixième articles des antennes un peu plus épais et moins allongés, avec les quatrième à sixième moins sensiblement échancrés en dessous ; ils ont aussi l'épine terminale des élytres plus fortement infléchie, insérée un peu plus haut, et plus profondément laciniée à son extrémité. La couleur jaune du dessous des antennes est moins claire, et étendue à un moins grand nombre d'articles ; le prothorax est un peu plus court, etc.

Ici se placerait une espèce d'Autriche et de Hongrie, assez répandue dans les collections, et dont voici la description sommaire :

Malachius (*Clanoptilus*) **affinis.** Ménétriès.

Oblong, finement pubescent, distinctement sétosellé ; d'un vert bronzé sombre ou bleuâtre, avec le sommet des élytres orangé chez les ♂ seulement, la plupart des parties de la bouche et le dessous des premiers articles des antennes flaves, les intersections des segments ventraux d'un flave rosé, les tarses antérieurs testacés, et les épimères du médipectus concolores. Tête brillante, très-obsolètement pointillée ou presque lisse, creusée entre les yeux d'une fossette assez profonde. Prothorax subtransverse, presque droit sur les côtés, brillant, très-obsolètement pointillé ou presque lisse. Elytres subparallèles, peu brillantes, subruguleuses. Tibias postérieurs légèrement recourbés en dessous vers leur dernier tiers. Ongles à peine ou pas plus longs que leur membrane.

Malachius affinis. MÉNÉTRIÉS, Cat. rais., p. 64, 662 ; — ERICHSON, Entomogr. 1, p. 82, 25 ; — KIESENWETTER, Ins. Deut. 4, p. 590, 12.

Malachius gracilis. MILLER, Wien. Ent. Mon. 1, p. 138 ; — REDTENBACHER, Faun. Austr., 2e édit., app. p. 1555.

Long. 0m,0040 (1 l. 3/4). — Larg. 0m,0018 (2/3 l.).

♂ *Antennes* à premier article fortement épaissi en parallèlipipède à peine oblong, et à angles inférieurs un peu émoussés : le deuxième très-court, un peu prolongé et arrondi en dessous à son extrémité : le troisième obconique, en dent de scie arrondie : les quatrième à sixième légèrement prolongés inférieurement en dent émoussée ou arrondie : les quatrième et cinquième sensiblement, le sixième à peine échancrés à leur tranche inférieure : les suivants à peine en dents de scie en dessous : les trois premiers d'un flave testacé inférieurement sur toute leur longueur : les deux ou trois suivants seulement à leur sommet. *Élytres* subtronquées, plissées et excavées à leur extrémité ; munies chacune, sur la suture, un peu au dessus du milieu de l'excavation, d'un appendice spiniforme, noir, infléchi, subarqué, bifide à son sommet. Le *sixième segment ventral* ogival, profondément fendu au milieu de son bord apical.

♀ *Antennes* à premier article sensiblement épaissi en massue ovalaire : le deuxième court, obconique ou à peine prolongé et arrondi en dessous à son extrémité : les troisième à sixième à peine prolongés inférieurement en dents de scie à leur sommet : le troisième obconique : les quatrième à sixième à peine subsinués à leur tranche inférieure : les suivants à peine en dents de scie en dessous : les trois premiers testacés inférieurement sur toute leur longueur. *Elytres* simples et assez fortement arrondies à leur sommet ainsi qu'à l'angle sutural. Le *sixième segment ventral* conique, entier et subtronqué à son bord apical.

PATRIE. L'Autriche, la Hongrie, la Russie méridionale.

OBS. Cette espèce se distingue de toutes les autres du groupe des *Clanoptilus*, par sa taille moindre et par les épimères du médipectus concolores. Comme dans le *M. semilimbatus*, les élytres des ♀ sont sans tache à leur extrémité.

aa *Elytres* des ♂ avec deux épines ou lanières, séparées entre elles par une lame angulaire. *Ongles* évidemment plus longs que leur membrane. *Tache apicale* des élytres rouge.

8. **Malachius** (*Clanoptilus*) **spinosus**. ERICHSON.

Suballongé, très-finement pubescent, parsemé en dessus de poils séti-

formes assez courts, noirs et un peu inclinés ; d'un vert assez foncé, souvent bleuâtre, avec une tache écarlate au sommet des élytres, le dessous des yeux et la plupart des parties de la bouche flaves, les épimères du médipectus pâles, et les intersections des segments ventraux rougeâtres ou rosées. Tête très-peu brillante, finement chagrinée, transversalement subimpressionnée et obsolètement fovéolée entre les yeux. Prothorax presque aussi long que large, un peu plus étroit que les élytres, presque droit sur les côtés, peu brillant, finement chagriné. Elytres subparallèles, mates, très-finement ruguleuses. Tibias postérieurs sensiblement recourbés en dessous vers leur dernier tiers. Ongles évidemment plus longs que leur membrane.

Malachius spinosus. ERICHSON, Entomogr. 1, p. 81, 23; — KIESENWETTER, Ins. Deut. t. IV, p. 589, 11.

Long. 0m,0052 (2 l. 1/2). — Larg. 0m,0020 (7/8 l.).

♂ *Antennes* de la longueur de la moitié du corps ; à troisième et quatrième articles très-faiblement dilatés et arrondis en dessous après leur milieu : le troisième suballongé, obconique : le quatrième subovalaire : le cinquième subparallèle : les sixième à dixième très-faiblement en dents de scie émoussée en dessous : le dernier subcylindrique, obtus à son sommet. *Elytres* subtronquées, plissées et excavées à leur extrémité ; avec le lobe supérieur prolongé sur la suture en angle arrondi au sommet et muni intérieurement, par dessous celui-ci, d'un appendice spiniforme obscur, rétréci à son extrémité en forme de soie pâle et recourbée en dessous ; à lobe inférieur à peine aussi saillant que le supérieur, fasciculé à son sommet et armé, en dessous de celui-ci, d'une épine assez forte, noire, d'abord déjetée en dedans et puis assez brusquement recourbée en arrière, laquelle est séparée de l'épine supérieure par une large dilatation obscure et subangulaire. Le *sixième segment ventral* ogival longitudinalement fendu à son sommet jusque près de la base. Le *sixième segment abdominal* débordant l'inférieur, trapéziforme, plus ou moins sinué au milieu de son bord apical.

♀ *Antennes* à peine de la longueur de la moitié du corps ; à troisième et quatrième articles nullement dilatés en dessous : les cinquième à dixième subcylindriques ou à peine rétrécis à leur base : le dernier un peu rétréci à sa base, subfusiforme, obtusément acuminé au sommet. *Elytres* simples et assez fortement arrondies à leur extrémité et à peine à l'angle sutural qui est assez accusé, avec celui ci offrant en dessus, sur la partie rouge, un point obscur surmonté d'un fascicule de soies noires. Les *sixièmes segments abdo-*

dominal et ventral assez saillants, subégaux, coniques, subarrondis au sommet.

Corps suballongé, subparallèle, revêtu d'une très-fine pubescence cendrée, très-courte et couchée en dessus, plus longue et en partie redressée en dessous ; avec tout le dessus parsemé de poils sétiformes noirs, assez courts et un peu inclinés.

Tête un peu plus étroite que le prothorax, subdéprimée, très-finement pubescente, légèrement sétosellée principalement en arrière et sur les côtés des tempes ; finement chagrinée ; d'un vert très-peu brillant et assez foncé ou un peu bleuâtre, avec les joues et le dessous des yeux jaunes ou d'un flave testacé. *Front* offrant entre les yeux une impression transversale plus ou moins prononcée, et creusée supérieurement dans son milieu d'une petite fossette ponctiforme, plus ou moins obsolète et souvent peu distincte ; avec la couleur verte toujours prolongée entre les antennes jusqu'au bord antérieur. *Epistome* lisse, corné et bronzé à sa base, subcorné ou submembraneux et déprimé dans ses deux tiers antérieurs qui sont d'un jaune flave. *Labre* lisse et largement bronzé à sa base, subaspèrement pointillé et testacé à son sommet, cilié sur ses bords de longs poils pâles et brillants. *Mandibules* longuement ciliées sur leurs côtés, flaves avec leurs extrémités rembrunies. Les *parties inférieures de la bouche* plus ou moins flaves, avec la tige des *mâchoires*, la base de la *languette* et les *palpes* d'un noir métallique (1). Le *penultième article des palpes maxillaires* égal environ à la moitié du suivant.

Yeux assez saillants, subarrondis, obscurs; séparés du bord antérieur du prothorax par un intervalle toujours plus grand que la moitié du diamètre antéro-postérieur de l'œil.

Antennes aussi (♂) ou à peine aussi (♀) longues que la moitié du corps ; graduellement mais faiblement subatténuées vers leur extrémité ; très-finement pubescentes et distinctement ciliées en dessous vers le sommet de chaque article ; finement ruguleuses ou chagrinées ; obscures, à peine métalliques et à peine plus brillantes sur les deux ou trois premiers articles : le premier assez fortement épaissi dans les deux sexes en massue subovalaire : le deuxième plus (♂) ou moins (♀) court, noueux, plus (♂) ou moins (♀) arrondi en dessous, égal environ au tiers du précédent : les troisième et quatrième suballongés, formant à peine inférieurement la dent de scie obtuse : les cinquième à dixième allongés, subcylindriques ou pres-

(1) Le bord antérieur de la pièce prébasilaire est parfois plus ou moins flave.

que nullement en dent de scie en dessous : le dernier un peu plus long que le pénultième, subcylindrique (♂) ou subfusiforme (♀), obtus ou obtusément acuminé au sommet.

Prothorax un peu plus étroit que les élytres à leur base, presque aussi long que large ; en forme de carré assez largemennt arrondi à ses angles et un peu plus étroit en avant ; sensiblement arrondi à son bord antérieur qui est assez prolongé dans son milieu au dessus du niveau du vertex ; presque droit sur les côtés ; subtronqué, un peu relevé et finement rebordé à la base, et souvent subsinué au devant de l'écusson ; faiblement convexe sur le dos et sensiblement déclive sur les côtés ; à peine impressionné vers les angles antérieurs, fortement et obliquement le long des angles postérieurs qui sont notablement relevés sur une assez grande étendue ; offrant au devant de l'écusson une très-faible impression arrondie, souvent peu distincte ; à peine pubescent, plus ou moins obsolètement sétosellé sur les côtés ; très-finement et ruguleusement pointillé ou chagriné ; peu brillant ; entièrement d'un vert foncé, souvent un peu bleuâtre.

Ecusson en carré transverse, obtusément tronqué au sommet, très-finement pubescent, subruguleux ou chagriné, d'un vert assez foncé et peu brillant.

Elytres suballongées, égalant deux fois et demie leur largeur, presque trois fois aussi longues que le prothorax ; subparallèles (♂) ou à peine élargies en arrière (♀) ; subdéprimées le long de la suture et déclives sur les côtés ; très-finement et très-brièvement pubescentes, plus ou moins légèrement sétosellées ; très-finement ruguleuses ou chagrinées (1) ; d'un vert mat assez foncé et souvent bleuâtre, avec une grande tache apicale d'un rouge écarlate. *Epaules* assez saillantes, arrondies.

Dessous du corps brillant, revêtu d'une assez longue pubescence cendrée, couchée sur les côtés, plus ou moins redressée sur les régions médianes ; finement et subrugueusement pointillé ; d'un vert assez foncé, avec les épimères du médipectus pâles et les intersections des segments ventraux rougeâtres ou rosées. *Métasternum* assez convexe, obsolètement pointillé ou presque lisse sur son disque, creusé sur sa ligne médiane d'un sillon lisse et peu profond. *Ventre* mou, souvent plissé ou raccorni, plus ou moins membraneux dans ses parties colorées. *Pygidium* cilié sur ses bords.

Pieds allongés, grêles, finement pubescents, finement et subruguleuse-

(1) Les élytres paraissent parfois, vues d'un certain jour, chargées de trois côtes très-obsolètes et peu distinctes.

ment pointillés; d'un vert plus ou moins bronzé et peu brillant, avec les tarses souvent plus obscurs. *Cuisses* à peine ou obsolètement ciliées en dessous vers leur base. *Tibias postérieurs* obsolètement sétosellés en dehors vers la base, plus ou moins recourbés en dessous vers leur dernier tiers. *Tarses* sensiblement plus longs que la moitié des tibias, avec un ou deux cils en dessus au sommet de chaque article : les premier à quatrième graduellement plus courts : le dernier allongé, graduellement mais faiblement élargi vers son extrémité où il est subtronqué et à peine plus épais que les précédents. *Ongles* sensiblement plus longs que leur membrane.

Patrie. Cette espèce est assez commune dans le Languedoc, la Provence et toute la France méridionale, sur les herbes des prés humides et marécageux.

Obs. Elle ne peut être confondue avec le *Malachius spinipennis* à cause de la structure différente des antennes et du sommet des élytres chez les ♂. La ♀ se distinguera toujours de celle de la précédente espèce, par le dessus des élytres plus obsolètement sétosellé, par sa forme plus allongée, par sa couleur plus mate, par ses joues constamment jaunes, par son épistome et son labre toujours plus ou moins bronzés à leur base, et par l'angle sutural moins arrondi et presque toujours surmonté en dessus d'un petit fascicule de soies noires, tranchant sur la couleur rouge de l'extrémité des élytres.

Quelquefois le dessus du corps est plus brillant et presque tout-à-fait dépourvu de poils sétiformes.

Gr. II. *Elytres* légèrement et transversalement impressionnées au sommet chez les ♂, mais non épineuses ou laciniées, ni appendiculées, dans les deux sexes. (*S.-G. Hypoptylus*, Muls. et Rey).

9. Malachius (*Hypoptilus*) **Barnevillei.** Puton.

Suballongé, finement pubescent, parsemé en dessus de poils sétiformes, noirs et redressés ; assez brillant, d'un vert bronzé, parfois doré ou cuivreux, ou bleuâtre, avec la bouche, le dessous des fossettes antennaires et des yeux, et les intersections des segments ventraux flaves ; le dessous des cinq ou neuf premiers articles des antennes et les tarses antérieurs testacés, et les épimères du médipectus pâles. Tête presque lisse, subimpressionnée et plus ou moins fortement fovéolée entre les yeux. Prothorax aussi long que large, un peu plus étroit que les élytres, presque droit sur les côtés, très-finement et obsolètement pointillé. Elytres subparallèles, très-finement ruguleuses, concolores dans les deux sexes. Tibias postérieurs légèrement recourbés en dessous après leur milieu. Ongles à peine plus longs que leur membrane.

Malachius Barnevillei. PUTON, Ann. Soc. Ent. Fr., 1865, p. 131.

Long. 0m,0044 (2 l.). — Larg. 0m,0016 (2/3 l.).

♂ *Antennes* à peine plus longues que la moitié du corps ; à premier article fortement épaissi en massue courtement ovalaire : les troisième à sixième légèrement en dents de scie émoussées en dessous : les suivants presque simples : le dernier très-allongé, subcylindrico-fusiforme : les quatre premiers d'un flave testacé inférieurement sur toute leur longueur, les cinq suivants seulement vers leur extrémité. *Elytres* légèrement et transversalement impressionnées à leur sommet. *Le sixième segment ventral* ogival, incisé à son bord apical jusque près de la base. *Le sixième segment abdominal* débordant l'inférieur, en cône subsinueusement tronqué au sommet.

♀ *Antennes* à peine aussi longues que la moitié du corps ; à premier article légèrement épaissi en massue ovale-oblongue : les troisième à sixième à peine en dents de scie en dessous : les suivants presque simples : le dernier allongé, subfusiforme : les cinq premiers testacés inférieurement sur toute leur longueur, et les deux suivants parfois obscurément et seulement à leur sommet. *Les sixième segments abdominal et ventral* assez saillants, subégaux, coniques, plus ou moins obtusément et parfois subsinueusement tronqués à leur sommet

Corps suballongé, subparallèle, revêtu d'une fine pubescence cendrée, courte et couchée en dessus, plus longue et en partie redressée en dessous ; avec tout le dessus parsemé d'assez longs poils sétiformes, noirs et redressés.

Tête, les yeux compris, aussi large (♂) ou à peine plus étroite (♀) que le prothorax ; subdéprimée ; très-finement pubescente et distinctement sétosellée, avec quelques soies un peu plus longues sur les côtés des tempes ; presque lisse ou très-obsolètement pointillée ; d'un vert ou bronzé, ou doré, ou bleuâtre, avec les joues, le dessous des yeux et des fossettes antennaires flaves. *Front* plus (♂) ou moins (♀) élevé à sa partie antérieure et médiane simultanément avec la base de l'épistome ; transversalement subimpressionné entre les yeux et creusé dans son milieu, entre ceux-ci, d'une fossette ponctiforme plus (♂) ou moins (♀) profonde ; avec la couleur verte s'arrêtant sur les côtés vers le milieu du bord interne des yeux, et prolongée entre les antennes jusqu'au bord antérieur. *Epistome* subcorné, transversalement plus (♂) ou moins (♂) convexe à sa base, lisse, flave, sérialement cilié au devant de celle-ci de longs poils pâles. *Labre* subconvexe, presque lisse, flave, cilié de longs poils pâles. *Mandibules* ciliées vers leurs côtés de longs poils obscurs ; flaves avec leur extrémité plus ou moins rembrunie. *Les parties inférieures de la bouche* flaves, avec une tache métallique sur la base de la tige des mâchoires et le dernier article des *palpes* d'un noir de poix. *Le pénultième article des palpes maxillaires* un peu plus long que la moitié du suivant.

Yeux saillants, subarrondis, noirâtres ou brunâtres, séparés du bord antérieur du prothorax par un intervalle notable.

Antennes à peine plus longues (♂) ou à peine aussi longues (♀) que la moitié du corps ; faiblement subatténuées vers leur extrémité ; très-finement pubescentes, légèrement fasciculée en dessous vers le sommet de chaque article ; très-finement ruguleuses ; obscures, avec les articles de la base métalliques et un peu plus brillants ; plus (♂) ou moins (♀) d'un flave testacé en dessous jusqu'au sixième (♀) ou même neuvième (♂) article inclusivement : le premier plus (♂) ou moins (♀) épaissi : le deuxième court (♀) ou très-court (♂), noueux, moins long que la moitié du précédent : les troisième à dixième plus (♂) ou moins (♀) allongés, faiblement ou à peine en dents de scie inférieurement : le dernier plus (♂) ou moins (♀) allongé, beaucoup plus long que le pénultième, subcylindrico-fusiforme (♂) ou fusiforme (♀), obtusément acuminé au sommet.

Prothorax un peu plus étroit que les élytres, aussi long que large ; en forme de carré fortement arrondi à ses angles, plus largement aux postérieurs, et à peine plus étroit en avant ; largement arrondi à son bord antérieur qui est à peine prolongé dans son milieu au-dessus du niveau du vertex ; presque droit sur les côtés ; subtronqué, un peu relevé et finement rebordé à la base ; faiblement convexe sur le dos et légèrement déclive sur les côtés ; à peine impressionné vers les angles antérieurs, plus fortement et obliquement le long des angles postérieurs qui sont sensiblement relevés sur une grande étendue ; presque indistinctement impressionné au devant de l'écusson ; très-finement pubescent et assez fortement sétosellé ; très-finement et obsolètement pointillé ; entièrement d'un vert brillant, plus ou moins bronzé, doré ou bleuâtre.

Ecusson assez fortement transverse, subarrondi au sommet, à peine pubescent, à peine ruguleux, d'un vert bronzé ou doré assez brillant.

Elytres suballongées, égalant environ deux fois et demie leur largeur, presque trois fois aussi longues que le prothorax ; subparallèles sur leurs côtés ; légèrement convexes ; finement et brièvement pubescentes et assez fortement sétosellées ; très-finement ruguleuses ou chagrinées ; assez brillantes, mais cependant un peu moins que la tête et le prothorax ; entièrement d'un vert doré, parfois cuivreux, souvent bleuâtre.

Epaules assez saillantes, arrondies, ciliées sur leurs côtés de quelques soies un peu plus longues.

Dessous du corps assez brillant ; revêtu d'une fine pubescence cendrée, assez longue, peu serrée, couchée sur les côtés, plus ou moins redressée sur les régions médianes ; obsolètement et subrugueusement pointillé ; d'un vert bronzé ou bleuâtre, avec les épimères du médipectus pâles, et les intersections des segments ventraux et parfois le bord antérieur du prosternum flaves. *Métasternum* assez convexe, creusé sur sa ligne médiane d'un sillon lisse, assez prononcé surtout en arrière. *Ventre* plus ou moins raccorni, membraneux à ses intersections flaves. *Pygidium* assez longuement cilié sur ses bords.

Pieds allongés, grêles, finement pubescents, finement ruguleux ; d'un vert bronzé assez brillant, avec les insertions des trochanters et les tarses antérieurs testacés, ceux-ci avec leur dernier article un peu plus sombre.

Cuisses, les antérieures et intermédiaires surtout, assez longuement pubescentes en dessous. *Tibias* assez distinctement sétosellés sur leur tranche externe : *les postérieurs* légèrement recourbés en dessous après leur milieu. *Tarses* plus longs que la moitié des tibias, faiblement ciliés en dessus au sommet de chaque article ; avec les premier à quatrième articles graduellement plus courts : le dernier allongé, subélargi de la base à l'extrémité où il est tronqué et un peu plus épais que les précédents. *Ongles* à peine ou pas plus longs que leur membrane.

Patrie. Cette espèce a été signalée pour la première fois par M. Puton, qui l'a rencontrée dans le département des Basses-Alpes, à une assez grande élévation. Elle nous a été communiquée par M. Ch. Brisout de Barneville de Paris et par M. Godart de Lyon. Ce dernier l'a probablement capturée aux environs de Briançon (Hautes-Alpes). Nous en possédons un exemplaire ♀, pris en Savoie, dont le prothorax et l'extrémité des élytres sont d'un cuivreux pourpré.

Obs. Le ♂ se distingue aisément de toute autre espèce par l'impression du sommet des élytres. Les ♀ peuvent facilement se confondre avec les variétés à élytres sans tache du *Malachius viridis*. Elle en diffère par une taille un peu moindre, par la couleur flave du dessous des yeux et de la base des palpes, par cette même couleur étendue à la tranche inférieure des antennes sur un plus grand nombre d'articles, et par la couleur testacée des tarses antérieurs. Le développement de la membrane des ongles vient encore s'ajouter à ces divers caractères.

Gr. III. *Elytres* simples au sommet dans les deux sexes. (*Malachius* S.-G.)

B *Élytres* rouges avec une bande suturale bronzée.

b *Celle-ci* embrassant la base et prolongée sur les deux tiers de la longueur. *Antennes* à deuxième article plus (♂) ou moins (♀) développé.

Malachius aeneus. Linné.

Suballongé, très-finement et très-légèrement pubescent, garni en dessus de longs poils sétiformes noirs et redressés; d'un vert bronzé, avec les angles antérieurs du prothorax et les élytres rouges : celles-ci avec une large bande suturale bronzée, embrassant la base et prolongée au moins sur les deux tiers de leur longueur ; le bord antérieur du front, l'épistome et la plupart des parties de la bouche flaves, le dessous des premiers articles des antennes testacé, les épimères du médipectus pâles, et les intersections des segments ventraux rougeâtres. Antennes à deuxième article plus (♂) ou moins (♀) développé. Tête brillante, très-finement et obsolètement pointillée, transversalement impressionnée entre les yeux et creusée sur son milieu d'une fossette profonde. Prothorax sensiblement transverse, presque droit sur les côtés, brillant, presque lisse. Elytres subparallèles, mates, ruguleuses, assez fortement arrondies au sommet dans les deux sexes, chargées sur leur disque de deux ou trois nervures longitudinales obsolètes. Tibias postérieurs plus ou moins recourbés en dessous vers leur dernier tiers. Ongles évidemment plus longs que leur membrane.

Cantharis aenea, Linné, 10e édit., t. I., p. 403. 16.—Id. 12e édit., t. I., p. 648. 7.

Malachius aeneus. Fabricius, Syst. El. 1, p. 306, 3. — Olivier, Ent., t. II, n° 27, p. 4, 2, pl. 2, fig. 6. — Panzer, Faun. Germ. 10, 2. — Gyllenhall, Ins. suec, 1, p. 356, 1.— Erichson, Entomogr. 1, p. 66, 1.— Redtenbacher, Faun. Austr, 2e édit., p. 537; — Kiesenwetter, Ins. Deut. 4, p. 580, 1.

Long. $0^{m},0070$ à $0^{m},0090$ (3 l. à 3 l. 1/2). — Larg. $0^{m},0030$ à $0^{m},0035$ (1 l. 1/3 à 1 l. 1/2).

♂ *Antennes* aussi longues que la moitié du corps ; à premier article un peu épaissi, obconique, largement et obliquement tronqué à son sommet, un peu prolongé en dent de scie en dessous : le deuxième à peine plus court que le précédent et que le suivant, prolongé inférieurement en une longue dent aiguë, obliquement dirigée en avant en se déjetant un peu en dehors : le troisième transversalement dilaté en dessous à son sommet en forme de crochet acéré, assez brusquement recourbé en arrière en s'infléchissant un peu en dedans, et descendant plus bas que la dent de l'article précédent dont elle dépasse le sommet par sa pointe : le quatrième sensiblement plus court que le précédent et que le suivant : les quatrième à dixième en dessous légèrement en dents de scie graduellement moins prononcées (1) : le dernier très-allongé, subcylindrico-fusiforme, obtus au sommet : les trois premiers d'un flave testacé en dessous, et le quatrième quelquefois un peu roussâtre à son sommet inférieur. *Couleur verte de la tête* prolongée seulement jusqu'au niveau supérieur des fossettes antennaires. *Epistome* très-convexe à sa base, séparé du bord antérieur du front par une excavation transversale assez profonde et interrompue dans son milieu par une petite carène qui est subimpressionnée à sa naissance et fasciculée de poils pâles. *Labre* entièrement flave. *Le sixième segment ventral* ogival, longitudinalement fendu depuis son sommet jusqu'au moins à sa moitié. *Le sixième segment abdominal* débordant un peu l'inférieur, assez largement subéchancré à son bord apical.

♀ *Antennes* un peu plus courtes que la moitié du corps ; à premier article très-légèrement épaissi en massue allongée : les deuxième à dixième très-faiblement en dents de scie obtuses et graduellement moins prononcées : le deuxième obconique, sensiblement plus court que le précédent et que le suivant : le quatrième un peu plus court que le cinquième : le dernier fusiforme, subacuminé au sommet : les trois premiers plus ou moins testacés en dessous. *Couleur verte de la tête* prolongée plus ou moins jusqu'au niveau inférieur des fossettes antennaires. *Epistome* médiocrement convexe à sa base, séparé du bord antérieur du front par une simple impression transversale sulciforme, subinterrompue dans son milieu par un très-faible épaississement triangulaire et glabre ; offrant sur sa partie convexe une série transversale de cils obscurs. *Labre* largement rembruni à sa base, flave à son extrémité. *Les sixièmes segments abdominal et ventral* saillants, subégaux, coniques : le supérieur subsinueusement tronqué, l'inférieur subarrondi à leur bord apical.

(1) Les cinquième et sixième quelquefois septième le sont néanmoins un peu plus sensiblement, ou même, dans les sujets les plus développés, ils sont faiblement sinués à leur tranche inférieure, avant leur sommet.

Corps suballongé, subparallèle, revêtu d'une très-fine ét très-légère pubescence cendrée, très-courte et couchée en dessus, beaucoup plus longue et en partie redressée en dessous ; avec tout le dessus garni de longs poils sétiformes, noirs et redressés.

Tête un peu plus plus étroite (1) que le prothorax, subdéprimée, à peine ou très-finement pubescente et fortement sétosellée, avec les soies un peu plus longues sur les côtés des tempes ; très-finement et obsolètement pointillée ; d'un vert brillant ou bleuâtre, avec tout le bord antérieur d'un flave testacé. *Front* plus ou moins relevé obliquement au-dessus des insertions des antennes, subrugueux et transversalement relevé entre celles-ci : marqué entre les yeux d'une impression transversale plus (♂) ou moins (♀) forte, et creusé sur son milieu d'une fossette ponctiforme profonde ; avec la couleur verte plus (♀) ou moins (♂) prolongée entre les yeux et par côté de ceux-ci, mais jamais jusqu'au bord antérieur. *Epistome* corné et plus (♂) ou moins (♀) convexe dans sa moitié antérieure, membraneux et déprimé dans son autre moitié ; presque lisse ou plus (♂) ou moins (♀) obsolètement et éparsement ponctué près du bord antérieur de sa partie cornée ; entièrement flave ; brillant sur sa base, mat sur sa partie membraneuse. *Labre* subconvexe, presque lisse ou obsolètement et éparsement ponctué vers son extrémité ; cilié, surtout sur ses bords, de longs poils pâles et brillants ; entièrement (♂) flave, ou plus ou moins largement d'un noir de poix métallique à sa base (♀). *Mandibules* ciliées vers leurs côtés, testacées à leur base, d'un noir de poix à leur extrémité. *Le bord antérieur de la pièce prébasilaire, le menton et la languette* d'un flave testacé. *Les palpes* d'un noir de poix, avec le dernier article *des maxillaires* flave à sa pointe. *Le pénultième article de ceux-ci* au moins aussi long que la moitié du dernier.

Yeux assez saillants, subarrondis, noirs, séparés du bord antérieur du prothorax par un intervalle souvent aussi grand ou plus grand que le diamètre antéro-postérieur de l'œil.

Antennes aussi longues (♂) ou un peu moins longues (♀) que la moitié du corps, graduellement subatténuées vers leur extrémité ; finement pubescentes, légèrement ciliées en dessous surtout vers le sommet de chaque article ; très-finement et subrugueusement pointillées ; obscures, avec leur base un peu verdâtre mais à peine brillante, et les trois premiers articles

(1) Dans quelques mâles très-développés, la tête est à peine plus étroite que le prothorax.

d'un flave testacé inférieurement ; le premier plus (♂) ou moins (♀) mais légèrement épaissi : le deuxième plus (♂) ou moins (♀) développé, en tous cas, toujours sensiblement plus long que la moitié du précédent : le troisième allongé : le quatrième plus court que ceux entre lesquels il se trouve : les quatrième à dixième plus (♂) ou moins (♀) allongés, plus (♂) ou moins (♀), mais faiblement en dents de scie en dessous : le dernier très-allongé, un peu plus long que le pénultième.

Prothorax à peine plus étroit que les élytres à leur base, sensiblement moins long que large ; en carré transverse, fortement arrondi aux angles et à peine (♂) ou un peu (♀) plus étroit en avant ; assez largement arrondi à son bord antérieur qui est médiocrement prolongé dans son milieu au dessus du niveau du vertex ; presque droit sur les côtés ; subtronqué, un peu relevé et finement rebordé à la base, et quelquefois subsinué au-dessus de l'écusson ; subconvexe sur le dos et déclive sur les côtés ; à peine impressionné vers les angles antérieurs, plus fortement et obliquement le long des angles postérieurs qui sont notablement relevés sur une grande étendue ; offrant au devant de l'écusson une faible impression arrondie et souvent peu distincte ; à peine pubescent, distinctement et longuement sétosellé ; très-finement et très-obsolètement pointillé ou presque lisse ; d'un vert bronzé brillant, rarement bleuâtre, et paré le long des angles antérieurs d'une tache rouge oblique, allongée et étendue jusque vers le milieu des côtés.

Ecusson en carré transverse, obtusément arrondi au sommet, finement pubescent, finement chagriné ; d'un vert foncé ou bleuâtre, peu brillant.

Elytres suballongées, égalant environ deux fois et demie leur largeur, presque trois fois aussi longues que le prothorax ; subparallèles (♂) ou à peine élargies en arrière (♀) ; assez fortement arrondies au sommet ainsi qu'à l'angle sutural ; déprimées le long de la suture et plus ou moins déclives en arrière et sur les côtés ; très-finement et brièvement pubescentes et fortement sétosellées ; mates, un peu plus brillantes à la base ; finement ruguleuses, et chargées sur leur disque de deux ou trois nervures ou côtes longitudinales obsolètes, souvent indistinctes, plus ou moins raccourcies en avant et en arrière ; d'un rouge de vin, et parées sur la suture d'une large bande d'un vert bronzé, commune aux deux élytres, dilatée sur toute la base et prolongée jusqu'aux deux tiers au moins de leur longueur. *Epaules* assez saillantes, arrondies, ciliées sur leurs côtés de soies plus longues.

Dessous du corps assez brillant, revêtu d'une longue pubescence cendrée, couchée sur les côtés, redressée sur les régions médianes : finement pointillé ; d'un vert bronzé, avec la partie antérieure des replis du prothorax et les intersections des segments ventraux rouges, le bord antérieur du prosternum et les épimères du médipectus pâles. *Métasternum* assez convexe, creusé sur sa ligne médiane d'un sillon lisse et peu profond. *Ventre* mou, souvent plissé ou raccorni, avec les cinq premiers segments membraneux à leur sommet. *Pygidum* largement cilié sur ses bords.

Pieds allongés, grêles, finement pubescents, finement et subrugueusement pointillés, d'un vert foncé assez brillant, avec les tarses plus obscurs. *Trochanters postérieurs* assez ressortis et obtusément arrondis à leur sommet (1). *Cuisses* assez longuement ciliées en dessous. *Tibias* obsolètement sétosellés à la partie supérieure de leur tranche externe ; *les postérieurs* assez sensiblement recourbés en dessous vers leur dernier tiers, distinctement sétosellés en dehors sur toute leur longueur, en dedans au moins à leur base. *Tarses* sensiblement plus longs que la moitié des tibias, légèrement ciliés en dessus au sommet de chaque article ; avec les premier à quatrième graduellement plus courts : le dernier allongé, élargi de la base à l'extrémité où il est largement tronqué et sensiblement plus épais que les précédents. *Ongles* sensiblement plus longs que leur membrane.

Patrie. Cette espèce se trouve communément sur les tiges des herbes, sur les épis des céréales ou autres graminées, dans toute la France, les environs de Lyon et de Paris, le Beaujolais, les Alpes, la Provence, etc.

Obs. Elle ne varie que pour la couleur bronzée qui est quelquefois obscure ou bleuâtre, et pour la bande suturale qui est plus ou moins large, plus ou moins raccourcie en arrière. En tous cas, celle-ci dépasse presque toujours le milieu des élytres.

Outre la pubescence ordinaire, le premier article des antennes des ♂ offre en dessous et vers sa base un fascicule de poils dirigés en arrière.

La larve de cette espèce a été décrite par M. Perris (*Ann. Soc. Ent. Fr.* 1852, p. 591, pl. 15. n° 1).

(1) Dans cette espèce surtout, ce caractère est plus appréciable que dans toute autre Il se retrouve aussi dans les *M. rubidus, bipustulatus et australis*. Chez toutes les autres espèces, les trochanters postérieurs sont plus ou moins appliqués à leur sommet contre les cuisses, plus ou moins acuminés ou étroitement arrondis.

bb *La bande suturale* n'embrassant pas la base, étroite et prolongée seulement sur la moitié de la longueur. *Antennes* à deuxième article court dans les deux sexes.

11. Malachius rubidus. Erichson.

Suballongé, à peine et obsolètement pubescent en dessus, garni en dessus comme en dessous de longs poils sétiformes noirs et redressés ; d'un vert bronzé, avec les angles antérieurs du prothorax et les élytres rouges, celles-ci avec une bande suturale bronzée, embrassant l'écusson, mais non étendue sur toute la base, prolongée seulement jusqu'à la moitié de leur longueur ; le dessous des deux premiers articles des antennes, des fossettes antennaires et des yeux, l'épistome et une partie des organes buccaux, et le bord apical des segments ventraux flaves, et les épimères du médipectus concolores. Antennes à deuxième article court. Tête peu brillante, ruguleuse et aspèrement ponctuée, transversalement impressionnée entre les yeux et creusée entre ceux-ci, dans son milieu, d'une fossette profonde. Prothorax subtransverse, un peu plus étroit que les élytres, subarrondi sur les côtés, brillant, subaspèrement pointillé latéralement. Elytres subparallèles, peu brillantes, obsolètement ponctuées, arrondies au sommet. Tibias postérieurs sensiblement recourbés en dessous vers leur dernier tiers. Ongles un peu plus longs que leur membrane.

Malachius rubidus. Erichson, Entomogr. 1, p. 70, 6. — Redtenbacher, Faun. Austr., 2e édit., p. 537, 7. — Kiesenwetter, Ins. Deut., t. IV, p. 582, 3.

Long. 0m,0055 (2 l. 1/2). — Larg. 0m,0020 (7/8).

♂ *Antennes* au moins aussi longues que la moitié du corps ; à premier article flave en dessous, légèrement épaissi, obconique, obliquement coupé à son sommet, avec celui-ci un peu en dent de scie inférieurement : le deuxième court, obscurément testacé en dessous, fortement prolongé inférieurement en fer de hache, épaissi en dessous en forme de talon, à angles, surtout l'antérieur, émoussés ou arrondis : le troisième assez court, dilaté inférieurement en angle émoussé au sommet : le quatrième sensiblement plus long que le précédent, prolongé en dessous en angle plus fort et plus aigu que le précédent, à côté antérieur non sur la même ligne que l'intersection elle-même et obliquement dirigé d'avant en arrière, et le postérieur faiblement sinué, de manière que cet angle simule une large dent comprimée et angulaire, un peu recourbée postérieurement : les cinquième à dixième obsolètement en dents de scie graduellement plus faibles. *Epistome* séparé, sur les côtés, du bord antérieur de la tête par une excavation profonde, simultanément relevé à sa base avec le milieu du bord antérieur du front en un tubercule transversal, obtus, d'un noir brillant, apparaissant entre les antennes, vu de dessus. *Le sixième segment ventral* subogival, longitudinalement fendu depuis le sommet jusqu'au delà de sa moitié. *Le sixième segment abdominal* débordant un peu l'inférieur, subarrondi à son extrémité.

♀ *Antennes* à peine aussi longues que la moitié du corps; à premier article subtestacé en dessous à son sommet, à peine épaissi, obconique : les deuxième à quatrième assez épais, graduellement moins courts. *Epistome* faiblement ou à peine relevé à sa base. *Le sixième segment ventral* entier et subarrondi à son extrémité.

Corps suballongé, subparallèle, revêtu en dessus d'une fine et rare pubescence, souvent à peine distincte; garni supérieurement et inférieurement de longs poils sétiformes, noirs et redressés, plus courts et souvent obsolètes sur les élytres, entremêlés en dessous de poils pâles.

Tête un peu plus étroite que le prothorax, subdéprimée, à peine pubescente, hérissée de longs poils sétiformes, surtout sur les côtés des tempes; ruguleuse et aspèrement ponctuée; d'un vert foncé peu brillant, avec le dessous des fossettes antennaires et un trait au-dessous des yeux flaves. *Front* sensiblement et obliquement relevé au-dessus des insertions des antennes, rugueux et transversalement élevé entre celles-ci; marqué entre les yeux d'une impression transversale plus ou moins forte et creusée sur son milieu d'une fossette profonde; avec la couleur verte plus ou moins étendue entre les antennes et entre celles-ci et les yeux. *Epistome* corné, transversalement plus ou moins élevé à sa base, déprimé à sa partie antérieure, lisse, d'un flave brillant avec sa base plus ou moins (♂) étroitement rembrunie. *Labre* subconvexe, presque lisse ou subponctué, flave avec sa base plus ou moins largement rembrunie (♂); cilié sur ses bords de poils pâles. *Mandibules* ciliées vers leurs côtés de longues soies noires; d'un flave testacé avec leur sommet rembruni. *Languette et menton* d'un flave testacé. *Palpes* d'un noir de poix, avec l'extrémité du dernier article des *maxillaires* un peu plus claire, et leur *pénultième* article à peine plus long que la moitié du suivant.

Yeux assez saillants, subarrondis; noirs, séparés du bord antérieur du prothorax par un intervalle presque aussi grand que le diamètre antéro-postérieur de l'œil.

Antennes aussi (♂) ou un peu moins (♀) longues que la moitié du corps ; graduellement subatténuées vers leur extrémité ; à peine pubescentes, légèrement ciliées en dessous au sommet de chaque article ; très-finement et subrugueusement pointillées ; obscures, avec leur base submétallique et un peu brillante, et les deux premiers articles plus (♂) ou moins (♀) flaves ou testacés en dessous : le premier légèrement épaissi, obconique ; le deuxième court, le troisième assez court, le quatrième un peu moins : les cinquième à dixième suballongés, faiblement en dents de scie graduellement moins prononcées : le dernier allongé, subfusiforme, subacuminé au sommet, un peu plus long que le pénultième.

Prothorax un peu plus étroit que les élytres à leur base, un peu moins long que large ; en carré subtransverse, assez fortement arrondi à ses angles et un peu plus étroit en avant ; sensiblement arrondi à son bord antérieur qui est distinctement prolongé dans son milieu au-dessus du niveau du vertex ; légèrement arrondi sur les côtés ; subtronqué, un peu relevé et finement rebordé à la base ; subconvexe sur le dos et déclive latéralement ; faiblement impressionné vers les angles antérieurs, plus fortement et obliquement vers les ongles postérieurs qui sont notablement relevés sur une assez grande étendue ; offrant au devant de l'écusson une impression arrondie plus ou moins marquée ; à peine et très-finement pubescent ; presque lisse sur son disque, éparsement et subaspèrement pointillé sur les côtés, où il est longuement sétosellé ; d'un vert foncé brillant, et paré le long des angles antérieurs d'une tache rouge oblique, allongée et étendue jusque vers le milieu des côtés.

Ecusson en carré transverse, à peine pubescent, obsolètement pointillé, d'un vert foncé un peu brillant.

Elytres oblongues ou suballongées, égalant environ deux fois et demie leur largeur, presque trois fois aussi longues que le prothorax ; subparallèles ; arrondies au sommet ainsi qu'à l'angle sutural ; subdéprimées à la base, le long de la suture et déclives postérieurement et sur les côtés ; médiocrement et obsolètement sétosellées ; éparsement et obsolètement ponctuées ; d'un rouge écarlate mat, à peine plus brillant à la base ; parées sur la suture d'une bande d'un vert foncé ou violacé, embrassant les côtés de l'écusson, et prolongée, en se rétrécissant, jusqu'au milieu de la longueur. *Epaules* assez saillantes, arrondies, ciliées sur leurs côtés de soies plus longues.

Dessous du corps assez brillant, revêtu çà et là d'une légère pubescence cendrée, plus ou moins couchée, et hérissé en outre d'assez longues soies noires ; faiblement et subrugueusement ponctué ; d'un bronzé foncé ou violâtre, avec le bord antérieur du prosternum et le bord apical des segments ventraux plus ou moins flaves, et les épimères du médipectus concolores. *Métasternum* assez convexe, creusé sur sa ligne médiane d'un sillon lisse et peu profond. *Ventre* presque entièrement corné ou à peine membraneux à ses intersections. *Pygidium* longuement cilié sur ses bords.

Pieds allongés, grêles, légèrement pubescents, finement et subrugueusement pointillés ; d'un bronzé obscur ou presque noir. *Cuisses* plus longuement pubescentes en dessous. *Tibias antérieurs* distinctement sétosellés en dehors. *Les intermédiaires et les postérieurs* en dedans et en dehors : ceux-ci sensiblement recourbés en dessous vers leur dernier tiers. *Tarses* sensiblement plus longs que la moitié des tibias, légèrement ciliés en dessus au sommet de chaque article ; à premier article subégal au deuxième : les deuxième à quatrième graduellement plus courts : le dernier allongé, élargi de la base à l'extrémité où il est assez largement tronqué et plus épais que les précédents. *Ongles* un peu plus longs que leur membrane.

Patrie. Cette espèce, propre à l'Autriche et à la Hongrie, se rencontre rarement dans le département des Basses-Alpes et dans les montagnes du département du Var.

Obs. Elle se distingue facilement du *Malachius aeneus* par sa taille moins forte, par la bande suturale des élytres n'embrassant pas toute la base et moins étendue en arrière, par la pilosité du dessous du corps, par les épimères du médipectus concolores, et par la structure toute autre des deuxième et troisième articles des antennes des ♂.

Ici se placerait une espèce qui n'a point encore été trouvée en France, et dont la bande suturale est triangulaire et réduite à l'écusson.

Malachius scutellaris, Ericuson.

Suballongé, très-finement pubescent, légèrement sétosellé en dessus ; d'un vert bronzé ou doré, avec les angles antérieurs du prothorax et les élytres d'un rouge vermillon: celles-ci avec une tache scutellaire triangulaire d'un vert bronzé ; le dessous des premiers articles des antennes, la bouche (moins les palpes) et les intersections des segments ventraux d'un jaune testacé, et les épimères du médipectus flaves. Antennes à deuxième article court chez la ♀, presque aussi long que le premier chez le ♂. Tête assez brillante, finement chagrinée, impressionnée et fovéolée entre les yeux. Prothorax transverse, un peu plus étroit que les élytres, à peine arrondi sur les côtés, assez brillant, finement chagriné. Elytres subparallèles, peu brillantes, finement chagrinées, arrondies au sommet. Tibias postérieurs sensiblement recourbés en dessous vers leur dernier tiers. Ongles évidemment plus longs que leur membrane.

Malachius aeneus. *Var*. γ ILLIGER, Kaf. Pr., p. 303.

Malachius scutellaris. ERICHSON, Entomogr. 1, p. 67, 2. — REDTENBACHER, Faun. Austr., 2e édit., p. 537, 7. — KIESENWETTER, Ins. Deut., t. IV, p. 581, 2.

Long. 0m,0058 (2 l. 2/3). — Larg. 0m,0025 (1 l.).

♂ *Antennes* un peu plus longues que la moitié du corps ; avec le premier article prolongé en dessous à son sommet en une espèce de lobe arrondi, testacé, garni par dessous d'une épaisse et assez longue pubescence flave, dirigée en arrière et continuée presque jusqu'à la base : le deuxième assez densement mais brièvement pubescent en dessous, subégal en longueur au précédent, mais dilaté inférieurement en forme de fer de hache oblique, à angle antérieur arrondi et prolongé en avant : le troisième fortement dilaté en dessous en dent solide et arrondie, un peu recourbée en arrière à son extrémité pour venir regarder la précédente : les quatrième à dixième inférieurement en dents de scie graduellement plus faibles et moins émoussées : le dernier très-allongé, subcylindrique, obtusément acuminé à son sommet : les quatre premiers d'un jaune testacé ou orangé en dessous sur toute leur longueur, les cinquième à neuvième plus ou moins largement à leur extrémité. *Base de l'épistome* simultanément relevée avec le bord antérieur du front en une large saillie testacée, transversale, excavée en dessous dans son milieu, trilobée en avant, avec le lobe médian plus large, subgibbeux, subarrondi, surmonté en dessus d'un large faisceau de poils pâles et brillants : le tout, vu de dessus, apparaissant entre les antennes, bien qu'en avant de celles-ci. *Epistome* séparé, sur les côtés, du bord antérieur de la tête par une excavation profonde. *Labre* entièrement testacé. *Front* marqué entre les yeux d'une forte impression ou sillon transversal, creusé dans son milieu d'une fossette profonde et de chaque côté d'une autre beaucoup moindre (1), parfois réunie à celle du milieu par un petit trait enfoncé ; transversalement relevé entre les antennes en forme d'arête large-

(1) Ces fossettes latérales existent parfois chez les ♂ d'autres espèces, mais seulement à l'état rudimentaire, jamais aussi distinctes que dans l'espèce en question.

ment et circulairement échancrée. *Le sixième segment ventral* subogival, longitudinalement fendu depuis le sommet jusque près de la base. *Le sixième segment abdominal* débordant un peu l'inférieur, sinué ou subéchancré au milieu de son bord apical. *Cuisses* longuement ciliées en dessous de poils mous et cendrés. *Tibias postérieurs* distinctement sétosellés des deux côtés.

♀ *Antennes* à peine aussi longues que la moitié du corps ; avec le premier article simplement en massue oblongue : le deuxième court, égal à la moitié du précédent, arrondi en dessous vers son sommet : les deuxième à dixième inférieurement faiblement en dents de scie graduellement moins distinctes : le dernier allongé, fusiforme, subacuminé au sommet : les premier et deuxième à peine ciliés en dessous, subtestacés inférieurement à leur sommet, et le troisième très-obscurément. *Epistome* simple et non relevé à sa base ; séparé du bord antérieur de la tête par un léger sillon, sinué dans son milieu. *Front* marqué entre les yeux d'une faible impression transversale et creusée dans son milieu d'une fossette peu profonde ; non transversalement relevé ni échancré entre les antennes. *Les sixième segments abdominal et ventral* saillants, subégaux, coniques, tronqués ou subarrondis au sommet, l'inférieur plus étroitement. *Cuisses* obsolètement ciliées en dessous de quelques poils mous et cendrés. *Tibias postérieurs* légèrement sétosellés en dehors seulement.

Patrie. L'Autriche, la Prusse, l'Allemagne.

Obs. Cette espèce diffère des deux précédentes, par sa couleur rouge souvent pâle, et surtout par sa tache scutellaire triangulaire, plus courte et ne dépassant jamais le quart ou le tiers de la longueur des élytres. En outre les deuxième et troisième articles des antennes des ♂ ne présentent plus la même structure.

Cette espèce conduit naturellement au *Malachius carnifex*, Er. qui n'a qu'une étroite bordure suturale, et au *Malachius coccineus*, Er. qui en est dépourvu complètement : deux espèces orientales dont nous n'avons pas à nous occuper.

Nous placerons ici une espèce qui doit représenter dans ce groupe le *Malachius marginellus* :

Malachius sardoüs. Erichson.

Allongé, finement pubescent, légèrement sétosellé ; d'un vert bronzé ou bleuâtre, avec les côtés du prothorax et l'extrémité et la plupart des élytres rouges ; le dessous des premiers articles des antennes et la plupart des parties de la bouche d'un flave testacé, les épimères du médipectus pâles, les intersections des segments ventraux rosées et les tarses antérieurs d'un testacé plus ou moins obscur. Antennes à deuxième article court. Tête brillante, presque lisse, distinctement fovéolée entre les yeux. Prothorax transverse, un peu plus étroit que les élytres, subarrondi sur les côtés, brillant, presque lisse. Elytres un peu brillantes, finement ruguleuses, assez étroitement arrondies au sommet. Tibias postérieurs faiblement recourbés en dessous vers leur dernier tiers. Ongles un peu plus longs que leur membrane.

Malachius sardoüs. Erichson, Entomogr. I, p. 75, 14.

Variété a. Bordure rouge du prothorax graduellement élargie d'arrière en avant en forme de grande tache triangulaire.

♂ *Antennes* aussi longues que la moitié du corps ; à premier article fortement épaissi, subovalaire : le deuxième court, noueux, fortement arrondi en dessous : le troisième oblong, triangulaire, faiblement subsinué sur sa tranche inférieure : les quatrième à dixième prolongés en dessous à leur extrémité en dents de scie arrondies ou émoussées, et graduellement moins marquées : les quatrième et cinquième fortement, le sixième sensiblement, le septième faiblement échancrés inférieurement : le dernier allongé, subfusiforme, subacuminé au sommet : le premier concolore ou seulement légèrement testacé en dessous à son extrémité ; les deuxième à cinquième sur toute leur longueur, les sixième et septième et même huitième seulement à leur sommet. *Le sixième segment ventral* ogival, fendu jusque près de sa base. *Le sixième segment abdominal* débordant à peine l'inférieur, en cône largement et subsinueusement tronqué à son bord apical.

♀ *Antennes* à peine aussi longues que la moitié du corps ; à premier article légèrement épaissi en massue oblongue : le deuxième court, subnoueux, subarrondi en dessous : le troisième oblong, obconique, faiblement arrondi sur sa tranche inférieure : les quatrième et cinquième subparallèles sur leurs tranches ou presque d'un diamètre égal à leur sommet et au quart basilaire, presque imperceptiblement subsinués en dessous : les sixième à dixième à peine à dents de scie inférieurement : le dernier suballongé, fusiforme, acuminé au sommet ; le premier concolore ou à peine testacé en dessous à son extrémité, les deuxième et troisième sur toute leur longueur, les quatrième et cinquième seulement à leur sommet. *Les sixièmes segments abdominal et ventral* saillants, subégaux, assez largement et obtusément tronqués à leur bord apical.

Patrie. Cette espèce, assez répandue en Corse, n'a point encore, du moins à notre connaissance, été rencontrée dans la France continentale.

Obs. Elle se distingue des suivantes par la présence d'une bordure rouge tout le long des côtés du prothorax. Cette bordure, ordinairement assez étroite, est un peu plus large vers les angles postérieurs. Quelquefois elle est très-large dans toute sa longueur, comme dans le *Malachius marginellus*. Dans ce dernier cas, le *M. sardoüs* diffère de celui-ci par le troisième article des antennes subarrondi à sa tranche inférieure au lieu d'être droit ou subsinué; par le sixième article des mêmes organes obconique au lieu d'être subparallèle et subsinué inférieurement ; par les deuxième et troisième articles des palpes maxillaires tachés à leur base ; par le dessous des fossettes antennaires et les joues toujours concolores au lieu d'être flaves ; par le prothorax un peu moins droit sur ses côtés, etc. Quant au ♂, il a les élytres simples à leur sommet.

Parfois le disque du prothorax est d'un cuivreux pourpré et très-brillant.

BB *Elytres* vertes ou bleuâtres, avec une tache apicale rouge.

c *Cinquième article des antennes* des ♂ non dilaté ou épaissi supérieurement.

d *Epistome* relevé à sa base, chez les ♂, en forme de lame triangulaire. *Tache apicale* des élytres assez grande.

e *Prothorax* avec une très-étroite bordure rouge aux angles antérieurs.

12. Malachius bipustulatus. Erichson.

Suballongé, finement pubescent, garni en dessus de longs poils sétiformes, noirs et redressés ; d'un vert bronzé ou bleuâtre, avec une étroite bordure aux angles antérieurs du prothorax et une tache apicale aux élytres, d'un rouge écarlate ; le dessous des premiers articles des antennes et des fossettes antennaires, et la plupart des parties de la bouche (moins les palpes) testacés, les intersections des segments ventraux, flaves ou rosées, et les épimères du médipectus pâles. Antennes à deuxième article court dans les deux sexes. Tête assez brillante, obsolètement pointillée, impressionnée et fovéolée entre les yeux. Prothorax transverse, à peine plus étroit que les élytres, subarrondi sur les côtés, brillant, presque lisse. Elytres subparallèles, peu brillantes, subruguleuses, assez étroitement arrondies au sommet. Tibias postérieurs sensiblement recourbés en dessous vers leur dernier tiers. Ongles un peu plus longs que leur membrane.

Cantharis bipustulla. LINNÉ, Faun. Suec, n° 704 ; — Syst. Nat. I, II, p. 648, 2.

Malachius bipustulatus. FABRICIUS, Syst. El. 1, p. 306, 4. — OLIVIER, Ent., t. II, n° 27, p. 5, 3, pl. 1, fig. 1. — PANZER, Faun. Germ. 10, 3. — GYLLENHALL, Ins. Suec. 1, p. 357, 2. — ERICHSON, Entomogr. 1, p. 71, 8. — REDTENBACHER, Faun. Austr., 2e édit, p. 537, 6. — KIESENWETTER, Ins. Deut. 4, p. 584, 4.

Variété a. Prothorax concolore.

Long. 0m,0060 à 0m,0070 (2 l. 1/2 à 3 l.). — Larg. 0m,0022 à 0m,0026 (1 l. à 1 l. 1/3).

♂ *Antennes* un peu plus longues que la moitié du corps : à premier article fortement épassi en massue renflée et obovalaire, assez densement pubescente en dessous : le deuxième court, mais notablement prolongé inférieurement en forme d'appendice arrondi, légèrement pubescent au sommet, obliquement dirigé d'arrière en avant, à tranche inférieure épaissie en forme de talon : le troisième assez court, dilaté en dessous en angle aigu, émoussé au sommet et beaucoup moins avancé que le prolongement du précédent : le quatrième plus long que le troisième, fortement prolongé inférieurement en forme de cognée ou de fer de hache oblong, presque aussi avancé que le prolongement du deuxième, subéchancré et un peu recourbé en arrière : le cinquième beaucoup plus long que le précédent, faiblement et subparallèlement dilaté en dessous et légèrement subéchancré à son arête inférieure : les sixième à dixième sensiblement en dents de scie graduellement moins saillantes : le dernier très-allongé, subcylindrique, un peu rétréci avant son sommet et obtusément acuminé à celui-ci : avec les cinq premiers articles entièrement flaves ou testacés inférieurement, les sixième et septième seulement à leur extrémité. *Epistome* séparé du bord antérieur de la tête par une excavation transversale profonde ; fortement relevé au milieu de sa base en une sorte de crête en forme de chevron ou de lame triangulaire, fortement creusée par dessous, et dont le sommet offre un fascicule de longs poils sétiformes, pâles, brillants et disposés en éventail, apparaissant, vue de dessus, entre les deux antennes. *Labre* entièrement testacé. *Front* marqué entre les yeux d'une forte impression transversale creusée sur son milieu d'une fossette profonde ; transversalement élevé entre les antennes en arête assez tranchante, très largement et faiblement échancrée ; avec la couleur verte s'arrêtant au niveau supérieur des fossettes antennaires. Le *sixième segment ventral* ogival, longitudinalement fendu depuis le sommet jusque près de sa base. Le *sixième segment abdominal* débordant l'inférieur, en cône parfois subimpressionné postérieurement en dessus, largement et subsinueusement tronqué à son bord apical. *Tibias postérieurs* distinctement sétosellés des deux côtés.

♀ *Antennes* à peine aussi longues que la moitié du corps; à premier article épaissi en massue ovale oblongue : les deuxième et troisième sensiblement prolongés en dessous en dent de scie émoussée : le deuxième court, le troisième un peu plus long : le quatrième sensiblement plus long que le troisième, offrant en dessous vers son sommet une dilatation sensible et obtusément tronquée : les cinquième à dixième faiblement en dents de scie graduellement plus légères : le dernier allongé, subfusiforme, obtusément acuminé au sommet ; avec les trois ou quatre premiers articles plus ou moins testacés en dessous, le premier au moins à son sommet, les trois suivants ordinairement sur toute leur longueur, le cinquième quelquefois presque concolore. *Epistome* séparé du bord antérieur de la tête par une faible impression transversale ; cilié de poils obscurs le long et au devant de sa base; offrant dans le milieu de celle-ci une légère élévation en forme d'arête transverse, ciliée par dessus de quelques poils pâles, redressés et souvent peu distincts. *Labre* plus ou moins largement rembruni à sa base. *Front* marqué entre les yeux d'une médiocre impression transversale creusée sur son milieu d'une fossette assez profonde ; transversalement, mais faiblement et obtusément relevé entre les antennes ; avec la couleur verte ordinairement prolongée entre celles-ci en forme de languette tronquée jusqu'au bord antérieur, et, sur les côtés, jusqu'au niveau inférieur des fossettes antennaires. Les *sixièmes segments abdominal et ventral* saillants, subégaux, coniques : le supérieur obtusément tronqué : l'inférieur subarrondi à leur sommet. *Tibias postérieurs* distinctement sétosellés, seulement en dehors.

Corps suballongé, subparallèle, revêtu d'une fine pubescence cendrée, très-courte et couchée en dessus, longue et en partie redressée en dessous; garni supérieurement de longs poils sétiformes, noirs et redressés.

Tête un peu (♂) ou sensiblement (♀) plus étroite que le prothorax, subdéprimée, à peine pubescente, mais distinctement sétosellée, avec les soies un peu plus longues et plus fournies sur les côtés des tempes ; très-obsolètement pointillée ; d'un vert bronzé assez brillant, avec le dessous des fossettes antennaires (♀) et souvent tout le bord antérieur (♂) flaves ou testacés. *Front* obliquement relevé au dessus des insertions des antennes, transversalement plus (♂) ou moins (♀) relevé et subrugueux entre celles-ci ; marqué entre les yeux d'une impression transversale plus (♂)

ou moins (♀) forte et creusée sur son milieu d'une fossette plus (♂) ou moins (♀) profonde ; avec la couleur verte plus (♀) ou moins (♂) avancée, quelquefois prolongée en se rétrécissant jusqu'à l'épistome et étendue latéralement sur toute la largeur de la saillie basilaire (♀) et médiane de celui-ci, mais, entre les yeux et les antennes, jamais avancée jusqu'au bord antérieur. *Epistome* corné, très inégal (♂), lisse et brillant à sa base, quelquefois subdéprimé et mat (♀) dans sa moitié antérieure ; entièrement d'un flave testacé ; paré vers sa base d'une rangée transversale de cils souvent obsolètes (♀). *Labre* subconvexe, presque lisse ou subponctué et cilié en avant de poils pâles ; flave ou testacé (♂), avec la base (♀) plus ou moins largement rembrunie. *Mandibules* ciliées vers leurs côtés de longues soies noires ; d'un flave testacé avec leur extrémité d'un noir de poix : le bord antérieur de la *pièce prébasilaire*, le menton et la *languette* d'un flave testacé ; la tige des *mâchoires* métallique et les *palpes* d'un noir de poix : ceux-ci avec le sommet du dernier article et les intersections des précédents pâles ou flaves. *Pénultième article des maxillaires* évidemment plus long que la moitié du suivant.

Yeux assez saillants, subarrondis, noirs, séparés du bord antérieur du prothorax par un intervalle plus (♂) ou moins (♀) grand.

Antennes un peu plus (♂) ou à peine aussi (♀) longues que la moitié du corps, graduellement subatténuées vers leur extrémité ; sensiblement écartées à leur base dans les deux sexes ; finement pubescentes, légèrement ciliées en dessous au sommet de chaque article ; finement et rugueusement pointillées ; obscures, avec leur base métallique et un peu plus brillante, et le premier article souvent d'un vert doré et brillant en dessus : celui-ci plus (♂) ou moins (♀) épaissi : le deuxième court, égal à la moitié du précédent, à peine (♂) ou un peu (♀) plus long que le suivant : le troisième assez court : le quatrième sensiblement plus long que le troisième : les cinquième à dixième allongés, graduellement moins en dents de scie inférieurement : le dernier très-allongé, sensiblement plus long que le pénultième, subcylindrico-fusiforme, obtusément acuminé au sommet.

Prothorax à peine plus étroit que les élytres à leur base, sensiblement moins long que large ; en carré transverse, largement arrondi à ses angles et un peu plus étroit en avant ; assez fortement arrondi à son bord antérieur qui est sensiblement prolongé dans son milieu au dessus du niveau du vertex ; subarrondi sur ses côtés ; subtronqué, un peu relevé et finement rebordé à la base, avec celle-ci souvent subsinuée au dessus de l'écusson ; subconvexe sur le dos et déclive sur les côtés ; à peine impressionné vers les angles antérieurs, fortement et obliquement le long des angles postérieurs qui sont notablement relevés sur une grande étendue ; offrant au devant de l'écusson une faible impression souvent obsolète ; très-finement pubescent et distinctement sétosellé ; presque lisse ou très-obsolètement et subrugueusement ponctué sur les côtés ; d'un vert brillant, quelquefois doré, souvent bronzé ou bleuâtre, avec une étroite bordure rouge le long des angles antérieurs, parfois très-réduite et peu distincte.

Ecusson en carré transverse, obscurément arrondi ou obtusément tronqué au sommet, à peine pubescent, finement et distinctement pointillé, d'un vert doré ou bronzé assez brillant.

Elytres oblongues ou suballongées, égalant environ deux fois et demie leur largeur, presque trois fois aussi longues que le prothorax ; subparallèles ou presque insensiblement élargies en arrière ; assez étroitement et individuellement arrondies au sommet ainsi qu'à l'angle sutural ; subdéprimées le long de la suture et déclives postérieurement et sur les côtés ; chargées quelquefois (♂) de deux ou trois côtes longitudinales le plus souvent indistinctes ; brièvement pubescentes et plus ou moins fortement sétosellées ; subruguleuses et parfois inégales ; mates et seulement un peu brillantes à leur base ; d'un vert souvent bronzé ou bleuâtre, avec le sommet orné d'une grande tache rouge. *Epaules* assez saillantes, arrondies, un peu plus longuement sétosellées sur leurs côtés.

Dessous du corps brillant ; revêtu d'une longue pubescence cendrée, couchée sur les côtés, plus ou moins redressée sur les régions médianes ; légèment mais distinctement ponctué ; d'un vert bronzé ou bleuâtre, avec la partie antérieure des replis du prothorax rougeâtre, les épimères du médipectus pâles, et les intersections des segments ventraux et parfois le bord antérieur du prosternum flaves ou rosés. *Métasternum* assez convexe, creusé sur sa ligne médiane d'un sillon lisse assez marqué. *Ventre* souvent plissé ou raccorni, à intersections membraneuses. *Pygidium* plus (♂) ou moins (♀) longuement et densement cilié sur ses bords.

Pieds allongés, grêles, finement pubescents, finement et subrugueusement pointillés ; d'un vert bronzé ou bleuâtre assez brillant, avec les tarses plus foncés. *Trochanters postérieurs* subarrondis à leur sommet. *Cuisses* plus (♂) ou moins (♀) longuement pubescentes en dessous. *Tibias* plus ou moins sétosellés, au moins en dehors : les *antérieurs* quelquefois testacés à leur sommet : les *postérieurs* sensiblement recourbés en dessous vers leur dernier tiers. *Tarses* évidemment plus longs que la moitié des tibias ; légèrement ciliés en dessus au sommet de chaque article ; avec les premier et deuxième subégaux, vus de dessus : les deuxième à quatrième graduellement plus courts : le dernier allongé, subarcuément élargi de la base à l'extrémité où il est largement et obtusément tronqué et plus épais que les précédents. *Ongles* un peu et souvent à peine plus longs que leur membrane.

PATRIE. Cette espèce se rencontre communément sur les tiges des graminées et surtout des céréales, dans toute la France, les environs de Paris et de Lyon, le Beaujolais, la Bourgogne, la Bresse, etc.

OBS. Le prothorax est quelquefois concolore (variété *a*, *immaculicollis*, Nob.); mais alors la bordure rouge est remplacée par une teinte cuivreuse, et dans cette même variété le quatrième article des antennes des ♀ n'est nullement taché en dessous de flave ou de testacé. Dans d'autres variétés, les tibias antérieurs sont plus ou moins testacés à leur extrémité.

Nous possédons un exemplaire ♂ très-développé, chez lequel les tibias antérieurs et intermédiaires sont très-sensiblement arqués, au moins à leur base. Ils offrent, en outre, quelques cils noirs au dessus de leurs deux premiers articles.

ee Prothorax concolore.

13. **Malachius australis.** MULSANT ET REY.

Suballongé, finement pubescent, parsemé en dessus de longs poils sétiformes, noirs et redressés; d'un vert doré, bronzé ou bleuâtre, avec une tache apicale aux élytres rouge ou orangée, le dessous des fossettes antennaires et des premiers articles des antennes, et les parties de la bouche (moins les palpes) plus ou moins flaves ou testacés, les épimères du médipectus flaves, les intersections des segments ventraux rosées, et les tarses antérieurs d'un testacé plus ou moins obscur. Antennes à deuxième article court dans les deux sexes. Tête assez brillante, obsolètement pointillée, impressionnée et fovéolée entre les yeux. Prothorax transverse, un peu plus étroit sur les côtés, presque droit sur les côtés, brillant, presque lisse. Elytres subparallèles, peu brillantes, subruguleuses, fortement arrondies au sommet. Tibias postérieurs assez sensiblement recourbés en dessous vers leur derniers tiers. Ongles un peu plus longs que leur membrane.

Variété a. Prothorax offrant à ses angles antérieurs une très-étroite bordure ou transparence rose ou orangée.

Long. $0^m,0050$ à $0^m,0065$ (2 à 3 l.) — Larg. $0^m,0017$ à $0^m,0022$ (2/3 l. à 1 l.).

♂ *Antennes* un peu plus longues que la moitié du corps; sensiblement rapprochées à leur base; à premier article légèrement épaissi en forme de parallélipipède oblong, largement arrondi à son angle postéro-inférieur, fortement velu en dessous: le deuxième court mais notablement dilaté inférieurement en fer de hache densement velu et épaissi à sa tranche inférieure en forme de talon : le troisième beaucoup moins court, médiocrement prolongé en dessous en angle aigu, un peu émoussé au sommet, subéchancré à son côté antérieur et partant un peu recourbé en avant, un peu moins avancé que le prolongement du précédent : le quatrième fortement dilaté inférieurement en angle aigu, à peine émoussé au sommet, subéchancré à son côté postérieur et partant un peu recourbé en arrière, comme pour regarder la pointe antérieure du deuxième; à peine plus prolongé que celle-ci; à côté antérieur non sur la même ligne que l'intersection elle-même et obliquement dirigé d'arrière en avant; le cinquième légèrement dilaté en dessous sur toute sa longueur, avec son arête inférieure obliquement coupée d'avant en arrière, de manière qu'il est un peu plus large au-dessus de sa base qu'à son extrémité : les sixième à dixième assez sensiblement en dents de scie inférieurement: le dernier allongé, subcylindrique ou à peine atténué vers son extrémité, obtusément acuminé au sommet: avec les six ou sept premiers articles plus ou moins flaves ou testacés en dessous sur toute leur longueur. *Epistome* séparé du bord antérieur de la tête par une excavation transversale assez profonde; fortement relevé sur le milieu de sa base en forme de lame triangulaire, non creusée par dessous, subsinuée sur ses côtés et légèrement fasciculée à son sommet, apparaissant, vue de dessus, entre les deux antennes. *Front* marqué entre les yeux d'une forte impression transversale creusée sur son milieu d'une fossette profonde; pas plus large entre les antennes que l'intervalle de celles-ci aux yeux; avec la couleur verte s'arrêtant sur les côtés à la hauteur du milieu du bord interne des yeux, et prolongée en pointe entre les antennes jusqu'au niveau inférieur des fossettes antennaires *Le sixième segment ventral* subogival, longitudinalement fendu depuis le sommet jusqu'au delà de sa moitié. *Le sixième segment abdominal* débordant l'inférieur, en cône subimpressionné postérieurement en dessus et largement et subsinueusement tronqué à son bord apical.

♀ *Antennes* environ de la longueur de la moitié du corps; assez écartées à leur base; à premier article faiblement épaissi en massue oblongue : le deuxième court, noueux : le troisième un peu dilaté et largement arrondi en dessous : le quatrième sensiblement prolongé inférieurement en angle très-obtus et arrondi, et dont le sommet se trouve environ vers le premier tiers de la longueur, où partant ce même article est sensiblement plus large que vers l'extrémité : le cinquième non dilaté en dessous, presque d'un diamètre égal sur toute sa longueur ou à peine rétréci vers sa base : les sixième à dixième faiblement en dents de scie inférieurement : le dernier allongé, fusiforme, subacuminé au sommet : les trois ou quatre premiers plus ou moins testacés en dessous : le premier seulement vers son sommet, les deuxième et troisième sur toute leur longueur, le quatrième quelquefois concolore ou parfois finement testacé seulement sur sa tranche inférieure. *Epistome* séparé du bord antérieur de la tête par une très-faible impression transversale; offrant sur le milieu de sa base une légère et courte saillie transverse, commune avec le milieu du bord antérieur du *front*. Celui-ci marqué entre les yeux d'une médiocre impression creusée sur son milieu d'une fossette assez profonde (1); un peu plus large entre les antennes que l'intervalle de celles-ci aux yeux; avec la couleur verte avancée sur les côtés, jusque près du bord antérieur qu'elle n'atteint pas, prolongée en se rétrécissant, entre les antennes, jusqu'à l'épistome. *Les sixièmes segments abdominal et ventral* saillants, subégaux, coniques : le supérieur obtusément, l'inférieur étroitement arrondis à leur bord apical.

Corps suballongé, subparallèle, revêtu d'une fine pubescence cendrée, courte et couchée en dessous; parsemé supérieurement de longs poils sétiformes, noirs et redressés

Tête à peine (♂) ou un peu (♀) plus étroite que le prothorax; subdéprimée; à peine pubescente, éparsement sétosellée, avec les soies plus longues et plus fournies sur les côtés des tempes; obsolètement pointillée; d'un vert doré, bronzé ou bleuâtre assez brillant, avec le dessous des fossettes antennaires (♀) et souvent tout le bord antérieur (♂) flaves ou testacés. *Front* obliquement relevé au-dessus des insertions des antennes; plus (♂) ou moins (♀) rétréci entre celles-ci; marqué entre les yeux d'une impression transversale plus (♂) ou moins (♀) forte et creusée dans son

(1) L'impression transversale, chez cette espèce comme chez les précédentes, étant limitée aux deux bouts par la saillie des fossettes antennaires, paraît plus profonde à ses extrémités et partant comme trifovéolée, bien que les fossettes extérieures ne doivent pas être considérées comme de véritables fossettes

milieu d'une fossette plus (♂) ou moins (♀) profonde ; avec la couleur verte plus (♂) ou moins (♀) avancée, souvent (♀) prolongée entre les antennes, en se rétrécissant jusqu'à l'épistome et quelquefois étendue latéralement sur toute la largeur de la saillie basilaire et médiane (♀) de celui-ci, mais jamais, entre les antennes et les yeux, avancée jusqu'au bord antérieur. *Epistome* flave (♂) ou testacé (♀) ; corné, subconvexe, lisse et brillant à sa base ; souvent submembraneux, déprimé et mat dans sa moitié antérieure. *Labre* subconvexe, brillant, presque lisse ou subponctué et cilié en avant de poils pâles et brillants ; flave (♂) ou testacé (♀), avec la base non ou à peine rembrunie chez les ♀. *Mandibules* ciliées vers leurs côtés de longues soies noires ; flaves (♂) ou testacées (♀), avec leur extrémité d'un noir de poix. *Les parties inférieures de la bouche* et le bord antérieur de la *pièce prébasilaire* d'un flave plus ou moins testacé, avec la tige des *mâchoires* métallique et les *palpes* d'un noir de poix, et le sommet des articles de ceux-ci plus pâle. *Le pénultième article des palpes maxillaires* un peu plus long que la moitié du suivant.

Yeux plus (♂) ou moins (♀) saillants, subarrondis, noirs, séparés du bord antérieur du prothorax par un intervalle plus (♂) ou moins (♀) notable.

Antennes un peu plus (♂) ou aussi (♀) longues que la moitié du corps, plus (♂) ou moins (♀) rapprochées à leur insertion ; graduellement subatténuées vers leur extrémité ; très-finement pubescentes, avec leurs quatre ou cinq premiers articles (♀) légèrement ciliés en dessous, les suivants seulement vers leur sommet ; très-finement et subrugueusement pointillées ; obscures, avec leur base métallique et un peu brillante et le premier article d'un vert doré ou bronzé en dessus ; les quatre (♀) ou sept (♂) premiers plus ou moins flaves ou testacés en dessous : le premier plus (♂) ou moins (♀) mais légèrement épaissi : le deuxième court, moins long que la moitié du précédent dans les deux sexes : le troisième assez court (♂) ou oblong (♀), sensiblement plus long que le deuxième : le quatrième un peu plus long, le cinquième encore un peu plus long : les sixième à dixième plus (♂) ou moins (♀) allongés, subégaux, plus (♂) ou moins (♀) et graduellement moins en dents de scie inférieurieurement : le dernier allongé, plus long que le pénultième.

Prothorax un peu plus étroit que les élytres à leur base ; sensiblement moins long que large ; en carré transverse, fortement arrondi à ses angles et un peu plus étroit en avant ; assez fortement arrondi à son bord antérieur qui est sensiblement prolongé dans son milieu au-dessus du niveau du vertex ; presque droit ou à peine arrondi sur les côtés ; subtronqué, un peu relevé et finement rebordé à la base, avec celle-ci quelquefois subsinuée au devant de l'écusson ; subconvexe sur le dos et déclive sur les côtés ; à peine impressionné vers les angles antérieurs, fortement et obliquement le long des postérieurs qui sont notablement relevés sur une grande étendue ; offrant au devant de l'écusson une très-légère impression, souvent indistincte ; très-finement ou à peine pubescent et assez fortement sétosellé ; presque lisse sur son disque, très-obsolètement et subrugueusement ponctué sur les côtés, d'un vert brillant doré, bronzé ou bleuâtre, ordinairement concolore ou, très-rarement, avec une légère transparence rosée aux angles antérieurs.

Ecusson en carré transverse, un peu plus étroit en arrière, subarrondi au sommet, à peine pubescent, très-finement pointillé, d'un vert bronzé ou bleuâtre un peu brillant.

Elytres oblongues ou suballongées, égalant environ deux fois et demie leur largeur, presque trois fois aussi longues que le prothorax ; subparallèles (♂) ou presque insensiblement élargies en arrière (♀) ; fortement et individuellement arrondies au sommet ainsi qu'à l'angle sutural ; subdéprimées le long de la suture et déclives postérieurement et latéralement ; brièvement pubescentes et distinctement sétosellées ; subruguleuses et parfois inégales ; mates, seulement un peu plus brillantes à leur base ; d'un vert doré, bronzé ou bleuâtre, avec leur sommet orné d'une grande tache rouge ou quelquefois un peu orangée.

Epaules assez saillantes, arrondies.

Dessous du corps brillant, revêtu d'une assez longue pubescence cendrée, couchée sur les côtés et plus ou moins redressée sur les régions médianes, légèrement et rugueusement ponctué ; d'un vert bronzé ou bleuâtre, avec la partie antérieure des replis du prothorax et les intersections des segments ventraux rosées, rougeâtres ou orangées, les épimères du médipectus et parfois le bord antérieur du prosternum flaves. *Métasternum* assez convexe, marqué sur sa ligne médiane d'un sillon lisse et peu profond. *Ventre* souvent plissé ou raccorni, à intersections membraneuses. *Pygidium* longuement cilié sur ses bords.

Pieds allongés, grêles, finement pubescents, finement et subrugueusement pointillés ; d'un vert bronzé ou bleuâtre assez brillant, avec les tarses plus foncés : les antérieurs souvent d'un testacé obscur. *Trochanters postérieurs* arrondis à leur sommet.

Cuisses plus (♂) ou moins (♀) longuement pubescentes en dessous.

Tibias plus ou moins sétosellés en dehors ; les *postérieurs*, en outre, quelquefois mais obsolètement sétosellés en dedans, assez sensiblement recourbés en dessous vers leur dernier tiers. *Tarses* un peu plus longs que la moitié des tibias, légèrement ciliés en dessus au sommet de chaque article : les premier à quatrième graduellement plus courts : le dernier allongé, élargi de la base à l'extrémité, où il est assez largement tronqué et plus épais que les précédents. *Ongles* un peu plus longs que leur membrane.

Patrie. Cette espèce est moins commune que la précédente. Elle se trouve principalement dans les parties méridionales de la France, à partir des environs de Lyon.

Obs. Elle est très-voisine de la précédente avec laquelle on l'a confondue. Elle s'en distingue par une taille un peu moindre, par son prothorax concolore, un peu plus étroit, un peu moins arrondi sur les côtés, et par le premier article des tarses intermédiaires et postérieurs évidemment un peu plus long que le suivant. Le ♂ diffère du ♂ du *M. bipustulatus*, par la structure de ses antennes, par la lame de la base de l'épistome non creusée en dessous, et par la couleur verte du front un peu plus avancée entre les antennes. La ♀ n'a pas, comme dans le *M. bipustulatus*, le labre aussi sensiblement rembruni à la base ; les troisième et quatrième articles des antennes sont plus longs et autrement dilatés en dessous, avec le cinquième moins rétréci à sa base, presque subparallèle.

Les exemplaires de Marseille sont généralement d'un vert clair et doré ; ceux des environs de Lyon, d'un vert bronzé, bleuâtre ou violacé.

Dans la *variété a*, le prothorax offre vers ses angles antérieurs une étroite bordure orangée, qui est plutôt l'effet de la transparence du vésicule inférieur.

Comme dans l'espèce précédente, les exemplaires ♂ les plus développés ont leurs tibias, surtout les antérieurs, sensiblement arqués à leur base.

Les ♂ offrent aussi quelques cils noirs au-dessus des deux premiers articles.

dd *Epistome* relevé à sa base, simultanément avec le sommet du front, en gibbosité obtuse. *Tache apicale* des élytres plus ou moins réduite.

14. Malachius viridis. Fabricius.

Allongé, finement pubescent, parsemé en dessus d'assez longs poils séti-

formes, noirs et redressés; vert ou bleuâtre, avec une petite tache rouge au sommet des élytres; le dessous des deuxième et troisième articles des antennes plus ou moins testacé, les joues et une grande partie de la bouche (moins les palpes) flaves, les épimères du médipectus pâles, et les intersections des segments ventraux orangées ou rougeâtres. Antennes à deuxième article très-court dans les deux sexes. Tête assez brillante, obsolètement pointillée, distinctement fovéolée entre les yeux. Prothorax presque aussi long que large, un peu plus étroit que les élytres, presque droit sur les côtés, brillant, finement et obsolètement pointillé. Élytres subparallèles, peu brillantes, finement ruguleuses, subarrondies au sommet. Tibias postérieurs sensiblement recourbés en dessous vers leur dernier tiers. Ongles évidemment plus longs que leur membrane.

Malachius viridis. Fabricius, Syst. El. 1, p. 307, 8. — Olivier, Ent. t. II, n° 27, p. 7, 6, pl. 3, fig. 14. — Gyllenhall, Ins. Suec. 1, p. 358, 3. — Erichson, Entomogr. 1, p. 75, 15. Redtenbacher, Faun. Austr., 2e édit., p. 537, 8. — Kiesenwetter, Ins. Deut. t. IV, p. 585, 5.

Variété a. Elytres concolores ou presque concolores.

Long. 0m,0040 à 0m,0055 (1 l. 3/4 à 2 l. 1/2). — Larg. 0m,0017 à 0m,0020 (3/4 l. à 7/8 l.).

♂ *Antennes* aussi longues que la moitié du corps; à premier article fortement épaissi, subovalaire : les troisième à dixième sensiblement en dents de scie un peu émoussées au sommet : le dernier très-allongé, subfusiforme, obtus à son extrémité. *Epistome* transversalement et simultanément relevé avec le bord antérieur du front en forme de large gibbosité obtuse. *Front* marqué entre les yeux d'un faible sillon, subarqué en arrière et creusé dans son milieu d'une fossette assez forte. *Elytres* à angle sutural presque droit, à peine émoussé. Le *sixième segment ventral* fendu à son sommet jusque près de sa base. Le *sixième segment abdominal* débordant l'inférieur, en cône largement et obtusément arrondi au sommet.

♀ *Antennes* à peine aussi longues que la moitié du corps; à premier article légèrement épaissi en massue oblongue : les troisième à dixième à peine et obtusément en dents de scie en dessous : le dernier allongé, fusiforme, subacuminé au sommet. *Epistome* très-faiblement et simultanément relevé à sa base avec le bord antérieur du *front*. Celui-ci à peine transversalement impressionné entre les yeux, creusé sur son milieu d'une fossette assez distincte. *Elytres* à angle sutural obtus, plus ou moins arrondi. Les *sixièmes segments abdominal et ventral* saillants, subégaux, coniques : le supérieur largement et obtusément tronqué, l'inférieur étroitement arrondi à leur sommet.

Corps assez allongé, subparallèle, revêtu d'une fine pubescence cendrée, courte et couchée en dessus, assez longue et en partie redressée en dessous; parsemé supérieurement d'assez longs poils sétiformes, noirs et redressés.

Tête aussi large (♂) ou à peine plus étroite (♀) que le prothorax, subdéprimée; à peine pubescente, éparsement sétosellée, avec les soies un peu plus longues et plus fournies sur les côtés des tempes; obsolètement pointillée; d'un vert bronzé ou bleuâtre assez brillant, avec le dessous des yeux plus ou moins flave, ainsi que le bord antérieur des joues. *Front* plus ou moins relevé au dessus des insertions des antennes, marqué entre les yeux d'une impression transversale plus (♀) ou moins (♂) faible et creusée sur son milieu d'une fossette distincte; avec la couleur verte prolongée jusqu'au bord antérieur, excepté en dessous des yeux et quelquefois des fossettes antennaires. *Epistome* corné, subconvexe, lisse et brillant à sa base; souvent submembraneux, subdéprimé et mat dans son tiers (♂) ou sa moitié antérieure; obsolètement cilié sur sa partie cornée; flave (♂) ou d'un flave testacé (♀). *Labre* subconvexe, brillant, presque lisse ou subponctué et cilié en avant de poils pâles et brillants; entièrement flave (♂) ou d'un flave testacé (♀) quelquefois légèrement rembruni à sa base (♀). *Mandibules* légèrement ciliées vers leurs côtés; flaves ou testacées, avec leur extrémité d'un noir de poix. Bord antérieur de la *pièce prébasilaire* et les *parties inférieures de la bouche* flaves ou d'un flave testacé, avec la tige des *mâchoires* métallique et les *palpes* d'un noir de poix, et le sommet des articles de ceux-ci testacé. Le *pénultième article des maxillaires* égalant environ la moitié du suivant.

Yeux assez saillants, subarrondis, noirs, séparés du bord antérieur du prothorax par un intervalle notable. *Antennes* aussi (♂) ou à peine (♀) aussi longues que la moitié du corps; graduellement plus (♂) ou moins (♀) atténuées vers leur extrémité; très-finement pubescentes, très-légèrement ciliées en dessous vers le sommet de chaque article; finement rugueuses; obscures, submétalliques à leur base; avec le premier article rugueusement ponctué, plus brillant, d'un vert bronzé ou bleuâtre : les deuxième et troisième plus ou moins testacés en dessous, ainsi que parfois le sommet du quatrième : le premier plus (♂) ou moins (♀) épaissi, ovalaire (♂) ou oblong (♀): le deuxième très-court, noueux, égal environ au tiers du précédent : les troisième à dixième allongés, subégaux, plus (♂) ou moins (♀)

en dents de scie inférieurement : le dernier plus (♂) ou moins (♀) allongé, subfusiforme ou fusiforme, plus long que le pénultième.

Prothorax un peu plus étroit que les élytres à leur base, presque aussi long que large ; en carré fortement arrondi à ses angles et à peine plus étroit en avant ; assez fortement arrondi à son bord antérieur qui est sensiblement prolongé dans son milieu au dessus du niveau du vertex, presque droit sur les côtés ; subtronqué, un peu relevé et finement rebordé à la base, avec celle-ci quelquefois subsinuée au devant de l'écusson ; subconvexe sur le dos et déclive sur les côtés ; légèrement impressionné vers les angles antérieurs, plus fortement et obliquement le long des postérieurs qui sont notablement relevés sur une assez grande étendue ; offrant au devant de l'écusson une faible impression souvent peu distincte ; à peine pubescent, distinctement sétosellé ; finement et obsolètement pointillé, surtout sur les côtés ; entièrement d'un vert brillant, bronzé ou bleuâtre.

Ecusson en carré assez fortement transverse, subarrondi au sommet, très-finement pubescent, très-finement pointillé, d'un vert bronzé ou bleuâtre, assez brillant.

Elytres suballongées, égalant environ deux fois et trois-quarts leur largeur, presque trois fois aussi longues que le prothorax ; subparallèles (♂) ou presque insensiblement élargies en arrière (♀) ; simultanément subarrondies au sommet, avec l'angle sutural plus (♂) ou moins (♀) marqué ; subdéprimées le long de la suture et déclives postérieurement et sur les côtés ; brièvement pubescentes et médiocrement sétosellées ; finement ruguleuses ; peu brillantes, un peu plus vers la base ; d'un vert bronzé, souvent bleu ou bleuâtre, avec leur sommet paré d'une petite tache apicale rouge, plus ou moins réduite. *Epaules* assez saillantes, arrondies.

Dessous du corps brillant, revêtu d'une assez longue pubescence cendrée, couchée sur les côtés, plus ou moins redressée sur les régions médianes ; obsolètement ponctué ; d'un vert bronzé ou bleuâtre, avec le bord antérieur du prosternum parfois testacé, les épimères du médipectus pâles, et les intersections des segments ventraux orangées ou rougeâtres. *Métasternum* assez convexe, creusé sur sa ligne médiane d'un sillon lisse, assez large et peu profond. *Ventre* souvent plissé ou raccorni, à intersections plus ou moins membraneuses. *Pygidium* plus ou moins fortement cilié sur ses bords.

Pieds allongés, grêles, finement pubescents, obsolètement et subrugueusement pointillés ; d'un vert bronzé ou bleuâtre assez brillant, avec les tarses un peu plus obscurs. *Cuisses*, surtout les antérieures et intermédiaires, longuement velues en dessous principalement vers leur base. *Tibias* plus ou moins sétosellés en dehors: les *postérieurs* sensiblement recourbés en dessous vers leur dernier tiers. *Tarses* un peu plus longs que la moitié des tibias, légèrement ciliés en dessus au sommet de chaque article; avec les premier à quatrième graduellement plus courts: le premier, vu de dessus, paraissant seulement un peu plus long que le deuxième: le dernier allongé, graduellement et subarcuément élargi vers son extrémité, où il est assez largement tronqué et sensiblement plus épais que les précédents. *Ongles* évidemment plus longs que leur membrane.

Patrie. Cette espèce est assez commune sur les graminées et autres plantes herbacées. Elle se trouve dans toute la France, dans les environs de Paris et de Lyon, dans toute la Bourgogne, le Beaujolais, la Bresse, le Dauphiné, la Provence, etc.

Obs. Cette espèce est facile à reconnaître à sa forme proportionnellement un peu plus étroite, par son prothorax à peine transverse, et à la tache apicale de ses élytres plus réduite que chez aucune des précédentes espèces, ou quelquefois nulle ou presque nulle (variété *a*). Le troisième article des antennes est proportionnellement plus allongé que chez les *M. bipustulatus et australis* (♀)!, et un peu moins que chez les *M. parilis et elegans* (♀).

La tache apicale des élytres, presque toujours rouge, rarement orangée, est très-petite et quelquefois indistincte (variété *a*).

cc *Cinquième article des antennes* très-grand, fortement épaissi ou dilaté supérieurement chez les ♂. *Elytres* seules sétosellées.

f *Prothorax* bordé de flave seulement aux angles postérieurs. *Front* des ♂ inerme.

15. Malachius dilaticornis. Germar.

Oblong, finement pubescent assez densement garni, sur les élytres seulement, d'assez longs poils sétiformes, noirs et redressés; d'un vert un peu foncé, avec une bordure pâle aux angles postérieurs du prothorax et une tache apicale rouge aux élytres; tout le bord antérieur du front, les joues et la plupart des parties de la bouche d'un flave testacé, les épimères du médipectus pâles; les intersections des segments ventraux rosées, et les tarses antérieurs testacés. Antennes à deuxième article court dans les deux sexes: le cinquième très-grand, épaissi chez les ♂. Tête peu brillante, obsolètement pointillée, biimpressionnée en avant et légèrement fovéolée entre les yeux. Prothorax assez fortement transverse, subarrondi sur les côtés, peu brillant, obsolètement pointillé. Elytres subparallèles, mates, finement ru-

gueuses, étroitement arrondies au sommet. Tibias postérieurs sensiblement recourbés en dessous vers leur dernier tiers. Ongles petits, à peine ou pas plus longs que leur membrane.

Malachius dilaticornis. GERMAR, Spec. Ins. 74, 126. — ERICHSON, Entomogr. 1 p. 73, 10. — KIESENWETTER, Ins. Deut. 4, p. 585.

Long. 0m,0045 à 0m,0055 (2 l. à 2 l. 1/3) — Larg. 0m,0018 à 0m,0020 (2/3 l. à 7/8 l.).

♂ *Antennes* un peu plus longues que la moitié du corps; à premier article sensiblement épaissi en massue oblongue : le deuxième très-court, transverse, un peu prolongé et arrondi en dessous : le troisième oblong, triangulaire, inférieurement en dent de scie émoussée : le quatrième sensiblement plus court que le troisième, mais plus fortement prolongé en dessous en dent de scie émoussée, subéchancrée vers la base de sa tranche inférieure : le cinquième très-grand, presque droit en dessous, dilaté supérieurement en forme de dent subangulaire, épaisse et plus ou moins arrondie au sommet, sinuée et renversée en arrière, et obliquement tronquée ou même subexcavée en avant : les sixième à dixième en dents de scie émoussées et graduellement plus faibles : le dernier allongé, subfusiforme, obtusément acuminé au sommet. *Tête*, les yeux compris, aussi large ou un peu plus large que le prothorax. *Front* fortement biimpressionné en avant, marqué sur son milieu entre les yeux d'une petite fossette ponctiforme, s'allongeant parfois en arrière en un sillon longitudinal, très-fin et court; fortement et transversalement relevé entre les antennes en forme d'arête bissinuée, vue de devant, par l'effet de la rencontre des impressions antérieures. *Epistome* sans tache. *Labre* entièrement d'un flave testacé. *Mandibules* arcuément dilatées sur les côtés vers leur premier tiers. Le *sixième segment ventral* subtriangulaire, fendu à son sommet jusque près de sa base. Le *sixième segment abdominal* débordant l'inférieur, en cône largement et subsinueusement tronqué au sommet.

♀ *Antennes* à peine aussi longues que la moitié du corps; à premier article faiblement épaissi en massue allongée : le deuxième court, noueux, non prolongé en dessous : le troisième oblong, obconique, faiblement en dent de scie : le quatrième à peine ou un peu plus court que le troisième, assez sensiblement prolongé inférieurement en dent de scie émoussée : le cinquième très-allongé, un peu rétréci à sa base, plus épais que les suivants : les sixième à dixième très-faiblement en dents de scie graduellement moins senties : le sixième à peine plus long que la moitié du précédent : le dernier allongé, subfusiforme, subacuminé au sommet. *Tête* un peu plus étroite que le prothorax. *Front* médiocrement biimpressionné en avant, marqué sur son milieu entre les yeux d'une petite fossette ponctiforme légère ; faiblement et transversalement relevé entre les antennes en forme d'arête obtuse. *Epistome* offrant à sa base deux petites taches brunes et rapprochées. *Labre* plus ou moins largement obscurci en arrière. *Mandibules* non arcuément dilatées sur les côtés vers leur premier tiers. Les *sixièmes segments abdominal et ventral* saillants, subégaux, étroitement tronqués ou subarrondis à leur sommet.

Corps suballongé, subparallèle, revêtu d'une fine pubescence cendrée, courte et couchée en dessus, plus longue et en partie redressée en dessous ; assez densement garni, sur les élytres seulement, d'assez longs poils sétiformes, noirs et redressés.

Tête aussi (♂) ou un peu moins (♀) large que le prothorax, subdéprimée; à peine pubescente ; finement et obsolètement pointillée ; d'un vert un peu foncé et peu brillant, avec tout le bord antérieur du front et les joues d'un jaune flave ou testacé. *Front* plus (♂) ou moins (♀) relevé au dessus des insertions des antennes, plus (♂) ou moins (♀) fortement biimpressionné en avant ; creusé dans son milieu entre les yeux d'une petite fossette ponctiforme ; avec la couleur verte s'arrêtant au milieu vers le niveau inférieur des fossettes antennaires, sur les côtés vers le milieu du bord interne des yeux. *Epistome* corné ou subcorné, presque lisse, subinégal, déprimé, d'un flave testacé assez brillant (♂), souvent paré de deux taches brunes à sa base (♀). *Labre* subconvexe, presque lisse, longuement cilié vers son extrémité de poils pâles et brillants ; entièrement (♂) d'un flave testacé brillant, ou plus ou moins largement rembruni (♀) à sa base. *Mandibules* d'un flave testacé, avec le sommet d'un noir de poix. Les *parties inférieures de la bouche* d'un flave testacé, sauf le dernier article de tous les *palpes* qui est d'un noir de poix, et la tige des *mâchoires* qui est parée d'une grande tache métallique à sa base. Le *pénultième article des palpes maxillaires* évidemment plus long que la moitié du suivant.

Yeux plus (♂) ou moins (♀) saillants, subarrondis ; noirâtres ; séparés du bord antérieur du prothorax par un intervalle notable.

Antennes un peu plus (♂) ou à peine aussi (♀) longues que la moitié du corps ; graduellement subatténuées vers leur extrémité ; très-finement pubescentes, à peine ciliées en dessous vers le sommet de chaque article ; finement et rugueusement pointillées ; entièrement d'un vert obscur, plus brillant et un peu plus clair vers la base ; à premier article plus (♂) ou moins (♀) épaissi : le deuxième court, noueux, égal environ à la moitié du précédent : les troisième et quatrième en dents de scie plus (♂) ou moins (♀) prononcées : le troisième oblong ; le quatrième plus court que le précédent : le cinquième allongé, très-grand : le sixième plus étroit que le cinquième (♀), un peu plus court que le septième : les septième à dixième suballongés (♂) ou oblongs (♀), très-faiblement en dents de scie en dessous : le dernier fusiforme ou subfusiforme, plus long que le pénultième.

Prothorax à peine plus étroit que les élytres à leur base ; en carré assez fortement tranverse, fortement arrondi à ses angles et pas plus (♂) ou à peine plus (♀) étroit en avant ; largement et légèrement arrondi à son bord antérieur qui est médiocrement prolongé dans son milieu au dessus du niveau du vertex ; subarrondi sur ses côtés ; subtronqué, un peu relevé et finement rebordé à la base, avec celle-ci quelquefois subsinuée au devant de l'écusson ; peu convexe sur le dos et légèrement déclive sur les côtés ; faiblement impressionné vers les angles antérieurs, plus fortement et obliquement le long des angles postérieurs qui sont notablement relevés sur une grande étendue ; offrant au devant de l'écusson une impression obsolète, souvent à peine visible ; très-finement pubescent ; finement, obsolètement et assez densement pointillé ; d'un vert un peu foncé et peu brillant, et paré le long des angles postérieurs d'une étroite bordure pâle, remontant jusqu'au milieu des côtés environ.

Ecusson en carré fortement transverse, obtusément tronqué au sommet ; très-finement pubescent, finement pointillé ; d'un vert assez foncé et peu brillant.

Elytres oblongues, égalant environ deux fois et un quart leur largeur, presque trois fois aussi longues que le prothorax ; subparallèles (♂) ou presque insensiblement élargies en arrière (♀) ; étroitement et individuellement arrondies au sommet ; subdéprimées le long de la suture et déclives postérieurement et sur les côtés ; finement et brièvement pubescentes et densement sétosellées ; finement ruguleuses, subinégales (1), presque entièrement mates ; d'un vert assez sombre, avec une assez grande tache apicale rouge ou orangée. *Epaules* assez saillantes, arrondies.

Dessous du corps assez brillant, revêtu d'une fine pubescence cendrée, couchée sur les côtés et redressée sur les régions médianes ; subrugueuse-

(1) Dans plusieurs espèces, par l'effet de l'insertion des poils sétifères, les élytres paraissent comme chargées de points élevés et obscurs, et cette particularité est encore plus remarquable dans l'espèce en question que chez les autres.

ment pointillé; d'un vert bronzé, avec une bordure postérieure aux replis du prothorax et les épimères du médipectus pâles, les intersections des segments ventraux roses ou testacées, ainsi que parfois le bord antérieur du prosternum. *Métasternum* assez convexe, creusé sur sa ligne médiane d'un sillon lisse et peu profond. *Ventre* souvent plissé ou raccorni, à intersections plus ou moins membraneuses. *Pygidium* longuement cilié sur ses bords.

Pieds allongés, grêles, finement pubescents, très-finement et subrugueusement pointillés; d'un vert bronzé peu brillant, avec les tarses antérieurs et quelquefois les intermédiaires plus ou mois testacés, et leur dernier article toujours plus obscur. *Tibias postérieurs* sensiblement recourbés en dessous sur leur dernier tiers. *Tarses* évidemment plus longs que la moitié des tibias, légèrement ciliés en dessus vers le sommet de chaque article : le premier paraissant, vu de dessus, subégal au deuxième: les deuxième à quatrième graduellement plus courts : le cinquième allongé, faiblement élargi de la base à l'extrémité, où il est assez largement tronqué et un peu plus épais que les précédents. *Ongles* petits, à peine ou pas plus longs que leur membrane.

Patrie. Cette espèce, propre à la Dalmatie et à la Transylvanie, se rencontre, mais très-rarement, dans les parties méridionales de la France.

Obs. Outre le développement anormal du cinquième article des antennes des ♂ surtout, elle se distingue de la précédente par sa couleur plus mate, par ses antennes concolores, par sa tête et son prothorax non sétosellés, par celui-ci plus fortement transverse, bordé de flave à ses angles postérieurs, etc.

f *Prothorax* entièrement bordé de flave sur les côtés. *Front des* ♂ relevé entre les antennes en dent saillante mais tronquée.

16. Malachius dentifrons. Erichson.

Oblong, finement pubescent, distinctement sétosellé, sur les élytres seulement, de poils noirs et redressés; d'un vert bronzé, le plus souvent bleuâtre ou violacé, avec une étroite bordure d'un flave testacé sur les côtés du prothorax et une tache apicale rouge aux élytres; tout le bord antérieur du front, les joues et la plupart des parties de la bouche flaves ou testacés, les épimères du médipectus pâles, et les intersections des segments ventraux flaves ou orangées. Antennes à deuxième article court dans les deux sexes. Tête peu brillante, densement et finement pointillée, biimpressionnée en avant. Prothorax transverse, subarrondi sur les côtés, un peu brillant, obsolètement pointillé. Elytres subparallèles, presque mates, finement ruguleuses, assez étroitement arrondies au sommet. Tibias postérieurs faiblement recourbés en dessous vers leur dernier tiers. Ongles grêles, à peine plus longs que leur membrane.

Malachius dentifrons. ERICHSON, Entomogr. 1, p. 73, 11.

Variété a. Bordure du prothorax ou interrompue dans son eu milieu réduite aux angles postérieurs.

Long. 0m,0040 à 0m,0050 (1 l. 3/4 à 2 l. 1/4). — Larg. 0m,0018 à 0m,0020 (2/3 l. à 7/8).

♂ *Antennes* plus longues que la moitié du corps; à premier article légèrement épaissi en massue oblongue : le deuxième court, subtransverse, un peu prolongé et arrondi en dessous : le troisième en triangle subéquilatéral, sensiblement prolongé en dessous en dent de scie : le quatrième assez court, fortement dilaté inférieurement en dent de scie : le cinquième très-grand, subarrondi en dessous, supérieurement dilaté sur ses deux tiers antérieurs en forme de dent épaisse, subangulaire, émoussée ou subarrondie à son sommet, renversée en arrière et obliquement tronquée en avant : les sixième à dixième inférieurement en dents de scie distinctes mais graduellement moins fortes : le dernier très-allongé, subfusiforme, obtusément acuminé au sommet. *Tête* aussi large ou un peu plus large que le prothorax. *Front,* vu de dessus, armé entre les antennes d'une dent ou tubercule tronqué, à face antéro-inférieure jaune. *Mandibules* subangulairement dilatées sur leurs côtés vers leur premier tiers. *Le sixième segment ventral* subtriangulaire ou subogival, fendu à son sommet jusque près de sa base. *Le sixième segment abdominal* débordant l'inférieur, en cône assez largement et obtusément tronqué à son bord apical.

♀ *Antennes* environ de la longueur de la moitié du corps ; à premier article à peine épaissi en massue allongée : le deuxième court, noueux : le troisième oblong, obconique, à peine en dent de scie en dessous : le quatrième triangulaire, un peu plus fortement denté en scie inférieurement : le cinquième grand, allongé, comprimé, subarqué à sa tranche inférieure : les sixième à dixième légèrement en dents de scie de plus en plus faibles : le dernier allongé, fusiforme, subacuminé au sommet. *Tête* un peu plus étroite que le prothorax. *Front* transversalement élevé entre les antennes en arête bissinué ; inerme. *Mandibules* non dilatées sur leurs côtés vers leur premier tiers. *Les sixièmes segments abdominal et ventral* saillants, subégaux, assez largement et obtusément tronqués à leur bord apical.

Corps oblong, subparallèle, revêtu d'une fine pubescence cendrée, courte et couchée en dessus, plus longue et en partie redressée en dessous; distinctement garni, sur les élytres seulement, d'assez longs poils sétiformes, noirs et redressés.

Tête aussi (♂) ou un peu moins (♀) large que le prothorax, subdéprimée; très-finement pubescente; densement et finement pointillée; peu brillante, d'un vert bronzé le plus souvent bleu ou violacé, avec tout le bord antérieur et les joues jaunes (♂) ou d'un flave testacé (♀). *Front* plus ou moins relevé au-dessus des insertions des antennes, obliquement et fortement biimpressionné en avant, plus (♂) ou moins (♀) relevé entre les antennes; offrant quelquefois sur son milieu un très-fin sillon longitudinal, souvent indistinct ou réduit en avant à une fossette obsolète; avec la couleur verte s'arrêtant, au milieu, vers le niveau inférieur des fossettes antennaires, et, sur les côtés, vers le milieu du bord interne des yeux. *Epistome* corné, déprimé, entièrement d'un flave testacé, transversalement cilié à sa base de longs poils pâles. *Labre* subconvexe, entièrement d'un flave testacé, cilié vers son extrémité de quelques longs poils pâles et brillants. *Mandibules* d'un flave testacé, avec leur extrémité d'un noir de poix. *Les parties inférieures de la bouche* d'un flave testacé, sauf le dernier article des *palpes* qui est d'un noir de poix, et la base des *mâchoires* qui est d'un vert bronzé. *Le pénultième article des palpes maxillaires* égalant environ la moitié du suivant.

Yeux plus (♂) ou moins (♀) saillants, subarrondis, noirs, séparés du bord antérieur du prothorax par un intervalle à peine aussi grand que la moitié du diamètre antéro-postérieur de l'œil.

Antennes plus longues (♂) ou pas plus longues (♀) que la moitié du corps; graduellement subatténuées vers leur extrémité; finement pubescentes; très-finement et rugueusement pointillées, d'un vert obscur ou bleuâtre, un peu plus brillantes à leur base; à premier article plus (♂) ou moins (♀) mais légèrement épaissi, oblong (♂) ou allongé (♀): le deuxième court, noueux, égal environ au tiers du précédent: les troisième et quatrième plus (♂) ou moins (♀) sensiblement en dent de scie en dessous: le quatrième sensiblement plus court que le troisième: le cinquième très-grand, plus épais que les suivants: les sixième à dixième plus (♂) ou moins (♀) en dents de scie inférieurement: le dernier plus (♂) ou moins (♀) allongé, subfusiforme, plus long que le pénultième.

Prothorax presque de la largeur des élytres à leur base ; en carré assez fortement transverse, très-arrondi à ses angles et à peine plus étroit en avant ; largement et légèrement arrondi à son bord antérieur qui est médiocrement prolongé dans son milieu au-dessus du vertex ; subarrondi sur ses côtés ; subtronqué, un peu relevé et finement rebordé à la base, avec celle-ci quelquefois presque indistinctement subsinuée au-devant de l'écusson ; subconvexe sur le dos et déclive sur les côtés ; à peine subimpressionné vers les angles antérieurs, beaucoup plus fortement et obliquement le long des angles postérieurs qui sont notablement relevés sur une grande étendue ; offrant quelquefois au devant de l'écusson une légère impression obsolète ; très-finement pubescent ; finement, obsolètement et assez densement pointillé ; d'un vert bronzé, souvent bleuâtre et un peu brillant ; paré le long des angles postérieurs d'une bordure flave qui se prolonge en se rétrécissant jusqu'aux angles antérieurs, où elle est un peu moins étroite que vers le milieu des côtés.

Ecusson en carré fortement transverse, un peu plus étroit en arrière, obtusément arrondi au sommet, subconvexe, très-finement pubescent, à peine pointillé, d'un vert bronzé ou bleuâtre ou violacé, peu brillant.

Elytres oblongues, égalant environ deux fois et un quart leur largeur, presque trois fois aussi longues que le prothorax ; subparallèles (♂) ou à peine élargies en arrière (♀); individuellement et assez étroitement arrondies au sommet, subdéprimées le long de la suture et déclive postérieurement et sur les côtés ; finement et brièvement pubescentes et en outre distinctement sétosellées ; finement ruguleuses, subinégales ; presque entièrement mates ; d'un vert bronzé, le plus souvent bleu ou violacé, avec une assez grande tache rouge à l'extrémité. *Epaules* assez saillantes, arrondies, ciliées sur leurs côtés de soies un peu plus longues et plus fournies.

Dessous du corps brillant, revêtu d'une fine pubescence cendrée, couchée sur les côtés, plus longue et redressée sur les régions médianes ; obsolètement pointillé ; d'un vert bronzé ou bleuâtre, avec la partie antérieure des replis du prothorax rougeâtre ou orangée, le bord antérieur du prothorax parfois rosé ou testacé, les épimères du médipectus pâles, et les intersections des segments ventraux flaves ou orangées. *Métasternum* convexe, creusé sur sa ligne médiane d'un sillon lisse, assez marqué. *Ventre* souvent plissé ou raccorni, à intersections plus ou moins membraneuses. *Pygidium* longuement cilié sur ses bords.

Pieds allongés, grêles, finement pubescents, très finement et subrugueusement pointillés; d'un vert bronzé ou bleuâtre un peu brillant, avec les tarses un peu plus obscurs. *Tibias postérieurs* faiblement recourbés en dessous vers leur dernier tiers. *Tarses* évidemment plus longs que la moitié des tibias, obsolètement ciliés en dessus au sommet de chaque article; à premier et quatrième articles graduellement plus courts; le premier, vu de dessus, paraissant sensiblement plus long que le suivant : le dernier allongé légèrement et graduellement élargi vers son extrémité, où il est assez largement tronqué et un peu plus épais que les précédents. *Ongles* grêles, à peine plus longs et souvent pas plus longs que leur membrane.

Patrie. Cette espèce se trouve assez communément dans la Provence, sur les herbes et sur les fleurs des ombellifères, surtout des caucalis, des fenouils et des panais.

Obs. Outre le caractère de la dent du front chez les ♂, cette espèce diffère de la précédente par une taille moindre, par une couleur généralement plus bleue, par la base du labre jamais rembrunie chez la ♀, par la bordure du prothorax moins réduite, par les tibias postérieurs moins sensiblement recourbés en dessous, par les tarses antérieurs ordinairement concolores, par le premier article des tarses intermédiaires et postérieurs un peu plus long comparativement au suivant, etc.

BBB *Elytres* concolores dans les deux sexes. *Antennes* à deuxième article presque aussi long que le premier chez les ♂ (S.-g. *Micrinus*, Muls. et Rey).

17. **Malachius** (*Micrinus*) **inornatus**. Kuster.

Oblong, finement et brièvement pubescent, brièvement sétosellé de poils noirs sur les élytres et sur les côtés du prothorax ; d'un bleu souvent violacé, avec les tubercules antennifères, la seconde moitié de l'épistome et la plupart des parties de la bouche (moins la base du labre et les palpes) testacées, les épimères du médipectus pâles, et les intersections des segments ventraux rosées. Antennes à deuxième article seulement un peu moins long que le premier chez les ♂. Tête un peu brillante, obsolètement pointillée, biimpressionnée en avant. Prothorax subtransverse, presque droit sur les côtés, un peu brillant, finement et obsolètement pointillé. Elytres subparallèles, presque mates, finement ruguleuses, largement arrondies au sommet. Tibias postérieurs sensiblement recourbés en dessous vers leur dernier tiers, Ongles petits, un peu plus longs que leur membrane.

Malachius inornatus. KUSTER, Kaef. Eur. 6. 38. — KIESENWETTER, Ins. Deut., t. IV, p. 586, 6.

Malachius cyanescens (GUILLEBEAU in litteris). MULSANT ET REY, Op. Ent., 2e cahier, 1853, p. 93.

Long. 0m,0037 (1 l. 2/3). — Larg. 0m,0018 (2/3 l.).

♂ *Antennes* de la longueur de la moitié du corps, graduellement subatténuées vers leur extrémité ; à premier article étroit et comme pédicellé à sa base, fortement épaissi en dessous dans ses deux derniers tiers en forme d'angle arrondi au sommet ou de tubercule angulé : le deuxième seulement un peu plus court que le premier, fortement dilaté inférieurement en oreillette subarrondie : les troisième à dixième sensiblement en dents de scie émoussées, mais graduellement moins marquées : le dernier allongé, subfusiforme, obtusément acuminé au sommet. *Tête* aussi large que le prothorax. *Front* creusé entre les antennes de deux fortes impressions obliques retournant derrière l'insertion de celles-ci, et entre lesquelles la partie antérieure et médiane apparaît comme longitudinalement élevée en carène courte ; marqué, en outre, derrière celle-ci d'un léger sillon transversal sur le milieu duquel vient souvent aboutir perpendiculairement un petit canal très-fin, raccourci en arrière. Le *sixième segment ventral* subtriangulaire, fendu à son sommet jusque près de la base. Le *sixième segment abdominal* débordant l'inférieur, en cône assez largement et obtusément tronqué à son bord apical.

♀ *Antennes* à peine aussi longues que la moitié du corps, subfiliformes; à premier article légèrement renflé en massue oblongue : le deuxième sensiblement moins long que le premier : les deuxième et troisième non dilatés en dessous : les quatrième à dixième non ou à peine en dents de scie inférieurement : le dernier suballongé, fusiforme, subacuminé au sommet. *Tête* un peu plus étroite que le prothorax. *Front* creusé en avant de deux médiocres impressions obliques retournant un peu derrière l'insertion des antennes, et entre lesquelles la partie antérieure et médiane est seulement longitudinalement subconvexe. Les *sixièmes segments abdominal et ventral* saillants, subégaux, coniques, tronqués et subarrondis à leur bord apical.

Corps oblong, subparallèle, revêtu d'une très-fine pubescence cendrée, très-courte et couchée en dessus, plus longue et en partie redressée en dessous ; médiocrement garni sur les côtés du prothorax et sur les élytres de poils sétiformes courts, noirs et inclinés.

Tête aussi (♂) ou un peu moins (♀) large que le prothorax, subdéprimée; très-finement pubescente, ciliée sur les côtés des tempes d'assez longs poils obscurs; assez densement et obsolètement pointillée; un peu brillante; d'un vert bronzé ou bleuâtre, avec le tubercule antennaire et le bord antérieur des joues flaves ou testacés. *Front* plus (♂) ou moins (♀) fortement biimpressionné en avant, avec les impressions obliques et remontant derrière l'insertion des antennes. *Epistome* corné et d'un noir bronzé à sa base, submembraneux et testacé dans sa dernière moitié. *Labre* subconvexe, d'un noir bronzé, avec son bord antérieur testacé et cilié de longs poils pâles et brillants. *Mandibules* d'un flave testacé, avec leur extrémité d'un noir de poix. Les *parties inférieures de la bouche* testacées, avec les *palpes labiaux* un peu plus obscurs, la base des *mâchoires* et les *palpes maxillaires* d'un noir de poix. Le *pénultième article* de ceux-ci court, évidemment moins long que la moitié du suivant.

Yeux plus ou moins saillants, subarrondis, noirs, séparés du bord antérieur du prothorax par un intervalle généralement moins grand que la moitié du diamètre antéro-postérieur de l'œil.

Antennes aussi (♂) ou à peine aussi (♀) longues que la moitié du corps, subatténuées vers leur extrémité (♂) ou subfiliformes (♀); très-finement pubescentes, légèrement ciliées vers le sommet de chaque article surtout en dessous; très-finement et rugueusement pointillées; d'un noir bronzé obscur, un peu plus brillant sur le premier (♀) ou les deux premiers (♂) articles: le deuxième plus court que les autres (♀): les troisième à dixième subégaux, oblongs, sensiblement (♂) ou à peine (♀) en dents de scie en dessous: le dernier plus long que le pénultième, allongé.

Prothorax un peu plus étroit que les élytres à leur base; en carré un peu plus large que long, fortement arrondi à ses angles et à peine plus étroit en avant; largement arrondi à son bord antérieur qui est médiocrement prolongé dans son milieu au dessus du niveau du vertex; presque droit ou à peine arrondi sur les côtés; subtronqué, un peu relevé et finement rebordé à la base, avec celle-ci quelquefois mais presque indistinctement subsinuée au devant de l'écusson; subconvexe sur le dos et légèrement déclive sur côtés; plus ou moins largement et obliquement impressionné vers les angles postérieurs qui sont plus ou moins relevés; offrant au devant de l'écusson une légère impression subarrondie, souvent assez marquée; très-finement pubescent, brièvement et à peine sétosellé sur les côtés; finement, assez densement et obsolètement pointillé; entièrement d'un vert bronzé ou bleuâtre, un peu brillant.

Ecusson en carré fortement transverse, obtusément arrondi au sommet.

très-finement pubescent, très-finement pointillé, d'un vert bronzé foncé ou bleuâtre, peu brillant.

Elytres oblongues, égalant environ deux fois et un quart leur largeur, près de trois fois aussi longues que le prothorax : subparallèles (♂) ou faiblement élargies en arrière (♀) ; largement et simultanément arrondies au sommet, avec l'angle sutural assez marqué et plus (♂) ou moins (♀) fortement arrondi ; subdéprimées derrière l'écusson, subconvexes sur le reste de leur longueur et déclives postérieurement et sur les côtés ; très-finement et brièvement pubescentes et en outre légèrement et courtement sétosellées ; finement ruguleuses ; presque entièrement mates : concolores ou entièrement d'un vert foncé, le plus souvent bleu ou violacé. *Epaules* assez saillantes, arrondies, un peu brillantes.

Dessous du corps un peu brillant, revêtu d'une fine pubescence cendrée, couchée sur les côtés, un peu plus longue et en partie redressée sur les régions médianes ; finement et subrugueusement pointillé ; d'un vert foncé ou bleuâtre, avec les épimères du médipectus pâles et les intersections des segments ventraux rosées. *Métasternum* assez convexe, creusé sur sa ligne médiane d'un sillon lisse, peu profond. *Ventre* souvent plissé, à intersections membraneuses. *Pygidium* longuement cilié sur ses bords.

Pieds allongés, grêles, finement pubescents, très-finement et subrugueusement pointillés ; d'un vert obscur ou bleuâtre, avec les tarses brunâtres et leurs crochets d'un testacé de poix. *Tibias postérieurs* sensiblement recourbés en dessous vers leur dernier tiers. *Tarses* évidemment plus longs que la moitié des tibias, ciliés en dessus d'un ou deux poils au sommet de chaque article ; avec les premier à quatrième graduellement plus courts : le dernier faiblement élargi de la base à l'extrémité où il est assez largement tronqué et un peu plus épais que les précédents. *Ongles* petits, un peu plus longs que leur membrane.

Patrie. Cette espèce se trouve sur les feuilles des coudriers, dans les mois de mai et de juin, dans les parties montueuses de la France : le Planil, sur la route du Mont-Pilat, la chaîne du Jura et celle des Pyrénées.

Obs. Elle se distingue nettement de toute autre par sa taille plus petite et plus courte, et par ses élytres concolores dans les deux sexes.

Cette espèce offre des caractères qui lui sont exclusifs et qui pourraient servir à constituer une coupe nouvelle (*Micrinus*, M. R.). En effet, le pénultième article des palpes maxillaires est relativement plus court que dans aucune des autres espèces ; les antennes sont insérées un peu plus en avant et sur un tubercule sensible ; la forme est proportionnellement plus courte et les élytres sont un peu moins parallèles ; enfin, les antennes des ♀ sont subfiliformes ou à peine plus épaisses à la base qu'à leur extrémité.

Le deuxième article des antennes est aussi proportionnellement plus développé que chez les espèces précédentes surtout.

Genre *Axinotarsus*, Axinotarse. Motschulsky.

Motschulsky, Et. Ent., t II, p. 55.

Etymologie : ἀξίνη, hache ; ταρσός, tarse.

Caractères : *Corps* suballongé.

Tête subtransversale, inclinée, triangulairement rétrécie en avant, assez dégagée et non enfoncée sous le prothorax jusqu'aux yeux. *Front* large, à peine prolongé au devant du niveau antérieur de ceux-ci. *Epistome* membraneux ou submembraneux, en trapèze fortement transversal et rétréci en avant, séparé du front par une suture fine et rectiligne. *Labre* corné, assez fortement transversal, obtusément arrondi à son bord antérieur. *Mandibules* robustes, peu saillantes, longitudinalement engagées sous les côtés de l'épistome et du labre, arcuément recourbées à leur extrémité et bifides à leur sommet (1). *Palpes maxillaires* à dernier article oblong, subatténué vers son extrémité et subobliquement tronqué au bout, un peu plus long que le deuxième : le pénultième court, égal ou à peine égal à la moitié du suivant. *Palpes labiaux* à dernier article un peu oblong, plus long que le deuxième, subatténué et tronqué au sommet. *Menton* submembraneux, en carré fortement transversal. *Languette* membraneuse, tronquée en avant.

Yeux assez saillants, subarrondis, séparés du bord antérieur du prothorax par un intervalle assez grand.

Antennes assez longues, de onze articles distincts ; insérées entre les yeux, sur le devant du front, presque à la base de l'épistome, séparées entre elles par un intervalle plus grand que celui qui sépare chacune d'elles des yeux ; à peine subatténuées vers leur extrémité ; latéralement subcomprimées à partir du troisième article ; simples dans les deux sexes : le premier article un peu épaissi en massue : le deuxième beaucoup plus court que le précé-

(1) Leur tranche interne paraît très-obsolètement denticulée ou crénelée.

dent : le troisième suballongé, obconique : les quatrième à dixième allongés, subégaux : le dernier un peu plus long que le précédent.

Prothorax transverse, à bord antérieur très-largement arrondi et à peine prolongé au-dessus du niveau du vertex ; plus ou moins relevé aux angles postérieurs ; subtronqué à sa base.

Ecusson en carré fortement transverse et obtusément tronqué au sommet.

Elytres suballongées ou oblongues, recouvrant entièrement l'abdomen, subparallèles sur leurs côtés, tronquées, excavées et appendiculées au sommet chez les ♂ ; indistinctement rebordées en dehors. *Epaules* saillantes.

Echancrures du dessous du prothorax triangulaires, à sommet assez aigu.

Lames médianes des prosternum et mésosternum petites, en forme d'angle. *Epimères du médipectus* assez développées, obliques. *Métasternum* obliquement coupé sur les côtés de son bord apical, prolongé entre les hanches postérieures en angle bifide. *Episternums du postpectus* assez larges à la base, rétrécis en arrière en forme d'onglet.

Hanches coniques : *les antérieures et les intermédiaires* contiguës, celles-ci couchées : *les postérieures* rapprochées mais non contiguës, divergentes à leur sommet.

Ventre de six segments distincts, plus ou moins membraneux au milieu de leur base et à leurs intersections : le premier voilé dans son milieu : les deuxième à quatrième graduellement un peu plus courts : le cinquième un peu plus développé : le dernier subogival ou en cône tronqué.

Pieds allongés, grêles : *les postérieurs* bien plus développés que les intermédiaires, et ceux-ci un peu plus que les antérieurs dans toutes leurs parties. *Trochanters* subovalaires ou oblongs, plus ou moins obtusément acuminés au sommet. *Cuisses* débordant de beaucoup les côtés du corps, faiblement renflées avant leur milieu : *les postérieures* se recourbant un peu en dessus. *Tibias* plus longs que les cuisses : *les postérieurs* sensiblement recourbés en dedans vers leur dernier tiers. *Tarses* un peu plus longs que la moitié des tibias, finement tomenteux en dessous ; à premier article, vu de dessus, paraissant aussi long ou pas plus long que le deuxième : les deuxième à quatrième graduellement plus courts : le dernier assez faiblement et graduellement élargi vers son extrémité. *Ongles* petits, chacun d'eux muni en dessous d'une membrane accollée et aussi longue que lui. *Tarses antérieurs* à deuxième article prolongé, chez les ♂, au dessus du troisième, en forme de lame droite et concave en dessous, obliquement et obtusément tronquée au sommet.

Obs. Ce genre, qu'on a longtemps réuni aux vrais *Malachius*, offre un faciès tout particulier. Par la structure des tarses antérieurs des ♂, il rappelle, dans les *Malachiates*, les genres *Antholinus* et *Ebæus* du rameau des *Anthocomates*. On reconnaît les espèces qui le composent, par la petitesse de leur taille et par leurs élytres plus brillantes. Elles sont toutes plus ou moins sétosellées sur les élytres.

Les trois espèces du genre *Axinotarsus* peuvent être caractérisées de la manière suivante :

a *Prothorax* entièrement rouge. *Ruficollis.*

aa *Prothorax* d'un noir métallique avec une large bordure rouge de chaque côté.

b *Antennes* beaucoup plus longues que la moitié du corps, à deuxième article un peu plus long que la moitié du premier : les cinquième à onzième très-allongés. *Tibias antérieurs et intermédiaires* concolores. *Pulicarius.*

bb *Antennes* seulement un peu plus longues que la moitié du corps, à deuxième article égal à la moitié du précédent : les cinquième à septième oblongs (♀) ou suballongés (♂): les huitième et onzième allongés. *Tibias antérieurs et intermédiaires* testacés. *Marginalis.*

a *Prothorax* entièrement rouge.

1. Axinotarsus ruficollis, Olivier.

Suballongé, très-finement pubescent, parcimonieusement sétosellé sur les élytres ; d'un noir verdâtre ou bleuâtre brillant, avec le prothorax rouge, une tache apicale aux élytres et les intersections des segments ventraux d'un jaune testacé ou orangé ; le dessous des fossettes antennaires, les joues, l'épistome et la tranche inférieure des antennes testacés, et les épimères du médipectus pâles. Antennes à deuxième article globuleux, plus court que la moitié du précédent, les cinquième à onzième très-allongés. Tête obsolètement et finement pointillée, biimpressionnée et subfovéolée entre les yeux. Prothorax transverse, obsolètement et très-finement pointillé. Elytres subparallèles, presque lisses (1).

(1) Les tibias et les ongles étant conformés d'une manière presque identique dans les trois espèces du genre, nous nous dispenserons d'en parler dans les phrases diagnostiques.

Malachius ruficollis. OLIVIER, Ent. t. II, n° 27, p. 9, 10, pl. 2, fig. 9. — *Malachius rubricollis.* FALLEN, Mon. Canth. et Mal., 25, 6. — GYLLENHAL, Ins. Suec., t. I, p. 362, 7. — ERICHSON, Entomogr., 1, p. 85, 28. — REDTENBACHER, Faun. Austr., 2e édit., p. 537, 2.

Axinotarsus ruficollis. KIESENWETTER, Ins. Deut. 4, p. 594, 3.

Long. 0m,0030 (1 l. 1/3). — Larg. 0m0011 (1/2 l.).

♂ *Antennes* atteignant environ les trois-quarts de la longueur du corps ; à peine dentées en scie inférieurement ; testacées avec leurs premiers articles rembrunis en dessus. *Tête*, les yeux compris, un peu plus large que le prothorax. *Palpes* testacés avec leur dernier article d'un noir de poix. *Élytres* subparallèles sur leurs côtés ; tronquées et transversalement excavées à leur sommet, armées chacune au milieu du bord interne de l'excavation d'un appendice noir, large et comprimé. *Tarses antérieurs* avec les deux premiers articles testacés : le deuxième prolongé au dessus du troisième en forme de lame courte et noire à sa tranche apicale. Le *sixième segment ventral* subogival, fendu à son sommet jusqu'après le milieu de sa longueur. Le *sixième segment abdominal* débordant l'inférieur, en cône largement tronqué à son bord postérieur.

♀ *Antennes* atteignant seulement les deux tiers de la longueur du corps; simples en dessous ; obscures en dessus, avec leur tranche inférieure plus ou moins testacée. *Tête*, les yeux compris, un peu plus étroite que le prothorax. *Palpes* presque entièrement d'un noir de poix. *Elytres* graduellement et faiblement élargies en arrière, simples et simultanément subarrondies au sommet, avec l'angle sutural bien marqué, mais sensiblement arrondi. *Tarses antérieurs* couleur de poix, à deuxième article simple. *Les sixième segments ventral et abdominal* coniques : le supérieur largement tronqué : l'inférieur arrondi à leur bord apical.

Corps suballongé, subparallèle ; revêtu d'une très-fine pubescence cendrée ; parsemé sur les élytres d'assez longs poils sétiformes, clairsemés, noirs et redressés.

Tête un peu plus (♂) ou un peu moins (♀) large que le prothorax ; subdéprimée ; très-finement et à peine pubescente, ciliée sur les côtés des tempes d'assez longues soies noires ; finement et obsolètement pointillée ; d'un noir métallique assez brillant, avec le dessous des fossettes antennaires et les joues flaves ou testacés. *Front* plus (♀) ou moins (♂) légèrement biimpressionné entre les yeux, et creusé sur son milieu d'une fossette plus ou moins marquée. *Epistome* membraneux ou submembraneux, déprimé, entièrement d'un flave testacé. *Labre* subconvexe, d'un noir métallique, avec ses bords plus ou moins largement testacés et ciliés de poils pâles et brillants. *Mandibules* d'un noir de poix, avec l'extrémité un peu roussâtre. Les *parties inférieures de la bouche* d'un testacé de poix plus (♀) ou moins (♂) obscur. *Palpes* presque entièrement (♀) ou avec leur dernier article seul (♂) d'un noir de poix. Le *pénultième des maxillaires* un peu plus court que la moitié du dernier.

Yeux assez saillants, subarrondis, noirs, séparés du bord antérieur du prothorax par un intervalle assez grand.

Antennes beaucoup plus longues que la moitié du corps, subfiliformes (♀) ou à peine subatténuées (♂) vers leur extrémité; finement pubescentes, et, en outre, finement, régulièrement et assez densement ciliées en dessous, excepté au premier article; plus (♀) ou moins (♂) obscures, avec le sommet du premier article testacé inférieurement, et les autres plus ou moins testacés en dessous dans toute leur longueur (♀); ou bien (♂) presque entièrement testacées avec le dessus des deuxième à quatrième ou cinquième articles plus ou moins tachés, et les suivants seulement vers leur extrémité; presque simples dans les deux sexes; à premier article en massue ovalaire: le deuxième globuleux, plus court que la moitié du précédent: les deuxième à quatrième obconiques, suballongés: les cinquième à dixième plus (♂) ou moins (♀) allongés, subégaux: le dernier un peu plus long que le pénultième, subcylindrico-fusiforme, rembruni à son extrémité et subacuminé au sommet.

Prothorax transverse, un peu plus étroit que les élytres à leur base; en forme de carré sensiblement moins long que large, fortement arrondi aux angles antérieurs, plus largement aux postérieurs, et à peine plus étroit en avant; largement arrondi à son bord antérieur qui est à peine prolongé dans son milieu au dessus du niveau du vertex; subarrondi sur les côtés; subsinueusement subtronqué, relevé et distinctement rebordé à la base; obliquement impressionné de chaque côté le long des angles postérieurs qui sont assez fortement relevés sur une assez grande étendue; subconvexe sur le dos et déclive sur les côtés; très-finement et à peine pubescent; obsolètement et très-finement pointillé; entièrement d'un rouge brillant assez clair.

Ecusson en carré fortement transverse et obtusément tronqué au sommet, à peine pubescent, très-finement et obsolètement pointillé, d'un noir métallique assez brillant.

Elytres trois fois (♂) ou trois fois et un quart (♀) aussi longues que le prothorax; subparallèles (♂) ou graduellement et faiblement subélargies en arrière (♀); subdéprimées le long de la suture (♂) ou seulement derrière l'écusson (♀), et déclives sur les côtés; très-finement et brièvement pubescentes et parcimonieusement sétosellées; très-obsolètement et finement pointillées ou presque lisses; d'un noir brillant un peu verdâtre, et parées à leur extrémité d'une grande tache jaune ou orangée. *Epaules* saillantes, arrondies.

Dessous du corps brillant, finement pubescent, avec la pubescence assez courte et couchée sur les côtés, plus longue et en partie redressée sur les régions médianes; très-obsolètement et parcimonieusement pointillé; d'un noir verdâtre, avec le dessous du prothorax rougeâre, les épimères du médipectus pâles, et les intersections des segments ventraux orangées ou d'un testacé rosé. *Métasternum* convexe, presque lisse et distinctement cilié sur son disque, creusé sur sa ligne médiane d'un léger sillon lisse. *Ventre* parsemé de quelques cils obscurs, avec le sommet et les côtés des quatre premiers segments, et le milieu des deux ou trois premiers plus ou moins membraneux. *Pygidium* assez longuement cilié sur ses bords.

Pieds allongés, grêles, finement pubescents, obsolètement et subrugueusement pointillés; d'un noir verdâtre assez brillant, avec les tarses plus obscurs, les antérieurs et quelquefois les intermédiaires d'une couleur de poix plus ou moins sombre et les insertions des trochanters testacées. *Tibias* finement ciliés en dehors: les *postérieurs* sensiblement recourbés en dessous avant leur dernier tiers. *Tarses* un peu plus longs que la moitié des tibias, légèrement ciliés en dessus au sommet de chaque article; à premier article, vu de dessus, à peine aussi long que le deuxième: les deuxième à quatrième graduellement plus courts: le dernier allongé, élargi de la base à l'extrémité où il est assez largement tronqué et un peu plus épais que les précédents. *Ongles* petits, pas plus longs que leur membrane.

Patrie. Cette espèce se capture assez communément sur les herbes et autres plantes, dans les bois, dans presque toutes les parties septentionales et centrales de la France: les environs de Paris et de Lyon, le Beaujolais, le Bugey, la Bourgogne, etc.

Obs. Le ♂ offre au sommet des élytres un appendice large et latéralement comprimé, à peu près construit comme celui de l'espèce suivante, et au dessus, une lanière linéaire et très-difficile à apercevoir, plus ou moins obscure et terminée par deux poils pâles, paraissant parfois élargis à leur base en une membrane transparente.

aa *Prothorax* d'un noir métallique, avec une large bordure rouge de chaque côté.
b *Antennes* beaucoup plus longues que la moitié du corps. *Tibias antérieurs et intermédiaires* concolores.

2. Axinotarsus pulicarius. Fabricius.

Suballongé, très-finement pubescent, parcimonieusement sétosellé sur les élytres; d'un noir verdâtre ou bleuâtre brillant, avec une large bordure rouge sur les côtés du prothorax et une tache apicale rouge (♀) ou orangée (♂) aux élytres; le dessous des fossettes antennaires, les joues et la plupart des parties de la bouche flaves, la tranche inférieure des antennes et les tarses antérieurs testacés, les épimères du médipectus pâles, et les intersections des segments ventraux flaves ou rosées. Antennes à cinquième, à onzième articles très-allongés, le deuxième un peu plus long que la moitié du premier. Tête à peine pointillée, biimpressionnée entre les yeux. Prothorax transverse, presque lisse. Elytres subparallèles, finement et à peine pointillées.

Malachius pulicarius. Fabricius, Gen. Ins. Mant., p. 234, 3. — Id. Syst. El. 1, p. 308, 19. — Olivier, Ent., t. II, n° 27, p. 8, 9, pl. 1, fig. 5. — Panzer, Faun. Germ. 10, 4. — Gyllenhal, Ins. Suec., t. I, p. 361, 6. — Erichson, Entomogr. 1, p. 83, 26. — Redtenbacher, Faun. Austr., 2ᵉ édit., p. 537, 5.

Axinotarsus pulicarius. Kiesenwetter, Ins. Deut. 4, p. 593, 1.

Long. $0^m,0035$ (1 l. 1/2). — Larg. $0^m,0013$ (1/2 l.).

♂. *Antennes* dépassant les trois quarts de la longueur du corps, à peine dentées en scie inférieurement et seulement à leur base; presque entièrement testacées, avec la tranche supérieure des premiers articles rembrunie. *Tête*, les yeux compris, aussi large que le prothorax. *Palpes* testacés, avec leur dernier article d'un noir de poix. *Elytres* parallèles sur leurs côtés; tronquées et transversalement excavées au sommet, et munies chacune, sur la suture et au fond de l'excavation, de deux appendices noirâtres : le supérieur en forme de lanière étroite, souvent repliée en dessous et terminée par des poils : l'inférieur en forme de large spatule, horizontalement dirigée mais verticale sur ses tranches, ciliée en dessous vers son extrémité de deux ou trois longs poils, et au sommet de sa tranche supérieure d'un petit faisceau de poils serrés, coudés, pâles, réunis en pinceau et dirigés en arrière. *Tarses antérieurs* à deuxième article subélargi et prolongé au-dessus du troisième en forme de lame, noire à son arête apicale, et recouvrant au moins la moitié dudit article. *Le sixième segment ventral* subogival, fendu à son sommet jusqu'après sa moitié; *le sixième segment abdominal* débordant un peu l'inférieur, en cône largement et obtusément tronqué à son bord apical.

♀. *Antennes* atteignant les deux tiers ou à peine les trois quarts de la longueur du corps ; presque simples, obscures, avec leur tranche inférieure plus ou moins testacée. *Tête* un peu mais distinctement plus étroite que le prothorax. *Palpes* presque entièrement couleur de poix. *Elytres* à peine et graduellement élargies en arrière, simples et obtusément arrondies au sommet, avec l'angle apical bien marqué et sensiblement arrondi. *Tarses antérieurs* à deuxième article simple. *Les sixième segments abdominal et ventral* saillants, subégaux, en cône obtusément tronqué au bord apical.

Corps suballongé, subparallèle, revêtu d'une très-fine pubescence cendrée, parsemé sur les élytres d'assez longs poils sétiformes, clairsemés, noirs et redressés.

Tête aussi (♂) ou un peu moins (♀) large que le prothorax, subdéprimée ; très-finement et à peine pubescente, ciliée sur les côtés des tempes de quelques longues soies obscures ; finement et à peine pointillée ; d'un noir métallique assez brillant, avec les joues, le dessous et le côté externe des fossettes antennaires jaunes ou d'un flave testacé. *Front* marqué entre les yeux de deux impressions obliques, plus (♂) ou moins (♀) senties, subconvergentes en avant. *Epistome* membraneux ou submembraneux, entièrement flave ou testacé, quelquefois un peu rosé. *Labre* subconvexe, testacé, parfois (♀) plus ou moins rembruni à sa base, cilié sur ses bords de longs poils pâles et brillants. *Mandibules* d'un noir de poix, avec l'extrémité un peu roussâtre. *Les parties inférieures de la bouche* d'un testacé de poix plus (♀) ou moins (♂) obscur. *Palpes* presque entièrement (♀) ou avec le dernier article seul (♂) d'un noir de poix. *Le pénultième article des maxillaires* plus court que la moitié du suivant.

Yeux assez saillants, subarrondis, noirs, séparés du bord antérieur du prothorax par un intervalle assez grand.

Antennes beaucoup plus longues que la moitié du corps, subfiliformes (♀) ou à peine subatténuées à leur extrémité (♂) ; finement pubescentes et en outre finement et régulièrement ciliées en dessous, excepté le premier article ; plus (♀) ou moins (♂) obscures, avec le sommet du premier article plus ou moins testacé inférieurement, et les autres plus ou moins testacés en dessous sur toute leur longueur (♀) ; ou bien, presque entièrement testacées (♂) avec le dessus des deuxième à quatrième ou cinquième articles plus ou moins taché, et les suivants seulement un peu obscurcis vers leur extrémité ; presque simples dans les deux sexes ; à premier article en massue ovale oblongue : le deuxième assez court, subovalaire, paraissant un peu plus long que la moitié du précédent : les troisième et quatrième suballongés : les cinquième à dixième très-allongés, subégaux, un peu rétrécis à leur base : le dernier un peu plus long que le pénultième, subfusiforme, noir à son extrémité et subacuminé au sommet.

Prothorax transverse, un peu (♀) ou à peine (♂) plus étroit que les élytres ; en forme de carré sensiblement moins long que large, fortement arrondi aux angles antérieurs, plus largement aux postérieurs, et à peine plus étroit en avant ; largement arrondi à son bord antérieur qui est à peine prolongé au-dessus du niveau du vertex ; subarrondi sur les côtés ; subsinueusement subtronqué, relevé et étroitement rebordé à la base ; obsolètement impressionné vers les angles antérieurs, plus fortement et obliquement le long des angles postérieurs qui sont notablement relevés sur une grande étendue ; légèrement convexe sur le dos et déclive sur les côtés ; à peine pubescent ; lisse ou presque lisse, ou à peine et très-finement pointillé ; brillant ; d'un noir métallique, avec une large bordure rouge de chaque côté, occupant chacune au moins le quart ou presque le tiers de la largeur.

Ecusson en carré fortement transverse, obtusément tronqué au sommet, à peine pubescent, à peine pointillé, d'un noir métallique assez brillant.

Elytres trois fois (♀) ou à peine trois fois (♂) aussi longues que le prothorax ; parallèles (♂) ou à peine et graduellement élargies en arrière (♀) ; subdéprimées le long de la suture (♂) ou seulement derrière l'écusson (♀) ; déclives sur les côtés ; très-finement et brièvement pubescentes et parcimonieusement sétosellées ; finement et très-obsolètement pointillées ; d'un noir verdâtre brillant ; parées chacune à leur extrémité d'une tache rouge ou orangée (♀), quelque fois jaunâtre (♂). *Epaules* saillantes, arrondies.

Dessous du corps brillant, finement pubescent, finement et très-obsolètement pointillé ; d'un noir métallique, avec le dessous du prothorax rougeâtre, les épimères du médipectus pâles, le milieu de la base du ventre et et les intersections des segments flaves ou rosés. *Métasternum* convexe, lisse et cilié sur son disque, creusé sur sa ligne médiane d'un faible sillon lisse. *Ventre* parsemé de cils sur sa région médiane, avec le sommet des quatre premiers segments et le milieu des deux ou trois premiers plus ou moins membraneux. *Pygidium* longuement cilié sur ses bords.

Pieds allongés, grêles, finement pubescents, très-finement et subrugueusement pointillés ; d'un noir verdâtre assez brillant, avec les tarses antérieurs testacés ; les autres quelquefois d'un testacé de poix et le sommet de chaque article plus foncé, et les insertions des trochanters d'un testacé clair. *Tibias postérieurs* obsolètement ciliés en dehors, sensiblement recourbés en dessous avant leur dernier tiers. *Tarses* sensiblement plus longs que la moitié des tibias, légèrement ciliés en dessus au sommet de chaque article : le premier vu de dessus, paraissant seulement un peu plus long que le deuxième : les deuxième à quatrième graduellement plus courts : le dernier allongé, faiblement élargi de la base à son extrémité, où il est assez largement tronqué et un peu plus épais que les précédents. *Ongles* petits, pas plus longs que leur membrane.

Patrie. On rencontre cette espèce communément sur les herbes des prairies, surtout au printemps, dans presque toute la France, aux environs de Paris et de Lyon, dans la Bourgogne, le Beaujolais, la Bresse, la Provence, etc.

Obs. Les élytres sont quelques fois un peu bleuâtres, et les antennes des ♀ plus ou moins testacées vers leur extrémité. Les tibias sont parfois d'un testacé obscur à leur sommet.

Nous possédons un individu ♀ de cette espèce, dont l'élytre droite est légèrement impressionnée et chiffonnée à son extrémité, avec celle-ci munie d'une petite lanière bifide, obscure et redressée.

bb *Antennes* seulement un peu plus longues que la moitié du corps. *Tibias antérieurs et intermédiaires* testacés.

3. **Axinotarsus marginalis.** Laporte.

Suballongé, très-finement pubescent, parcimonieusement sétosellé sur les élytres ; d'un vert bronzé obscur assez brillant, avec une assez large bordure rouge sur les côtés du prothorax et une tache apicale jaune ou orangée aux élytres ; le dessous des fossettes antennaires, les joues et la plupart des parties de la bouche d'un flave testacé ; la tranche inférieure des antennes, les tibias et les tarses antérieurs et intermédiaires testacés, les épimères des médipectus pâles, et les intersections des segments ventraux flaves ou rosées. Antennes à cinquième, à onzième articles oblongs ou allongés : le deuxième égal à la moitié du premier. Tête très-finement pointillée, biimpressionnée entre les yeux. Prothorax transverse, très finement pointillé. Elytres subparallèles, finement et à peine pointillées.

Malachius marginalis. LAPORTE, Hist. Nat. Col. 1, p. 279, 21. — ERICHSON, Entomogr. 1, p. 81, 27. — REDTENBACHER, Faun. Austr., 2e édit., p. 537, 5.

Axinotarsus marginalis. KIESENWETTER, Ins. Deut., t. IV, p. 594, 2.

Variété a. Prothorax à bande obscure dilatée latéralement et ne laissant sur les côtés qu'une étroite bordure rougeâtre.

Long. 0m,0026 (1 l. 1/4). — Larg. 0m,0008 (1/3 l.).

♂ *Antennes* évidemment un peu plus longues que la moitié du corps, sensiblement élargies et subdentées à leur base, sensiblement et graduellement subatténuées vers leur extrémité ; testacées, avec leur premier article noir, plus ou moins testacé en dessous vers son sommet : le deuxième testacé, noir en dessus. *Tête*, les yeux compris, un peu plus large que le prothorax. *Palpes* testacés, avec leur dernier article d'un noir de poix. *Elytres* parallèles, tronquées et transversalement excavées au sommet, armées chacune d'une petite épine noire située au-dessous de l'angle interne supérieur, munies, en outre, à l'angle sutural d'un appendice noir, foliacé, arrondi à son bord supérieur et redressé en dessus en forme d'épine large et un peu recourbée en arrière. *Tarses antérieurs* à deuxième article subélargi et prolongé au-dessus du troisième en forme de lame, noire à son arête apicale, recouvrant plus de la moitié dudit article. *Le sixième segment ventral* subogival, fendu à son sommet jusqu'après sa moitié. *Le sixième segment abdominal* débordant un peu l'inférieur, en cône largement et obtusément tronqué à son bord apical.

♀ *Antennes* à peine plus longues que la moitié du corps, faiblement élargies et très-obtusément subdentées à leur base, légèrement subatténuées vers leur extrémité ; obscures, avec leur tranche inférieure plus ou moins testacée. *Tête* à peine plus étroite que le prothorax. *Palpes* presque entièrement couleur de poix. *Elytres* à peine et graduellement élargies en arrière ; simples et obtusément arrondies au sommet, avec l'angle sutural bien marqué et sensiblement arrondi. *Tarses antérieurs* à deuxième article simple. *Les sixième segments abdominal et ventral* saillants, subégaux, en cône obtusément tronqué à son bord apical.

Corps suballongé, subparallèle, revêtu d'une très-fine pubescence cendrée ; parsemé sur les élytres d'assez longs poils sétiformes, clairsemés, noirs et redressés.

Tête un peu plus (♂) ou à peine moins (♀) large que le prothorax, subdéprimée ; très-finement pubescente, avec quelques cils obscurs sur les côtés des tempes ; très-finement et densement pointillée ; d'un noir verdâtre assez brillant, avec les joues, le dessous et le côté externe des fossettes antennaires d'un flave testacé. *Front* plus (♂) ou moins (♀) sensiblement biimpressionné entre les yeux, parfois subfovéolé (♂) sur son milieu, d'autrefois marqué d'un sillon longitudinal sur le vertex. *Epistome* membraneux ou submembraneux, déprimé, entièrement flave ou testacé. *Labre* subconvexe, testacé, plus ou moins largement rembruni à la base, cilié sur ses bords de longs poils pâles et brillants. *Mandibules* d'un noir de poix, avec l'extrémité roussâtre. *Les parties inférieures de la bouche* d'un testacé de poix plus (♂) ou moins (♀) obscur. *Palpes* presque entièrement (♀) ou avec le dernier article seul (♂) d'un noir de poix. *Le pénultième des maxillaires* égal environ à la moitié du suivant.

Yeux assez saillants, subarrondis, noirs, séparés du bord antérieur du prothorax par un intervalle assez grand.

Antennes à peine (♀) ou un peu (♀) plus longues que la moitié du corps ; plus ou moins subatténuées vers leur extrémité ; subdentées en dessous à leur base (♂) ou presque simples (♀) ; finement pubescentes et en outre finement et régulièrement ciliées inférieurement, excepté à leur premier article ; plus (♀) ou moins (♂) obscures, avec le sommet du premier article et les autres plus ou moins testacés en dessous sur toute la longueur (♀) ; ou bien (♂) presque entièrement testacées avec le dessus du deuxième article taché de noir ; à premier article en massue ovale-oblongue : le quatrième subarrondi, égal environ à la moitié du précédent : les troisième et quatrième oblongs : les cinquième à septième oblongs (♀) ou suballongés (♂) : les huitième à dixième allongés, subégaux, à peine rétrécis à leur base : le dernier plus long que le pénultième, subfusiforme, toujours noir à son extrémité, subacuminé au sommet.

Prothorax transverse, un peu plus étroit que les élytres ; en forme de carré sensiblement moins long que large, fortement arrondi aux angles antérieurs, plus largement aux postérieurs, et pas plus ou à peine plus étroit en avant ; largement arrondi à son bord antérieur qui est à peine prolongé dans son milieu au dessus du niveau du vertex ; subarrondi sur les côtés ; subsinueusement subtronqué, relevé et étroitement rebordé à la base : subimpressionné vers les angles antérieurs, obliquement et fortement impressionné le long des angles postérieurs qui sont notablement relevés sur une grande étendue ; assez convexe sur le dos et déclive sur les côtés ; finement pubescent et comme soyeux ; très-finement et densement pointillé ; assez brillant ; d'un noir submétallique sur son disque, avec une bordure rouge de chaque côté, occupant chacune au moins le quart de la largeur, d'autrefois plus ou moins réduite.

Ecusson en carré fortement transverse et obtusément tronqué au sommet, à peine pubescent, à peine pointillé, d'un noir verdâtre assez brillant.

Elytres presque trois fois (♂) ou trois fois (♀) aussi longues que le prothorax ; parallèles (♂) ou à peine et graduellement élargies en arrière (♀) ; subdéprimées le long de la suture (♂) ou seulement derrière l'écusson (♀), et déclives sur les côtés ; très-finement et brièvement pubescentes, parcimonieusement sétosellées ; d'un vert foncé brillant, quelquefois un peu bleuâtre, parées chacune à leur extrémité d'une grande tache jaune ou orangée. *Epaules* saillantes, arrondies.

Dessous du corps brillant, finement pubescent, finement et obsolètement pointillé ; d'un noir métallique, avec le dessous du prothorax rougeâtre, les épimères du médipectus pâles, le milieu de la base du ventre et les intersections des segments flaves ou rosés. *Métasternum* convexe, cilié sur son disque, creusé sur sa ligne médiane d'un sillon lisse et peu profond. *Ventre* parsemé de cils, avec le sommet des quatre ou cinq premiers segments et le milieu des deux ou trois premiers plus ou moins membraneux. *Pygidium* longuement cilié sur ses bords.

Pieds allongés, grêles, très-finement pubescents, très-finement et subrugueusement pointillés ; d'un noir verdâtre assez brillant, avec les tibias et les tarses antérieurs et intermédiaires testacés et quelquefois les tarses postérieurs d'un testacé obscur, et les insertions des trochanters d'un testacé de poix. *Tibias postérieurs* sensiblement recourbés en dessous vers ou un peu avant leur dernier tiers. *Tarses* sensiblement plus longs que la moitié des tibias ; à premier article à peine ou pas plus long que le deuxième : les deuxième à quatrième graduellement plus courts : le dernier allongé, faiblement élargi de la base à l'extrémité où il est assez largement tronqué et un peu plus épais que les précédents. *Ongles* petits, pas plus longs que leur membrane.

Patrie. Cette espèce, presque aussi répandue que la précédente, se rencontre de la même manière. Environs de Paris et de Lyon, le Beaujolais, la Provence, etc.

Obs. Elle ressemble à l'*Axinotarsus pulicarius ;* mais elle s'en distingue aisément par une taille moindre ; par une pubescence plus serrée et soyeuse ; par les antennes beaucoup plus courtes, plus épaisses et plus sensiblement dentées à leur base (♂), à deuxième article plus court, à cinquième, à onzième articles moins allongés ; par les antennes des ♂ et les tibias antérieurs et intermédiaires des deux sexes d'une couleur toujours plus claire ; par la forme tout autre de l'appendice des ♂, etc.

La larve de cette espèce a été signalée par M. Jacquelin du Val. Suivant cet habile observateur, elle a des mœurs analogues à celles dont M. Perris nous a, le premier, révélé les habitudes carnassières ; elle vit sous les écorces des ormeaux, aux dépends du *scolytus multistriatus*. (V. J. Du Val, *Genera*, Introd., p. XXXIX.)

DEUXIÈME RAMEAU.

ANTHOCOMATES.

Caractères. *Tête* généralement moins large, rarement plus large (♂) que le prothorax, ordinairement non ou peu dilatée sur les côtés à la hauteur des yeux et faiblement rétrécie derrière ceux-ci. *Antennes* insérées à l'angle antéro-externe du front, plus ou moins en avant d'une ligne idéale qui serait tangente au bord antérieur de chaque œil. *Front* non excavé chez les ♂.

Chez les espèces de tous les genres qui composent ce deuxième rameau, les antennes sont évidemment insérées en avant d'une ligne idéale qu serait tangente au bord antérieur de chaque œil, au lieu que dans le premier rameau elles sont insérées entre les yeux ou au moins sur la ligne tangente au bord antérieur de ceux-ci. Il est bien entendu que pour bien apprécier ce caractère, il faut examiner la tête en face, à la hauteur des yeux, car en la regardant trop au dessus ou trop au dessous, le niveau de l'insertion paraît changer avec le rayon visuel.

Le rameau des *Anthocomates* renferme les genres suivants :

A. *Antennes à premier article* oblong, plus court ou pas plus long que les deux suivants réunis, le deuxième assez petit. *Tarses antérieurs* de cinq articles dans les deux sexes. *Genres.*

- Les femelles
  - *ailées* (1), *à élytres* non ovalairement élargies en arrière. *Tarses antérieurs à deuxième article*
    - simple dans les deux sexes. *Antennes* insérées un peu en avant d'une ligne tangente au bord antérieur de chaque œil. *Epistome* fortement transverse. *Prothorax* subtransverse en carré, faiblement ou à peine arrondi sur les côtés. *Elytres* impressionnées et appendiculées au sommet chez les ♂, recouvrant entièrement l'abdomen dans les deux sexes. *Ventre* plus ou moins membraneux à ses intersections. *Palpes maxillaires à dernier article* plus court que les deux précédents réunis,
      - oblong, distinctement atténué vers son extrémité ou conique, étroitement tronqué au bout. *Antennes* assez épaisses, subatténuées vers leur extrémité, plus ou moins distinctement dentées en dessous, à cinquième à dixième articles oblongs ou à peine plus longs que larges. *Prothorax* subtransverse. **ANTHOCOMUS.**
      - ovale-oblong, faiblement atténué vers son extrémité et assez largement tronqué au bout. *Antennes* assez grêles, subfiliformes, simples ou à peine dentées en dessous, à cinquième, à dixième articles plus ou moins allongés. *Prothorax* carré, un peu rétréci en arrière. **CERAPHELES.**
    - fortement prolongé chez les ♂ au-dessus du troisième,
      - en *lame droite* subconcave en dessous. *Tête* souvent assez dégagée. *Elytres* simples au sommet dans les deux sexes. *Ventre* plus ou moins membraneux à ses intersections. *Tête*
        - subtransverse, subtriangulairement et assez brusquement rétrécie en avant. *Yeux* plus ou moins saillants. *Antennes* subfiliformes, à cinquième, à dixième articles plus ou moins allongés ou oblongs. *Elytres* recouvrant entièrement l'abdomen dans les deux sexes. **ANTHOLINUS.**
        - oblongue, prolongée en avant en une espèce de museau large mais assez court. *Yeux* très-peu saillants. *Antennes* submoniliformes, à cinquième à dixième articles pas plus longs que larges ou subtransversaux. *Elytres* plus courtes que l'abdomen dans les deux sexes. **PELOCHRUS.**
      - en *lame* plus ou moins recourbée en forme de crochet. *Tête* toujours enfoncée dans le prothorax jusqu'aux yeux dans les deux sexes. *Prothorax*
        - subtransverse, faiblement arrondi sur les côtés. *Antennes* pectinées chez les ♂, fortement et aigument dentées chez les ♀. *Palpes maxillaires à dernier article* un peu plus court que les deux précédents réunis. *Elytres* appendiculées au sommet chez les ♂. *Ventre* plus ou moins membraneux à ses intersections. *Le crochet du deuxième article des tarses antérieurs des* ♂ épais et assez prononcé. **NEPACHYS.**
        - fortement transverse notablement arrondi sur les côtés. *Antennes* obtusément dentées dans les deux sexes. *Palpes maxillaires à dernier article* aussi long que les deux précédents réunis. *Ventre* presque entièrement corné. *Le crochet du deuxième article des tarses antérieurs des* ♂.
          - bien prononcé, finement pectiné en dessous. *Palpes maxillaires à dernier article* ovale-oblong et subatténué dans les deux sexes. *Elytres* parfois avec une côte submarginale; simples au sommet dans les deux sexes (2). **ATTALUS.**
          - petit, subatténué, simple en dessous. *Palpes maxillaires à dernier article* élargi et largement tronqué chez les ♂. *Elytres* sans côte submarginale; impressionnées et appendiculées au sommet chez les ♂. **EBAEUS.**
    - simple dans les deux sexes; mais, *antennes* insérées assez loin en avant des yeux, *épistome* sublinéaire, *palpes maxillaires à dernier article* subsécuriforme chez les ♂, *prothorax* fortement transverse et sensiblement arrondi sur les côtés, et *ventre* presque entièrement corné. *Elytres* appendiculées au sommet chez les ♂. **HYPEBAEUS.**
  - *aptères*, à *élytres* ovalairement élargies en arrière et laissant à découvert les deux ou trois derniers segments abdominaux. *Tête* enfoncée dans le prothorax jusqu'aux yeux (♂) ou jusque près des yeux (♀). *Antennes* insérées assez loin en avant de ceux-ci. *Tarses antérieurs* simples dans les deux sexes (3). **CHAROPUS.**

(1) Il faut en excepter les femelles du *Cerapheles terminatus* qui sont aptères ou subaptères. Mais les élytres ne sont pas ovalairement élargies chez celles-ci, et elles recouvrent entièrement l'abdomen dans les deux sexes.

(2) Par ce caractère des élytres simples au sommet dans les deux sexes, le genre *Attalus* semblerait devoir être rapproché de nos *Antholinus*. Mais la forme générale qui est tout-à-fait celle de l'*Ebaeus thoracicus*, la brièveté du prothorax qui est notablement arrondi sur les côtés, et la structure de la lame du deuxième article des tarses antérieurs des mâles qui est recourbée en crochet, lui assignent une place plus naturelle, à notre avis, près des *Ebaeus*.

(3) Le genre *Charopus* auquel il est difficile d'assigner une place précise, rappelle un peu les *Anthodytes*. Par le développement du premier article des antennes qui est un peu plus allongé que dans les genres précédents, il conduit naturellement aux genres suivants. Par la disposition des hanches intermédiaires sublongitudinalement développées et un peu prolongées sur la base du métasternum, et par la forme raccourcie des élytres des femelles, il commence à faire pressentir le genre *Attelestus*.

AA. *Antennes à premier article* allongé, aussi ou presque aussi long que les trois suivants réunis. *Epistome* sublinéaire. *Antennes* insérées assez loin en avant des yeux. *Tête* enfoncée sous le prothorax jusqu'à ceux-ci. *Tarses antérieurs des* ♂ de quatre articles.

Genres.

Elytres avec une côte submarginale, simples et arrondies au sommet, recouvrant entièrement l'abdomen dans les deux sexes.

- avec *des ailes* par dessous au moins chez les ♂; oblongues, subdéprimées ou faiblement convexes à leur base. *Palpes maxillaires à dernier article*
  - grand, en ovale court et largement tronqué au sommet : *le pénultième* normal chez les deux sexes. *Antennes* à cinquième à dixième articles oblongs. *Les* ♀ toujours *ailées*. — HOMOEODIPNIS
  - très-grand dans les deux sexes, plus ou moins sécuriforme : *le pénultième* très-gros chez les ♂. *Antennes* à cinquième à dixième articles allongés. *Les* ♀ parfois *subaptères*. — COLOTES.
- *sans ailes* par dessous dans les deux sexes ; régulièrement convexes, ovalairement élargies sur leurs côtés dès leur base. *Palpes maxillaires* subfiliformes chez les ♀ à troisième et quatrième articles très-gros chez les ♂. — ANTHIDIPNIS

Genre *Anthocomus*, Anthocome. Erichson.

Erichson, Entomogr., t. 1, p. 97, gr. 1.

Etymologie : ἄνθος, fleur ; κομέω, j'aime.

Caractères. *Corps* allongé.

Tête subtransversale, inclinée, subtriangulairement rétrécie en avant, ordinairement non enfoncée sous le prothorax jusqu'aux yeux. *Front* large, sensiblement prolongé au-delà du niveau antérieur des yeux. *Epistome* membraneux, fortement transverse, plus étroit en avant, séparé du front par une suture fine, rectiligne ou très-faiblement arquée en arrière. *Labre* corné, transverse, obtusément arrondi ou subtronqué à son bord apical. *Mandibules* robustes, peu saillantes, longitudinalement engagées sous les côtés de l'épistome et du labre, arcuément recourbées à leur extrémité et bifides à leur sommet. *Palpes maxillaires* filiformes, à dernier article oblong, sensiblement moins long que les deux précédents réunis, un peu plus ou à peine plus long que le deuxième ; conique ou graduellement atténué de la base à l'extrémité et étroitement tronqué au bout : le pénultième court, aussi long ou un peu moins long que la moitié du suivant. *Palpes labiaux* à dernier article oblong, atténué à son extrémité et tronqué au bout. *Menton* subcorné ou submembraneux, fortement transverse, subtronqué ou largement et très-faiblement échancré antérieurement. *Languette* membraneuse ou submembraneuse, largement subarrondie en avant.

Yeux assez saillants, subarrondis, séparés du bord antérieur du prothorax par un intervalle souvent sensible, d'autres fois très-court ou presque nul.

Antennes assez épaisses, de onze articles distincts ; insérées à l'angle antéro-externe du front, un peu en avant d'une ligne idéale qui serait tangente au bord antérieur de chaque œil ; légèrement subatténuées vers leur extrémité ; latéralement subcomprimées à partir du troisième article : plus ou moins dentées en scie en dessous ; à premier article un peu épaissi en massue : le deuxième court, beaucoup moins long que le premier : les troisième à dixième plus ou moins développés, oblongs ou pas plus longs que larges : le dernier sensiblement plus long que le pénultième.

Prothorax presque carré ou subtransverse ; à bord antérieur très-largement arrondi et à peine prolongé au-dessus du niveau du vertex ; plus ou moins relevé aux angles postérieurs ; subtronqué au milieu de sa base.

Ecusson en carré fortement transverse et obtusément tronqué au sommet.

Elytres assez allongées, recouvrant entièrement l'abdomen, subparallèles sur leurs côtés ; impressionnées et appendiculées au sommet chez les ♂ ; très-finement et presque indistinctement rebordées en dehors. *Epaules* saillantes.

Echancrures du dessous du prothorax triangulaires, à sommet légèrement émoussé ou arrondi.

Lames médianes des prosternum et mésosternum petites, en forme d'angle plus ou moins ouvert. *Epimères du médipectus* assez développées, transversalement obliques. *Métasternum* obliquement coupé sur les côtés de son bord apical, prolongé entre les hanches postérieures en un angle plus ou moins prononcé et bifide au sommet. *Episternums du postpectus* assez larges en avant, rétrécis en arrière en forme de triangle ou de coin.

Hanches coniques ; *les antérieures et intermédiaires* contiguës ; *les postérieures* rapprochées mais non contiguës, plus ou moins divergentes et quelquefois arrondies à leur sommet.

Ventre de six segments bien distincts, plus ou moins membraneux à leurs intersections : le premier plus ou moins voilé à sa base dans son milieu : le deuxième assez grand : les troisième et quatrième un peu plus courts, subégaux : le cinquième un peu plus développé : le dernier saillant, subogival ou en cône tronqué.

Pieds allongés, grêles ; *les postérieurs* bien plus développés que les intermédiaires, et ceux-ci un peu plus que les antérieurs dans toutes leurs parties. *Trochanters* ovale-oblongs, plus ou moins obtusément acuminés au sommet. *Cuisses* débordant de beaucoup les côtés du corps, à peine renflées un peu avant leur milieu ; *les postérieures* se recourbant un peu en dessus. *Tibias antérieurs et intermédiaires* un peu plus longs que les cuisses, presque droits ou faiblement arqués à leur base ; *les postérieurs* beaucoup plus longs que les cuisses, plus ou moins arqués, sensiblement recourbés en dedans après leur milieu. *Tarses* plus longs que la moitié des tibias, finement tomenteux en dessous, simples dans les deux sexes, de cinq articles : les deuxième à quatrième graduellement plus courts : le premier des postérieurs paraissant, vu de dessus, un peu plus court que le deuxième : le dernier de tous les tarses allongé, graduellement et faiblement élargi de la base à l'extrémité. *Ongles* plus ou moins développés, assez grêles ; chacun d'eux muni en dessous d'un lobe membraneux plus ou moins grand.

Obs. Les *Anthocomus* sont d'une taille au-dessous de la médiocre, finement pubescents et non sétosellés en dessus.

Le genre *Anthocomus* renferme les espèces suivantes qu'on peut caractériser ainsi :

a *Côtés du prothorax et élytres* rouges. *Yeux* ordinairement séparés du prothorax par un intervalle sensible. *Epimères du médipectus* concolores. *Tarses* assez robustes : *les postérieurs* à premier article, vu de dessus et par côté évidemment plus court que le deuxième. *Ongles* assez développés, chacun d'eux muni en dessous d'une membrane subdétachée et distinctement plus courte que lui. *Sanguinolentus*.

aa *Prothorax* concolore. *Elytres* noires à bandes transversales ou taches rouges. *Yeux* ordinairement séparés du prothorax par un intervalle très-court ou nul. *Tarses* grêles : *les postérieurs* à premier article paraissant, vu de dessus, à peine moins long, et, vu par côté, au moins aussi long que le deuxième. *Ongles* petits, chacun d'eux muni en dessous d'une membrane accolée aussi longue ou presque aussi longue que lui (sous-genre *Celidus*, κηλὶς ἴδος, tache).

b *Antennes* assez aigument dentées en scie en dessous dans les deux sexes. *Elytres* rouges, avec une tache scutellaire et une bande transversale noire. *Epimères du médipectus* concolores. *Genoux, tibias et tarses antérieurs* testacés. *Equestris*.

bb *Antennes* obtusément dentées dans les deux sexes. *Elytres* noires, avec deux bandes transversales rouges. *Epimères du médipectus* pâles. *Genoux antérieurs* seuls testacés ; *tibias* concolores. *Fasciatus*.

a *Côtés du prothorax et élytres* rouges. *Epimères du médipectus* concolores. *Tarses postérieurs* à premier article évidemment plus court que le deuxième. *Ongles* plus longs que leur membrane.

1. **Anthocomus sanguinolentus.** FABRICIUS.

Allongé, très-finement pubescent, très-finement chagriné et mat en dessus; d'un vert foncé, avec une large bande sur les côtés du prothorax et les élytres d'un rouge écarlate; l'épistome d'un testacé rosé, les intersections des segments ventraux rougeâtres, et les épimères du médipectus concolores. Antennes distinctement dentées en dessous. Tête subimpressionnée et subtrifovéolée entre les yeux. Prothorax subtransverse. Elytres parallèles. Tibias postérieurs sensiblement et assez brusquement recourbés après leur milieu. Tarses assez robustes, les postérieurs à premier article plus court que le deuxième. Ongles assez développés, plus longs que leur membrane.

Malachius sanguinolentus. FABRICIUS, Mant. Ins. 1, p. 169, 4. — Id. Syst. El. p. 307, 9. — OLIVIER, Entomol., t. II, n° 27, p. 7, 7, pl. 3, fig. 13. — GYLLENHALL, Ins. Suec. 1, p. 359, 4.

Anthocomus sanguinolentus. ERICHSON, Entomogr. 1, p. 97, 1. — REDTENBACHER, Faun. Austr., 2e édit., p. 539, 2. — JACQUELIN DU VAL, Gen. Col. Eur., p. 12, fig. 209. — KIESENWETTER, Ins. Deut., t. IV, p. 596, 1.

Long. 0m,0050 (2 l. 1/4). — Larg. 0m,0018 (3/4 l.).

♂ *Antennes* à peine aussi longues que la moitié du corps; à troisième, à dixième articles sensiblement prolongés en dessous en dents de scie émoussées : les troisième et quatrième presque équilatéraux. *Elytres* excavées à leur sommet, et munies chacune avant l'angle sutural d'un appendice obscur en forme de lanière flexueuse et verticalement redressée. Le *sixième segment ventral* subogival, fendu depuis son sommet presque jusqu'à sa base; le *sixième segment abdominal* débordant l'inférieur, en cône largement tronqué à son bord apical. *Tibias postérieurs* sensiblement renflés ou épaissis, surtout dans leur milieu et vers leur courbure.

♀ *Antennes* un peu plus courtes que la moitié du corps; à troisième, à dixième articles légèrement prolongés en dessous en dents de scie émoussées : les troisième et quatrième un peu plus longs que larges. *Elytres* simples et fortement et individuellement arrondies à leur sommet. Les *sixièmes segments abdominal et ventral* saillants, subégaux, en cône subarrondi ou arcuément tronqué au bord apical. *Tibias postérieurs* également grêles dans toute leur étendue.

Corps allongé, parallèle, revêtu d'une très-fine et courte pubescence cendrée et soyeuse ; entièrement mat en dessus.

Tête un peu moins large que le prothorax, subdéprimée ; à peine pubescente, ciliée de quelques longs poils sur les côtés des tempes, très-finement chagrinée ; entièrement d'un vert foncé assez mat. *Front* largement subimpressioné entre les yeux et en outre plus ou moins obsolètement trifovéolé au milieu de l'impression, avec les fossettes disposées en triangle transversal et isocèle. *Epistome* membraneux, déprimé, d'un rose testacé, offrant à sa base un étroit liseré corné et métallique. *Labre* subconvexe, brillant, métallique, avec son bord antérieur rose ou rougeâtre et cilié de poils pâles et brillants. *Mandibules* d'un noir de poix, avec leur extrémité plus ou moins roussâtre. Les *parties inférieures de la bouche* d'un noir de poix, avec le *menton*, la *languette*, et le sommet du dernier article des *palpes maxillaires* ordinairement plus clairs. Le *pénultième article de ceux-ci* égal environ à la moitié du dernier.

Yeux assez saillants, subarrondis, noirs ou noirâtres, séparés du bord antérieur du prothorax par un intervalle au moins égal à la moitié du diamètre antéro-postérieur de l'œil.

Antennes à peine aussi (♂) ou un peu moins (♀) longues que la moitié du corps ; légèrement atténuées vers leur extrémité ; plus (♂) ou moins (♀) sensiblement dentées en scie en dessous ; finement pubescentes, distinctement ciliées ou fasciculées, surtout en dessous, vers le sommet de chaque article ; finement ruguleuses ; entièrement d'un noir mat, un peu plus brillant et submétallique à la base ; à premier article épaissi en massue oblongue : le deuxième court, globuleux (♂) ou subglobuleux (♀), moins épais que le précédent, plus court que la moitié de celui-ci : les troisième à dixième plus (♂) ou moins (♀) et graduellement moins sensiblement dentés en dessous : le dernier subelliptique, assez notablement plus long que le pénultième, obtus au sommet.

Prothorax un peu plus étroit que les élytres, subtransverse ; en forme de carré un peu moins long que large, à peine ou pas plus étroit en avant ; légèrement arrondi sur les côtés, plus fortement aux angles ; à bord antérieur très largement arrondi et faiblement prolongé dans son milieu au dessus du niveau du vertex ; subsinueusement subtronqué au milieu de sa base, avec celle-ci un peu relevée et finement rebordée ; distinctement et obliquement impressionné le long des angles postérieurs qui sont sensiblement relevés sur une médiocre étendue ; subconvexe, offrant au devant de l'écusson une impression assez marquée ; très-finement pubescent et comme soyeux ; très-finement pointillé ou chagriné ; d'un vert foncé sur son disque, avec les côtés parés d'une bordure d'un rouge écarlate, plus large antérieurement et occupant en arrière au moins le quart de la largeur totale ; ou bien, d'un rouge écarlate avec une large bande longitudinale bronzée, plus étroite en avant où ordinairement elle n'atteint pas tout-à-fait le bord antérieur.

Ecusson en carré fortement transverse et obtusément tronqué au sommet, très-finement pubescent, très-finement pointillé ; d'un vert foncé ou bronzé, peu brillant.

Elytres environ trois fois et demie aussi longues que le prothorax, parallèles ; subdéprimées le long de la suture et déclives sur les côtés ; très-finement et très-brièvement pubescentes ; obsolètement chagrinées, mates, entièrement d'un rouge écarlate. *Epaules* saillantes, arrondies, un peu plus brillantes.

Dessous du corps assez brillant, finement pubescent, obsolètement et subrugueusement pointillé, d'un vert foncé, avec le dessous du prothorax, les intersections des segments ventraux et souvent le milieu des segments basilaires d'un rouge écarlate, et les épimères du médipectus concolores. *Métasternum* assez convexe, cilié sur son disque, creusé sur sa ligne médiane d'un sillon lisse assez marqué. *Ventre* distinctement cilié sur son milieu, avec les intersections des segments basilaires plus ou moins membraneuses. *Pygidium* assez densement cilié sur ses bords.

Pieds allongés, grêles, finement pubescents, très-finement et subrugueusement pointillés ; d'un noir verdâtre un peu brillant, avec les tarses plus obscurs, et les insertions des trochanters d'un testacé de poix. *Tibias postérieurs* sensiblement et assez brusquement recourbés en dessous après leur milieu. *Tarses* assez robustes, sensiblement plus longs que la moitié des tibias : les *antérieurs* à premier, à quatrième articles assez courts, graduellement moins développés : les *intermédiaires* et surtout les *postérieurs* à premier article évidemment plus court que le deuxième : les deuxième à quatrième graduellement plus courts : le dernier de tous les tarses allongé, élargi de la base à l'extrémité où il est assez largement tronqué et un peu plus épais que les précédents. *Ongles* assez développés, évidemment plus ongs que leur membrane.

Patrie. Cette espèce se trouve, à la fin de l'été, dans les endroits marécageux, en battant les roseaux, dans différentes parties de la France.

Elle se rencontre assez rarement aux environs de Lyon, à Dessine-Charpieux et à Fallavier, dans le Dauphiné.

aa *Prothorax* concolore. *Elytres* noires, à bandes transversales ou taches rouges. *Tarses postérieurs* à premier article au moins aussi long que le deuxième. *Ongles* pas plus longs que leur membrane. (*s.-g. Celidus*, M et R).

b *Antennes* assez aigument dentées en scie en dessous. *Epimères du médipectus* concolores. *Tibias antérieurs* testacés.

2. Anthocomus (*Celidus*) **equestris.** FABRICIUS.

Assez allongé, très-finement pubescent, très-finement chagriné; d'un vert bronzé ou bleuâtre assez foncé, avec les élytres d'un rouge-écarlate et parées d'une grande tache scutellaire triangulaire et d'une large bande transversale noire; l'épistome pâle, le dessous des premiers articles des antennes, les tibias antérieurs et l'extrémité des cuisses antérieures et intermédiaires testacés, les intersections des segments ventraux plus ou moins rosées, les épimères du médipectus concolores. Antennes assez aigument dentées en-dessous. Tête un peu brillante, très-finement et obsolètement pointillée, à peine impressionnée entre les yeux. Prothorax subtransverse, un peu brillant, presque lisse. Elytres subparallèles, peu brillantes, très-finement pointillées. Tibias postérieurs sensiblement recourbés en dessous vers leur dernier tiers. Tarses grêles, les postérieurs à premier article au moins aussi long que le deuxième. Ongles petits, pas plus longs que leur membrane.

Malachius equestris. FABRICIUS, Spec. Ins. App., p 500, 6. — Id. Syst., El. 1, p. 309, 22. — OLIVIER, Ent., t. 2, n° 27, p. 11, 13. pl. 2, fig. 11. — PANZER, Faun. Germ. 10, 6.

Anthocomus equestris. ERICHSON, Entomogr. 1, p. 98, 2. — REDTENBACHER, Faun. Austr., 2e édit., p. 539, 5. — KIESENWETTER, Ins. Deut. 4, p. 597, 2.

Variété a. Tache scutellaire prolongée le long de la suture jusqu'à la rencontre de la bande transversale.

Long. $0^m,0035$ (1 l. 3/5). — Larg. $0^m,0012$ (1/2 l.).

♂ *Antennes* à quatrième, à dixième articles assez fortement dentés en scie en dessous, subéquilatéraux; les quatre ou cinq premiers testacés inférieurement. *Labre* le plus souvent pâle à son bord antérieur. *Elytres* excavées à leur sommet, et munies vers l'angle sutural d'un appendice en forme de lanière flexueuse, assez large et obscure à sa base, subverticalement redressée et terminée par un pinceau de poils rougeâtres. *Le sixième segment ventral* subogival, longitudinalement fendu jusqu'à sa base; *le sixième segment abdominal* débordant l'inférieur, en cône largement et obtusément et quelquefois subsinueusement tronqué au sommet. *Tibias postérieurs*, vus de dessus leur tranche supérieure, flexueux ou sinués avant leur milieu.

♀ *Antennes* avec les quatrième à dixième articles moins fortement dentés en scie en dessous, un peu plus longs que larges : les six ou sept premiers plus ou moins testacés inférieurement. *Labre* concolore ou rarement plus clair à son bord antérieur. *Elytres* simples et individuellement arrondies au sommet. *Les sixièmes segments abdominal et ventral* subégaux, assez saillants, en cône largement et obtusément tronqué au sommet. *Tibias postérieurs* non flexueux avant leur milieu.

Corps assez allongé, subparallèle, revêtu d'une très-fine et courte pubes cence cendrée ; peu brillant sur les élytres.

Tête, les yeux compris, à peine moins large que le prothorax, subdéprimée ; à peine pubescente ; très-finement et obsolètement pointillée ou presque lisse ; entièrement d'un vert foncé et un peu brillant. *Front* à peine impressionné entre les yeux, offrant parfois entre ceux-ci trois fossettes plus ou moins obsolètes (♂), souvent nulles (♀), disposées en forme de chevron ouvert en avant. *Epistome* membraneux, déprimé, pâle, offrant à sa base un liseré corné et métallique plus ou moins étroit. *Labre* subconvexe, brillant, d'un noir de poix submétallique, avec le bord antérieur parfois (♂) plus clair ou même pâle ; cilié en avant de quelques longs poils pâles et brillants. *Mandibules* d'un noir de poix, avec l'extrémité un peu roussâtre. *Les parties inférieures de la bouche* d'un noir de poix, avec *le menton, la languette* et souvent *le pénultième article des palpes maxillaires* testacés : celui-ci un peu plus long que la moitié du suivant.

Yeux assez saillants, subarrondis, noirs, séparés du bord antérieur des yeux par un intervalle très-court et souvent nul.

Antennes plus courtes que la moitié du corps, faiblement atténuées vers leur extrémité, plus (♂) ou moins (♀) dentées en scie en dessous ; finement pubescentes, distinctement ciliées, surtout inférieurement, vers le sommet de chaque article ; très-finement ruguleuses ; d'un vert sombre avec le premier article plus brillant : celui-ci et les quatre ou six suivants plus ou moins testacés en dessous : le premier un peu épaissi en massue oblongue : le deuxième globuleux (♂) ou subglobuleux (♀), plus court que la moitié du précédent : le troisième oblong, obconique : les quatrième à dixième subégaux, triangulaires : le dernier notablement plus long que le pénultième, obtusément acuminé au sommet.

Prothorax sensiblement plus étroit que les élytres, subtransverse ; en forme de carré un peu moins long que large, plutôt plus étroit en arrière qu'en avant ; presque droit ou faiblement arrondi sur les côtés, fortement à tous les angles ; à bord antérieur très-largement arrondi et faiblement prolongé dans son milieu au dessus du niveau du vertex ; subtronqué au milieu de sa base, avec celle-ci un peu relevée et étroitement rebordée ; distinctement et obliquement impressionné le long des angles postérieurs qui sont sensiblement relevés sur une assez grande étendue ; subconvexe, offrant au devant de l'écusson une faible impression, souvent indistincte ; très-finement pubescent ; obsolètement chagriné ou presque lisse ; entièrement d'un vert bronzé ou bleuâtre un peu brillant.

Ecusson en carré transverse et obtusément tronqué au sommet ; à peine pubescent, très-finement pointillé, d'un vert foncé un peu brillant.

Elytres presque trois fois et demie aussi longues que le prothorax, subparallèles ; subdéprimées le long de la suture et déclives sur les côtés ; très-finement pubescentes et comme soyeuses ; très-finement et obsolètement pointillées, ordinairement moins brillantes que le prothorax ; d'un rouge écarlate, parée à leur base d'une grande tache triangulaire, d'un noir métallique et couvrant toute la région scutellaire, et après leur milieu d'une bande transversale de même couleur, subarquée et plus ou moins dilatée sur la suture. *Epaules* assez saillantes, arrondies.

Dessous du corps brillant, finement pubescent, très-obsolètement pointillé ou presque lisse ; d'un noir verdâtre, avec le bord antérieur du prosternum souvent pâle, les intersections des quatre premiers segments ventraux d'un testacé plus ou moins rosé, et les épimères du médipectus concolores. *Métasternum* assez convexe, creusé sur sa ligne médiane d'un sillon lisse et peu profond. *Ventre* plus ou moins étroitement membraneux au bord apical des quatre premiers segments. *Pygidium* distinctement cilié sur ses bords.

Pieds allongés, grêles, finement pubescents, obsolètement et rugueusement pointillés ; d'un noir verdâtre assez brillant, avec les insertions des trochanters testacées, l'extrémité des cuisses antérieures et intermédiaires assez largement testacée, les tibias antérieurs et rarement les intermédiaires testacés avec leurs tarses toujours plus obscurs. *Tibias postérieurs* assez sensiblement recourbés en dessous vers leur dernier tiers. *Tarses* grêles, évidemment plus longs que la moitié des tibias ; *les antérieurs* à premier, à quatrième articles graduellement plus courts : *les intermédiaires et les postérieurs* à premier article paraissant, vu de dessus, à peine moins long, et, vu par côté, au moins aussi long que le deuxième, et les deuxième à quatrième graduellement plus courts : le dernier de tous les tarses allongé, faiblement élargi de la base à l'extrêmité où il est tronqué et un peu plus épais que les précédents. *Ongles* petits, pas plus longs que leur membrane.

Patrie. Cette espèce est assez commune au printemps, dans presque toute la France. On la prend en battant les haies fleuries.

Obs. Dans la *variété a*, la tache scutellaire se prolonge sur la suture jusqu'à la rencontre de la bande transversale. Elle est aussi répandue que le type.

D'autres variétés offrent leurs cinq ou six premiers articles des antennes entièrement testacés, ainsi que les tibias et les tarses antérieurs et intermédiaires, le sommet de toutes les cuisses et des tibias postérieurs, avec les tarses postérieurs d'un testacé obscur et leur dernier article toujours plus sombre.

Dans cette espèce, la lanière des ♂ se recourbe en sens inverse que dans l'*A. sanguinolentus*, c'est-à-dire en dedans au lieu d'en dehors. Elle offre en outre à sa base inférieure un cil redressé.

bb *Antennes* obtusément dentées en scie en dessous. *Epimères du médipectus* pâles. *Tibias antérieurs* concolores.

3. **Anthocomus** (*Celidus*) **fasciatus.** Linné.

Assez allongé, très-finement pubescent, très-finement chagriné ; d'un vert foncé, avec les élytres noires, parées d'une grande tache apicale rouge et d'une bande transversale de même couleur et interrompue sur la suture ; l'épistome, le dessous des deux ou trois premiers articles des antennes, les intersections des quatre premiers segments ventraux et le sommet des cuisses antérieures roses ou testacés, et les épimères du médipectus pâles. Antennes obtusément dentées en dessous. Tête un peu brillante, obsolètement impressionnée et subtrifovéolée entre les yeux. Prothorax subtransverse, un peu brillant. Elytres subparallèles, peu brillantes. Tibias postérieurs assez sensiblement recourbés en dessous vers leur dernier tiers. Tarses grêles, les postérieurs à premier article aussi long ou à peine moins long que le deuxième. Ongles petits, pas plus longs que leur membrane.

Cantharis fasciata. LINNÉ, Syst. Nat. I, II, p. 648, 10. — Id. Faun. Suec., n° 711.

Malachius fasciatus. FABRICIUS, Syst. El. 1, p. 309, 20. — OLIVIER, Ent. t. II, n° 27, p. 10, 12, pl. 1, fig. 2. — PANZER, Faun. Germ. 10, 5.

Anthocomus fasciatus. ERICHSON, Entomogr. 1, p. 98, 3. — REDTENBACHER, Faun. Austr., 2e édit., p. 539, 5. — KIESENWETTER, Ins Deut. 4, p. 597, 3.

Variété a. Bande antérieure des élytres plus ou moins pâle en arrière, quelquefois laciniée intérieurement. *Tache apicale* plus ou moins pâle en avant.

Malachius regalis. CHARPENTIER, Germ. Mag. III, p. 232, 3, pl. 3, fig. 2.

Long. $0^m,0038$ (1 l. 2/3). — Larg. $0^m,0015$ (2/3 l.).

♂ *Antennes* à quatrième article pas plus long que large, les quatrième, cinquième et sixième distinctement prolongés en dessous en dents de scie émoussées ou subarrondies. *Elytres* plissées et excavées à leur sommet, notées chacune à leur angle externe d'une petite tache noire garnie de soies obscures assez courtes; munies à l'angle sutural d'un appendice noir, court, assez large, réfléchi de dedans en dehors et de bas en haut, fortement échancré supérieurement en forme de croissant dont la corne interne se prolonge par dessus l'externe et se termine par deux ou trois soies subaccollées, frisées à leur extrémité. Le *sixième segment ventral* subogival, fendu depuis son sommet jusque près de la base; le *sixième segment abdominal* débordant l'inférieur, en cône largement et obtusément tronqué à son bord apical.

♀ *Antennes* à quatrième, cinquième et sixième articles un peu plus longs que larges, faiblement prolongés en dessous en dents de scie arrondies. *Elytres* simples et largement et individuellement arrondies au sommet. Les *sixième segments abdominal et ventral* saillants, subégaux, en cône assez largement tronqué au sommet: le supérieur souvent subsinué, l'inférieur souvent subéchancré à son bord apical.

Corps assez allongé, subparallèle, revêtu d'une très-fine et courte pubescence cendrée; peu brillant sur les élytres.

Tête, les yeux compris, à peine (♂) ou un peu (♀) moins large que le prothorax, subdéprimée; à peine pubescente; finement chagrinée ou presque lisse; d'un vert foncé un peu brillant. *Front* obsolètement impressionné et subtrifovéolé entre les yeux, avec la fossette médiane un peu plus en arrière et un peu plus marquée sur les autres. *Epistome* membraneux, déprimé, d'un rosé plus ou moins pâle, offrant à sa base un étroit liseré corné et métallique. *Labre* subconvexe, brillant, d'un noir métallique, avec le bord antérieur parfois rosé et cilié de longs poils pâles et brillants. *Mandibules* d'un noir de poix, avec leur extrémité un peu roussâtre. Les *parties inférieures de la bouche* d'un noir de poix, avec le *menton* rosé et la *languette* testacée. Le *pénultième article des palpes maxillaires* un peu moins long que la moitié du suivant.

Yeux assez saillants, subarrondis, noirs, séparés du bord antérieur du prothorax par un intervalle très-court et souvent nul.

Antennes plus courtes que la moitié du corps, faiblement atténuées vers leur extrémité, obtusément dentées en scie en dessous; finement pubescentes, distinctement ciliées surtout inférieurement vers le sommet de chaque article; ruguleusement chagrinées; obscures, avec les deux ou trois premiers articles plus brillants: le premier testacé en dessous à son sommet: les deuxième, troisième et quatrième plus (♀) ou moins (♂) testacés ou rosés inférieurement, les deuxième et troisième sur toute leur longueur, le quatrième souvent à son extrémité seulement : le premier légèrement épaissi en massue oblongue : le deuxième globuleux (♂) ou subglobuleux (♀), plus court que la moitié du précédent : le troisième oblong, obconique : les quatrième à sixième plus courts, les septième à dixième un peu moins, subégaux, à peine ou non rétrécis à leur base : le dernier subelliptique, plus long que le pénultième, subacuminé au sommet.

Prothorax sensiblement plus étroit que les élytres, subtransverse; en forme de carré à peine moins long que large; plutôt plus étroit en arrière qu'en avant; presque droit ou faiblement arrondi sur les côtés et fortement à tous ses angles; à bord antérieur très-largement arrondi et faiblement prolongé dans son milieu au-dessus du niveau du vertex; subtronqué au milieu de sa base, avec celle-ci un peu relevée et étroitement rebordée; obliquement et distinctement impressionné le long des angles postérieurs qui sont sensiblement relevés sur une assez grande étendue; subconvexe, offrant parfois au devant de l'écusson une impression transversale peu distincte; très-finement pubescent; obsolètement et finement chagriné ou presque lisse; entièrement d'un vert foncé peu brillant.

Ecusson en carré transverse, obtusément tronqué au sommet, à peine pubescent, très-finement pointillé, d'un vert foncé un peu brillant.

Elytres trois fois et un quart aussi longues que le prothorax, subparallèles; subdéprimées le long de la suture et déclives sur les côtés; très-finement et à peine pubescentes; très-finement et obsolètement chagrinées ou parfois presque lisses; ordinairement moins brillantes que le prothorax; d'un noir submétallique quelquefois un peu violâtre, avec deux larges bandes transversales rouges : la première située un peu avant le milieu et fortement interrompue sur la suture : la deuxième occupant tout le sommet (♂), souvent un peu étranglée à la suture. *Epaules* assez saillantes, arrondies.

Dessous du corps brillant, finement et légèrement pubescent, très-obsolètement pointillé ou presque lisse ; d'un vert foncé quelquefois un peu bleuâtre, avec le bord antérieur du prosternum et les intersections des quatre premiers segments ventraux plus ou moins rosés, et les épimères du médipectus pâles. *Métasternum* assez convexe, marqué sur sa ligne médiane d'un léger sillon lisse et obsolète. *Ventre* plus ou moins membraneux au sommet des quatre premiers segments, les deux premiers souvent assez largement. *Pygidium* cilié sur ses bords, plus longuement vers le sommet.

Pieds allongés, grêles, finement pubescents, obsolètement et subrugueusement pointillés ; d'un noir verdâtre assez brillant, avec le sommet des cuisses antérieures testacé, et les intersections des trochanters d'un testacé de poix. *Tibias postérieurs* assez sensiblement recourbés en dessous vers leur dernier tiers. *Tarses* assez grêles, évidemment plus longs que la moitié des tibias : *les antérieurs* à premier, à quatrième articles graduellement plus courts : *les intermédiaires et les postérieurs* à premier article paraissant, vu de dessus, à peine moins long que le deuxième, et, vu par côté, au moins aussi long que le deuxième : les deuxième à quatrième graduellement plus courts : le dernier de tous les tarses allongé, faiblement élargi de la base à l'extrémité où il est tronqué et un peu plus épais que les précédents. *Ongles* petits, pas plus longs ou à peine plus longs que leur membrane.

PATRIE. Cette espèce est commune au printemps, dans toute la France tempérée. On la prend en battant les haies d'aubépine en fleurs.

OBS. Elle se distingue facilement de la précédente par les taches rouges les élytres plus réduites, par ses antennes moins distinctement dentées en scie en dessous, par ses pieds plus obscurs, par les épimères du médipectus pâles, etc.

Dans la *variété a*, les bandes rouges sont en partie ou rarement entièrement pâles ; et l'antérieure émet parfois, surtout intérieurement, soit en avant soit en arrière, des traits de même couleur.

Genre *Carapheles*, CERAPHÈLE. MULSANT ET REY.

Etymologie : κέρας, corne ; ἀφελής, simple.

CARACTÈRES. *Corps* allongé, assez étroit.

Tête épaisse, à peine transverse ou presque oblongue, inclinée, subtriangulairement rétrécie en avant, assez dégagée et non enfoncée sous le prothorax jusqu'aux yeux. *Front* large, un peu prolongé au delà du niveau antérieur de ceux-ci. *Epistome* submembraneux, fortement transverse, un peu plus étroit en avant, séparé du front par une suture fine, rectiligne ou faiblement arquée en arrière. *Labre* corné, fortement transverse, obtusément tronqué à son bord antérieur. *Mandibules* robustes, peu saillantes, longitudinalement engagées sous les côtés de l'épistome et du labre, arcuément recourbées à leur extrémité et bifides à leur sommet. *Palpes maxillaires* subfiliformes, à dernier article ovale-oblong, sensiblement moins long que les deux précédents réunis, un peu plus long que le deuxième, assez épais, faiblement atténué à son extrémité et assez largement tronqué au bout; le pénultième court, à peine aussi long que la moitié du suivant. *Palpes labiaux* à dernier article ovale-oblong, distinctement tronqué au bout. *Menton* subcorné, fortement transverse, largement et très-faiblement échancré à son bord antérieur. *Languette* submembraneuse, large, subtronquée en avant.

Yeux médiocrement saillants, subarrondis, séparés du bord antérieur du prothorax par un intervalle notable.

Antennes assez grêles, de onze articles distincts; insérées à l'angle antéro-externe du front, un peu en avant d'une ligne idéale qui serait tangente au bord antérieur de chaque œil; subfiliformes, latéralement subcomprimées à partir du troisième article; simples ou à peine et obscurément dentées en scie en dessous; à premier article en massue oblongue: le deuxième court, moins long que la moitié du précédent: les troisième et quatrième oblongs, obconiques: les cinquième à dixième plus ou moins allongés: le dernier un peu plus long que le pénultième.

Prothorax pas plus long que large, mais un peu rétréci en arrière; à bord antérieur très-largement arrondi et à peine prolongé au dessus du niveau du vertex; subtronqué à la base.

Ecusson en carré fortement transverse, obtusément tronqué au sommet.

Elytres allongées, assez étroites, recouvrant entièrement l'abdomen; subparallèles (♂) ou parfois subélargies en arrière (♀); impressionnées et subappendiculées au sommet chez les ♂. *Epaules* saillantes.

Echancrures du dessous du prothorax triangulaires, à sommet aigu.

Lames médianes des prosternum et mésosternum petites, en forme d'angle plus ou moins ouvert. *Epimères du médipectus* assez développées, transversalement obliques. *Métasternum* obliquement coupé sur les côtés de son bord apical, prolongé entre les hanches postérieures en angle médiocrement prononcé et bifide au sommet. *Episternums du postpectus* assez larges en avant, rétrécis en arrière en forme de coin.

Hanches coniques : les *antérieures et les intermédiaires* contiguës : les *intermédiaires* couchées, conico-cylindriques : les *postérieures* rapprochées, mais non contiguës, sensiblement épaissies et divergentes à leur sommet.

Ventre de six segments distincts, plus ou moins membraneux à leurs intersections : le premier voilé dans son milieu : les deuxième à cinquième assez développés, subégaux : le dernier assez saillant, ogival ou subogival.

Pieds allongés, grêles ; les *postérieurs* bien plus développés que les intermédiaires, et ceux-ci un peu plus que les antérieurs dans toutes leurs parties. *Trochanters* ovale-oblongs ou oblongs, subacuminés au sommet *Cuisses* débordant de beaucoup les côtés du corps, à peine renflées avant leur milieu : les *postérieures* se recourbant un peu en dessus. *Tibias antérieurs et intermédiaires* un peu plus longs que les cuisses, presque droits ou faiblement arqués à leur base ; les *postérieurs* beaucoup plus longs que les cuisses, sensiblement recourbés en dedans après leur milieu. *Tarses* plus longs que la moitié des tibias, finement tomenteux en dessous, simples dans les deux sexes, de cinq articles : les *antérieurs* assez robustes, à premier à quatrième articles courts et graduellement moins développés : les *intermédiaires* à premier, à quatrième articles graduellement plus courts : les *postérieurs* à premier article paraissant, vu de dessus, aussi long, et, vu par côté, un peu plus long que le deuxième : les deuxième à quatrième graduellement plus courts : le dernier de tous les tarses allongé, graduellement et faiblement élargi de la base à l'extrémité. *Ongles* assez développés, grêles ; chacun d'eux muni en dessous d'un lobe membraneux subdétaché, un peu moins long que lui.

Obs. Ce genre, établi sur deux espèces à dessins et couleurs conformes, repose sur des caractères assez tranchés, tels que la structure des palpes maxillaires, des antennes et du prothorax. Le faciès offre aussi une forme générale différente et plus étroite. Ces insectes sont assez petits, finement pubescents et non sétosellés en dessus.

Le genre *Carapheles* renferme les deux espèces suivantes :

a *Les ♀ ailées*, à élytres subparallèles. *Antennes* un peu plus longues (♂) ou au moins aussi longues (♀) que la moitié du corps, à premier article immaculé. *Pieds* testacés, avec la base des cuisses légèrement rembrunie. *Lateplagiatus*

aa *Les ♀ aptères ou subaptères*, à élytres graduellement subélargies en arrière à partir de leur premier quart. *Antennes* un peu plus courtes (♀) ou à peine aussi longues (♂) que la moitié du corps, à premier article taché. *Pieds* testacés, avec les cuisses entièrement d'un noir métallique (*sous-genre Diaphonus*, M. et R. de διάφωνος, discordant). *Terminatus.*

a *Les* ♀ *ailées*, à *élytres* subparallèles ou à peine élargies après leur milieu. *Antennes* un peu plus longues (♂) ou au moins aussi longues (♀) que la moitié du corps. *Pieds* testacés avec la base des cuisses légèrement rembrunie.

1. Ceraphеles lateplagiatus. Fairmaire.

Très-allongé, très-finement et très-brièvement pubescent, très-finement chagriné, peu brillant ; d'un vert bronzé assez sombre, avec le prothorax et le tiers postérieur des élytres d'un rouge testacé ; l'épistome flave, la plupart des parties de la bouche, la base des antennes, les épimères du médipectus et les pieds (moins la base des cuisses et le dernier article des tarses) testacés ; les intersections des premiers segments ventraux pâles ou rosées. Tête subimpressionnée entre les yeux et bissillonnée en avant. Prothorax aussi long que large, sensiblement rétréci en arrière. Elytres allongées, subparallèles. Tibias postérieurs sensiblement recourbés en dessous vers leur dernier tiers. Tarses postérieurs à premier article subégal au deuxième.

Malachius lateplagiatus. Fairmaire, Ann. Soc. Ent. Fr. 1862, t. II, p. 550, 7.

Long. 0m,0038 (1 l. 2/3). — Larg. 0m,0010 (1/2 l.).

♂. *Antennes* un peu plus longues que la moitié du corps, à troisième et quatrième articles faiblement, les cinquième à dixième encore plus faiblement prolongés en dessous en dents de scie émoussées. *Elytres* parallèles, fortement impressionnées et distinctement ciliées au sommet ; armées chacune, au-dessus de l'angle sutural, d'un appendice triangulaire corné, verticalement redressé, noir et terminé par un pinceau de poils testacés. *Le sixième segment ventral* ogival, longitudinalement entaillé dans son milieu jusque près de la base ; *le sixième segment abdominal* débordant l'inférieur, en cône très-largement et subsinueusement tronqué à son bord apical.

♀. *Antennes* au moins aussi longues que la moitié du corps, à troisième et quatrième articles très-faiblement, les cinquième à dixième non prolongés en dents de scie en dessous. *Elytres* subparallèles ou à peine élargies après leur milieu, simples et assez largement et individuellement arrondies au sommet. *Les sixièmes segments ventral et abdominal* saillants, subégaux ;

le supérieur en cône assez largement tronqué à son bord apical, l'inférieur subogival, obtusément tronqué au sommet.

Corps très-allongé, assez étroit, subparallèle, revêtu d'une très-fine et très-courte pubescence cendrée et comme soyeuse.

Tête, les yeux compris, un peu (♂) ou sensiblement (♀) plus étroite que le prothorax, subdéprimée en avant ; à peine pubescente, très-finement chagrinée ou presque lisse ; entièrement d'un vert foncé peu brillant. *Front* large, obsolètement impressionné sur son milieu entre les yeux ; creusé en avant de chaque côté d'un sillon oblique, longeant la fossette antennaire. *Epistome* rarement subdéprimé, presque entièrement flave ou d'un flave testacé ; cilié vers sa base de très-longs poils pâles et souvent obsolètes. *Labre* subconvexe, brillant, testacé et plus ou moins largement d'un brun métallique à la base, cilié en avant de longs poils pâles et brillants. *Mandibules* testacées, avec leur extrémité et parfois leur base d'un noir de poix. Les *parties inférieures de la bouche* plus ou moins testacées, avec *les palpes* d'un brun de poix ou d'un noir de poix, sauf le bout des derniers articles qui est plus ou moins pâle , et le pénultième *des maxillaires* qui reste souvent d'un testacé de poix.

Yeux médiocrement saillants, subarrondis ; noirs ; séparés du bord antérieur du prothorax par un intervalle aussi grand ou plus grand que le diamètre antéro-postérieur de l'œil.

Antennes un peu plus longues (♂) ou au moins aussi longues (♀) que la moitié du corps ; finement pubescentes, distinctement ciliées en dessous vers le sommet de chaque article ; très-obsolètement et rugueusement pointillées ; subfiliformes, simples ou faiblement dentées en scie en dessous ; d'un brun de poix, avec les quatre ou cinq premiers articles testacés : le premier légèrement épaissi en massue oblongue : le deuxième court, subglobuleux, plus étroit et sensiblement moins long que la moitié du précédent : les troisième et quatrième oblongs, subégaux, subtriangulaires : les cinquième à dixième allongés, obconiques, subégaux : le dernier très-allongé, un peu plus long que le pénultième, subcylindrique, obtusément acuminé au sommet.

Prothorax un peu plus étroit que les élytres ; en forme de carré aussi long que large antérieurement, sensiblement rétréci en arrière ; très-largement arrondi à son bord antérieur qui est à peine prolongé dans son milieu au-dessus du niveau du vertex ; presque droit sur les côtés, assez fortement arrondi aux angles ; subsinueusement tronqué, un peu relevé et très-finement rebordé à la base ; très peu convexe sur le dos, faiblement déclive sur les côtés ; obliquement impressionné le long des angles postérieurs qui sont légèrement relevés sur une assez grande étendue ; offrant au devant de l'écusson une faible impression peu distincte ; très-finement pubescent ; très-finement et très-obsolètement chagriné ou presque lisse ; peu brillant ; entièrement d'un rouge testacé.

Ecusson en carré fortement transverse, obtusément et parfois subsinueusement tronqué au sommet, à peine pubescent, finement chagriné ; d'un vert foncé peu brillant.

Elytres environ trois fois et demie (♀) ou presque quatre (♂) fois aussi longues que le prothorax ; parallèles sur leurs côtés (♂) ou faiblement subélargies en arrière (♀) après leur milieu ; subdéprimées derrière l'écusson, subconvexes sur le reste de leur longueur et sensiblement déclives postérieurement et sur les côtés ; très-finement et très-brièvement pubescentes et comme soyeuses ; très-finement chagrinées ; ordinairement peu brillantes, mais néanmoins un peu plus brillantes, surtout vers la base, que la tête et le prothorax ; d'un vert bronzé assez sombre, avec une grande tache apicale d'un rouge plus ou moins testacé, occupant au moins le tiers de la longueur, profondément flexueuse en avant et remontant le long des côtés jusqu'aux épaules en forme de bordure étroite. *Epaules* saillantes, arrondies.

Dessous du corps assez brillant, finement pubescent ; obsolètement et subrugueusement pointillé, avec le milieu du métasternum et le ventre ordinairement plus lisses ; d'un noir un peu verdâtre, avec le dessous du prothorax d'un rouge testacé, les épimères du médipectus testacées et les intersections des trois et souvent quatre premiers segments ventraux plus ou moins pâles ou rosées. *Métasternum* assez convexe, marqué sur sa ligne médiane d'un léger sillon lisse, souvent peu distinct. *Ventre* plus ou moins membraneux à ses intersections colorées. *Pygidium* distinctement cilié à son sommet.

Pieds allongés, grêles, finement pubescents, très-obsolètement et subrugueusement pointillés ; d'un testacé un peu brillant, avec les cuisses antérieures et intermédiaires légèrement, les postérieures plus largement rembrunies et métalliques à leur base, les trochanters, surtout les antérieurs et les intermédiaires restant souvent d'un testacé de poix, et le dernier article de tous les tarses toujours plus obscur, au moins à son extrémité. *Tibias postérieurs* sensiblement recourbés en dessous vers leur dernier tiers. *Tarses* sensiblement plus longs que la moitié des tibias : *les antérieurs* à premier, à quatrième articles graduellement plus courts : *les intermédiaires et les postérieurs* à premier article paraissant, vu de dessus, au moins aussi long, et vu, par côté, presque plus long que le deuxième : les deuxième à quatrième graduellement plus courts : le dernier de tous les tarses allongé, graduellement et faiblement élargi de la base à l'extrémité où il est subtronqué et un peu plus épais que les précédents. *Ongles* assez développés, grêles, évidemment un peu plus longs que leur membrane.

PATRIE. Cette espèce a été découverte par M. le docteur Grenier, parmi les herbes de l'étang de Vendres, près de Béziers. Nous l'avons reçue de M. Mayet qui l'a capturée aux environs de Cette.

OBS. *Les antennes et les palpes*, ainsi que *les pieds antérieurs* sont parfois entièrement testacés.

aa *Les ♀ aptères, à élytres* subélargies en arrière à partir de leur premier quart. *Antennes* un peu plus courtes (♂) ou à peine aussi longues (♀) que la moitié du corps. *Pieds* testacés avec les cuisses entièrement d'un noir métallique (*Diaphonus*).

2. Ceraphcles (*Diaphonus*) terminatus. MÉNÉTRIÉS.

Allongé, très-finement et très-brièvement pubescent, très-finement et obsolètement chagriné, peu brillant ; d'un vert bronzé assez sombre, avec le prothorax et le quart postérieur des élytres d'un rouge testacé ; l'épistome, la plupart des parties de la bouche, la base des antennes, les tibias et les tarses (moins le dernier article de ceux-ci) testacés ; les premiers segments ventraux plus ou moins largement rosés dans leur milieu, et les épimères du médipectus pâles. Tête largement subimpressionnée entre les yeux. Prothorax aussi long que large, un peu rétréci en arrière. Elytres subparallèles (♂) ou un peu élargies en arrière (♀). Tibias postérieurs assez sensiblement recourbés en dessous vers leur dernier tiers. Tarses postérieurs à premier article subégal au deuxième.

Malachius terminatus. MÉNÉTRIÉS, Cat. Rais., p. 164, n° 664. — *Malachius ruficollis*. FABRICIUS, Ent. Syst., t. I, p. 223, 7. — Id. Syst. El., t. I, p. 307, 10. — PANZER, Faun. Germ., 2. 10. — ERICHSON, Entomogr., t. 1, p. 85, 29. — REDTENBACHER, Faun. Austr., 2e édit., p. 537.

Anthocomus terminatus. KIESENWETTER, Ins. Deut., t. IV, p. 598, 4. — *Anthocomus festivus*. REDTENBACHER, Faun. Austr., 2e édit., p. 539, 4.

Long. 0m,0033 (1 l. 1/2). — Larg. 0m,0011 (1/2 l.).

♂ *Elytres* subparallèles, fortement impressionnées au sommet et munies, au dessus de l'angle sutural, d'un appendice subtriangulaire corné, verticalement redressé, noir, cilié et terminé par un pinceau de poils fauves. *Le sixième segment ventral* ogival, longitudinalement entaillé dans son milieu. *Ailés*.

♀ *Elytres* graduellement subélargies en arrière à partir de leur premier quart, simples et largement, individuellement et obtusément arrondies à leur sommet. *Le sixième segment ventral* saillant, subogival, obtusément tronqué ou subarrondi à son bord apical. *Aptères*.

Corps allongé, subélargi en arrière, revêtu d'une très-fine et très-courte pubescence cendrée et comme soyeuse.

Tête, les yeux compris, un peu plus étroite que le prothorax, subdéprimée en avant, parfois obsolètement et longitudinalement sillonnée sur le milieu du vertex ; à peine pubescente ; très-finement chagrinée ; entièrement d'un vert foncé peu brillant. *Front* largement et légèrement impressionné entre les yeux, marqué en avant de chaque côté d'un sillon oblique, longeant les fossettes antennaires. *Epistome* subdéprimé, entièrement d'un roux-testacé. *Labre* subconvexe, brillant, métallique sur le milieu de sa base, plus ou moins largement d'un roux-testacé dans tout son pourtour extérieur, cilié vers le sommet d'assez longs poils pâles et brillants. *Mandibules* testacées, avec leur base et leur pointe d'un noir de poix. *Les parties inférieures de la bouche* plus ou moins testacées, avec *les palpes* d'un noir de poix, sauf le bout de leur dernier article qui est plus ou moins pâle.

Yeux médiocrement saillants, subarrondis, noirs, séparés du bord antérieur du prothorax par un intervalle un peu moins grand que le diamètre antéro-postérieur de l'œil.

Antennes un peu plus courtes (♀) ou à peine aussi longues (♂) que la moitié du corps ; finement pubescentes, distinctement ciliées en dessous vers le sommet de chaque article ; obsolètement rugulcuses ; subfiliformes, presque simples ; d'un brun de poix, avec les trois ou quatre premiers articles testacés, et le premier noté en dessus d'une grande tache d'un noir un peu verdâtre ; celui-ci légèrement épaissi en massue oblongue : le deuxième court, subglobuleux, plus étroit et à peine aussi long que la moitié du précédent : les troisième et quatrième oblongs, obconiques (♀) ou un peu dilatés en dessous en dents de scie arrondie (♂), subégaux : les cinquième à dixième allongés, faiblement rétrécis à leur base : le dernier sensiblement plus long que le précédent, subfusiforme, obtusément acuminé au sommet.

Prothorax un peu plus étroit que les élytres ; en forme de carré aussi long que large antérieurement, un peu rétréci en arrière; largement arrondi à son bord antérieur qui est à peine prolongé dans son milieu au dessus du niveau du vertex; faiblement arrondi sur les côtés, assez fortement à tous les angles; subsinueusement tronqué, un peu relevé et finement rebordé à la base; très-peu convexe sur le dos, légèrement déclive sur les côtés; légèrement et obliquement impressionné le long des angles postérieurs qui sont un peu relevés sur une médiocre étendue; offrant au devant de l'écusson une impression transversale plus ou moins marquée; à peine pubescent; très-obsolètement chagriné ou presque lisse; peu brillant; d'un rouge-testacé.

Écusson en carré fortement transverse et obtusément tronqué au sommet; à peine pubescent; finement chagriné; d'un vert foncé peu brillant.

Elytres environ trois fois et demie aussi longues que le prothorax; subélargies en arrière à partir de leur premier quart (♀); subdéprimées derrière l'écusson, subconvexes sur le reste de leur longueur et sensiblement déclives postérieurement et sur les côtés; très-finement et très-brièvement pubescentes et comme soyeuses; finement chagrinées; peu brillantes et cependant un peu plus que le prothorax; d'un vert bronzé assez sombre avec une grande tache apicale d'un rouge plus ou moins testacé, occupant le quart (♂) ou le tiers (♀) de la longueur, profondément flexueuse en avant et remontant le long des côtés, jusque près du sinus posthuméral, en forme de bordure très-étroite. *Epaules* saillantes, arrondies.

Dessous du corps assez brillant, finement pubescent, très-obsolètement et subrugueusement pointillé; d'un noir verdâtre, avec le dessous du prothorax rougeâtre, le milieu des trois premiers segments ventraux, le bord apical des mêmes segments et du quatrième plus ou moins rosés, et les épimères du médipectus pâles. *Métasternum* assez convexe, marqué sur sa ligne médiane d'un sillon lisse, peu distinct. *Ventre* plus ou moins membraneux à toutes ses parties colorées. *Pygidium* assez longuement cilié à son sommet.

Pieds allongés, grêles, finement pubescents, très-obsolètement et subrugueusement pointillés; assez brillants; testacés, avec les cuisses entièrement d'un noir verdâtre (1) et le dernier article de tous les tarses d'un brun de poix. *Tibias postérieurs* assez sensiblement recourbés en dessous, vers leur derniers tiers. *Tarses* sensiblement plus longs que la moitié des tibias :

(1) Les insertions des trochanters demeurent testacées.

les antérieurs à premier, à quatrième article graduellement plus courts : *les intermédiaires et les postérieurs* à premier article paraissant, vu de dessus, à peine moins long, et, vu par côté, évidemment aussi long que le deuxième : les deuxième à quatrième graduellement plus courts : le dernier de tous les tarses allongé, graduellement élargi de la base à l'extrémité où il est tronqué et plus épais que les précédents. *Ongles* assez développés, assez grêles, évidemment un peu plus longs que leur membrane.

Patrie. Cette espèce est rare. Elle se trouve en différentes parties de la France. Nous l'avons capturée, dans le mois de mai, en fauchant les herbes aquatiques des marais de Villebois (Bugey).

Obs. Elle ressemble tout à fait à la précédente, quant à la coloration. Elle s'en distingue par ses antennes un peu plus courtes, presque simples ou nullement dentées en scie en dessous, à premier article maculé de noir en dessus ; par son prothorax un peu moins rétréci en arrière ; par ses élytres moins parallèles et subélargies postérieurement et sans ailes par dessous chez les ♀ ; par ses cuisses entièrement d'un noir métallique, etc.

Genre *Antholinus*, Antholin. Mulsant et Rey.

Etymologie : ἄνθος, fleur.

Caractères. *Corps* plus ou moins allongé ou oblong.

Tête subtransversale, inclinée, subtriangulairement rétrécie en avant, plus ou moins dégagée, ordinairement non enfoncée sous le prothorax jusqu'aux yeux. *Front* large, sensiblement prolongé au delà du niveau antérieur de ceux-ci. *Epistome* submembraneux ou corné, fortement transverse, un peu plus étroit en avant, séparé du front par une suture fine et rectiligne. *Labre* corné, fortement transverse, obtusément tronqué ou subarrondi à son bord apical. *Mandibules* robustes, peu saillantes, longitudinalement engagées sous les côtés de l'épistome et du labre, arcuément recourbées à leur extrémité et bidentées à leur sommet. *Palpes maxillaires* subfiliformes, à dernier article plus développé que le deuxième, oblong, ovale-oblong ou subovalaire : le pénultième court, moins long ou à peine aussi long que la moitié du suivant. *Palpes labiaux* à dernier article ovale oblong, étroitement tronqué au bout. *Menton* subcorné, fortement transverse, largement tronqué à son bord antérieur. *Languette* submembraneuse, large, obtusément arrondie en avant.

Yeux plus ou moins saillants, subarrondis, séparés du bord antérieur du prothorax par un intervalle souvent notable, rarement court ou presque nul.

Antennes grêles, plus on moins développées, de onze articles distincts; insérées à l'angle antéro-externe du front, plus ou moins en avant d'une ligne idéale tangente au bord antérieur de chaque œil; subfiliformes ou à peine subatténuées vers leur extrémité; latéralement subcomprimées à partir du troisième article; simples ou faiblement dentées en scie en dessous; à premier article en massue oblongue : le deuxième court, subégal à la moitié du précédent : les troisième et quatrième oblongs : les cinquième à dixième plus ou moins allongés ou oblongs, subégaux : le dernier sensiblement plus long qne le pénultième.

Prothorax de forme très-variable, souvent rétréci en arrière; à bord antérieur très-largement arrondi et à peine prolongé au dessus du niveau du vertex; tronqué ou subtronqué à la base.

Ecusson ou carré fortement transverse, subarrondi ou obtusément tronqué au sommet.

Elytres plus ou moins allongées ou oblongues, recouvrant entièrement l'abdomen; subparallèles ou faiblement élargies en arrière; simples au sommet dans les deux sexes; très-finement ou à peine rebordées en dehors. *Epaules* plus ou moins saillantes.

Echancrures du dessous du prothorax triangulaires, à sommet tantôt aigu, tantôt subarrondi.

Lames médianes des prosternum et mésosternum petites, en forme d'angle plus ou moins ouvert. *Epimères du médipectus* assez développées, transversalement obliques. *Métasternum* obliquement coupé sur les côtés de son bord apical, prolongé entre les hanches postérieures en angle ordinairement peu prononcé et bifide au sommet. *Episternums du postpectus* assez larges à la base, rétrécis en arrière en forme d'onglet.

Hanches coniques; les *antérieures et intermédiaires* contiguës : celles-ci couchées, souvent conico-cylindriques : les *postérieures* légèrement écartées à leur base, sensiblement divergentes à leur sommet.

Ventre de six segments distincts, plus ou moins membraneux à leurs intersections : le premier plus ou moins voilé dans son milieu : les deuxième à quatrième subégaux ou graduellement un peu plus courts : le cinquième un peu plus développé : le dernier saillant, subogival ou conique.

Pieds allongés, grêles : les *postérieurs* bien plus développés que les *in-*

termédiaires, et ceux-ci un peu plus que les antérieurs dans toutes leurs parties. *Trochanters antérieurs* subovalaires : *les intermédiaires* ovale-oblongs : *les postérieurs* suballongés, étroitement arrondis ou subacuminés au sommet. *Cuisses* débordant de beaucoup les côtés du corps, faiblement renflées avant leur milieu : les *postérieures* se recourbant un peu en dessus. *Tibias antérieurs* et *intermédiaires* un peu plus longs que les cuisses, presque droits ou à peine arqués à leur base : les *postérieurs* beaucoup plus longs que les cuisses, faiblement arqués en dehors, plus ou moins sensiblement recourbés en dedans après leur milieu. *Tarses* grêles, plus longs que la moitié des tibias de cinq articles : *les antérieurs* à premier, à quatrième articles graduellement plus courts (♀) : le deuxième notablement prolongé, chez les ♂, au dessus du troisième, en forme de lame droite, subconcave en dessous, obliquement et obtusément tronqué au sommet : *les intermédiaires* et *les postérieurs* à premier article un peu plus court ou pas plus long que le deuxième : les deuxième à quatrième graduellement plus courts : le dernier de tous les tarses allongé, graduellement et faiblement élargi de la base à l'extrémité. *Ongles* petits, chacun d'eux muni en dessous d'une membrane accollée aussi longue que lui.

Obs. Ce genre, assez nombreux en espèces, est susceptible de plusieurs catégories distinctes, et par la forme du prothorax et par la structure du dernier article des palpes maxillaires. Néanmoins, nous avons cru devoir les réunir provisoirement sous une même dénomination générique, à cause du caractère commun des élytres simples au sommet dans les deux sexes, et de la forme droite de la lame du deuxième article des tarses antérieurs chez les ♂.

Ce genre se compose de petites espèces, tantôt sétosellées, tantôt seulement (*Sphinginus*) finement pubescentes sur les élytres.

Nous distribuerons les espèces du genre *Antholinus* de la manière qui suit :

Gr. 1. *Prothorax* carré, subtransverse ou transverse, non ou légèrement rétréci en arrière et d'une manière graduée. *Tête* un peu plus étroite, aussi large ou à peine plus large que le prothorax. *Lame du deuxième article des tarses antérieurs des* ♂ ordinairement assez large. *Elytres* toujours sétosellées.

A *Prothorax* un peu moins ou pas plus long que large. *Tête* plus ou moins dégagée et par suite *yeux* séparés du bord antérieur du prothorax par un intervalle sensible. *Le dernier article des palpes maxillaires* un peu moins long que les deux précédents réunis; oblong ou ovale-oblong, subatténué vers son extrémité et étroitement tronqué au bout, dans les deux sexes. *Antennes* légèrement ciliées (*Antholinus* in Sp.)

a **Prothorax** subtransverse, non rétréci en arrière, à angles postérieurs sensiblements relevés; rouge, paré sur son disque d'une large bande longitudinale noire, à peine raccourcie en avant ou en arrière. *Elytres* à sommet rouge et côtés concolores. *Pieds* noirs avec tous les tarses testacés. — *Distinctus*.

aa **Prothorax** aussi long que large, mais légèrement et graduellement rétréci en arrière, à angles postérieurs non relevés. *Pieds* ordinairement presque entièrement noirs ou bleuâtres.

b **Prothorax** rouge, paré sur son disque d'une large bande longigitudinale noire, plus ou moins raccourcie en avant. *Elytres* subparallèles, à sommet testacé et à côtés concolores. — *Jocosus*.

bb **Prothorax** rouge, paré sur son disque d'une tache noire plus ou moins restreinte. *Elytres* subparallèles, à sommet testacé et ordinairemənt à tache marginale pâle. — *Lateralis*.

AA **Prothorax** rarement aussi long que large, le plus souvent transverse, graduellement et subsinueusement rétréci en arrière, à angles postérieurs non relevés. *Tête* plus ou moins engagée sous le prothorax, avec les *yeux* séparés du bord antérieur de celui-ci par un intervalle plus ou moins court. *Le dernier article des palpes maxillaires* aussi long ou à peine moins long que les deux précédents réunis; ovale-oblong et assez largement tronqué au sommet chez les ♂. *Antennes* fortement ciliées (*sous-genre Abrinus*. M. et R., de ἁβρός, mou (1).

c **Prothorax** aussi long que large. *Elytres* noires avec leur pourtour externe et interne d'un flave-blanchâtre bien tranché. — *Ulicis*.

cc **Prothorax** transverse ou sensiblement moins long que large.

d **Elytres** peu brillantes, finement et densement pointillées, à pubescence cendrée assez serrée et bien distincte; noires, à sommet et bordure latérale d'une couleur flave bien tranchée. — *Amictus*.

dd **Elytres** brillantes, éparsement et obsolètement pointillées, à pubescence cendrée éparse et obsolète; noires, à sommet et bordure latérale d'une couleur testacée un peu fondue intérieurement. — *Analis*.

ddd **Elytres** assez brillantes, finement et obsolètement chagrinées; pâles, avec une bande basilaire commune plus ou moins prolongée sur la suture et une grande tache subposticale sur chacune; noires. — *Pictus*.

(1) Dans les quatre espèces de ce sous-genre, le prothorax est d'un rouge testacé avec son disque noir.

Gr. II. *Prothorax* oblong, étroit, brusquement subétranglé en arrière où il est prolongé en forme de lobe distinct (2). *Tête* épaisse, saillante, dégagée, plus large que le prothorax dans les deux sexes. *Le dernier article des palpes maxillaires* aussi long que les deux précédents réunis ; assez gros et courtement ovalaire chez les ♂, ovalaire et subatténué chez les ♀, largement tronqué au sommet dans les deux sexes. *Lame du deuxième article des tarses antérieurs des ♂* assez étroite. *Elytres* non sétosellées (*sous-genre Sphinginus*, M. et R., de σφίγγω, je resserre).

e *D'un noir bronzé* avec le bord postérieur du prothorax, le sommet et les côtés des élytres jaunes. *Lobatus.*

ee *D'un noir bleu* avec le prothorax entièrement rouge et les élytres concolores. *Constrictus.*

Gr. I. *Prothorax* carré, subtransverse ou transverse, non ou faiblement rétréci en arrière et d'une manière graduée.

A *Prothorax* un peu moins long ou pas plus long que large. *Tête* plus ou moins dégagée. *Antennes* légèrement ciliées. (*Antholinus* in spec.)

B *Prothorax* subtransverse, non rétréci en arrière, à angles postérieurs sensiblement relevés ; rouge, avec le disque paré d'une large bande longitudinale noire. *Elytres* à sommet rouge et à côtés concolores. *Pieds* noirs avec tous les tarses testacés.

1. **Antholinus distinctus**. Mulsant et Rey.

Suballongé, légèrement et à peine pubescent, sétosellé sur les élytres, obsolètement chagriné, brillant ; d'un vert bronzé assez sombre, souvent un un peu bleuâtre, avec le sommet des élytres et le prothorax rouges, celui-ci paré sur son disque d'une large bande longitudinale noire ; le côté externe des fossettes antennaires, les joues, la plupart des parties de la bouche, la base des antennes, les trochanters antérieurs et les tarses testacés : les épimères du médipectus pâles, et les intersections des segments ventraux rosés. Antennes à cinquième, à dixième articles suballongés. Tête distinctement et largement impressionnée entre les yeux. Prothorax subtransverse, non rétréci en arrière, à angles postérieurs relevés. Elytres à peine élargies en arrière. Tibias postérieurs faiblement recourbés en desssous vers leur dernier

(2) Ce caractère du prothorax *oblong et lobé* donne aux espèces qui présentent cette structure une physionomie toute particulière. Mais ces deux formes sont susceptibles de varier, ainsi qu'on le voit dans le genre *Charopus* ; ou bien seulement l'une d'elles, ainsi que dans les *Troglops* quant au lobe de la base.

tiers. Tarses postérieurs à premier article un peu moins long que le deuxième.

Long. 0m,0033 (1 l. 1/2). — Larg. 0m,0012 (1/2 l.).

♂ *Le deuxième article des tarses antérieurs* fortement prolongé au-dessus du troisième en forme de lame droite, subconcave en dessous, subélargie vers son extrémité, obtusément et obliquement tronquée au sommet et noire à celui-ci. *Le sixième segment ventral* subogival, aigument incisé dans son milieu jusqu'à sa base ; *le sixième segment abdominal* débordant l'inférieur, en cône largement et subsinueusement tronqué à son bord apical.

♀ *Le deuxième article des tarses antérieurs* simple. *Les sixième segments abdominal et ventral* saillants, subégaux, entiers et arrondis à leur bord apical.

Corps suballongé, revêtu d'une très-fine pubescence cendrée, à peine distincte, avec les élytres parsemées de poils sétiformes, assez longs, noirs et redressés.

Tête, les yeux compris, presque aussi (♂) ou un peu moins (♀) large que le prothorax, subdéprimée ; à peine pubescente, ciliée sur les côtés des tempes de quelques longs poils obscurs ; finement et rugueusement chagrinée; d'un vert foncé un peu brillant, avec les joues, les fossettes antennaires et l'intervalle entre celles-ci et les yeux d'un flave testacé. *Front* largement et distinctement impressionné entre les yeux, souvent obsolètement fovéolé sur son milieu. *Epistome* submembraneux, subdéprimé, entièrement testacé, cilié le long de sa base de quelques longs poils pâles. *Labre* subconvexe, brillant, d'un roux testacé, plus ou moins largement rembruni au milieu de sa base, cilié vers son sommet de long poils pâles et brillants. *Mandibules* testacées, avec leur extrémité d'un noir de poix. *Les parties inférieures de la bouche* testacées, avec les *palpes* d'un noir de poix et le sommet de leur dernier article légèrement pellucide. *Le pénultième article des maxillaires* à peine moins long que la moitié du suivant.

Yeux assez saillants, subarrondis ; noirs ; séparés du bord antérieur du prothorax par un intervalle plus (♂) ou moins (♀) sensible.

Antennes aussi (♂) ou à peine aussi (♀) longues que la moitié du corps ; subfiliformes ou faiblement subatténuées vers leur extrémité ; simples ou à peine dentées en scie en dessous; finement pubescentes, légèrement et distinctement ciliées, surtout en dessous, vers le sommet de chaque article ; obsolètement ruguleuses ; obscures, avec les deuxième, troisième et quatrième articles d'un roux testacé, ainsi que le sommet et le dessous du premier : celui-ci légèrement épaissi en massue oblongue : le deuxième assez court, subglobuleux, à peine plus long que la moitié du précédent : les troisième et quatrième oblongs, subégaux, un peu (♂) ou à peine (♀) en dents de scie obtuse en dessous ; les cinquième à dixième allongés, subégaux, presque simples, légèrement rétrécis à leur base : le dernier sensiblemen plus long que le pénultième, fusiforme, subacuminé au sommet.

Prothorax un peu plus étroit que les élytres ; en forme de carré un peu moins long que large et non rétréci en arrière ; subarrondi sur les côtés ; fortement arrondi aux angles antérieurs, plus largement aux postérieurs ; à bord antérieur très-largement arrondi et à peine prolongé dans son milieu au-dessus du niveau du vertex ; subtronqué au milieu de sa base, avec celle-ci un peu relevée et finement rebordée ; subimpressionné vers les angles antérieurs, plus distinctement et obliquement impressionné le long des angles postérieurs qui sont assez sensiblement relevés sur une grande étendue ; offrant au devant de l'écusson une faible impression transversale, plus ou moins obsolète ; faiblement convexe ; à peine pubescent ; presque indistinctement chagriné ou comme lisse ; brillant ; rouge, avec le disque paré d'une large bande longitudinale d'un noir métallique, avancée jusque tout près des bords antérieur et postérieur sans cependant y toucher.

Ecusson en carré fortement tranverse, obtusément tronqué au sommet, à peine pubescent, à peine ruguleux, d'un noir métallique assez brillant.

Elytres plus de trois fois aussi longues que le prothorax ; faiblement subélargies en arrière à partir de leur premier tiers ; assez largement et simultanément arrondies au sommet, avec l'angle sutural assez marqué mais assez fortement arrondi ; subdéprimées le long de la suture, assez fortement déclives en arrière et sur les côtés ; très-finement et à peine pubescentes, mais distinctement sétosellées ; obsolètement chagrinées ou presque lisses : brillantes ; d'un vert bronzé foncé et souvent un peu bleuâtre ; parées chacune à leur sommet d'une assez grande tache rouge couvrant tout l'angle sutural. *Epaules* saillantes, arrondies.

Dessous du corps assez brillant, finement pubescent, finement et parfois obsolètement ruguleux ; d'un vert foncé, avec le dessous du prothorax rougeâtre, les épimères du médipectus pâles, et les intersections des segments ventraux plus ou moins rosées. *Métasternum* assez convexe, marqué sur sa ligne médiane d'un sillon lisse, plus ou moins obsolète. *Ventre* plus ou moins membraneux à ses intersections. *Pygidium* longuement cilié sur ses bords.

Pieds allongés, grêles, finement pubescents, obsolètement et subrugueusement pointillés ; d'un vert bronzé foncé et assez brillant, avec les insertions de tous les trochanters, les trochanters antérieurs et parfois les intermédiaires et tous les tarses testacés ou d'un roux testacé : le dernier article de ceux-ci plus ou moins rembruni. *Tibias postérieurs* obsolètement sétosellés en dehors, faiblement recourbés en dessous vers leur dernier tiers. *Tarses* sensiblement plus longs que la moitié des tibias, légèrement ciliés en dessus vers le sommet de chaque article ; *les antérieurs* à premier, à quatrième (♀) articles graduellement plus courts : *les intermédiaires et postérieurs* à premier article paraissant, vu de dessus, un peu moins long, et vu, par côté, à peine moins long que le deuxième : les deuxième à quatrième graduellement plus courts : le dernier de tous les tarses allongé, faiblement élargi de la base à l'extrémité, où il est tronqué et un peu plus épais que les précédents. *Ongles* petits, pas plus longs que leur membrane.

Patrie. Cette espèce habite les lieux boisés de différentes parties de la France, les environs de Lyon et de Tours, la Bourgogne, le Beaujolais, le Languedoc, le Roussillon, la Provence, etc.

Obs. Elle est facile à confondre avec la ♀ de l'*Axinotarsus pulicarius*. Fabr. Elle s'en distingue par ses antennes insérées plus en avant des yeux, moins densement ciliées en dessous, à troisième, à onzième articles moins allongés ; par ses mandibules testacées ; par ses tarses moins grêles et moins obscurs, les postérieurs et intermédiaires à premier article proportionnellement plus court, etc.

Ici se placerait l'espèce suivante, assez répandue en Corse, mais qui n'a pas encore été rencontrée en France, du moins à notre connaissance. Elle forme une division intermédiaire entre l'*A. distinctus* et *le jocosus*.

Prothorax presque aussi long que large, à peine rétréci en arrière, à angles postérieurs faiblement relevés, entièrement ou presque entièrement rouge. *Elytres* à sommet largement et à côtés étroitement testacés. *Pieds* noirs, avec les tibias antérieurs et intermédiaires et tous les tarses testacés.

Antholinus sericans. Erichson.

Suballongé, finement et densement pubescent, éparsement sétosellé sur les élytres, très-finement et obsolètement chagriné, peu brillant ; d'un vert bronzé foncé, avec le prothorax rougeâtre, une étroite bordure latérale et une tache apicale aux élytres testacées ; le côté externe des fossettes antennaires, les joues, la plupart des parties de la bouche, le dessous des premiers articles des antennes, les trochanters antérieurs et intermédiaires, la majeure partie des postérieurs, les tibias et les tarses antérieurs et intermédiaires, et les tarses postérieurs d'un roux testacé, les épimères du médipectus pâles, et les intersections des segments ventraux d'un rose testacé. Antennes à cinquième, à dixième articles allongés. Tête largement impressionnée et brièvement et transversalement subsillonnée entre les yeux. Prothorax presque aussi long que large, à peine rétréci en arrière, à angles postérieurs faiblement relevés. Elytres subparallèles. Tibias postérieurs plus ou moins recourbés en dessous avant leur dernier tiers. Tarses postérieurs à premier article évidemment moins long que le deuxième.

Anthocomus sericans. Erichson, Entomogr. 1, p. 102, 9.

Variété α. Prothorax noté sur son disque de deux petits traits obscurs, longitudinaux, subparallèles.

Long. $0^{m},0033$ (1 l. 1/2). — Larg. $0^{m},0012$ (1/2 l.).

♂ *Antennes* à troisième et quatrième articles en dents de scie émoussées. *Le deuxième article des tarses antérieurs* fortement prolongé au dessus du troisième en forme de lame droite, subconcave en dessous, élargie vers son extrémité, largement, obtusément et obliquement tronquée au sommet, et noire à celui-ci. *Le sixième segment ventral* ogival, aigument incisé à son sommet jusqu'à sa base: *le sixième segment abdominal* débordant l'inférieur, en cône largement et parfois subsineusement tronqué au sommet.

♀ *Antennes* à troisième et quatrième articles presque indistinctement en dents de scie émoussées. *Le deuxième article des tarses antérieurs* simple. *Les sixième segments abdominal et ventral* saillants, coniques, subégaux, obtusément arrondis au sommet.

Patrie. Cette espèce se trouve en Sardaigne et en Corse où elle est assez commune. Comme elle n'a point encore été signalée de la France continentale, nous nous dispensons d'en donner la description complète.

aa *Prothorax* aussi long que large, mais légèrement et graduellement rétréci en arrière, à angles postérieurs non relevés. *Pieds* ordinairement presque entièrement noirs ou brunâtres.

b *Prothorax* rouge, paré sur son disque d'une large bande longitudinale noire. *Elytres* à sommet testacé et à côtés concolores.

2. **Antholinus jocosus.** Erichson.

Suballongé, très-finement pubescent, obsolètement sétosellé sur les élytres, presque lisse, assez brillant; d'un noir verdâtre ou bleuâtre, avec le sommet des élytres testacé et le prothorax rouge : celui-ci paré sur son disque d'une grande bande longitudinale noire ; le côté externe des fossettes antennaires, les joues, la plupart des parties de la bouche, la base des antennes, et les trochanters antérieurs et intermédiaires testacés, les épimères du médipectus et les intersections des segments ventraux pâles. Antennes à cinquième, à dixième articles allongés. Tête distinctement et largement impressionnée entre les yeux. Prothorax aussi long que large, légèrement et graduellement rétréci en arrière, assez convexe, à angles postérieurs non relevés. Elytres subparallèles. Tibias postérieurs à peine recourbés en dessous vers leur dernier tiers. Tarses postérieurs à premier article un peu plus court que le deuxième.

Anthocomus jocosus. ERICHSON, Entomogr. 1, p. 101, 7.

Variété a. Cuisses et tarses antérieurs plus ou moins testacés.

Long. 0m,0032 (1 l. 1/2). — 0m,0010 (1/3 l.).

♂ *Le deuxième article des tarses antérieurs* fortement prolongé au dessus du troisième en forme de lame droite, subconcave en dessous, subélargie vers son extrémité, obliquement et obtusément tronquée au sommet, et noire à celui-ci. *Le sixième segment ventral* ogival, fendu dans son milieu jusque près de la base ; *le sixième segment abdominal* saillant, débordant sensiblement l'inférieur, en cône largement tronqué au sommet.

♀ *Le deuxième article des tarses* antérieurs simple. *Les sixième segments abdominal et ventral* saillants, subégaux, coniques, subarrondis à leur sommet.

Corps suballongé, revêtu d'une très-fine pubescence cendrée, avec les élytres parsemées de poils sétiformes obscurs, plus ou moins obsolètes et un peu redressés.

Tête, les yeux compris, un peu plus (♂) ou aussi (♀) large que le prothorax, subdéprimée ; à peine pubescente ; presque lisse, longitudinalement subsillonnée sur le milieu du vertex ; d'un noir brillant un peu verdâtre, avec les joues, les fossettes antennaires et l'intervalle entre celles-ci et les yeux testacés. *Front* distinctement et largement impressionné entre les yeux, avec l'impression prolongée entre les antennes jusque près du bord antérieur. *Epistome* submembraneux, subdéprimé, entièrement testacé, avec quelques cils sur les côtés près de la base. *Labre* subconvexe, brillant, testacé, parfois un peu rembruni sur son disque, obsolètement cilié sur ses bords. *Mandibules* testacées avec leur extrême pointe d'un noir de poix. *Les parties inférieures de la bouche* testacées, avec le dernier article des *palpes* d'un noir de poix, et le sommet un peu plus clair, le deuxième un peu rembruni en dessus. *Le pénultième des maxillaires* presque aussi long que la moitié du suivant.

Yeux saillants, subarrondis, noirs, séparés du bord antérieur du prothorax par un intervalle assez grand.

Antennes aussi longues que la moitié du corps, subfiliformes, simples ou à peine dentées en scie en dessous; finement pubescentes, légèrement ciliées, surtout inférieurement, vers le sommet de chaque article; très-obsolètement ruguleuses; obscures, avec les deuxième à cinquième articles, le sommet et le dessous du premier plus ou moins testacés; celui-ci en massue oblongue: le deuxième presque plus long que la moitié du précédent: les troisième et quatrième oblongs, obconiques: le quatrième à peine plus long que le troisième: le cinquième suballongé: les sixième à dixième allongés, subégaux: le dernier sensiblement plus long que le précédent, subfusiforme, subacuminé au sommet.

Prothorax plus étroit que les élytres, aussi long que large antérieurement; fortement et largement arrondi aux angles antérieurs et en avant sur les côtés; graduellement et légèrement mais distinctement rétréci en arrière; à angles postérieurs subarrondis; à bord antérieur largement arrondi et à peine prolongé dans son milieu au dessus du niveau du vertex; largement tronqué, un peu relevé et finement rebordé à la base, avec les angles postérieurs non relevés; assez convexe sur le dos, mais distinctement et transversalement impressionné ou subsillonné vers son quart postérieur; à peine pubescent; presque lisse; brillant; rouge ou d'un rouge testacé, avec le disque paré d'une large bande longitudinale d'un noir submétallique, plus ou moins raccourcie en avant et surtout en arrière.

Ecusson en carré transverse, un peu rétréci postérieurement et obtusément tronqué au sommet, à peine pubescent, à peine chagriné, d'un noir métallique assez brillant.

Elytres plus de trois fois aussi longues que le prothorax; subparallèles ou à peine élargies en arrière, fortement et individuellement arrondies au sommet, avec l'angle sutural peu marqué; subdéprimées le long de la suture, légèrement déclives postérieurement et sensiblement sur les côtés; très-finement et à peine pubescentes, obsolètement et légèrement sétosellées; à peine chagrinées ou presque lisses; assez brillantes; d'un noir verdâtre ou bleuâtre, parées chacune à son sommet d'une assez grande tache jaune ou testacée. *Epaules* saillantes, arrondies.

Dessous du corps brillant, légèrement et finement pubescent, presque lisse ou très-obsolètement ruguleux ; d'un noir métallique, avec le dessous du prothorax rougeâtre, les épimères du médipectus pâles, les intersections des cinq premiers segments ventraux et le milieu des deux premiers d'un flave un peu rosé. *Métasternum* convexe, marqué sur sa ligne médiane d'un léger sillon lisse et plus ou moins obsolète. *Ventre* plus ou moins membraneux sur ses parties pâles. *Pygidium* légèrement cilié à son sommet.

Pieds allongés, grêles, finement pubescents, très-finement et subruguleusement pointillés ; plus ou moins obscurs ou brunâtres, avec les insertions de tous les trochanters, les trochanters antérieurs et intermédiaires et parfois les cuisses et les tarses antérieurs plus ou moins testacés. *Tibias postérieurs* à peine ou presque insensiblement recourbés en dessous vers leur dernier tiers. *Tarses* évidemment plus longs que la moitié des tibias, obsolètement ciliés en dessus au sommet de chaque article : *les antérieurs* à premier, à quatrième (♀) articles graduellement plus courts : *les intermédiaires et les postérieurs* à premier article un peu moins long que le deuxième : les deuxième à quatrième graduellement plus courts : le dernier de tous les tarses allongé, faiblement élargi de la base à l'extrémité où il est tronqué et un peu plus épais que les précédents. *Ongles* petits, pas plus longs que leur membrane.

Patrie. Cette espèce, propre à la Sardaigne et à l'Espagne, se rencontre, d'après plusieurs catalogues, dans les contrées méridionales de la France.

Obs. Pour la couleur, elle ressemble beaucoup à l'*A. distinctus* ; mais elle en diffère essentiellement par sa forme plus étroite et par son prothorax visiblement rétréci en arrière, à angles postérieurs non relevés (1).

Dans la *variété* a., les *cuisses* et les *tarses antérieurs* sont plus ou moins testacés, ainsi que parfois tous les pieds antérieurs et les tibias et tarses intermédiaires.

(1) Il est à remarquer qu'à mesure que le prothorax se rétrécit en arrière, les angles postérieurs deviennent plus droits, plus sentis et moins relevés ; et l'*A sericans*, dont le prothorax est à peine rétréci en arrière et offre en même temps ses angles postérieurs à peine relevés, semble justifier cette remarque et lier l'espèce qui nous occupe à la précédente.

bb Prothorax rouge, paré sur son disque d'une tache noire plus ou moins restreinte. *Elytres* sommet testacé et à tache marginale pâle.

3. Antholinus lateralis. Erichson.

Allongé, très-finement pubescent, obsolètement sétosellé sur les élytres, très-finement et obsolètement pointillé; brillant; d'un noir un peu bronzé, avec le sommet des élytres et le prothorax rouges, celui-ci avec une tache dorsale noire, celles-là avec une tache marginale pâle vers le milieu des côtés; le dessous des quatre premiers articles des antennes et les parties de la bouche (moins les palpes) plus ou moins testacés, les épimères du médipectus et les intersections des segments ventraux rosées ou testacéss. Antennes à cinquième, à dixième articles plus ou moins allongés. Tête biimpressionnée en avant, subfovéolée dans son milieu un peu en arrière. Prothorax aussi long que large, légèrement et graduellement rétréci en arrière; subconvexe, à angles postérieurs non relevés. Elytres parallèles. Tibias postérieurs faiblement recourbés en dessous après leur milieu. Tarses postérieurs à premier article un peu moins long que le deuxième.

Antholinus lateralis. Erichson, Entomogr. 1, p. 101, 6.

Variété a. Hanches, cuisses et trochanters antérieurs, base des cuisses intermédiaires avec leurs trochanters plus ou moins testacés.
Variété b. Tache marginale obsolète ou nulle.

Long. 0m,0033 (1 l. 1/2). — Larg. 0m,0011 (1/2 l.).

♂ *Antennes* aussi longues que la moitié du corps, à cinquième à dixième articles allongés. *Tête*, les yeux compris, un peu plus large que le prothorax. *Joues et intervalle entre les fossettes antennaires et les yeux* d'un flave testacé. *Le deuxième article des tarses antérieurs* fortement prolongé au-dessus du troisième en forme de lame droite, subconcave en dessous, subélargie vers son extrémité, obliquement et obtusément tronquée au sommet, et noire à celui-ci. *Le sixième segment ventral* fendu (1) dans son milieu jusque près de sa base : *le sixième segment abdominal* débordant sensiblement l'inférieur, en cône largement et obtusément tronqué à son bord apical.

(1) Il est en outre longitudinalement impressionné sur son milieu, et les lobes latéraux sont allongés et très-aigus.

♀ *Antennes* un peu plus courtes que la moitié du corps, à cinquième, à dixième articles suballongés. *Tête*, les yeux compris, à peine aussi large que le prothorax. *Joues et intervalle entre les fossettes antennaires et les yeux* concolores. Le *deuxième article des tarses antérieurs* simple. *Les sixièmes segments abdominal et ventral* saillants ; *l'inférieur* subogival, fendu dans son milieu jusque vers la moitié de sa longueur : *le supérieur* débordant un peu l'inférieur, en cône obtusément tronqué à son bord apical.

Corps allongé, parallèle, revêtu d'une très-fine pubescence cendrée souvent peu distincte, avec les élytres parsemées de poils sétiformes obscurs, plus ou moins obsolètes et un peu redressés.

Tête un peu plus (♂) ou à peine aussi (♀) large que le prothorax, subdéprimée ; à peine pubescente, avec quelques cils obscurs sur les côtés des tempes ; très-finement pointillée, avec la partie antérieure plus fortement et subrugueusement ; d'un noir verdâtre assez brillant, avec les joues et le dessous des yeux d'un flave testacé chez les ♂ et concolores chez les ♀. *Front* offrant sur son milieu, un peu en arrière de la ligne des yeux, une légère fossette, et en avant deux impressions longitudinales plus ou moins marquées. *Epistome* submembraneux, subdéprimé, testacé ou parfois rosé. *Labre* subconvexe, assez brillant, testacé, plus (♀) ou moins (♂) largement rembruni ou d'un noir métallique à sa base, distinctement cilié vers son sommet de poils pâles. *Mandibules* testacées avec leur extrémité d'un noir de poix. *Les parties inférieures de la bouche* testacées, avec *les palpes* entièrement (♀) ou au moins (♂) leur dernier article d'un noir de poix. *Le pénultième article des maxillaires* presque aussi long que la moitié du suivant.

Yeux plus (♂) ou moins (♀) saillants, subarrondis, noirs, séparés du bord antérieur du prothorax par un intervalle assez grand.

Antennes aussi (♂) ou à peine aussi (♀) longues que la moitié du corps ; subfiliformes, simples ou à peine dentées en scie en dessous ; finement pubescentes, légèrement ciliées, surtout inférieurement, vers le sommet de chaque article ; subruguleuses ; obscures, avec le dessous des quatre premiers articles plus ou moins testacé ; le premier en massue oblongue : le deuxième court, subglobuleux, subégal à la moitié du précédent : les troisième et quatrième oblongs, obconiques, subégaux, plus (♂) ou moins (♀) en dents de scie obtuses : les cinquième à dixième suballongés (♀) ou allongés (♂), subégaux : le dernier sensiblement plus long que que le pénultième, subfusiforme, obtusément acuminé au sommet.

Prothorax sensiblement plus étroit que les élytres, aussi long que large antérieurement; assez fortement et largement arrondi aux angles antérieurs et en avant sur les côtés ; graduellement et sensiblement rétréci en arrière ; à angles postérieurs distinctement arrondis ; à bord antérieur sensiblement et largement arrondi et légèrement prolongé dans son milieu au dessus du niveau du vertex ; subtronqué au milieu de sa base, avec celle-ci un peu relevée et étroitement rebordée ; faiblement convexe, à peine ou legèrement et transversalement impressionné avant la base, avec les angles postérieurs non relevés ; à peine pubescent ; très-finement et obsolètement pointillé ; brillant ; rouge ou d'un rouge testacé, avec le disque paré d'une tache noire oblongue, souvent plus ou moins réduite.

Ecusson en carré fortement transverse, un peu rétréci en arrière et obtusément tronqué au sommet, à peine pubescent, obsolètement pointillé, d'un noir verdâtre assez brillant.

Elytres environ trois fois et demie aussi longues que le prothorax ; parallèles (♂) ou subparallèles (♀) ; assez fortement et individuellement arrondies au sommet, avec l'angle sutural peu marqué ; subdéprimées le long de la suture, légèrement déclives en arrière et sensiblement sur les côtés ; très-finement pubescentes, légèrement et obsolètement sétosellées ; très-finement et à peine pointillées ou presque lisses ; brillantes ; d'un noir un peu bronzé ; parées chacune à son sommet d'une assez grande tache rouge ou orangée ou rarement testacée, et d'une tache marginale allongée, d'un testacé pâle ou blanchâtre, située un peu avant le milieu des côtés. *Epaules* saillantes, arrondies.

Dessous du corps brillant, finement pubescent, très-obsolètement et subrugueusement pointillé ou presque lisse ; d'un noir submétallique, avec le dessous du prothorax rouge, les épimères du médipectus et le sommet des quatre ou cinq premiers segments ventraux d'un testacé pâle ou rosé. *Métasternum* convexe, marqué sur sa ligne médiane d'un fin sillon lisse, plus ou moins obsolète. *Ventre* plus ou moins membraneux aux intersections des segments. *Pygidium* légèrement cilié à son sommet.

Pieds allongés, grêles, finement pubescents, très-finement, densement et subrugueusement pointillés ; d'un noir submétallique, avec les tibias et les tarses obscurs ou brunâtres, et les insertions des trochanters testacées. *Tibias postérieurs* faiblement ou à peine recourbés en dessous après leur milieu. *Tarses* évidemment plus longs que la moitié des tibias, obsolètement ciliés en dessus au sommet de chaque article : *les antérieurs* à premier, à quatrième articles graduellement plus courts : *les intermédiaires* et *les postérieurs* à premier article un peu moins long que le deuxième, les deuxième à quatrième graduellement plus courts : le dernier de tous les tarses allongé, faiblement élargi de la base à l'extrémité où il est tronqué et un peu plus épais que les précédents. *Ongles* petits, pas plus longs que leur membrane.

PATRIE. Cette espèce est particulière à l'Italie et à la France méridionale. Nous l'avons capturée dans le Languedoc, aux environs de Nîmes et de Montpellier, et dans la Provence aux environs de Marseille.

OBS. Elle se distingue de toutes les précédentes par sa forme plus allongée et plus parallèle, et par la tache marginale des élytres.

Dans la *variété* a, les hanches et les pieds antérieurs, ainsi que les pieds intermédiaires sont en partie plus ou moins testacés.

Dans la *variété* b, la tache marginale est nulle ou presque nulle. M. Ch. Brisout nous a communiqué deux exemplaires provenant des environs de Paris et appartenant à cette variété.

La tache noire du prothorax varie beaucoup dans son développement. Elle est parfois assez réduite, mais jamais nulle ; du moins, en s'effaçant, elle laisse toujours une trace nébuleuse.

La larve de cette espèce a été décrite par M. Perris (*Ann. Soc. Ent. Fr.* 1854, p. 593, pl. 18, 254-259).

AA *Prothorax* rarement aussi long que large, le plus souvent transverse, graduellement et subsinueusement rétréci en arrière, à angles postérieurs non relevés. *Tête* plus ou moins engagée sous le prothorax. *Antennes* fortement ciliées (*sous-genre Abrinus.*)

c *Prothorax* aussi long que large. *Elytres* noires avec la suture et le pourtour extérieur d'un flave blanchâtre bien tranché.

4. **Antholinus** (*Abrinus*) **ulicis.** ERICHSON.

Suballongé, très-finement pubescent, distinctement sétosellé sur les élytres; noir, avec le prothorax d'un rouge-testacé et paré sur son disque d'une grande tache noire oblongue, le pourtour extérieur et intérieur des élytres d'un flave-blanchâtre bien tranché; le devant du front flave chez les ♂, les parties de la bouche flaves (♂) ou couleur de poix (♀), la base des antennes et les pieds testacés, avec les cuisses postérieures noires ainsi que le dessus des antérieures et des intermédiaires; les intersections des segments ventraux souvent pâles. Antennes distinctement ciliées, à cinquième à dixième articles oblongs. Tête brillante, à peine pointillée, large-

ment impressionnée entre les yeux. Prothorax aussi long que large, légèrement et graduellement rétréci en arrière, un peu plus étroit que les élytres, subconvexe, brillant, très-finement et obsolètement pointillé, à angles postérieurs non relevés. Elytres subparallèles, assez brillantes, obsolètement et subruguleusement pointillées. Tibias postérieurs légèrement recourbés en dessous vers leur dernier tiers. Tarses postérieurs à premier article subégal au deuxième.

Anthocomus ulicis. ERICHSON, Entomogr. 1, p. 106, 14.

Variété a. Prothorax entièrement rouge. *Antennes* entièrement d'un roux testacé.

Long. 0m,0032 (1 l. 1/2). — Larg. 0m,0012 (1/2 l.).

♂ *Antennes* à articles régulièrement ciliés sur toute leur longueur, surtout en dessous : les troisième à dixième obtusément en dents de scie graduellement moins distinctes. *Tête*, les yeux compris, au moins aussi large que le prothorax. *Front* d'un flave-testacé antérieurement jusqu'au milieu du bord interne des yeux, avec la partie noire un peu plus avancée dans son milieu entre ceux-ci. *Joues et les parties de la bouche* flaves, sauf l'extrémité des mandibules et le dernier article des palpes qui sont noirs. *Elytres* parallèles. *Epimères du médipectus* flaves. *Hanches antérieures et intermédiaires* testacées. *Le deuxième article des tarses antérieurs* fortement prolongé au dessus du troisième, en forme de lame droite, subconvexe en dessous, subélargie à son extrémité, obliquement tronquée au sommet et noire à celui-ci. *Le sixième segment ventral* subogival, profondément incisé dans son milieu ; *le sixième segment abdominal* débordant sensiblement l'inférieur, trapéziforme, un peu plus étroit en arrière, très-largement et subsinueusement tronqué à son bord apical.

♀ *Antennes* à articles fasciculés en dessous seulement vers leur sommet : les troisième à dixième presque simples. *Tête*, les yeux compris, un peu plus étroite que le prothorax. *Front* noir, concolore. *Joues et les parties de la bouche* testacées, avec le labre rembruni et la pointe des mandibules et les palpes noirs. *Elytres* subparallèles. *Epimères du médipectus* concolores. *Hanches antérieures et intermédiaires* d'un noir de poix avec leur sommet plus clair. *Le deuxième article des tarses antérieurs* simple. *Les sixièmes segments abdominal et ventral* subégaux, coniques : le supérieur largement tronqué, l'inférieur arrondi à leur bord apical.

Corps suballongé, revêtu d'une très-fine pubescence, médiocrement serrée et assez distincte, avec les élytres garnies de longs poils sétiformes, noirs et redressés.

Tête au moins aussi large (♂) ou un peu moins (♀) large que le prothorax, subdéprimée; à peine pubescente, avec un ou deux cils noirs sur les côtés des tempes; à peine pointillée ou presque lisse; d'un noir brillant, avec les joues et tout le devant du front flaves chez les ♂. *Front* largement et distinctement impressionné entre les yeux, avec l'impression étendue jusqu'entre les antennes. *Epistome* subcorné, flave ou testacé, transversalement cilié vers sa base. *Labre* subconvexe, flave (♂) ou rembruni (♀), cilié à son sommet de poils pâles. *Mandibules* flaves ou testacées, avec leur pointe noire. *Les parties inférieures de la bouche* flaves (♂) ou testacées (♀), avec *les palpes* (♀) ou au moins leur dernier article (♂) noirs. *Le pénultième article des maxillaires* sensiblement plus court que la moitié du suivant.

Yeux plus (♂) ou moins (♀) saillants, subarrondis, noirs, séparés du bord antérieur du prothorax par un intervalle plus ou moins court.

Antennes à peine aussi longues que la moitié du corps, subfiliformes, plus (♂) ou moins (♀) distinctement ciliées surtout en dessous; à peine ou très-obsolètement ruguleuses; plus ou moins obscures, avec les quatre premiers articles plus ou moins testacés, et le premier largement taché de noir en dessus: celui-ci légèrement épaissi en massue ovalaire: le deuxième assez court, subglobuleux, égalant amplement la moitié du précédent: les troisième à dixième oblongs, subégaux, simples (♀) ou obtusément dentés en scie en dessous: le dernier beaucoup plus long que le pénultième, subfusiforme, obtusément acuminé au sommet.

Prothorax un peu plus étroit que les élytres, aussi long que large; largement arrondi à ses angles antérieurs et un peu plus étroitement aux postérieurs; légèrement arrondi en avant sur les côtés; graduellement et parfois subsinueusement rétréci en arrière; à bord antérieur très-largement arrondi et à peine prolongé dans son milieu au niveau du vertex; assez largement tronqué, un peu relevé et très-finement rebordé à la base; légèrement convexe, avec les angles postérieurs non relevés; très-finement ou à peine pubescent; très-finement et obsolètement pointillé, parfois presque lisse sur son milieu; brillant; d'un rouge-testacé, avec le disque paré d'une grande tache noire, oblongue.

Ecusson en carré transverse, subarrondi au sommet, à peine pubescent, finement chagriné, d'un noir assez brillant.

Elytres environ trois fois et demie aussi longues que le prothorax ; parallèles (♂) ou subparallèles (♀) ; simultanément et obtusément arrondies au sommet, avec l'angle sutural bien marqué mais sensiblement arrondi ; subdéprimées le long de la suture et assez fortement déclives en arrière et sur les côtés ; très-finement et assez distinctement pubescentes, et fortement sétosellées ; obsolètement, assez densement et subrugueusement pointillées ; assez brillantes mais un peu moins que la tête et le prothorax ; noires avec tout le bord extérieur et le bord sutural d'un flave-blanchâtre bien tranché, le sommet un peu plus largement. *Epaules* assez saillantes, arrondies.

Dessous du corps brillant, très-finement pubescent, obsolètement pointillé ou presque lisse ; noir, avec le dessous du prothorax rouge, le sommet des hanches testacé, les intersections des segments ventraux à peine pâles, et les épimères du médipectus (♂) flaves ou concolores (♀). *Métasternum* assez convexe, marqué sur sa ligne médiane d'un sillon lisse, obsolète. *Ventre* presque entièrement corné. *Pygidium* légèrement cilié à son bord apical.

Pieds allongés, grêles, très-finement pubescents, finement et obsolètement ruguleux, assez brillants ; testacés avec les crochets plus obscurs, les cuisses postérieures noires, mais leurs trochanters restant testacés, et la tranche supérieure des cuisses antérieures et intermédiaires plus ou moins rembrunie. *Tibias postérieurs* légèrement recourbés en dessous vers leur dernier tiers. *Tarses* plus longs que la moitié des tibias : *les antérieurs* à premier, à quatrième articles graduellement plus courts : *les intermédiaires* et *les postérieurs* à premier article subégal au deuxième ; les deuxième à quatrième graduellement plus courts : le dernier allongé, faiblement élargi de la base à l'extrémité où il est subtronqué et un peu plus épais que les précédents. *Ongles* très-petits, pas plus longs que leur membrane.

Patrie. Cette espèce, ordinairement d'Afrique et de Portugal, se trouverait, d'après M. Ch. Brisout, en France, probablement dans les départements les plus méridionaux. Elle nous a été donnée par M. Georges Seidlitz, qui l'a capturée à Jaen en Andalousie.

Obs. Le prothorax est parfois immaculé, et les antennes sont rarement entièrement d'un roux testacé.

cc Prothorax transverse ou sensiblement moins long que large.

d Elytres peu brillantes, densement pointillées, assez densement pubescentes; noires, à sommet et bordure latérale d'un flave bien tranché. *Antennes* distinctement rembrunies à leur extrémité.

5. **Antholinus** (*Abrinus*) **amictus.** Ericson.

Suballongé ou oblong, distinctement et très-finement pubescent, obsolètement sétosellé sur les élytres; noir, avec le prothorax d'un rouge testacé clair et paré sur son disque d'une tache noire oblongue, le sommet et les côtés des élytres d'un flave pâle et tranché; le devant du front flave chez les ♂, les parties de la bouche flaves (♂) ou couleur de poix (♀), la base des antennes et les pieds testacés, avec les cuisses postérieures plus ou moins noires ainsi que le dessus des antérieures et des intermédiaires, et les intersections des segments ventraux souvent pâles. Antennes fortement ciliées, à cinquième, à dixième articles suballongés (♂) ou oblongs (♀). Tête brillante, très-obsolètement pointillée, subimpressionnée entre les yeux. Prothorax transverse, légèrement et graduellement rétréci en arrière, plus étroit que les élytres, légèrement convexe, peu brillant, très-finement pointillé, à angles postérieurs non relevés. Elytres subparallèles, peu brillantes, très-finement et densement pointillées. Tibias postérieurs faiblement recourbés en dessous après leur milieu. Tarses postérieurs à premier article subégal au deuxième.

Anthocomus amictus. Ericson, Entomogr. I. p. 105, 15.

Variété a. Prothorax entièrement d'un rouge testacé clair.

Long. $0^{m},0028$ (1 l. 1/4). — Larg. $0^{m},0011$ (1/2 l.).

♂ *Antennes* à articles régulièrement et longuement ciliés en dessous sur toute leur longueur : les cinquième à dixième suballongés, subégaux. *Tête*, les yeux compris, au moins aussi large que le prothorax. *Front* d'un flave testacé antérieurement jusqu'au milieu du bord interne des yeux, avec la partie noire un peu plus prolongée entre ceux-ci en forme de deux angles ou languettes. *Joues et les parties de la bouche* flaves, sauf l'extrémité des mandibules, le dernier article des palpes labiaux et les deux derniers articles des palpes maxillaires, qui sont d'un brun ou d'un noir de poix, avec le bout du dernier article de ceux-ci pâle. *Elytres* parallèles. *Epimères du médipectus* flaves. *Hanches et trochanters* plus ou moins flaves. *Cuisses postérieures* rembrunies seulement à leur extrémité et en dessus. *Le deuxième article des tarses antérieurs* fortement prolongé au dessus du troisième en forme de lame droite, subconcave en dessous, subélargie à son extrémité, obliquement et obtusément tronquée au sommet et noire à celui-ci. Le *sixième segment ventral* subogival, aigument incisé dans son milieu jusque vers sa moitié; le *sixième segment abdominal* débordant sensiblement l'inférieur, saillant, subparallèle sur ses côtés, très-largement et subsinueusement tronqué à son bord apical.

♀ *Antennes* à peine aussi longues que la moitié du corps, à articles fasciculés en dessous seulement vers leur sommet : les cinquième à dixième graduellement un peu plus courts. *Tête*, les yeux compris, à peine aussi large que le prothorax. *Front* noir, concolore. *Les parties de la bouche* d'un roux de poix, avec l'extrémité des mandibules et les palpes ordinairement plus foncés. *Elytres* subparallèles. *Epimères du médipectus* concolores. *Hanches* concolores, les trochanters et leurs insertions testacés. *Cuisses postérieures* presque entièrement noires. *Le deuxième article des tarses antérieurs* simple. Les *sixièmes segments abdominal et ventral* assez saillants, subégaux, coniques : le supérieur très-largement, l'inférieur obtusément tronqués à leur bord apical.

Corps suballongé (♂) ou oblong (♀), revêtu d'une très-fine pubescence cendrée assez distincte et assez serrée, avec les élytres parsemées en outre de poils sétiformes noirs, médiocrement longs, clairsemés et redressés.

Tête au moins aussi (♂) ou à peine aussi (♀) large que le prothorax, subdéprimée; à peine pubescente, avec quelques cils obscurs sur les côtés des tempes; très-obsolètement pointillée ou presque lisse; d'un noir brillant (♀), avec les joues et tout le devant du front largement flaves chez les ♂. *Front* plus (♂) ou moins (♀) distinctement et largement impressionné ou parfois subbifovéolé entre les yeux, souvent obsolètement et longitudinalement subsillonné sur le milieu du vertex. *Epistome* corné, flave (♂) ou d'un testacé de poix plus ou moins obscur (♀), transversalement cilié au devant de la base. *Labre* subconvexe, assez brillant, flave (♂) ou couleur de poix (♀), cilié vers le sommet de longs poils pâles et brillants. *Mandibules* flaves avec leur pointe noire (♂), ou entièrement couleur de poix (♀). *Les parties inférieures de la bouche* flaves (♂) ou couleur de poix (♀), avec les *palpes* ou au moins leurs deux derniers articles toujours plus rembrunis ou d'un noir de poix. Le *pénultième article des maxillaires* un peu plus court que la moitié du suivant.

Yeux saillants, subarrondis, noirs, séparés du bord antérieur du prothorax par un intervalle plus (♀) ou moins (♂) court.

Antennes au moins aussi (♂) ou à peine aussi (♀) longues que la moitié du corps, subfiliformes, faiblement subdentées en scie en dessous; plus (♂) ou moins (♀) fortement ciliées, surtout inférieurement; à peine ou très-obsolètement ruguleuses; obscures, avec les quatre ou cinq premiers articles testacés mais plus ou moins rembrunis en dessus; le premier légèrement épaissi en massue oblongue: le deuxième court (♂) ou assez court (♀), égalant amplement la moitié du précédent: les troisième et quatrième oblongs, subtriangulaires: le quatrième paraissant un peu plus grand que le troisième: les cinquième à dixième plus ou moins suballongés (♂) ou oblongs (♀): le dernier beaucoup plus long que le pénultième, fusiforme, subacuminé au sommet.

Prothorax sensiblement plus étroit que les élytres; sensiblement moins long que large; sensiblement arrondi aux angles antérieurs et en avant sur les côtés; graduellement et parfois subsinueusement rétréci en arrière; à angles postérieurs légèrement arrondis; à bord antérieur largement arrondi et faiblement prolongé dans son milieu au dessus du niveau du vertex; assez largement tronqué, à peine relevé et finement rebordé à la base; légèrement convexe, avec les angles postérieurs non relevés; très-finement pubescent; très-obsolètement et très-finement pointillé, parfois presque lisse sur son milieu; ordinairement moins brillant que la tête; d'un rouge-testacé assez clair, paré sur son disque d'une grande tache noire oblongue, plus ou moins raccourcie ou obsolète en arrière.

Ecusson en carré fortement transverse, obtusément tronqué ou subarrondi au sommet, à peine pubescent, à peine ruguleux, d'un noir brillant.

Elytres environ trois fois et demie aussi longues que le prothorax; parallèles (♂) ou subparallèles (♀); simultanément et obtusément arrondies au sommet, avec l'angle sutural assez marqué et assez fortement arrondi; subdéprimées le long de la suture et légèrement déclives en arrière et sur les côtés; très-finement, assez densement et distinctement pubescentes, mais obsolètement sétosellées; très-finement et densement pointillées; peu brillantes; noires, avec une bordure marginale d'un flave bien tranché et prolongée jusqu'au sommet qu'elle couvre en entier, où elle est un peu moins pâle et où elle remonte un peu sur la suture. *Epaules* assez saillantes, arrondies.

Dessous du corps brillant, très-finement pubescent, très-finement et obsolètement pointillé ou presque lisse ; d'un noir de poix, avec le dessous du prothorax d'un rouge flave, le sommet des hanches testacé, les intersections des segments ventraux souvent mais à peine pâles, et les épimères du médipectus flaves (♂) ou concolores (♀). *Métasternum* assez convexe, marqué sur sa ligne médiane d'un fin sillon obsolète. *Ventre* presque entièrement corné. *Pygidium* cilié sur ses bords et surtout sur son bord apical.

Pieds allongés, grêles, très-finement pubescents, finement et obsolètement ruguleux, assez brillants ; testacés, avec les crochets un peu plus obscurs et la tranche supérieure des cuisses antérieures et intermédiaires plus ou moins rembrunie, les postérieures entièrement noires (♀) ou seulement (♂) dans leur dernier tiers et en dessus. *Tibias postérieurs* légèrement recourbés en dessous après leur milieu. *Tarses* plus longs que la moitié des tibias : *les antérieurs* à premier, à quatrième articles assez courts, graduellement moins longs (♀) : *les intermédiaires et les postérieurs* à premier article paraissant subégal au deuxième : les deuxième à quatrième graduellement plus courts : le dernier de tous les tarses allongé, assez longuement cilié au bout, faiblement subélargi de la base à l'extrémité où il est subtronqué et un peu plus épais que les précédents. *Ongles* très-petits, pas plus longs que leur membrane.

PATRIE. Cette espèce, qui se rencontre particulièrement en Espagne et en Portugal, se retrouve quelquefois dans la chaîne des Pyrénées, et principalement au Vernet, au pied du Canigou, dans le Roussillon.

OBS. La tache noire du prothorax varie de grandeur. Tantôt en forme de large bande, tantôt triangulaire ; elle est quelquefois très-réduite et finit même par disparaître tout à fait.

dd. Elytres brillantes, éparsement pointillées, à pubescence obsolète, noires, à sommet et bordure latérale d'une couleur testacée un peu fondue intérieurement. *Antennes* à peine rembrunies à leur extrémité.

6. **Antholinus** (*Abrinus*) **analis**. PANZER.

Suballongé ou oblong, finement et obsolètement ou à peine pubescent, légèrement sétosellé sur les élytres ; noir avec le prothorax d'un rouge-testacé et paré sur son disque d'une tache noire oblongue, le sommet et les côtés des élytres d'un testacé de poix peu tranché ; le devant du front flave chez les ♂, la plupart des parties de la bouche flaves (♂) ou testacées (♀), es antennes et les pieds testacés avec celles-là un peu obscurcies à leur extrémité et les cuisses postérieures plus ou moins rembrunies ; les intersections des segments ventraux pâles ou rosées. Antennes fortement ciliées, à cinquième à dixième articles suballongés (♂) ou oblongs (♀). Tête brillante, très-obsolètement pointillée, plus ou moins impressionnée entre les yeux, obsolètement canaliculée postérieurement. Prothorax transverse, distinctement rétréci en arrière, plus étroit que les élytres, assez convexe, peu brillant, densement et très-finement pointillé, à angles postérieurs non relevés. Elytres subparallèles ou faiblement subélargies en arrière, brillantes, obsolètement et éparsement pointillées ou presque lisses. Tibias postérieurs légèrement recourbés en dessous après leur milieu. Tarses postérieurs à premier article subégal au deuxième.

Malachius analis. PANZER, Faun. Germ. 57, 6.

Anthocomus analis. ERICHSON, Entomogr. 1, p. 106. 16. — REDTENBACHER, Faun. Austr., 2e édit., p. 539, 4.

Attalus analis. KIESENWETTER, Ins. Deut. p. 602, 4.

Variété a. Prothorax entièrement d'un rouge testacé. *Pieds* entièrement d'un flave testacé.

Long. 0m,0027 (1 l. 1/4). — Larg. 0m,0010 (1/2 l.).

♂ *Antennes* au moins aussi longues que la moitié du corps, à articles régulièrement et longuement ciliés en dessous sur toute leur longueur : les cinquième à dixième allongés, subégaux. *Tête*, les yeux compris, un peu plus ou au moins aussi large que le prothorax. *Front* largement flave antérieurement jusqu'au milieu du côté interne des yeux, avec la couleur noire souvent prolongée, entre ceux-ci, en forme de deux angles ou languettes. *Joues et les parties de la bouche* flaves, sauf l'extrémité des mandibules et le dernier article des palpes qui sont brunâtres ou d'un noir de poix. *Elytres* subparallèles. *Epimères du médipectus* flaves. *Hanches* d'un testacé pâle. *Le deuxième article des tarses antérieurs* fortement prolongé au dessus du troisième en forme de lame droite, subconcave en dessous, subélargie à son extrémité, obliquement et obtusément tronquée au sommet et noire à celui-ci. *Le sixième segment ventral* subogival, aigument incisé dans son milieu jusque vers sa moitié. *Le sixième segment abdominal* débordant sensiblement l'inférieur, saillant, subparallèle sur ses côtés, très-largement et subsinueusement tronqué à son bord apical.

♀. *Antennes* à peine aussi longues que la moitié du corps, à articles fasciculés en dessous seulement vers leur sommet : les cinquième à dixième graduellement un peu plus courts. *Tête*, les yeux compris, à peine aussi large que le prothorax. *Front* entièrement noir. *Les parties de la bouche* d'un roux de poix avec les joues et l'épistome plus clairs, l'extrémité des mandibules et les palpes d'un noir de poix. *Elytres* légèrement et graduellement subélargies en arrière. *Epimères du médipectus* concolores. *Hanches* d'une couleur de poix plus ou moins foncée, ou noires avec leur sommet testacé. *Le deuxième article des tarses antérieurs* simple. *Les sixièmes segments abdominal et ventral* assez saillants, subégaux, coniques : le supérieur largement, l'inférieur obtusément tronqués à leur bord apical.

Corps suballongé (♂) ou oblong (♀), revêtu d'une très-fine pubescence cendrée, clairsemée et peu distincte ; avec les élytres parsemées en outre de poils sétiformes, noirs et redressés.

Tête au moins aussi (♂) ou à peine aussi (♀) large que le prothorax, subdéprimée ; à peine pubescente, avec quelques cils obscurs sur les côtés des tempes ; très-obsolètement pointillée ou presque lisse ; d'un noir brillant, avec les joues et tout le devant du front largement flaves chez les ♂. *Front* distinctement impressionné ou parfois comme subbifovéolé entre les yeux, obsolètement et longitudinalement canaliculé en arrière sur le milieu du vertex. *Epistome* corné, flave (♂) ou d'un testacé de poix (♀), paré vers sa base d'une série transversale de long poils un peu obscurs. *Labre* subconvexe, assez brillant, flave (♂) ou d'un roux de poix (♀) ; cilié vers le sommet de longs poils pâles et brillants. *Mandibules* flaves (♂) ou d'un roux de poix (♀), avec leur extrémité noire. *Les parties inférieures de la bouche* flaves (♂) ou d'un roux de poix plus ou moins foncé (♀), avec le dernier article des *palpes* noir. *Le pénultième article des maxillaires* un peu plus court que la moitié du suivant.

Yeux saillants, subarrondis, noirs, séparés du bord antérieur du prothorax par un intervalle plus ou moins court.

Antennes au moins aussi (♂) ou à peine aussi (♀) longues que la moitié du corps, subfiliformes, faiblement subdentées en scie en dessous ; plus (♂) ou moins (♀) fortement ciliées, surtout en dessous ; à peine ou très-obsolètement ruguleuses ; testacées, avec les derniers articles non ou à peine rembrunis, et le premier souvent couleur de poix en dessus ; celui-ci légèrement épaissi en massue oblongue : le deuxième assez court, un peu oblong, un peu plus long que la moitié du précédent : les troisième et quatrième oblongs, subtriangulaires : le quatrième paraissant un peu plus grand que le troisième : les cinquième à dixième oblongs (♀) ou suballongés (♂) : le dernier beaucoup plus long que le pénultième, fusiforme, subacuminé au sommet.

Prothorax sensiblement plus étroit que les élytres; sensiblement moins long que large; assez fortement arrondi aux angles antérieurs et en avant sur les côtés; graduellement et subsinueusement rétréci en arrière; à angles postérieurs légèrement arrondis; à bord antérieur largement arrondi et faiblement prolongé dans son milieu au dessus du niveau du vertex; assez largement tronqué, légèrement relevé et finement rebordé à la base; assez convexe antérieurement, avec les angles postérieurs non relevés; très-finement pubescent; distinctement, densement et très-finement pointillé; ordinairement moins brillant que la tête et les élytres; d'un rouge testacé assez clair, avec le disque paré d'une grande tache d'un noir de poix, oblongue, parfois triangulaire, descendant souvent jusque près de la base.

Ecusson en carré fortement transverse, obtusément tronqué ou subarrondi au sommet, à peine pubescent, à peine ruguleux, d'un noir de poix brillant.

Elytres environ trois fois et demie aussi longues que le prothorax; subparallèles (♂) ou graduellement et légèrement subélargies en arrière à partir de la base; simultanément et obtusément arrondies au sommet, avec l'angle sutural assez marqué et assez fortement arrondi; subdéprimées le long de la suture et légèrement déclives en arrière et sur les côtés; à peine pubescentes et légèrement sétosellées; à peine et éparsement ponctuées ou presque lisses; brillantes; noires, avec une bordure marginale d'une couleur testacée, fondue et peu tranchée sur ses bords, prolongée jusqu'au sommet où elle est plus large et qu'elle couvre en entier. *Epaules* assez saillantes, arrondies.

Dessous du corps brillant, très-finement pubescent, très-finement et obsolètement pointillé ou presque lisse; d'un noir de poix, avec le dessous du prothorax et le sommet des hanches testacés, les intersections des segments ventraux pâles ou rosées, et les épimères du médipectus flaves (♂) ou concolores (♀). *Métasternum* assez convexe, marqué sur sa ligne médiane d'un fin sillon lisse, souvent obsolète. *Ventre* presque entièrement corné ou seulement submembraneux au sommet des quatre ou cinq premiers segments. *Pygidium* cilié sur ses bords.

Pieds allongés, grêles, très-finement pubescents, finement et obsolètement ruguleux, assez brillants; testacés, avec les crochets un peu plus obscurs, et les cuisses postérieures plus ou moins rembrunies ou à leur tranche supérieure ou sur leur milieu. *Tibias postérieurs* légèrement mais assez visiblement recourbés en dessous après leur milieu. *Tarses* plus longs que la moitié des tibias ; *les antérieurs* à premier, à quatrième articles assez courts et graduellement moins longs (♀) : *les intermédiaires et postérieurs* à premier article subégal au deuxième ; les deuxième à quatrième graduellement plus courts : le dernier allongé, assez longuement cilié au bout, faiblement subélargi de la base à l'extrémité où il est subtronqué et un peu plus épais que les précédents. *Ongles* très petits, pas plus longs que leur membrane.

Patrie. Cette espèce se trouve dans diverses parties de la France, les environs de Lyon et de St-Chamond, le Bugey, les Alpes, la Provence, le Languedoc, le Roussillon, etc. Nous l'avons capturée en mai et juin, à St-Genis et à Chaponost, en battant les haies et les arbrisseaux en fleurs qui se trouvent sur la lisière des bois, principalement sur le troëne, le fusain et l'épine-vinette.

Obs. Elle est très-voisine de l'*A. amictus*, dont elle diffère par ses antennes moins obscures ; par ses élytres à bordure externe moins pâle, moins nette sur les bords et un peu moins large, à pubescence moins distincte et moins serrée, à ponctuation plus obsolète et plus éparse : celles-ci sont aussi un peu moins parallèles et plus brillantes. La taille est généralement un peu moindre, et le prothorax paraît un peu plus convexe, plus distinctement pointillé et un peu plus visiblement subsinué sur ses côtés au devant des angles postérieurs.

Les exemplaires des environs de Lyon ont ordinairement le prothorax entièrement d'un rouge testacé. Une autre variété présente les cuisses postérieures entièrement noires et les intermédiaires rembrunies depuis la base jusqu'après leur milieu. Quelquefois tous les pieds sont entièrement d'un flave testacé.

M. Ch. Brisout de Barneville nous en a communiqué un exemplaire ♀ , provenant de Collioure, et dont les tibias postérieurs sont sensiblement arqués et graduellement rembrunis dans leur dernière moitié.

ddd Elytres assez brillantes, finement et obsolètement chagrinées ; pâles, avec une bande basilaire commune plus ou moins prolongée sur la suture et une grande tache subposticale, noires. *Antennes* légèrement rembrunies vers leur extrémité.

7. **Antholinus** (*Abrinus*) **pictus.** Kiesenwetter.

Suballongé, très-finement pubescent, distinctement sétoscllé sur les élytres, finement chagriné, un peu brillant ; noir, avec le prothorax d'un rouge testacé et paré sur son disque d'une grande tache noire, et les élytres pâles, ornées d'une bande basilaire noire, commune, prolongée sur la suture jusqu'à qu'à la moitié de leur longueur, et chacune, vers leur tiers postérieur, d'une grande tache ovalaire de même couleur ; la partie antérieure du front flave chez les ♂ ; la base des antennes, la plupart des parties de la bouche et les pieds testacés, avec les cuisses postérieures largement rembrunies à leur extrémité ; les épimères du médipectus et les intersections des segments ventraux plus ou moins pâles. Tête assez largement impressionnée entre les yeux. Prothorax transverse, faiblement rétréci en arrière, un peu plus étroit que les élytres, assez convexe, à angles postérieurs non relevés. Elytres subparallèles. Tibias postérieurs légèrement recourbés en dessous après leur milieu. Tarses postérieurs à premier article à peine plus court que le deuxième.

Anthocomus pictus. Kiesenwetter, Ann. Soc. Ent. Fr.; 1851, p. 618.

Variété a. Bande basilaire fortement interrompue et formant trois taches : deux humérales et une scutellaire allongée sur la suture.

Variété b. Bande basilaire non interrompue, largement prolongée sur la suture et réunie en arrière avec les taches subposticales. *Tache du prothorax* dilatée en avant et en arrière et sur les côtés jusque sur les bords.

Long. 0m,0027 (1 l. 1/4). — Larg. 0m,0010 (1/2 l.).

♂ *Antennes* à troisième, à dixième articles obtusément dentés en scie en dessous : les cinquième à dixième suballongés. *Front* flave à sa partie antérieure depuis environ le milieu du bord interne des yeux. *Labre* entièrement flave. *Elytres* parallèles, à sommet subsinué et angle sutural saillant et prolongé en arrière. *Le deuxième article des tarses antérieurs* fortement prolongé au-dessus du troisième en forme de lame droite, subélargie, obtusément et très-obliquement tronquée au sommet et noire à celui-ci.

Le sixième segment ventral oblong, fendu à son sommet jusque près de sa base.

♀. *Antennes* à troisième, à dixième articles simples en dessous : les cinquième, à dixième oblongs. *Front* entièrement noir. *Labre* plus ou moins obscurci à sa base. *Elytres* subparallèles, à sommet subarrondi et à angle sutural un peu émoussé et normal. *Le deuxième article des tarses antérieurs* simple. *Le sixième segment ventral* entier, subarrondi au sommet.

Corps suballongé, revêtu d'une très-fine pubescence cendrée, assez serrée et bien distincte sur les élytres, avec celles-ci garnies en outre de poils sétiformes, noirs et redressés.

Tête un peu (♀) ou à peine (♂) moins large que le prothorax, subdéprimée ; très-finement pubescente ; très-finement chagrinée ou presque lisse ; d'un noir assez brillant, avec toute la partie antérieure largement flave chez les ♂. *Front* assez largement et plus ou moins sensiblement impressionné entre les yeux, parfois subsillonné en arrière sur le milieu du vertex. *Epistome* corné, flave (♂) ou avec un liseré noir à sa base (♂). *Labre* subconvexe, flave (♂) ou plus ou moins rembruni à sa base (♀), cilié vers son sommet de poils pâles. *Mandibules* flaves (♂) ou testacées (♀), avec leur pointe noire. *Les parties inférieures de la bouche* flaves (♂) ou d'un testacé de poix (♀), avec le dernier article des *palpes maxillaires* d'un noir de poix. *Le pénultième article de ceux-ci* plus court que la moitié du suivant.

Yeux saillants, subarrondis, noirs, séparés du bord antérieur du prothorax par un intervalle court (♂) ou nul (♀).

Antennes de la longueur environ de la moitié du corps, subfiliformes, simples (♀) ou obtusément subdentées en dessous (♂) ; plus (♂) ou moins (♀) fortement ciliées surtout inférieurement ; à peine ruguleuses ; testacées, avec leur extrémité légèrement et graduellement rembrunie, et leur premier article (♂) et souvent le deuxième (♀) tachés de noir supérieurement : le premier un peu épaissi en massue oblongue : le deuxième assez court, subovalaire, paraissant un peu plus long que la moitié du précédent : les troisième et quatrième oblongs, subtriangulaires ; les cinquième à dixième suballongés ou oblongs, subégaux ; le dernier beaucoup plus long que le pénultième, subfusiforme, obtusément acuminé au sommet.

Prothorax un peu plus étroit que les élytres ; un peu moins long que large ; assez fortement arrondi aux angles antérieurs ; graduellement et faiblement rétréci en arrière; à angles postérieurs légèrement arrondis; à bord antérieur largement arrondi et faiblement prolongé dans son milieu au-dessus du niveau du vertex; assez largement et subsinueusement tronqué au milieu de sa base, avec celle-ci finement rebordée; assez convexe, avec les angles postérieurs non (♂) ou à peine (♀) relevés; très-finement ou à peine pubescent; très-finement chagriné; un peu brillant; d'un rouge testacé assez clair, avec le disque paré d'une grande tache noire plus ou moins développée.

Ecusson très-fortement transverse, subarrondi au sommet, à peine pubescent, très-finement chagriné, d'un noir de poix assez brillant.

Elytres environ trois fois et demie aussi longues que le prothorax; parallèles (♂) ou subparallèles (♀); simultanément et obtusément arrondies au sommet, avec l'angle sutural un peu prolongé en arrière chez les ♀; subdéprimées le long de la suture et légèrement déclives en arrière et sur les côtés; très-finement et distinctement pubescentes, sensiblement sétosellées; finement et obsolètement chagrinées; un peu brillantes; pâles, avec leur base parée d'une bande noire prolongée sur la suture jusqu'à la moitié de leur longueur; ornées chacune, sur leur tiers postérieur, d'une grande tache ovalaire, également noire et plus ou moins isolée. *Epaules* assez saillantes, arrondies.

Dessous du corps brillant, très-finement pubescent, très-obsolètement pointillé; noir, avec les hanches des ♂ surtout, le dessous du prothorax et le dernier segment ventral (♂) testacés, les épimères du médipectus et les intersections des segments ventraux pâles. *Métasternum* convexe, subsillonné sur sa ligne médiane. *Ventre* presque entièrement corné. *Pygidium* légèrement cilié à son sommet.

Pieds allongés, grêles, très-finement pubescents, obsolètement ruguleux, assez brillants; flaves (♂) ou testacés, avec les cuisses postérieures rembrunies dans leur dernière moitié: les antérieures et les intermédiaires parfois obscurcies à leur tranche supérieure. *Tibias postérieurs* légèrement recourbés en dessous après leur milieu. *Tarses* un peu plus longs que la moitié des tibias: *les intermédiaires et les postérieurs* à premier article à peine plus court que le deuxième: les deuxième à quatrième graduellement plus courts: le dernier de tous les tarses allongé, cilié au bout, faiblement subélargi de la base à l'extrémité où il est subtronqué et à peine plus épais que les précédents. *Ongles* très-petits, pas plus longs que leur membrane.

PATRIE. Cette espèce a été découverte en Catalogne par M. de Kiesenwetter. M. Ch. Brisout de Barneville nous en a communiqué trois exemplaires ♂, provenant d'Amélie-les-Bains.

Obs. Cette jolie espèce varie pour la couleur. Ainsi, par exemple, la tache du prothorax est parfois dilatée en avant et en arrière et sur les côtés, de manière à former une grande tache cruciforme, ne laissant d'un rouge testacé que la région des quatre angles. D'autre fois la tache suturale se prolonge et en même temps les taches subposticales se dilatent antérieurement, au point de se réunir toutes les trois.

Gr. II. *Prothorax* oblong, étroit, brusquement subétranglé en arrière et prolongé en forme de lobe sur la base des élytres. *Tête* dégagée, plus large que le prothorax dans les deux sexes (*sous-genre Sphinginus*, M. et R.).

e *D'un noir bronzé*, avec le bord postérieur du prothorax, le sommet et le côté des élytres jaunes.

8. **Antholinus** (*Sphinginus*) **lobatus.** Olivier.

Suballongé, à peine pubescent, obsolètement et éparsement pointillé; brillant; d'un noir bronzé, avec le rebord postérieur du prothorax, la marge externe et le sommet des élytres jaunes; le bord antérieur du front flave chez les ♂; la base des antennes, la plupart des parties de la bouche, les pieds antérieurs et tous les trochanters testacés; les épimères du médipectus flaves ou testacées, et les intersections des segments ventraux pâles. Antennes distinctement ciliées, à cinquième, à dixième articles suballongés ou oblongs. Tête épaisse, obsolètement biimpressionnée en avant. Prothorax oblong, plus étroit que les élytres, obsolètement canaliculé sur son milieu, brusquement subétranglé et transversalement impressionné en arrière. Elytres subélargies postérieurement. Tibias postérieurs sensiblement recourbés en dessous après leur milieu. Tarses postérieurs à premier article subégal au deuxième.

Malachius lobatus. Olivier, Ent., t. II, n° 27, p. 12, 15, pl. 2, fig. 8.

Anthocomus lobatus. Erichson, Entomogr. 1, p. 103, 11. — Redtenbacher, Faun. Austr., 2e édit., p. 539, 3. — Jacquelin du Val, Gen. Col., pl. 42, fig. 210. — Kiesenwetter, Ins. Deut., t. IV, p. 604, 6.

Long. 0m.0028 (1l. 1/4). — Larg. 0m,0008 (1/3 l.).

♂ *Antennes* au moins aussi longues que la moitié du corps, à cinquième, à dixième articles suballongés. *Tête*, les yeux compris, sensiblement plus large que le prothorax. *Front* à bord antérieur flave ou jaune, avec la couleur obscure prolongée entre les yeux, parfois en forme d'angle rectangle dont le sommet effleure le milieu du bord de l'épistome, d'autrefois en forme de deux angles moindres, contigus à leur base, et dont l'échancrure médiane qui les sépare est occupée par une petite tache subarrondie ou en losange, plus ou moins détachée. *Joues*, *épistome* et *parties de la bouche* flaves, avec *le labre*, l'extrémité des *mandibules* et le dernier article *des palpes* d'un noir ou d'un brun de poix. *Epimères du médipectus* flaves. *Hanches antérieures et intermédiaires* plus ou moins testacées. *Le deuxième article des tarses antérieurs* fortement prolongé au dessus du troisième en forme de lame droite, assez étroite, obliquement et obtusément tronquée au sommet et noire à celui-ci. *Le sixième segment ventral* ogival, profondément incisé dans son milieu jusque près de la base ; *le sixième segment abdominal* débordant un peu l'inférieur, presque en forme de trapèze subtransverse, un peu plus étroit en arrière, subarrondi sur les côtés et très-largement et subsinueusement tronqué à son bord apical.

♀ *Antennes* un peu moins longues que la moitié du corps, à cinquième, à dixième articles oblongs. *Tête*, les yeux compris, seulement un peu plus large que le prothorax. *Front* concolore, avec *les fossettes antennaires* et *les joues* parfois d'un testacé plus ou moins obscur. *Les parties de la bouche* d'un testacé de poix, avec *le labre*, *les palpes* et la majeure partie *des mandibules* noirs ou brunâtres. *Epimères du médipectus* d'un testacé obscur ou parfois subconcolores. *Hanches antérieures et intermédiaires* ordinairement couleur de poix avec leur sommet souvent plus clair. *Le deuxième article des tarses antérieurs* simple. *Le sixième segment ventral* subogival, longitudinalement impressionné sur son milieu ; *le sixième segment abdominal* débordant à peine l'inférieur, en cône assez largement subarrondi à son bord apical.

Corps suballongé, revêtu d'une très-fine pubescence cendrée, à peine distincte, très-courte et peu serrée.

Tête épaisse, plus large que le prothorax, assez convexe postérieurement, subdéprimée antérieurement ; très-finement et à peine pubescente, éparsement et assez distinctement ponctuée; d'un noir bronzé brillant, avec le bord antérieur flave chez les ♂. *Front* longitudinalement biimpressionné en avant, avec les impressions plus ou moins obsolètes, subarquées en dehors et paraissant parfois comme réunies en arrière. *Epistome* subcorné, flave (♂) ou d'un testacé de poix (♀), trasnversalement cilié de longs poils pâles. *Labre* subconvexe, brillant, noir ou brunâtre, cilié vers son sommet de longs poils pâles et brillants. *Mandibules* flaves (♂) ou presque entièrement d'un brun de poix (♀), avec l'extrémité noire. *Les parties inférieures de la bouche* flaves (♂) ou d'un testacé de poix (♀), avec *les palpes* ou au moins leur dernier article rembrunis, et celui-ci toujours plus pâle à son sommet. *Le pénultième des maxillaires* plus court que la moitié du suivant.

Yeux assez saillants, subarrondis, noirâtres, séparés du bord antérieur du prothorax par un intervalle notable.

Antennes au moins aussi (♂) ou un peu moins (♀) longues que la moitié du corps, subfiliformes, à peine subdentées en scie en dessous; distinctement et assez densement ciliées, surtout en dessous; à peine ou obsolètement ruguleuses; brunâtres, avec les deuxième, troisième, quatrième et cinquième articles, le sommet et le dessous du premier testacés : celui-ci presque lisse, légèrement épaissi en massue oblongue: le deuxième court, subglobuleux, à peine égal à la moitié du précédent : les troisième et quatrième oblongs, subégaux: les cinquième à dixième suballongés (♂) ou oblongs (♀): le dernier beaucoup plus long que le pénultième, subfusiforme (♂) ou subelliptique (♀), obtusément acuminé au sommet.

Prothorax plus étroit que les élytres, oblong ou sensiblement plus long que large antérieurement; assez fortement arrondi aux angles antérieurs et légèrement en avant sur les côtés; fortement rétréci et comme subétranglé en arrière; à angles postérieurs droits ou faiblement arrondis à leur sommet; à bord antérieur très-largement arrondi et à peine prolongé dans son milieu au dessus du niveau du vertex; largement tronqué et très-finement rebordé à la base, avec celle-ci parfois faiblement subsinuée au devant de l'écusson; assez convexe antérieurement, obsolètement et longitudinalement canaliculé sur son disque; creusé sur son tiers postérieur d'une forte impression transversale, subarquée en arrière, qui force la base à se relever en forme de bourrelet et la refoule de manière à former un lobe assez prononcé et recouvrant en partie la base des élytres; à peine pubescent; éparsement et subrugueusement ponctué, sur les côtés surtout ; d'un noir bronzé brillant, avec le bourrelet postérieur jaune.

Ecusson en carré fortement transverse, obtusément arrondi ou subtronqué au sommet, à peine pubescent, à peine rugueux, d'un noir bronzé brillant.

Elytres environ trois fois aussi longues que le prothorax ; graduellement et faiblement subélargies en arrière ; simultanément et obtusément arrondies au sommet, avec l'angle sutural assez marqué et légèrement arrondi ; subdéprimées le long de la suture et légèrement déclives en arrière et sur les côtés ; à peine pubescentes ; finement ruguleuses ou obsolètement pointillées ; brillantes ; d'un noir bronzé parfois un peu verdâtre, parées chacune sur les côtés d'une étroite bordure marginale jaune et au sommet d'une grande tache oblique de même couleur. *Epaules* assez saillantes, arrondies.

Dessous du corps brillant, très-finement et à peine pubescent, obsolètement et subrugueusent pointillé ; d'un noir submétallique, avec les côtés du prosternum largement testacés, les épimères du médipectus flaves (♂) ou d'un testacé obscur (♀), et les intersections des segments ventraux pâles. *Métasternum* assez convexe, lisse sur son disque, creusé sur sa ligne médiane d'un sillon fin, souvent assez marqué. *Ventre* plus ou moins submembraneux à ses intersections. *Pygidium* assez longuement cilié à son sommet.

Pieds allongés, assez grêles, très-finement pubescents ; obsoletement rugueux, brillants ; d'un noir de poix submétallique, avec les tarses brunâtres, tous les trochanters, les pieds antérieurs et parfois les intermédiaires d'un testacé de poix plus ou moins clair. *Tibias* légèrement épaissis : *les postérieurs* sensiblement recourbés en dessous après leur milieu. *Tarses* sensiblement plus longs que la moitié des tibias, légèrement ciliés en dessus au sommet de chaque article : *les antérieurs* à premier, à quatrième articles graduellement plus courts (♀) : *les intermédiaires et les postérieurs* à premier article au moins subégal au deuxième, les deuxième à quatrième graduellement plus courts : le dernier de tous les tarses allongé, faiblement élargi de la base à l'extrémité où il est tronqué et un peu plus épais que les précédents. *Ongles* très-petits, pas plus longs ou à peine plus longs que leur membrane.

PATRIE. Cette espèce se rencontre dans les bois, en battant les herbes et les arbrisseaux, aux environs de Paris et de Lyon, dans le Beaujolais, la Provence, etc. Elle n'est pas très-rare dans les mois de mai et de juin.

Obs. Les pieds antérieurs et intermédiaires varient quant à la couleur. Ils sont souvent d'un testacé de poix, avec les trochanters et la base des cuisses plus clairs ou flaves.

A côté de cette espèce, doivent se placer les deux suivantes qu'on n'a point encore rencontrées en France :

Antholinus (*Sphinginus*) **coarctatus.** Erichson.

Allongé, très-finement et à peine pubescent, finement et obsolètement pointillé; d'un noir brillant, avec la base du prothorax testacée, ainsi que la base des antennes, les pieds antérieurs et tous les trochanters ; la plupart des parties de la bouche flaves, et les épimères du médipectus pâles. Tête biimpressionnée entre les yeux. Prothorax oblong, plus étroit que les élytres, légèrement étranglé et transversalement impressionné avant la base, légèrement convexe et obsolètement canaliculé. Elytres faiblement subélargies en arrière. Tibias postérieurs un peu recourbés en dessous après leur milieu. Tarses postérieurs à premier article subégal au deuxième.

Anthocomus coarctatus. Erichson, Entomogr., 1, p. 104, 12.

Attalus coarctatus. Kiesenwetter, Ins. Deut., 4, p. 604, 5.

Long. 0m,0022 (1 l.). — Larg. 0m,0007 (1/3 l.).

♂ *Le deuxième article des tarses antérieurs* fortement prolongé au-dessus du troisième en forme de lame droite, assez étroite, obliquement et obtusément tronquée au sommet et noire à celui-ci. *Le sixième segment ventral* ogival, incisé à son sommet.

♀ *Le deuxième article des tarses antérieurs* simple. *Le sixième segment ventral* subogival, entier.

Patrie. L'Autriche.

Antholinus (*Sphinginus*) **posticus.** Mulsant et Rey.

Suballongé, à peine pubescent ; d'un noir bronzé un peu verdâtre, avec le prothorax d'un rouge testacé, la marge extérieure et le sommet des élytres pâles ou livides ; la base des antennes et la bouche d'un testacé de poix ; les hanches et les cuisses antérieures et intermédiaires testacées ; les pieds postérieurs, la tranche supérieure des cuisses antérieures et intermédiaires, leurs tibias et leurs tarses plus ou moins obscurs. Antennes distinctement ciliées, à cinquième, à dixième articles oblongs. Tête épaisse, très-brillante, éparsement et très obsolètement pointillée ou presque lisse, obsolètement biimpressionnée en avant. Prothorax oblong, plus étroit que les élytres, brusquement étranglé et transversalement impressionné en arrière, obsolètement et éparsement pointillé. Elytres subélargies postérieurement, peu brillantes, rugueusement chagrinées. Tibias postérieurs sensiblement recourbés en dessous après leur milieu. Tarses postérieurs à premier article subégal au deuxième.

Long. 0m,0027 (1 l. 1/4). — Larg. 0m,0007 (1/3 l.).

♂. *Le deuxième article des tarses antérieurs* fortement prolongé au-dessus du troisième en forme de lame droite.

♀. *Le deuxième article des tarses antérieurs* simple.

PATRIE. La Corse.

OBS. Cette espèce se distingue de la précédente par ses élytres moins lisses et moins brillantes, bordées de pâle, et par la couleur de son prothorax.

αα *D'un noir bleu* avec le prothorax entièrement rouge et les élytres concolores.

9. **Antholinus** (*Sphinginus*) **constrictus.** ERICHSON.

Suballongé, à peine pubescent, obsolètement et éparsement pointillé, brillant ; d'un noir bleu, avec le prothorax rouge ; la base des antennes, le devant du front chez les ♂, la plupart des parties de la bouche, les hanches et les pieds antérieurs et intermédiaires et tous les trochanters testacés, avec la tranche supérieure des cuisses rembrunies, et les épimères du médipectus flaves. Antennes légèrement ciliées, à cinquième à dixième articles oblongs, Tête épaisse, obsolètement biimpressionnée en avant. Prothorax oblong, plus étroit que les élytres, brusquement subétranglé et transversalement impressionné en arrière. Elytres subélargies postérieurement. Tibias postérieurs assez sensiblement recourbés en dessous après leur milieu. Tarses postérieurs à premier article subégal au deuxième.

Anthocomus constrictus. ERICHSON, Entomogr., 1, p. 104, 13.

Long. 0m,0027 (1 l. 1/4). — Larg. 0m,0007 (1/3 l.).

♂ *Tête*, les yeux compris, sensiblement plus large que le prothorax. *Front* à bord antérieur testacé. *Le deuxième article des tarses antérieurs* fortement prolongé au-dessus du troisième en forme de lame droite, assez étroite, obliquement et obtusément tronquée au sommet et noire à celui-ci. *Le sixième segment ventral* profondément incisé dans son milieu.

♀ *Tête*, les yeux compris, un peu plus large que le prothorax. *Front* à bord antérieur concolore ou d'un roux de poix. *Le deuxième article des tarses antérieurs* simple. *Le sixième segment ventral* subogival, entier.

Corps suballongé, revêtu d'un très-fine pubescence cendrée, à peine distincte, très-courte et peu serrée.

Tête épaisse, plus large que le prothorax, assez convexe en arrière, subdéprimée en avant, très-finement et à peine pubescente, éparsement et distinctement ponctuée, avec les points un peu plus serrés et subruguleux entre les yeux; d'un noir brillant un peu verdâtre, avec le bord antérieur testacé ou d'un flave testacé chez les ♂. *Epistome* subcorné, d'un flave (♂) ou d'un roux (♀) testacé, transversalement cilié vers sa base. *Labre* subconvexe, brillant, plus ou moins rembruni sur son disque, cilié vers son sommet de longs poils pâles et brillants. *Mandibules* d'un roux testacé, avec leur extrémité d'un noir de poix. *Les parties inférieures de la bouche* d'un roux testacé, avec le dernier article des *palpes* d'un brun ou d'un roux de poix. *Le pénultième des maxillaires* plus court que la moitié du suivant.

Yeux assez saillants, subarrondis, noirâtres, séparés du bord antérieur du prothorax par un intervalle notable.

Antennes un peu moins longues que la moitié du corps, subfiliformes, à peine subdentées en scie en dessous; légèrement mais distinctement ciliées; à peine ou obsolètement ruguleuses; obscures, avec les cinq ou six premiers articles testacés ou d'un roux testacé, et les deux premiers tachés de noir en dessus; le premier légèrement épaissi en massue oblongue : le deuxième court, subglobuleux, égal environ à la moitié du précédent : les troisième à dixième oblongs, subégaux : le dernier beaucoup plus long que le pénultième, subelliptique, obtusément acuminé au sommet.

Prothorax plus étroit que les élytres, oblong ou sensiblement plus long que large antérieurement, assez fortement arrondi aux angles antérieurs, et en avant sur les côtés ; fortement rétréci et comme étranglé en arrière ; à angles postérieurs presque droits ; à bord antérieur à peine arrondi et à peine prolongé dans son milieu au-dessus du niveau du vertex ; largement tronqué et très-finement rebordé à la base ; assez convexe antérieurement, et creusé sur son quart postérieur d'une forte impression transversale, subarquée en arrière, qui force la base à se relever en forme de bourrelet et la refoule de manière à former un lobe assez prononcé et recouvrant en partie la base des élytres ; à peine pubescent ou presque glabre ; éparsement pointillé ; entièrement d'un rouge brillant.

Ecusson en carré transverse, obtusément tronqué au sommet, subconvexe, à peine pubescent, à peine pointillé ; d'un noir métallique brillant.

Elytres environ trois fois aussi longues que le prothorax, graduellement subélargies en arrière, obtusément et simultanément arrondies au sommet, avec l'angle sutural bien marqué mais un peu obtus ; subdéprimées derrière l'écusson ; subconvexes sur le reste de leur surface et sensiblement déclives en arrière et sur les côtés ; à peine pubescentes ou parfois presque glabres ; éparsement, finement et obsolètement pointillées ; brillantes ; d'un noir bleu ou violacé, avec la marge extérieure parfois très-étroitement et presque indistinctement couleur de poix. *Epaules* assez saillantes, arrondies.

Dessous du corps assez brillant, finement pubescent, subrugueusement pointillé ; d'un noir submétallique, avec les hanches antérieures et intermédiaires testacées et les épimères du médipectus pâles. *Métasternum* presque lisse sur son disque, marqué sur sa ligne médiane d'un léger sillon, plus ou moins obsolète. *Ventre* presque entièrement corné, à peine d'une couleur plus ou moins claire à ses intersections. *Pygidium* subarrondi ou largement et obtusément tronqué au sommet, finement cilié à son bord apical.

Pieds allongés, grêles, très-finement pubescents, finement subruguleux, assez brillants, testacés ainsi que leurs trochanters, sauf la tranche supérieure des cuisses antérieures et intermédiaires, les cuisses et les tibias postérieurs qui sont plus ou moins rembrunis. *Tibias* assez grêles ; *les postérieurs* assez sensiblement recourbés en dessous après leur milieu. *Tarses* sensiblement plus longs que la moitié des tibias, légèrement ciliés en dessus au sommet de chaque article : *les antérieurs* à premier à quatrième articles graduellement plus courts : *les intermédiaires et les postérieurs* à premier article subégal au deuxième : les deuxième à quatrième graduellement plus courts : le dernier de tous les tarses allongé, faiblement élargi de la base à l'extrémité où il est subtronqué et un peu plus épais que les précédents. *Ongles* très-petits, pas plus longs que leur membrane.

PATRIE. Cette espèce, propre à la Sardaigne et à la Corse, se rencontre très-rarement aux environs de Marseille.

Genre *Pelochrus*, PELOCHRE ; Mulsant et Rey.

(Etymologie : πηλὸς, argile ; χροῦς, peau).

CARACTÈRES. *Corps* suballongé.

Tête oblongue, légèrement inclinée, assez dégagée, prolongée en avant en une espèce de museau plan, assez large et faiblement rétréci antérieurement. *Front* large, notablement prolongé au delà du niveau antérieur des yeux. *Epistome* submembraneux, fortement transverse, séparé du front par une suture très-fine, formant dans son milieu un angle très-ouvert, à sommet dirigé en arrière. *Labre* corné, transverse, obtusément tronqué en avant. *Mandibules* médiocres, peu saillantes, fortement et longitudinalement engagées sous les côtés de l'épistome et du labre, recourbées à leur extrémité et bidentées au sommet. *Palpes maxillaires* filiformes, à dernier article plus court que les deux suivants réunis, oblong, assez étroit, distinctement atténué à son extrémité et légèrement tronqué au bout : le pénultième court. *Palpes labiaux* très-petits, filiformes, à dernier article sensiblement atténué de la base au sommet. *Menton* transverse. *Languette* membraneuse, élargie et subtronquée en avant.

Yeux assez grands mais très-peu saillants, presque subdéprimés, ovales, séparés du bord antérieur du prothorax par un intervalle assez fort.

Antennes assez courtes; de onze articles distincts ; insérées sur les côtés du front, loin au devant des yeux, assez près de la base de l'épistome ; submoniliformes à partir du quatrième article inclusivement ; à premier article oblong, légèrement épaissi : le deuxième petit, subglobuleux : le troisième oblong, obconique : les quatrième à dixième assez courts, pas plus longs que larges ou subtransversaux : le dernier beaucoup plus long que le pénultième.

Prothorax pas plus long que large, presque suborbiculaire, subrétréci en arrière, largement arrondi à son bord antérieur, subtronqué au milieu de sa base.

Ecusson en carré fortement transverse et subarrondi au sommet.

Elytres oblongues, faiblement subélargies en arrière, simples au sommet dans les deux sexes, plus ou moins raccourcies et laissant à nu au moins les deux ou trois derniers segments de l'abdomen. *Epaules* saillantes.

Echancrures du dessous du prothorax petites, subtriangulaires.

Lames médianes des prosternum et mésosternum petites, en forme d'angle peu prononcé. *Epimères du médipectus* assez développées, transversalement obliques. *Métasternum* obliquement coupé sur les côtés de son bord apical, faiblement prolongé entre les hanches postérieures en angle entaillé au sommet. *Episternums du médipectus* rétrécis en arrière en forme d'onglet.

Hanches coniques : *les antérieures et les intermédiaires* contiguës : *les postérieures* légèrement écartées à leur naissance.

Ventre de six segments distincts, plus ou moins membraneux à leurs intersections : le premier plus ou moins voilé dans son milieu : les suivants subégaux : le dernier saillant subogival. *Pygidium* subarrondi au sommet.

Pieds allongés, grêles : *les postérieurs* un peu plus développés que les intermédiaires, et ceux-ci que les antérieurs dans toutes leurs parties. *Trochanters* subovales ou ovales oblongs. *Cuisses* débordant sensiblement les côtés du corps, subparallèles sur leurs tranches ou indistinctement renflées vers leur milieu. *Tibias* presque droits ou faiblement arqués à leur base : *les postérieurs* un peu plus longs que les cuisses et les trochanters réunis. *Tarses* un peu plus longs que la moitié des tibias, très-finement ciliés en dessous, de cinq articles; à premier, à quatrième articles graduellement plus courts : le dernier allongé, faiblement et graduellement élargi vers son extrémité. *Ongles* très-petits, chacun d'eux muni en dessous d'une membrane accollée aussi longue que lui. *Tarses antérieurs* à deuxième article fortement prolongé, chez les ♂, au dessus du troisième en forme de lame droite, assez étroite, subtronquée au sommet.

Obs. Cette coupe, dont la seule espèce française offre un faciès tout particulier, nous semble devoir être détachée de nos *Antholinus*, à cause de la tête prolongée en museau; de la structure des yeux et des antennes ; et surtout à cause des élytres raccourcies et ne recouvrant pas entièrement l'abdomen dans les deux sexes.

La seule espèce qu'elle renferme est très-petite, distinctement pubescente et non sétosellée sur les élytres.

1. Pelochrus pallidulus. ERICHSON.

Suballongé, distinctement pubescent, d'un noir de poix, avec le prothorax et les élytres d'un testacé pâle ; les joues, les parties de la bouche (moins le labre et les palpes), la base des antennes, le sommet des cuisses, les tibias et les tarses, et les intersections des segments ventraux, testacés. Tête oblongue, très-finement chagrinée ou presque lisse, un peu brillante, longitudinalement impressionnée entre les antennes. Prothorax suborbiculaire, un peu rétréci en arrière, très-finement chagriné ou presque lisse, peu brillant. Elytres subélargies en arrière, obsolètement pointillées, peu brillantes. Tibias postérieurs à peine recourbés en dessous vers leur dernier tiers. Tarses postérieurs à premier article subégal au deuxième.

Anthocomus pallidulus. ERICHSON, Entomogr., t. I, p. 107, 18.

Long. 0^m,0021 (1 l.). — Larg. 0^m,0008 (1/3 l.).

♂ *Antennes* à quatrième, à dixième articles subtransversaux, un peu prolongés en dessous en dents de scie. *Le sixième segment ventral* ogival, incisé à son sommet. *Tarses antérieurs* à deuxième article fortement prolongé au dessus du troisième en forme de lame presque droite, un peu obscure et assez étroite.

♀ *Antennes* à quatrième, à dixième articles pas plus larges que longs, submoniliformes, subarrondis en dessous. *Le sixième segment ventral* subogival, subarrondi à son sommet. *Tarses antérieurs* à deuxième article simple.

Corps allongé, revêtu d'une pubescence cendrée, bien distincte, assez serrée et un peu redressée.

Tête oblongue, sensiblement plus étroite que le prothorax, à peine pubescente, très-finement chagrinée ou presque lisse, un peu brillante ; d'un noir de poix, avec la partie antérieure parfois roussâtre, et *les joues* testacées. *Front* longitudinalement, finement et obsolètement subsillonné en arrière sur son milieu ; prolongé en avant en une espèce de museau large, plan, et longitudinalement impressionné de chaque côté le long des fossettes antennaires. *Epistome* testacé, parfois un peu obscurci et subcorné vers le milieu de sa base. *Labre* subconvexe, assez brillant, plus ou moins rembruni sur son disque, cilié vers son sommet de longs poils pâles et brillants.

Mandibules testacées, avec leur pointe d'un brun de poix. *Les parties inférieures de la bouche* testacées, avec *les palpes* obscurs.

Yeux très-peu saillants, ovales, noirâtres, à reflets micacés ; séparés du bord antérieur du prothorax par un intervalle notable.

Antennes à peine aussi longues (♂) ou un peu plus courtes (♀) que la moitié du corps ; légèrement ciliées en dedans vers le sommet de chaque article ; à peine chagrinées ; submoniliformes ; obscures, avec les deuxième, troisième, quatrième et même cinquième articles et le dessous du premier plus ou moins testacés : celui-ci légèrement épaissi en massue oblongue : le deuxième court, subglobuleux, subégal à la moitié du précédent : le troisième oblong, obconique : les quatrième à dixième assez courts, subégaux, à peine ou pas plus longs que larges (♀), le dernier beaucoup plus long que le pénultième, subelliptique, subacuminé au sommet.

Prothorax plus étroit que les élytres, pas plus long que large ; paraissant, vu de dessus, suborbiculaire et néanmoins un peu plus large en avant et un plus rétréci en arrière ; subangulé, vu de côté, vers le tiers antérieur de son bord latéral ; à bord antérieur très-largement arrondi et non prolongé au-dessus du niveau du vertex ; à angles nuls ou très-largement arrondis ; subtronqué au milieu de sa base, avec celle-ci finement rebordée jusque vers le milieu des côtés ; faiblement convexe sur le dos, déclive latéralement ; distinctement pubescent ; très-finement chagriné ou presque lisse ; testacé, avec le disque parfois noté de deux traits obscurs, longitudinaux, subparallèles.

Ecusson en carré fortement transverse, subarrondi au sommet, pubescent, finement pointillé, peu brillant, d'un testacé plus ou moins obscur.

Elytres trois fois aussi longues que le prothorax, faiblement subélargies postérieurement ; largement, obtusément et individuellement arrondies au sommet, avec l'angle sutural peu marqué ou fortement arrondi ; un peu raccourcies en arrière et laissant à découvert les deux (♂) ou trois (♀) derniers segments de l'abdomen ; subdéprimées le long de la suture, légèrement déclives postérieurement et sur les côtés ; distinctement pubescentes ; obsolètement pointillées ; entièrement d'un testacé pâle et peu brillant. *Epaules* saillantes, arrondies.

Dessous du corps assez brillant, finement pubescent, très-obsolètement pointillé ou presque lisse ; d'un noir de poix, avec le dessous du prothorax et les intersections des segments ventraux largement testacés. *Métasternum* assez convexe, très-obsolètement sillonné sur sa ligne médiane. *Ventre* plus ou moins largement membraneux à sa base, sur les côtés et aux intersectons des segments. *Pygidium* finement cilié au sommet.

Pieds allongés, grêles, finement pubescents, finement ruguleux, peu brillants; testacés avec le sommet des tarses, la majeure partie des cuisses et parfois l'extrémité des tibias postérieurs plus ou moins rembrunis. *Tibias postérieurs* à peine recourbés en dessous vers leur dernier tiers. *Tarses* un peu plus longs que la moitié des tibias, à premier, à quatrième articles graduellement plus courts: le dernier allongé, très-faiblement élargi de la base à l'extrémité où il est tronqué et un peu plus épais que les précédents. *Ongles* très-petits, pas plus longs que leur membrane.

Patrie. Cette espèce se capture assez rarement dans la France méridionale. Nous l'avons reçue des environs de Draguignan. M. Raymond l'a envoyée à M. Godart des environs d'Hyères. Elle se prend sur les fleurs, surtout des ombellifères.

Obs. Le prothorax est parfois plus ou moins rembruni sur son disque, et les cuisses sont souvent presque entièrement testacées, avec leurs tranches supérieure et inférieure plus ou moins obscurcies.

Genre *Népachys*, Nepachys. Thomson.

Thomson, Scandin. Coleopt., t. I, p. 112.

Etymologie incertaine : peut-être νή, privatif; et παχῦς, épais; probablement à cause des rameaux déliés des antennes des ♂.

Caractère. *Corps* suballongé ou allongé.

Tête transverse, inclinée, triangulairement rétrécie en avant, enfoncée sous le prothorax jusque ou presque jusqu'aux yeux. *Front* large, sensiblement prolongé en avant du niveau antérieur des yeux. *Epistome* subcorné, fortement transverse, en trapèze rétréci en avant, séparé du front par une ligne droite ou presque droite. *Labre* corné, fortement transverse, obtusément arrondi à son bord apical. *Mandibules* robustes, peu saillantes, longitudinalement engagées sous les côtés de l'épistome et du labre, arcuément recourbées à leur extrémité et bidentées à leur sommet. *Palpes maxillaires* filiformes, à dernier article un peu plus développé que le deuxième, oblong, atténué à son extrémité et étroitement tronqué au bout : le pénultième court, évidemment moins long que la moitié du suivant. *Palpes labiaux* à dernier article oblong. *Menton* subcorné, fortement transverse, largement tronqué à son bord antérieur. *Languette* submembraneuse, large, obtusément subarrondie en avant.

Yeux saillants, subarrondis, séparés du bord antérieur du prothorax par un intervalle nul ou presque nul.

Antennes assez longues, de onze articles distincts ; insérées à l'angle antéro-externe du front, sensiblement en avant d'une ligne idéale qui serait tangente au bord antérieur de chaque œil ; latéralement comprimées à partir du troisième article ; fortement pectinées (♂) ou profondément dentées (♀) en dessous à partir du quatrième article ; à premier article plus ou moins épaissi : le deuxième court, globuleux ou subglobuleux : le troisième plus ou moins triangulaire ; le dernier plus grand que le pénultième.

Prothorax subtransverse, faiblement arrondi sur les côtés, plus sensiblement à la base et au bord antérieur qui est distinctement prolongé au-dessus du niveau du vertex.

Ecusson en carré plus ou moins transverse et obtusément tronqué au sommet.

Elytres oblongues ou suballongées, recouvrant entièrement l'abdomen, subparallèles, impressionnées et appendiculées au sommet chez les ♂ ; très-finement ou à peine rebordées en dehors. *Epaules* assez saillantes.

Echancrures du dessous du prothorax triangulaires, à sommet aigu ou à peine arrondi.

Lames médianes des prosternum et mésosternum petites, en forme l'angle plus ou moins ouvert.

Epimères du médipectus assez développées, transversalement obliques. *Métasternum* obliquement coupé sur les côtés de son bord apical, prolongé entre les hanches postérieures en angle plus ou moins prononcé et bifide au sommet. *Episternums du postpectus* larges à la base, rétrécis en arrière en forme de coin.

Hanches coniques ; *les antérieures et les intermédiaires* contiguës ; *les postérieures* légèrement écartées à leur naissance et divergentes à leur sommet.

Ventre de six segments distincts, plus ou moins membraneux à leurs intersections : le premier plus ou moins voilé dans son milieu : les deuxième à quatrième subégaux : le cinquième un peu plus développé : le dernier saillant, subogival ou conique.

Pieds allongés, grêles : *les postérieurs* bien plus développés que les intermédiaires, et ceux-ci un peu plus que les antérieurs dans toutes leurs parties. *Trochanters* ovales ou ovale-oblongs, subacuminés ou étroitement arrondis au sommet. *Cuisses* débordant de beaucoup les côtés du corps, faiblement renflées dans leur milieu : *les postérieures* se recourbant un peu en dessus. *Tibias* plus longs que les cuisses : *les antérieurs et les intermédiaires* presque droits ou à peine arqués à leur base : *les postérieurs* faiblement recourbés en dessous après leur milieu. *Tarses* grêles, plus longs que la moitié des tibias, finement tomenteux en dessous ; de cinq articles : *les antérieurs* à premier, à quatrième articles graduellement plus courts : le deuxième notablement prolongé, chez les ♂, au-dessus du troisième en lame plus ou moins recourbée inférieurement à son extrémité en forme de crochet assez épais ; *les intermédiaires et postérieurs* à premier article subégal au deuxième, les deuxième à quatrième graduellement plus courts ; le dernier de tous les tarses allongé, graduellement et faiblement élargi de la base à l'extrémité. *Ongles* petits, chacun d'eux muni en dessous d'une membrane accollée aussi longue que lui.

Obs. Cette coupe générique, établie avec raison par Thomson, est nettement distincte des genres *Antholinus* et *Attalus*. Elle diffère du premier par la forme en crochet du deuxième article des tarses antérieurs des ♂ ; du second et de tous deux, par les élytres appendiculées au sommet chez le même sexe et par le développement intérieur des articles des antennes en dents profondes et aiguës (♀) ou en dents de peigne (♂). Ce dernier caractère seul est une particularité qui vient corroborer le genre, et il a de plus l'avantage de s'unir à celui du deuxième article des tarses antérieurs des ♂, caractère qui a servi à lui seul à former d'autres coupes génériques.

Les deux espèces de ce genre sont petites, plus ou moins sétosellées sur les élytres.

a *Prothorax* concolore, à angles postérieurs sensiblement relevés.

1. Nepachys cardiacae. Linné.

Suballongé, très-finement pubescent, brièvement sétosellé sur les élytres ; brillant, noir, avec l'épistome d'un testacé de poix, l'extrémité des élytres et les intersections des segments ventraux rougeâtres. Tête lisse, subim-

pressionnée en avant. Prothorax subtransverse, faiblement arrondi sur les côtés ; à angles postérieurs sensiblement relevés ; très-finement pointillé ou presque lisse. Elytres subparallèles, subondulées et obsolètement pointillées. Tibias postérieurs à peine recourbés en dessous après leur milieu. Tarses postérieurs à premier article subégal au deuxième.

Cantharis cardiacae. LINNÉ, Faun. Suec., n° 720. — Id. Syst. Nat. 1, p. 649. — FABRICIUS, Syst. El., t. I, p. 304, 54 (♂).

Malachius cardiacae. PAYKULL, Faun. Suec., t. I, p. 272, 5. — GYLLENHALL, Ins. Suec., t. I, p. 363, 8.

Anthocomus cardiacae. ERICHSON, Entomogr., t. I, p. 100, 5. — KIESENWETTER, Ins. Deut., t. IV, p. 600, 1, (*sous-genre Nepachys*.)

Long. 0^{m},0029 (1 l. 1/3). — Larg. 0^{m},0011 (1/2 l.).

♂ *Antennes* un peu plus longues que la moitié du corps, fortement pectinées en dessous à partir du cinquième article inclusivement ; à premier article sensiblement épaissi en massue courtement ovalaire : le deuxième subglobuleux, un peu épaissi, subarrondi inférieurement : le troisième triangulaire, sensiblement prolongé en dessous en dents de scie : le quatrième assez fortement dilaté inférieurement en forme de dent arrondie : le dernier très-allongé, grêle, droit, renflé vers son extrémité et subacuminé au sommet ; avec tous les articles intérieurement hérissés de cils égaux, assez courts, perpendiculairement implantés. *Elytres* impressionnées à leur sommet, avec l'impression limitée en arrière par un large appendice obscur et redressé. *Le sixième segment ventral* subogival, longitudinalement fendu dans son milieu jusqu'à sa base ; *le sixième segment abdominal* saillant, débordant l'inférieur, en cône largement tronqué à son bord apical. *Tibias antérieurs* faiblement et graduellement épaissis vers leur extrémité. *Tarses antérieurs* à deuxième article fortement prolongé au-dessus du troisième en lame recourbée en dessous à son extrémité en forme de crochet assez épais.

♀ *Antennes* à peine aussi longues que la moitié du corps ; fortement et aigument dentées en scie en dessous à partir du cinquième article inclusivement ; le premier article légèrement épaissi en massue suboblongue : le deuxième subovalaire : les troisième et quatrième faiblement en dents de scie en dessous : le dernier oblong ou subelliptique, acuminé au sommet ; avec tous les articles légèrement ciliés ou fasciculés en dedans et seulement vers leur extrémité. *Elytres* simples au sommet, individuellement et fortement arrondies à leur angle sutural. *Les sixièmes segments abdominal et ventral* assez saillants, subégaux, en cône assez largement et obtusément tronqué à son bord apical. *Tibias antérieurs* assez grêles. *Tarses antérieurs* à deuxième article simple.

Corps suballongé, revêtu d'une très-fine pubescence cendrée, avec les élytres parsemées de poils sétiformes obscurs, assez courts et un peu inclinés en arrière.

Tête un peu plus étroite que le prothorax ; à peine pubescente, avec deux ou trois longs poils obscurs un peu en dessous sur les côtés des tempes ; lisse ou presque lisse ; d'un noir très-brillant, avec les fossettes antennaires et les joues d'un roux de poix plus ou moins obscur. *Front* subdéprimé, marqué entre les yeux d'une large et faible impression, souvent prolongée en avant jusque entre les antennes ; offrant parfois (♂) en arrière, dans son milieu, un sillon longitudinal obsolète. *Epistome* subcorné ou au moins à sa base ; d'un testacé de poix plus (♂) ou moins (♀) obscur, souvent un peu rosé ; cilié vers sa base d'une série transversale de longs poils brunâtres. *Labre* subconvexe, assez brillant, d'un noir de poix plus (♀) ou moins (♂) obscur, avec l'extrémité ciliée de poils pâles et brillants. *Mandibules* d'un noir de poix, avec leur pointe un peu roussâtre. *Les parties inférieures de la bouche* d'une couleur de poix testacée plus ou moins foncée, avec *les palpes maxillaires* ordinairement d'un noir de poix et le bout de leur dernier article un peu plus clair.

Yeux saillants, subarrondis, noirs, touchant ou touchant presque au bord antérieur du prothorax.

Antennes très-finement pubescentes, plus (♂) ou moins (♀) densement ciliées intérieurement, finement ruguleuses ; noires ou obscures, avec les deux premiers articles un peu plus lisses, un peu plus brillants et parfois d'un roux de poix foncé à leur sommet ; à premier article plus ou moins épaissi : le deuxième court, néanmoins un peu plus long que la moitié du précédent ; les troisième et quatrième subégaux à leur tranche supérieure, plus (♂) ou moins (♀) prolongés en dessous : les cinquième à dixième subégaux, prolongés inférieurement en dents de peigne (♂) ou en dents de scie aiguës (♀) : le dernier beaucoup plus long que le précédent, subelliptique et acuminé au sommet (♀), ou en massue grêle, très-allongée et subacuminée au sommet.

Prothorax un peu plus étroit que les élytres, subtransverse, en carré un peu moins long que large ; largement arrondi à son bord antérieur qui est distinctement prolongé dans son milieu au dessus du niveau du vertex; assez fortement arrondi aux angles; faiblement sur les côtés vus de dessus, avec ceux-ci assez fortement arrondis et comme obtusément dilatés vus par côté; largement arrondi à la base, avec celle-ci étroitement rebordée; faiblement convexe sur le dos, sensiblement déclive sur les côtés; obsolètement et à peine impressionné vers les angles antérieurs, obliquement et plus fortement le long des postérieurs qui sont sensiblement relevés sur une grande étendue; très-finement pubescent; très-finement pointillé ou presque lisse, entièrement d'un noir très-brillant.

Ecusson en carré subtransverse, un peu plus étroit en arrière et obtusément tronqué au sommet, à peine pubescent ou presque glabre, à peine pointillé, d'un noir brillant parfois submétallique.

Elytres trois fois aussi longues que le prothorax, subparallèles (♂) ou à peine subélargies en arrière (♀); subdéprimées le long de la suture, à peine déclives postérieurement et sensiblement sur les côtés; très-finement pubescentes, et en outre distinctement mais assez brièvement sétosellées; obsolètement pointillées, inégales et comme subondulées; d'un noir brillant, avec une assez grande tache rouge ou rougeâtre, couvrant tout l'angle sutural. *Epaules* assez saillantes, arrondies, offrant en arrière sur les côtés un long poil droit et horizontal.

Dessous du corps brillant, finement pubescent, obsolètement et subrugueusement pointillé; noir, avec le bord antérieur du prosternum rosé, les intersections et souvent le milieu des quatre ou cinq premiers segments ventraux rouges ou rougeâtres. *Métasternum* assez convexe, presque lisse sur son disque, marqué sur sa ligne médiane d'un sillon très-fin, plus ou moins obsolète et parfois à peine distinct. *Ventre* plus ou moins membraneux à ses parties colorées. *Pygidium* longuement cilié sur ses bords.

Pieds allongés, grêles, finement pubescents, finement et obsolètement ruguleux, brillants; noirs, avec les insertions des trochanters d'un roux de poix, et parfois les tarses, surtout les antérieurs, d'un brun de poix. *Tibias postérieurs* plus ou moins distinctement spinosules à leur tranche externe, à peine recourbés en dessous après leur milieu. *Tarses* un peu plus longs que la moitié des tibias, légèrement ciliés en dessus au sommet de chaque article; *les antérieurs* (♀) à premier, à quatrième articles graduellement plus courts; *les intermédiaires et postérieurs* à premier article à peine moins long ou aussi long que le deuxième: les deuxième à quatrième graduellement plus courts: le dernier de tous les tarses très-faiblement et graduellement élargi de la base à l'extrémité où il est subtronqué et un peu plus épais que les précédents. *Ongles* petits, pas plus longs que leur membrane.

PATRIE. Cette espèce, particulière à la Suède et au nord de l'Europe, se rencontre, mais rarement, dans la chaîne des Alpes. Elle se prend, ainsi que l'avait dit Linné, sur l'Agripaume (*Leonurus cardiaca*. Linné.)

aa *Prothorax* avec une large bordure rouge de chaque côté, à angles postérieurs non relevés.

2. Nepachys pulchellus. MULSANT ET REY.

Allongé, à peine pubescent, distinctement sétosellé sur les élytres, brillant, noir, avec une large bordure sur les côtés du prothorax, l'épistome, le milieu du ventre et les intersections des segments ventraux, rouges, et les parties inférieures de la bouche d'un testacé un peu rosé. Tête lisse, obsolètement impressionnée entre les yeux. Prothorax subtransverse; faiblement arrondi sur les côtés; à angles postérieurs non ou à peine relevés; presque lisse. Elytres subparallèles, inégales ou subondulées. Tibias postérieurs faiblement recourbés en dessous après leur milieu. Tarses postérieurs à premier article subégal au deuxième.

Anthocomus pulchellus. MULSANT ET REY., Op. Ent. 1861, 12e cahier, p. 78.

Long. 0m,0030 (1 l. 1/3). — Larg. 0m,0010 (1/2 l.).

♂ *Tête*, les yeux compris, à peine moins large que le prothorax. *Antennes* un peu plus longues que la moitié du corps, fortement pectinées en dessous à partir du cinquième article inclusivement; à premier article sensiblement épaissi en massue ovalaire: le deuxième subglobuleux, un peu épaissi, subarrondi inférieurement: le troisième triangulaire, légèrement, le quatrième fortement prolongés en dessous en dents de scie: le dernier grêle, subcylindrique, courbé en dedans, subacuminé au sommet; avec tous les articles hérissés intérieurement de cils égaux, assez courts, perpendiculairement implantés. *Elytres* impressionnées à leur sommet, avec leur rebord apical redressé en forme de large appendice obscur, supérieurement échancré et dont le lobe interne se prolonge en lanière courte et terminée par une ou deux soies; offrant en outre, sur la suture, au milieu du fond de l'impression, une épine ou soie spiniforme noire, recourbée en l'air et en arrière. *Le sixième segment ventral* subogival, longitudinalement fendu dans son milieu jusque près de la base ; *le sixième segment abdominal*, saillant, débordant l'inférieur, en cône très-largement et subsinueusement tronqué à son bord apical. *Tarses antérieurs* à deuxième article fortement prolongé au dessus du troisième en lame légèrement recourbée en dessous à son extrémité en forme de crochet assez épais.

♀ *Tête*, les yeux compris, un peu mais visiblement moins large que le prothorax. *Antennes* à peine aussi longues que la moitié du corps, fortement et aigument dentées en scie en dessous à partir du cinquième article inclusivement ; à premier article légèrement épaissi en massue oblongue : le deuxième subovalaire : les troisième et quatrième distinctement, mais obtusément en dents de scie en dessous : le dernier oblong, elliptique, acuminé au sommet ; avec tous les articles légèrement ciliés ou fasciculés en dedans et seulement vers leur extrémité. *Elytres* simples au sommet, simultanément et obtusément arrondies à celui-ci, avec l'angle sutural assez marqué, mais sensiblement arrondi. *Les sixièmes segments abdominal et ventral* assez saillants, subégaux, coniques : le supérieur assez largement et obtusément tronqué, l'inférieur assez étroitement arrondi à leur bord apical. *Tarses antérieurs* à deuxième article simple.

Corps allongé, revêtu d'une très-fine pubescence cendrée, à peine apparente ; avec les élytres distinctement parsemées de poils sétiformes, noirs, assez longs, redressés ou à peine inclinés en arrière.

Tête à peine (♂) ou un peu (♀) plus étroite que le prothorax ; légèrement et éparsement pubescente, avec deux ou trois assez longs poils un peu en dessous et sur les côtés des tempes ; presque lisse ; d'un noir très-brillant et un peu métallique, avec les fossettes antennaires et les joues d'un roux de poix. *Front* déprimé, marqué entre les yeux de deux impressions (1), parfois assez distinctes, d'autrefois obsolètes ; offrant souvent en arrière sur le milieu du vertex un léger sillon longitudinal. *Epistome* subdéprimé, d'un rougeâtre quelquefois assez pâle, cilié de deux ou trois longs poils sur les côtés et vers la base. *Labre* subconvexe, assez brillant, chagriné, couleur de poix, cilié vers son extrémité de poils pâles et brillants. Les autres *parties de la bouche* d'un testacé de poix un peu rosé, plus ou moins obscur avec la base des *mandibules* et *les palpes* toujours plus foncés, et la pointe du dernier article des *maxillaires* restant un peu plus claire.

(1) Ces impressions, sans importance, sont situées entre les bords antérieurs des yeux, et quelquefois un peu plus en avant.

Yeux plus ou moins saillants, subarrondis, noirs, touchant presque au bord antérieur du prothorax.

Antennes un peu plus (♂) ou à peine aussi (♀) longues que la moitié du corps; très-finement pubescentes, plus (♂) ou moins (♀) densement ciliées intérieurement; finement ruguleuses; noires, avec les deux premiers articles un peu plus lisses, un peu plus brillants et parfois un peu lavés de rougeâtre en dessous ou au moins à leur sommet; le premier plus (♂) ou moins (♀) épaissi : le deuxième court, néanmoins un peu plus long que la moitié du précédent : les troisième et quatrième subégaux au moins à leur tranche supérieure, plus (♂) ou moins (♀) prolongés en dessous en dents de scie : les cinquième à dixième subégaux, prolongés inférieurement en dents de peigne (♂) ou en dents de scie aiguës (♀) : le dernier beaucoup plus long que le précédent, elliptique et fortement acuminé au sommet (♀), ou cylindrique, grêle, courbé, subacuminé au sommet (♂).

Prothorax un peu plus étroit que les élytres, subtransverse; en carré à peine moins long que large; sensiblement arrondi à son bord antérieur qui est distinctement prolongé dans son milieu au-dessus du niveau du vertex; fortement arrondi à ses angles; faiblement sur les côtés vus de dessus, avec ceux-ci assez fortement et comme subangulairement et obtusément dilatés vus par côté : largement et obtusément arrondi à la base, avec celle-ci légèrement subsinuée au devant de l'écusson et distinctement rebordée jusque vers le milieu des côtés; faiblement convexe, sur le dos, sensiblement déclive sur les côtés, très-obsolètement impressionné vers les angles antérieurs, un peu plus distinctement et obliquement le long des angles postérieurs qui sont non ou à peine relevés; éparsement et à peine pubescent; presque lisse; d'un noir métallique très-brillant, avec une bordure rouge de chaque côté, plus ou moins étendue, occupant souvent le quart de la largeur.

Écusson en carré subtransverse, obtusément tronqué au sommet, presque glabre, presque lisse, d'un noir métallique brillant.

Elytres trois fois et demie aussi longues que le prothorax; subparallèles; subdéprimées le long de la suture, légérement déclives en arrière et sensiblement sur les côtés; très-finement et à peine pubescentes, et en outre distinctement et assez longuement sétosellées; un peu inégales et comme obsolètement ondulées; d'un noir brillant et un peu violâtre, avec une grande tache apicale rouge, occupant tout le sommet et remontant un peu à la suture. *Epaules* assez saillantes, arrondies, offrant en arrière sur les côtés un long poil droit et horizontal.

Dessous du corps brillant, finement et éparsement pubescent, presque lisse ; d'un noir submétallique, avec le dessous du prothorax, les intersections et souvent tout le milieu des quatre premiers segments ventraux rouges ou rougeâtres. *Métasternum* assez convexe, finement et subobsolètement canaliculé sur sa ligne médiane. *Ventre* plus ou moins membraneux à ses parties colorées. *Pygidium* plus ou moins longuement cilié sur ses bords.

Pieds allongés, grêles, finement pubescents, finement et obsolètement rugueux, assez brillants ; d'un noir de poix, avec les tarses et le sommet des tibias quelquefois un peu brunâtres, et les insertions des trochanters d'un testacé un peu rosé. *Tibias postérieurs* obtusément spinosules à leur tranche externe, faiblement recourbés en dessous après leur milieu. *Tarses* un peu plus longs que la moitié des tibias, légèrement ciliés en dessus au sommet de chaque article ; *les antérieurs* (♀) à premier, à quatrième articles graduellement plus courts : *les intermédiaires et postérieurs* à premier article subégal au deuxième : les deuxième à quatrième graduellement plus courts : le dernier de tous les tarses, faiblement et graduellement élargi de la base à l'extrémité où il est tronqué et un peu plus épais que les précédents. *Ongles* petits, pas plus longs que leur membrane.

Patrie. Nous avons capturé cette espèce, dans les mois de juillet et d'août, en fauchant les herbes sèches, sur les coteaux arides du vallon de Bonnant, aux environs de Lyon. Elle a été trouvée en Provence par M. Raymond, sur les fleurs du *Peucedanum officinale*.

Obs. Elle diffère du *Nepachys cardiacae* par sa forme un peu plus étroite, par son prothorax un peu moins transverse, à angles postérieurs non ou à peine relevés, à côtés rouges, etc. La lame du deuxième article des tarses antérieurs des ♂ est beaucoup moins fortement recourbée en forme de crochet à son extrémité (1).

(1) Chez cette espèce, ladite lame est faiblement recourbée en forme de crochet. Elle lierait donc les *Antholinus* aux *Nepachys*, mais la forme pectinée des antennes des ♂ la place forcément dans ce dernier genre.

Genre *Attalus*, Attale. Erichson.

Erichson (ex parte), Entomogr., t. I, p. 89.

Etymologie : ἀτταλὸς, tendre.

Caractères. *Corps* oblong ou suballongé.

Tête transverse, inclinée, subtriangulairement subrétrécie en avant, beaucoup plus étroite que le prothorax dans les deux sexes, enfoncée dans celui-ci jusques ou presque jusqu'aux yeux. *Front* très-large, légèrement prolongé en avant du niveau antérieur de ceux-ci. *Epistome* subcorné ou submembraneux, très-fortement tranverse, trapéziforme, séparé du front par une fine ligne, subélevée, presque droite ou à peine arquée en arrière. *Labre* corné, court, fortement transverse, obtusément arrondi ou subtronqué à son bord apical. *Mandibules* larges, robustes, peu saillantes, longitudinalement engagées sous les côtés de l'épistome et du labre, arcuément recourbées à leur extrémité et bidentées à leur pointe. *Palpes maxillaires* filiformes, à dernier article ovale-oblong, plus développé que le deuxième, subatténué à son extrémité et étroitement tronqué au bout dans les deux sexes : le pénultième court, évidemment moins long que la moitié du suivant. *Palpes labiaux* filiformes, à dernier article ovale-oblong. *Menton* subcorné, fortement transverse, largement tronqué à son bord antérieur. *Languette* submembraneuse, large, obtusément arrondie en avant.

Yeux assez saillants, subarrondis, séparés du bord antérieur du prothorax par un intervalle court ou nul.

Antennes courtes ou assez courtes, de onze articles distincts ; insérées à l'angle antéro-externe du front, sensiblement en avant d'une ligne idéale tangente au bord antérieur de chaque œil ; latéralement subcomprimées à partir du troisième article ; faiblement subdentées en scie en dessous ; à premier article en massue oblongue : le deuxième court, subglobuleux ou brièvement ovalaire : les troisième et quatrième oblongs : les quatrième à dixième de grandeur variable : le dernier plus long que le pénultième.

Prothorax fortement transverse, fortement arrondi sur les côtés en même temps que les angles postérieurs, légèrement arrondi à son bord antérieur, qui est à peine prolongé dans son milieu au-dessus du niveau du vertex ; subtronqué ou platement arrondi à sa base.

Ecusson subtransverse ou transverse, subsemicirculaire.

Elytres oblongues, recouvrant entièrement l'abdomen ; subélargies postérieurement, simples au sommet dans les deux sexes ; à peine ou très-finement rebordées en dehors ; offrant parfois une côte submarginale prononcée, raccourcie en arrière et formant avec la marge comme une espèce de large repli. *Epaules* saillantes.

Echancrures du dessous du prothorax peu profondes, à sommet arrondi.

Lames médianes des prosternum et mésosternum petites, en forme d'angle plus ou moins prononcé et plus ou moins ouvert. *Epimères du médipectus* assez développées, obliquement disposées. *Métasternum* obliquement coupé sur les côtés de son bord apical, légèrement prolongé entre les hanches postérieures en angle bifide au sommet. *Episternums du postpectus* larges à la base, rétrécis en arrière en forme d'onglet.

Hanches coniques ; *les antérieures et intermédiaires* contiguës ; celles-ci cylindrico-coniques, longitudinales, couchées : *les postérieures* courtes, légèrement écartées à leur naissance, divergentes au sommet.

Ventre de six segments distincts, presque entièrement cornés : le premier assez grand, plus ou moins voilé dans son milieu : les deuxième à quatrième un peu plus courts, subégaux : le cinquième un peu plus développé que le précédent ; le dernier subogival ou semi-lunaire.

Pieds allongés, assez grêles ; *les postérieurs* sensiblement plus développés que les intermédiaires et ceux-ci un peu plus que les antérieurs, dans toutes leurs parties. *Trochanters* ovales ou ovale-oblongs, subacuminés au sommet. *Cuisses* débordant sensiblement les côtés du corps, à peine renflées avant leur milieu : *les postérieures* se recourbant faiblement en dessus. *Tibias antérieurs et intermédiaires* faiblement, *les postérieurs* un peu plus sensiblement arqués à leur base. *Tarses* grêles ou assez grêles, plus longs que la moitié des tibias, finement et densement ciliés en dessous, de cinq articles ; avec les premier à quatrième graduellement plus courts : le premier des postérieurs paraissant parfois à peine plus long que le deuxième : celui-ci dans les antérieurs notablement prolongé, chez les ♂, en forme de crochet finement pectiné en dessous : le dernier de tous les tarses graduellement élargi de la base à l'extrémité. *Ongles* très-petits, chacun d'eux muni en dessous d'une membrane accollée aussi longue que lui.

Obs. L'espèce typique sur laquelle est fondé ce genre (*Attalus dalmatinus*), se distingue des *Antholinus* par la forme recourbée du deuxième article des tarses antérieurs des ♂, et par son prothorax beaucoup plus court et fortement arrondi sur les côtés. Elle diffère du genre *Ebaeus* par le cro chet du deuxième article des tarses antérieurs des ♂ plus prononcé et visiblement pectiné en dessous, et par ses élytres simples au sommet dans les deux sexes.

Les trois espèces de ce genre se groupent ainsi :

a *Prothorax* d'un rouge testacé.

b *Corps* suballongé. *Élytres* sans côte submarginale. *Crochet du deuxième article des tarses antérieurs des* ♂ à dents de peigne très-serrées sur toute sa longueur. — *Gracilientus.*

bb *Corps* oblong. *Elytres* avec une côte submarginale. *Crochet du deuxième article des tarses antérieurs des* ♂ à dents de peigne très-serrées au sommet, écartées vers la base. — *Dalmatinus.*

aa *Prothorax* noir. — *Alpinus.*

a *Prothorax* d'un rouge testacé.

b *Corps* suballongé. *Elytres* sans côte submarginale.

1. Attalus gracilentus. Mulsant et Rey.

Suballongé, très-finement et à peine pubescent, obsolètement sétosellé sur tout le dessous du corps, brillant ; noir avec le prothorax d'un rouge assez clair et les élytres bleues. Tête lisse, biimpressionnée en avant. Prothorax fortement transverse, assez fortement arrondi sur les côtés, sensiblement plus étroit que les élytres, subconvexe, lisse. Elytres faiblement subélargies en arrière, assez densemsnt et légèrement pointillées, sans côte submarginale. Tibias postérieurs à peine arqués à leur base. Tarses postérieurs à premier article subégal au deuxième.

Attalus barbarus. Motschulsky, Etud. entom., 1853, 55 ?

Long. 0m,0031 (1 l. 1/2). — Larg. 0m,0011 (1/2 l.).

♂ *Antennes* aussi longues que la moitié du corps, à troisième, à dixième articles obtusément dentés en scie, densement, régulièrement et brièvement ciliés en dessous : les troisième et quatrième un peu dilatés inférieurement ; les cinquième à dixième allongés, subégaux ; le dernier subcylindrico-fusiforme, subacuminé au sommet. *Le deuxième article des tarses antérieurs* fortement prolongé au-dessus du troisième en lame recourbée à son sommet en forme de crochet assez étroit, finement pectiné en dessous, avec les dents de peigne noires et également très-serrées sur toute sa longueur. *Le sixième segment ventral* en ogive court, fortement entaillé au sommet : *le cinquième* offrant sur le milieu de son bord apical une entaille triangulaire remplie par une membrane : *le sixième segment abdominal* débordant de beaucoup l'inférieur, trapéziforme, largement et obtusément tronqué à son bord postérieur.

♀ *Antennes* un peu plus courtes que la moitié du corps, à troisième, à dixième articles à peine et très-obtusément dentés en scie, légèrement fasciculés en dessous vers leur sommet : les troisième et quatrième non dilatés inférieurement : les cinquième à dixième graduellement un peu plus courts : le dernier ovale-oblong, acuminé au sommet. *Le deuxième article des tarses antérieurs* simple. *Les sixièmes segment abdominal et ventral* subtriangulaires, arrondis à leur bord apical.

Corps suballongé, revêtu d'une très-fine pubescence cendrée, souvent à peine distincte, avec tout le dessus du corps et le ventre parsemé d'assez longs poils sétiformes, plus ou moins obsolètes, noirs et redressés.

Tête plus étroite que le prothorax dans les deux sexes, à peine pubescente, éparsement sétosellée, lisse, entièrement d'un noir brillant. *Front* subdéprimé, distinctement biimpressionné en avant. *Epistome* submembraneux, déprimé, obscur ou parfois livide ou d'un gris foncé. *Labre* subconvexe, assez brillant, d'un noir de poix, parfois d'un roux ferrugineux à son bord antérieur, avec celui-ci légèrement cilié de poils pâles. *Toutes les autres parties de la bouche* noires ou d'un noir de poix.

Yeux assez saillants, subarrondis, noirs, séparés du bord antérieur du prothorax par un intervalle très-court ou nul.

Antennes aussi (♂) ou un peu moins (♀) longues que la moitié du corps, subfiliformes, obtusément (♂) ou à peine (♀) dentées en scie ; très-finement pubescentes, plus (♂) ou moins (♀) ciliées en dessous ; finement ruguleuses ; noires, avec le deuxième article quelquefois d'un roux de poix foncé : le premier légèrement épaissi en massue oblongue : le deuxième court, subglobuleux, égal à la moitié du précédent : les troisième à dixième plus (♂) ou moins (♀) allongés : le dernier beaucoup plus long que le pénultième, subcylindrico-fusiforme (♂) ou ovale-oblong (♀).

Prothorax sensiblement plus étroit que les élytres ; fortement transverse ; à peine rétréci en arrière ; très-largement arrondi à son bord antérieur qui est à peine prolongé dans son milieu au dessus du niveau du vertex ; très-largement et à peine arrondi à sa base, avec celle-ci comme subtronquée dans son milieu et munie d'un rebord distinct qui remonte sur les côtés jusque près des angles antérieurs ; à angles postérieurs à peine marqués, plus largement rebordés mais non relevés ; légèrement convexe ; à peine pubescent et plus ou moins distinctement sétosellé ; lisse ; entièrement d'un rouge brillant assez clair.

Ecusson en carré transverse, subarrondi au sommet, à peine pubescent, à peine pointillé, d'un noir brillant.

Elytres plus de trois fois aussi longues que le prothorax, presque subparallèles dans le premier tiers de leur longueur, puis faiblement subélargies en arrière ; largement et simultanément arrondies au sommet avec l'angle sutural bien marqué, mais sensiblement arrondi ; subdéprimées ou même subimpressionnées derrière l'écusson, faiblement convexes sur le reste de leur surface et légèrement déclives en arrière et plus sensiblement sur les côtés ; très-finement et à peine pubescentes, obsolètement sétosellées ; assez densement et légèrement pointillées ; entièrement d'un bleu brillant. *Epaules* assez saillantes, arrondies.

Dessous du corps brillant, très-finement pubescent, obsolètement pointillé, noir avec le somment des segments ventraux étroitement pâles. *Métasternum* assez convexe, marqué sur sa ligne médiane d'un large sillon lisse, peu profond. *Ventre* éparsement sétosellé, presque entièrement corné. *Pygidium* longuement cilié sur ses bords.

Pieds allongés, grêles, finement pubescents, très-densement pointillés ; entièrement d'un noir assez brillant, avec les insertions des trochanters un peu roussâtres. *Tibias postérieurs* à peine arqués à leur base, à peine ou non recourbés en dessous vers leur dernier tiers, *Tarses* plus longs que la moitié des tibias : *les intermédiaires et les postérieurs* à premier article ne paraissant pas plus long que le deuxième : les deuxième à quatrième graduellement plus courts : le dernier allongé, élargi de la base à l'extrémité où il est subtronqué et un peu plus épais que les précédents. *Ongles* très-petits, pas plus longs que leur membrane.

Patrie. Cette espèce est assez commune en Algérie. M. Gabillot nous dit l'avoir prise dans l'île Sainte-Marguerite, sur les côtes de Provence.

Peut-être doit-elle être rapportée à l'*Attalus barbarus*, Motsch ; dont nous n'avons pas pu voir les types ?

bb *Corps* oblong. *Elytres* avec une côte submarginale.

2. Attalus dalmatinus. ERICHSON.

Oblong, très-finement pubescent, distinctement et assez densement sétosellé sur tout le dessus du corps, brillant: noir, avec le prothorax d'un rouge testacé et les élytres bleues; la base des antennes, la plupart des parties de la bouche, les pieds antérieurs et intermédiaires, les tarses postérieurs et les trois ou quatre derniers segments ventraux d'un roux testacé. Tête obsolètement pointillée, légèrement biimpressionnée en avant. Prothorax fortement transverse, fortement arrondi sur les côtés, un peu plus étroit que les élytres, subconvexe, lisse. Elytres arcuément subélargies en arrière, assez densement et assez fortement ponctuées, munies d'une côte submarginale distincte. Tibias postérieurs assez visiblement arqués à leur base. Tarses postérieurs à premier article un peu plus long que le deuxième.

Attalus dalmatinus. ERICHSON, Entomogr. 1, p. 91, 4; — KIESENWETTER, Ins. Deut. 4, p. 601, 2.

Long. 0^m,0032 (1 l. 1/2). — Larg. 0^m,0016 (3/4 l.).

♂ *Le deuxième article des tarses antérieurs* fortement prolongé au dessus du troisième en forme de lame recourbée en crochet large et épais, noir à son sommet, offrant en dessous de fines dents de peigne également noires, très-serrées vers l'extrémité et écartées vers la base. *Les troisième, quatrième, cinquième et sixième segments ventraux* d'un roux testacé: *le dernier* prolongé dans son milieu en ogive, court et profondément incisé, latéralement dilaté vers la base en forme de dent rectangulaire: *le sixième segment abdominal* débordant un peu l'inférieur, largement et subsinueusement tronqué à son bord apical.

♀ *Le deuxième article des tarses antérieurs* simple. *Les quatrième et cinquième segments ventraux* d'un roux testacé: *le dernier* d'un brun de poix, fortement transverse, semi-lunaire, arrondi et entier à son sommet: *le sixième segment abdominal* subtriangulaire, étroitement arrondi à son bord apical.

Corps oblong, revêtu d'une très-fine pubescence cendrée, garni en outre en dessus d'assez longs poils sétiformes obscurs, assez serrés et redressés.

Tête beaucoup plus étroite que le prothorax dans les deux sexes, légèrement pubescente et distinctement sétosellée, avec deux ou trois soies plus longues sur les côtés des tempes ; obsolètement pointillée ; d'un noir métallique assez brillant, avec les fossettes antennaires et les joues d'un roux testacé. *Front* faiblement subdéprimé, creusé de chaque côté en avant d'une légère impression longitudinale, parfois peu marquée. *Epistome* corné, d'un roux testacé, cilié sur les côtés vers sa base de longs poils obscurs. *Labre* subconvexe, d'un roux testacé assez brillant, quelquefois légèrement rembruni dans son milieu, cilié vers son sommet de longs poils pâles. *Les autres parties de la bouche* d'un roux testacé avec la pointe des *mandibules* et le dernier article des *palpes* d'un noir de poix, et les deuxième et troisième articles de ceux-ci parfois d'un testacé un peu obscur.

Yeux assez saillants, subarrondis, noirs, séparés du bord antérieur du prothorax par un intervalle nul ou presque nul.

Antennes sensiblement moins longues que la moitié du corps, subfiliformes, très-finement pubescentes et légèrement ciliées en dessus et en dessous vers le sommet de chaque article ; obsolètement ruguleuses ; noirâtres, avec les cinq ou six premiers articles et parfois la base des deux suivants d'un roux testacé ; le premier à peine épaissi en massue oblongue ; le deuxième courtement subovalaire, égal à la moitié du précédent : le troisième oblong, obconique ; les quatrième à dixième légèrement dentés en scie, graduellement et presque insensiblement un peu plus courts : le dernier bien plus long que le pénultième, subelliptique ou ovale oblong : acuminé (♂) ou obtusément acuminé au sommet (♀).

Prothorax à peine ou un peu plus étroit que les élytres ; fortement transverse ; assez fortement arrondi aux angles antérieurs ; fortement arrondi sur les côtés et simultanément avec les angles postérieurs ; un peu rétréci en arrière ; légèrement et largement arrondi à la base ainsi qu'au bord antérieur, avec celui-ci à peine prolongé dans son milieu au dessus du niveau du vertex, et celle-là parfois subtronquée dans son milieu et munie d'un rebord distinct qui remonte sur les côtés jusque près des angles antérieurs ; obliquement subimpressionné le long des angles postérieurs qui sont à peine marqués, plus largement rebordés et un peu relevés sur une assez grande étendue ; subconvexe ; à peine pubescent, assez densement et distinctement sétosellé ; lisse ; entièrement d'un rouge testacé brillant.

Ecusson subtransverse, semicirculaire, presque glabre, obsolètement pointillé, d'un noir submétallique brillant.

Elytres un peu plus de trois fois aussi longues que le prothorax ; faiblement et subarcuément élargies en arrière; largement, obtusément et et simultanément arrondies au sommet, avec l'angle sutural bien marqué et sensiblement arrondi ; faiblement convexes sur le dos, légèrement déclives sur les côtés et plus fortement en arrière; offrant latéralement une côte submarginale, naissant au dessous du calus huméral, subparallèle jusqu'au milieu du bord extérieur, puis se rapprochant de celui-ci, pour venir en mourant se confondre avec lui un peu avant le tiers postérieur; très-finement et à peine pubescentes, distinctement et assez densement sétosellées, avec les soies un peu inclinées en arrière; assez densement et assez fortement ponctuées ; entièrement d'un bleu brillant. *Epaules* saillantes, arrondies, ciliées de quelques poils plus longs et obscurs.

Dessous du corps brillant, finement pubescent, obsolètement et subrugueusement pointillé et plus densement sur les côtés du postpectus ; noir, avec le dessous du prothorax, la moitié postérieure du ventre et parfois le bord apical des premiers segments ventraux d'un roux testacé. *Métasternum* assez convexe, marqué sur sa ligne médiane d'une ligne lisse, courte, rappelant le vestige d'un sillon très-obsolète. *Pygidium* cilié sur ses bords de longs poils obscurs.

Pieds allongés, assez grêles, finement et assez densement pubescents, densement, très-finement et rugueusement pointillés : *les antérieurs* entièrement d'un roux-testacé assez clair ainsi que les trochanters : *les intermédiaires* à cuisses et trochanters d'un testacé un peu obscur, avec leurs tibias et leurs tarses et l'insertion et la base des trochanters plus clairs : *les postérieurs* plus ou moins rembrunis, avec les tarses et parfois le sommet des tibias d'un roux testacé, l'insertion et la base des trochanters d'un roux de poix. *Tibias antérieurs et intermédiaires* faiblement, *les postérieurs* un peu plus sensiblement arqués à leur base. *Tarses* plus longs que la moitié des tibias, à premier, à quatrième articles graduellement plus courts: le dernier allongé, élargi de la base à l'extrémité où il est tronqué et plus épais que les précédents ; *les intermédiaires et postérieurs* à premier article évidemment un peu plus long que le deuxième. *Ongles* très-petits, pas plus longs que leur membrane.

Patrie. Cette espèce particulière à la Dalmatie, a été prise assez communément par M. de Kiesenwetter aux environs d'Olette, dans les Pyrénées-Orientales.

aa *Prothorax* noir.

3. **Attalus alpinus**. Giraud.

Noir, brillant, avec la base des antennes testacée, et les élytres d'un bleu verdâtre.

Attalus alpinus. Kiesenwetter, Ins. Deut. 4, p. 602, 3.
Ebaeus alpinus. Giraud, Verhandl. Zool. botan. Ver. Wien, 1, p. 132 (♀).
Anthocomus alpinus. Kiesenwetter, Berl. Ent. Zeits. 1861, p. 384 (♂♀).

Long. 0^m,0040 (1 l. 4/5).

D'un noir brillant, avec une pubescence noire, assez fine et redressée, les antennes obscurément d'un brun de poix à leur base, les élytres d'un bleu-verdâtre. *Tête* déprimée, avec une fossette longitudinale de chaque côté entre les antennes. *Prothorax* amplement du double aussi large que long ; avec les côtés arrondis en même temps que les angles, plus fortement en avant ; un peu rétréci en arrière. *Elytres* finement, mais distinctement, densement et subrugueusement ponctuées ; plus larges à leur base que le prothorax ; subélargies et arrondies postérieurement ; médiocrement convexes. *Le dessous du corps* ainsi que les *pieds* de couleur noire, avec *les tarses* à peine un peu brunâtres.

Patrie. Cette espèce a été découverte à Gastein, dans les Alpes, par M. Giraud ; dans l'Engadin par M. Stierlin. Elle a été également recueillie dans les régions alpines du sud du Valais par M. de Kiesenwetter, de qui nous empruntons ici la description.

Obs. Nous ne l'avons pas vue en nature. Nous ne doutons pas qu'elle puisse un jour se rencontrer dans les Alpes de la Savoie et du Dauphiné.

Genre *Ebaeus*, Ebaée. Erichson.

Erichson, Entomogr., t. 1, p. 113.

Etymologie : ἠβαιός, petit.

Caractère. *Corps* oblong.

Tête transverse, inclinée, brusquement et triangulairement rétrécie en avant, enfoncée sous le prothorax jusqu'aux yeux ou jusque près des yeux.

Front très-large, sensiblement prolongé en avant du niveau antérieur de ceux-ci. *Epistome* subcorné ou submembraneux, très-court ou sublinéaire, séparé du front par une suture fine et subrectiligne. *Labre* corné, court, fortement transverse, obtusément tronqué en avant. *Mandibules* larges, robustes, peu saillantes, longitudinalement engagées sous les côtés de l'épistome et du labre, arcuément recourbées à leur extrémité et bidentées à leur pointe. *Palpes maxillaires* à dernier article aussi long que les deux précédents réunis ; élargi, ovale-oblong et largement tronqué au sommet chez les ♀ ; à pénultième article très-court, bien moins long que la moitié du suivant. *Palpes labiaux* petits, à dernier article oblong, légèrement tronqué au bout. *Menton* subcorné ou submembraneux, fortement transverse, largement tronqué à son bord antérieur. *Languette* submembraneuse, assez large, angulée en avant.

Yeux saillants, arrondis, séparés du bord antérieur du prothorax par un intervalle nul ou presque nul.

Antennes assez courtes, pas plus longues que la moitié du corps ; de onze articles distincts ; insérées à l'angle antéro-externe du front, sensiblement en avant d'une ligne idéale tangente au bord antérieur de chaque œil ; subfiliformes, latéralement subcomprimées à partir du troisième article ; à premier article en massue oblongue ou ovale-oblongue : le deuxième courtement ovalaire, à peine égal à la moitié du précédent : le troisième oblong, obconique : les quatrième à dixième oblongs, subégaux, obscurément en dents de scie en dessous : le dernier plus ou moins allongé, beaucoup plus long que le précédent.

Prothorax fortement transverse, notablement arrondi sur les côtés en même temps que les angles postérieurs ; largement arrondi à son bord antérieur qui est faiblement prolongé dans son milieu au-dessus du niveau du vertex ; subtronqué ou faiblement et obtusément arrondi à sa base.

Ecusson subsemicirculaire.

Elytres oblongues, recouvrant entièrement l'abdomen, subparallèles (♂) ou faiblement élargies en arrière (♀) ; impressionnées ou chiffonnées et appendiculées au sommet chez les ♂ ; à peine ou presque indistinctement rebordées en dehors et non carénées sur les côtés. *Epaules* assez saillantes.

Echancrures du dessous du prothorax subtriangulaires, peu profondes, à sommet arrondi.

Lames médianes des prosternum et mésosternum courtes, en angle plus ou moins prononcé. *Epimères du médipectus* assez développées, transversalement obliques. *Métasternum* obliquement coupé sur les côtés de son bord apical, assez sensiblement prolongé entre les hanches postérieures en angle bifide au sommet. *Episternums du postpectus* larges à la base, rétrécis en arrière en forme de coin.

Hanches coniques : *les antérieures et les intermédiaires* contiguës, celles-ci cylindrico-coniques, sublongitudinales, couchées : *les postérieures* un peu écartées à leur base et divergentes au sommet.

Ventre de six segments distincts, entièrement cornés : le premier voilé dans son milieu : les deuxième, troisième et quatrième assez courts, subégaux : le cinquième un peu plus développé : le sixième irrégulier (♂) ou transversalement semilunaire.

Pieds allongés, grêles : *les postérieurs* bien plus développés que les intermédiaires, et ceux-ci un peu plus que les antérieurs, dans toutes leurs parties. *Trochanters* ovales ou ovale-oblongs, subacuminés au sommet. *Cuisses* débordant de beaucoup les côtés du corps, faiblement renflées avant leur milieu, *les postérieures* se recourbant un peu en dessus. *Tibias antérieurs et intermédiaires* presque droits, *les postérieurs* subarqués à leur base, plus ou moins recourbés en dessous après leur milieu. *Tarses* assez grêles, plus longs que la moitié des tibias, finement et densement ciliés en dessous, de cinq articles ; avec les premier à quatrième graduellement plus courts, le premier des intermédiaires et des postérieurs un peu plus long que le deuxième : celui-ci dans les antérieurs médiocrement prolongé, chez les ♂, au-dessus du troisième, en lame distinctement recourbée en dessous en forme de petit crochet, étroit, subatténué, simple inférieurement : le dernier de tous les tarses faiblement et graduellement élargi de la base à l'extrémité. *Ongles* petits, grêles : chacun d'eux muni en dessous d'une membrane subaccollée un peu ou à peine plus courte que lui.

Obs. Les *Ebaeus* sont des insectes de petite taille, finement pubescents, mais non sétosellés en dessus.

Nous distribuerons, de la manière suivante, les espèces du genre *Ebaeus* :

A *Prothorax* noir, concolore.

b *Elytres* noires, assez largement d'un roux testacé au sommet dans les deux sexes. *Antennes* distinctement rembrunies à leur extrémité. *Pedicularius*.

bb *Elytres* noires, testacées au sommet chez les ♂ seulement, concolores chez les ♀. *Antennes* presque entièrement testacées. *Flavicornis*.

bbb *Elytres* d'un noir métallique, concolores dans les deux sexes, à l'appendice extérieur des ♂. *Antennes* un peu rembrunies à leur extrémité. *Appendiculatus.*

AA *Prothorax* rouge avec une bande dorsale noire. *Elytres* entièrement d'un noir violacé. *Taeniatus.*

AAA *Prothorax* entièrement rouge.

c *Elytres* bleuâtres, largement d'un rouge testacé au sommet dans les deux sexes. *Collaris.*

cc *Elytres* d'un vert-bleuâtre, concolores à l'exception des appendices des ♂ qui sont testacés ; avec un *calus* apical lisse bien prononcé chez les ♂. *Thoracicus.*

ccc *Elytres* bleuâtres, concolores avec l'appendice extérieur des ♂ obscur ; sans *calus* apical lisse bien prononcé chez les ♂. *Glabricollis.*

A *Prothorax* noir, concolore.

b *Elytres* noires, assez largement d'un roux-testacé au sommet dans les deux sexes. *Antennes* distinctement rembrunies à leur extrémité.

1. Ebaeus pedicularius, SCHRANK.

Oblong, très-finement et assez densement pubescent, noir, avec le sommet des élytres d'un roux-testacé ; quelques parties de la bouche, la base des antennes et les pieds testacés, avec les cuisses postérieures et la base des antérieures et intermédiaires d'un noir submétallique. Tête très-brillante, très-finement et obsolètement pointillée. Prothorax fortement transverse, assez fortement arrondi sur les côtés, assez convexe, très-brillant, très-finement et obsolètement pointillé. Elytres subparallèles (♂) ou subélargies en arrière (♀), assez brillantes, très-finement et densement pointillées. Tibias postérieurs à peine recourbés en dessous vers leur dernier tiers. Tarses postérieurs à premier article un peu plus long que le deuxième.

Malachius pedicularius. SCHRANK, Enum. Ins. Austr. 179, 331. — OLIVIER, Ent., t. II, nº 27, p. 8, 8, tab. 1, fig. 3. — *Malachius præustus.* GYLLENHALL, Ins. Suec., t. I, p. 364, 9.

Ebaeus pedicularius. ERICHSON, Entomogr. 1, p. 114, 1. — KIESENWETTER, Ins. Deut., t. IV, p. 606, 1.

Long. 0m,0033 (1 l. 1/2). — Larg. 0m,0015 (2/3 l.).

♂ *Antennes* aussi longues que la moitié du corps, à quatrième article seul obtusément et un peu plus prolongé en dessous que les suivants ; ceux-ci faiblement mais assez visiblement en dents de scie. *Elytres* impressionnées à leur sommet, munies en outre à celui-ci de deux appendices : l'intérieur en forme de lanière linéaire, redressée, supérieurement réfléchie en arrière et terminée par un lobe plus élargi, subhasté, obscur et membraneux (1) : l'extérieur plus grand, chiffonné ou subcyathiforme, redressé, testacé. *Le deuxième article des tarses antérieurs* médiocrement prolongé en dessus du troisième en lame recourbée à son extrémité en forme de petit crochet, subatténué et noir au bout. *Le sixième segment ventral* en ogive court, profondément et aigument entaillé à son sommet ; *le sixième segment abdominal* débordant un peu l'inférieur, largement échancré à son bord apical.

♀ *Antennes* un peu plus courtes que la moitié du corps, à quatrième article pas plus prolongé en dessous que les suivants : ceux-ci obscurément dentés en scie. *Elytres* simples, largement, obtusément et simultanément arrondies au sommet avec l'angle sutural bien marqué et légèrement arrondi. *Le deuxième article des tarses antérieurs* simple. *Le sixième segment ventral* transverse, semilunaire, entier à son sommet ; *le sixième segment abdominal* subégal à l'inférieur, en cône subarrondi à son bord apical.

Corps oblong, revêtu d'une très-fine et courte pubescence cendrée, assez serrée et comme soyeuse.

Tête sensiblement plus étroite que le prothorax dans les deux sexes, finement pubescente, très-finement et obsolètement pointillée, entièrement d'un noir métallique très-brillant. *Front* presque plan, sans impression sensible. *Episto ne* d'un noir de poix, avec le bord antérieur un peu roussâtre. *Labre* subconvexe, éparsement, obsolètement et subrugueusement pointillé, d'un noir ou d'un brun de poix, avec le bord apical un peu plus clair et légèrement pellucide, cilié sur ses bords de longs poils pâles et brillants. *Mandibules* plus ou moins testacées avec leur extrémité noire. *Les parties inférieures de la bouche* d'un testacé de poix, avec *les palpes labiaux* plus ou moins rembrunis, la base et le sommet des *palpes maxillaires* d'un noir de poix, le pénultième article de ceux-ci et souvent la base du suivant restant testacés.

Yeux saillants, arrondis, noirs, séparés du bord antérieur du prothorax par un intervalle nul ou presque nul.

Antennes aussi longues (♂) ou un peu moins longues (♀) que la moitié

(1) Chez cette espèce et les deux suivantes, les élytres offrent à leur sommet vers la suture, une assez forte impression oblongue où vient parfois se loger l'appendice intérieur.

du corps, subfiliformes, très-finement pubescentes, légèrement ciliées, surtout en dessous, vers le sommet de chaque article; obsolètement ruguleuses; obscures, avec les quatre ou cinq ou même six premiers articles testacés et le premier noir ou rembruni sur sa tranche supérieure : celui-ci légèrement épaissi en massue oblongue : le deuxième assez court, subovolaire, égalant environ la moitié du précédent : les troisième et quatrième oblongs, subégaux en longueur : le cinquième un peu plus long que le précédent et que le suivant, suballongé : les sixième à dixième plus (♂) ou moins (♀) oblongs, subégaux : le dernier allongé, beaucoup plus long que le pénultième, obtusément subacuminé au sommet.

Prothorax à peine plus étroit que les élytres à leur base, fortement transverse; assez fortement arrondi aux angles antérieurs; assez fortement, mais plus largement sur les côtés simultanément avec les angles postérieurs; à peine plus étroit en arrière; légèrement et très-largement arrondi à la base, un peu plus sensiblement au bord antérieur, avec celui-ci faiblement prolongé dans son milieu au dessus du niveau du vertex, et celle-là parfois subsinueusement subtronquée dans son milieu et munie d'un rebord étroit qui remonte jusqu'au delà de la moitié des côtés; non ou presque indistinctement impressionné le long des angles postérieurs qui sont tout à fait effacés et non relevés; assez convexe; très-finement pubescent; très-finement et obsolètement pointillé; entièrement d'un noir submétallique très-brillant.

Ecusson semi-circulaire, très-légèrement pubescent, très-légèrement pointillé, d'un noir submétallique brillant.

Elytres un peu plus de trois fois aussi longues que le prothorax; subparallèles (♂) ou faiblement élargies en arrière (♀); subdéprimées le long de la suture et assez fortement déclives postérieurement et sur les côtés; très-finement et densement pubescentes et comme soyeuses; très-finement et densement pointillées; un peu moins brillantes que la tête et le prothorax; d'un noir métallique un peu verdâtre ou bleuâtre, avec une grande tache apicale orangée ou d'un roux testacé, occupant tout le sommet : *Epaules* assez saillantes, arrondies.

Dessous du corps brillant, finement pubescent, très-obsolètement et finement pointillé, un peu plus densement et plus sensiblement sur les côtés du postpectus; noir avec le bord antérieur du prosternum et le bord apical des premiers segments ventraux, surtout sur leurs côtés, d'un roux de poix. *Métasternum* assez convexe, à peine ou très-obsolètement et finement sillonné sur sa ligne médiane. *Ventre* presque entièrement corné. *Pygidium* légèrement cilié à son bord apical.

Pieds allongés, grêles, très-finement et assez densement pubescents, très-finement et rugueusement pointillés; testacés ainsi que les insertions des trochanters, avec les cuisses postérieures et la base des antérieures et des intermédiaires d'un noir métallique, et parfois les tibias et les tarses postérieurs plus ou moins obscurcis. *Tibias postérieurs* souvent subarqués à leur base, à peine recourbés en dessous vers leur dernier tiers. *Tarses* un peu plus longs que la moitié des tibias, à premier, à quatrième articles graduellement plus courts : le premier des intermédiaires et des postérieurs à premier article paraissant, vu de dessus, pas plus long; mais, vu par côté, sensiblement plus long que le deuxième : le dernier allongé, subarcuément élargi de la base à l'extrémité où il est tronqué et plus épais que les précédents. *Ongles* petits, grêles, à pointe acérée et dépassant un peu la membrane.

Patrie. Cette espèce est assez rare et se rencontre dans les parties septentrionales de la France.

bb *Elytres* noires, testacées au sommet chez les ♂ seulement, concolores chez les ♀. *Antennes* presque entièrement testacées.

2. **Ebaeus flavicornis**. Erichson.

Oblong, très-finement pubescent, noir, avec le sommet des élytres chez les ♂, l'épistome, plusieurs parties de la bouche, les antennes et les pieds testacés, les cuisses postérieures et la base des antérieures et intermédiaires d'un noir de poix et les tibias postérieurs plus ou moins obscurcis; les intersections des segments ventraux avec un étroit liseré pâle. Tête très-brillante, très-finement et obsolètement pointillée, obsolètement biimpressionnée en avant. Prothorax fortement transverse, assez fortement arrondi sur les côtés, subconvexe, très-brillant, très-finement et obsolètement pointillé. Elytres subparallèles (♂) ou subélargies en arrière (♀), brillantes, très-finement et assez densement pointillées. Tibias postérieurs faiblement recourbés en dessous vers leur dernier tiers. Tarses postérieurs à premier article à peine plus long que le deuxième.

Ebaeus flavicornis. Erichson, Entomogr. 1, p. 114, 2. — Kiesenwetter, Ins. Deut., t. IV, p. 606, 2.

Variété a. Pieds antérieurs et intermédiaires entièrement testacés. *Ventre* plus ou moins largement d'un roux de poix, graduellement plus foncé vers l'extrémité (♀).

Long. 0^m,0030 (1 l. 1/3). — Larg. 0^m,0014 (2/3 l.).

♂. *Antennes* assez densement et régulièrement ciliées surtout inférieurement, à premier article noir en dessus : les quatrième et cinquième obtusément et un peu plus prolongés en dessous que les suivants, ceux-ci faiblement mais assez visiblement dentés en scie. *Elytres* plus ou moins largement testacées à leur extrémité ; creusées chacune vers leur sommet et sur le milieu de leur largeur d'une forte impression oblongue et longitudinale ; munies en outre de deux appendices terminaux : l'intérieur en forme de lanière linéaire, obscure, redressée, supérieurement réfléchie et terminée par un lobe un peu plus pâle, membraneux, en forme de cuiller : l'extérieur entièrement testacé, pétiolé, redressé, supérieurement dilaté presque en fer de hache plissé. *Le deuxième article des tarses antérieurs* médiocrement prolongé au-dessus du troisième en lame étroite, recourbée à son extrémité en forme de petit crochet, subatténué et noir au bout. *Le sixième segment ventral* en ogive court, profondément et aigument entaillé à son sommet jusqu'à sa moitié ; *le sixième segment abdominal* débordant l'inférieur, largement et sinueusement tronqué à son bord apical.

♀. *Antennes* assez légèrement ciliées, surtout inférieurement, vers le sommet de chaque article, à premier article entièrement testacé : les quatrième et cinquième à peine plus prolongés en dessous que les suivants, ceux-ci obscurément dentés en scie. *Elytres* toujours concolores ; largement, obtusément et simultanément arrondies au sommet avec l'angle sutural bien marqué et légèrement arrondi. *Le deuxième article des tarses antérieurs* simple. *Le sixième segment ventral* transverse, semilunaire, entier à son sommet ; *le sixième segment abdominal* subégal à l'inférieur, en cône subarrondi à son bord apical.

Corps oblong, revêtu d'une très-fine pubescence cendrée, souvent peu distincte.

Tête sensiblement plus étroite que le prothorax dans les deux sexes, très-finement et obsolètement pointillée ; entièrement d'un noir très-brillant. *Front* à peine convexe, marqué en avant de deux légères impressions obsolètes. *Epistome* d'un testacé de poix. *Labre* subconvexe, brillant, d'un noir de poix avec le bord apical plus clair et légèrement pellucide ; cilié sur ses bords de longs poils pâles et brillants. *Mandibules* testacées avec leur extrémité noire. *Les parties inférieures de la bouche* d'un testacé de poix, avec le dernier article des *palpes* noir ou brunâtre.

Yeux saillants, arrondis, noirs, séparés du bord antérieur du prothorax par un intervalle nul ou presque nul.

Antennes un peu moins longues que la moitié du corps, subfiliformes, très-finement pubescentes, plus (♂) ou moins (♀) sensiblement ciliées en dessous, obsolètement ruguleuses ; entièrement testacées ou à peine plus foncées vers leur extrémité ; à premier article un peu épaissi en massue oblongue : le deuxième court, subglobuleux (♂) ou subovalaire (♀), à peine aussi long que la moitié du précédent : le troisième oblong, obconique : les quatrième à dixième oblongs, subégaux : le dernier allongé, beaucoup plus long que le pénultième, subcylindrico-fusiforme, obtusément acuminé (♂) ou subacuminé (♀) au sommet.

Prothorax presque aussi ou à peine moins large que les élytres, fortement transverse ; assez fortement arrondi aux angles antérieurs ; assez fortement mais plus largement sur les côtés, simultanément avec les angles postérieurs ; légèrement et largement arrondi à la base ainsi qu'au bord antérieur, avec celui-ci faiblement prolongé dans son milieu au-dessus du niveau du vertex, et celle-là parfois étroitement subtronquée dans son milieu et munie d'un rebord fin qui remonte jusque près des angles antérieurs ; non ou indistinctement impressionné le long des angles postérieurs qui sont effacés et non relevés ; subconvexe ; très-finement et à peine pubescent ; très-finement et obsolètement pointillé ; entièrement d'un noir très-brillant.

Ecusson transverse, subsemicirculaire, à peine pubescent, obsolètement pointillé, d'un noir brillant.

Elytres trois fois aussi longues que le prothorax (♂) ou un peu plus (♀) ; subparallèles (♂) ou faiblement élargies en arrière (♀) ; subdéprimées le long de la suture et sensiblement déclives postérieurement et sur les côtés ; très-finement pubescentes ; très-finement et assez densement pointillées ; à peine moins brillantes que la tête et le prothorax ; d'un noir à peine métallique, avec une tache apicale testacée chez le ♂ seulement : celle-ci plus ou moins étendue. *Epaules* assez saillantes, arrondies.

Dessous du corps brillant, finement pubescent, très-obsolètement pointillé ou presque lisse, un peu plus densement et plus distinctement sur les côtés du postpectus ; noir, avec le bord antérieur du prosternum pâle et membraneux, et le bord apical des cinq premiers segments ventraux étroitement pâle et pellucide. ***Métasternum*** assez convexe, à peine ou très-obsolètement et finement sillonné sur sa ligne médiane. ***Ventre*** presque entièrement corné. *Pygidium* légèrement cilié à son bord apical.

Pieds allongés, grêles, très-finement pubescents, très-obsolètement et subrugueusement pointillés; testacés ainsi que les insertions des trochanters, les trochanters antérieurs et intermédiaires et souvent la base des postérieurs (♂); avec les cuisses postérieures et la base des antérieures et des intermédiaires d'un noir de poix, les tibias postérieurs plus ou moins obscurcis, leur sommet et les tarses toujours plus clairs. *Tibias postérieurs* un peu recourbés en dessous à leur dernier tiers. *Tarses* plus longs que la moitié des tibias, à premier, à quatrième articles graduellement plus courts; le premier des intermédiaires et postérieurs paraissant néanmoins, vu de dessus, à peine plus long, mais, vu par côté, un peu plus long que le deuxième: le dernier allongé, graduellement et faiblement élargi vers son extrémité où il est subtronqué et un peu plus épais que les précédents. *Ongles* petits, grêles, à pointe acérée et dépassant un peu la membrane.

Patrie. Cette espèce se trouve rarement dans le nord et l'ouest de la France.

Obs. Elle diffère de la précédente par une taille moindre, par les antennes moins obscures vers leur extrémité, par les élytres plus brillantes, moins densement pubescentes et moins densement pointillées, concolores au sommet chez les ♀, etc.

Nous avons vu une variété de la ♀ (*variété* a) qui offre les pieds antérieurs et intermédiaires entièrement d'un testacé pâle, et le ventre plus ou moins roussâtre.

bbb *Elytres* d'un noir submétallique, concolores dans les deux sexes, à l'exception de l'appendice externe des ♂. *Antennes* un peu rembrunies à leur extrémité.

3. **Ebaeus appendiculatus**. Erichson.

Oblong, très-finement pubescent, noir avec l'appendice extérieur des élytres des ♂ testacé, ainsi que la base des antennes, plusieurs parties de la bouche et les pieds, moins les cuisses postérieures qui sont noires. Tête très-brillante, presque lisse. Prothorax fortement transverse, sensiblement arrondi sur les côtés, subconvexe, très brillant, lisse. Elytres subparallèles (♂) ou faiblement subélargies en arrière (♀), brillantes, très-fine-

ment et densement pointillées. Tibias postérieurs faiblement recourbés en dessous à leur dernier tiers. Tarses postérieurs à premier article subégal au deuxième.

Ebaeus appendiculatus. ERICHSON, Entomogr. 1, p. 116, 4. — KIESENWETTER, Ins. Deut., t. IV, p. 608, 4.

Variété a. Le premier article des antennes et les cuisses antérieures et intermédiaires plus ou moins rembrunis à leur base.

Long. 0m,0030 (1 l. 1/3). — Larg. 0m,0014 (2/3 l.).

♂ *Elytres* longitudinalement subimpressionnées sur le milieu de leur largeur et à leur sommet, avec celui-ci muni de deux appendices : l'intérieur petit, membraneux, linéaire, obscur, verticalement redressé et terminé par un lobe plus large, un peu plus pâle et subcordiforme : l'extérieur grand, réfléchi en dedans d'un roux-testacé clair, irrégulièrement subcyathiforme. *Le deuxième article des tarses antérieurs* médiocrement prolongé au dessus du troisième en forme de petit crochet subatténué et noir au bout. *Le sixième segment ventral* courtement subogival, profondément et aigument entaillé à son sommet.

♀ *Elytres* simples, largement et simultanément arrondies au sommet. *Le deuxième article des tarses antérieurs* simple. *Le sixième segment ventral* semilunaire, entier à son sommet.

Corps oblong, revêtu d'une très-fine et courte pubescence cendrée, couchée, souvent peu distincte.

Tête sensiblement plus étroite que le prothorax ; très-finement pubescente; presque lisse; d'un noir submétallique très-brillant. *Front* presque plan, à peine biimpressionné en avant. *Epistome* testacé, déprimé. *Labre* subconvexe, brillant, noir, finement cilié, surtout vers son sommet. *Mandibules* testacées avec leur extrémité noire. *Les parties inférieures de la bouche* testacées, avec le dernier article des *palpes labiaux* noir et le dernier des *maxillaires* plus ou moins obscurci, surtout dans sa dernière moitié.

Yeux saillants, arrondis, noirâtres, touchant au bord antérieur du prothorax.

Antennes presque aussi longues que la moitié du corps, subfiliformes ; très-finement pubescentes, légèrement ciliées inférieurement ; obsolètement ruguleuses; testacées à leur base, graduellement un peu rembrunies vers leur extrémité à partir du sixième article inclusivement; le premier légèrement épaissi en massue oblongue : le deuxième court, égal environ à la moitié du précédent : les troisième et quatrième obconiques : le quatrième paraissant un peu plus grand que ceux entre lesquels il se trouve : les cinquième à dixième plus ou moins oblongs, subégaux, à peine dentés en scie en dessous : le dernier très-allongé, beaucoup plus long que le pénultième, subcylindrico-fusiforme, obtusément acuminé au sommet.

Prothorax un peu plus étroit que les élytres; assez fortement arrondi aux angles antérieurs; sensiblement arrondi sur les côtés et largement aux angles postérieurs; légèrement et très-largement arrondi à la base ainsi qu'au bord antérieur, avec celui-ci faiblement prolongé dans son milieu au dessus du niveau du vertex, et celle-là comme subtronquée au devant de l'écusson et munie d'un rebord étroit qui remonte sur les côtés jusque près des angles antérieurs; non impressionné vers les angles postérieurs qui sont effacés et non relevés; subconvexe; très-finement pubescent; lisse; entièrement d'un noir très-brillant.

Ecusson fortement transverse, subarrondi au sommet, à peine pubescent, presque lisse, d'un noir brillant.

Elytres environ trois fois aussi longues que le prothorax ou un peu plus; subparallèles (♂) ou faiblement subélargies en arrière (♀); étroitement subdéprimées le long de la suture et légèrement convexes sur le reste de leur surface; à peine pubescentes; très-finement et densement pointillées ou comme chagrinées, avec la base et la région humérale plus lisse; très-brillantes à leur base et un peu moins sur le reste de leur longueur; entièrement noires ou d'un noir submétallique, concolores, avec le seul appendice extérieur des ♂ testacé. *Epaules* lisses, saillantes arrondies.

Dessous du corps brillant, très-finement pubescent, obsolètement et subrugueusement pointillé; noir, avec le bord apical des segments ventraux à peine plus clair. *Métasternum* assez convexe, très-obsolètement et finement sillonné sur sa ligne médiane. *Ventre* presque entièrement corné. *Pygidium* légèrement cilié à son sommet.

Pieds allongés, grêles, finement pubescents, finement et densement ruguleux, testacés ainsi que les insertions des trochanters, avec les cuisses postérieures noires, et quelquefois aussi la base des antérieures et des intermédiaires, les tibias postérieurs rarement plus ou moins obscurcis. *Ceux-ci* faiblement recourbés en dessous à leur dernier tiers. *Tarses* plus longs que la moitié des tibias, à premier, à quatrième articles graduellement plus courts : le premier des intermédiaires et postérieurs paraissant néanmoins à peine ou pas plus long que le deuxième ; le dernier allongé graduellement et faiblement élargi à son extrémité où il est tronqué et un peu plus épais que les précédents. *Ongles* petits, grêles, à pointe acérée et dépassant un peu la membrane.

PATRIE. Cette espèce, indiquée de France dans plusieurs catalogues, est particulière à l'Autriche et à la Hongrie.

OBS. Elle diffère des précédentes par ses élytres concolores dans les deux sexes, à l'exception de l'appendice extérieur des ♂.

Ici se classerait une espèce non encore signalée en France et dont voici la description sommaire :

Ebaeus cœrulescens. ERICHSON.

Oblong, revêtu d'une fine et très-courte pubescence obscure, brillant ; noir avec les élytres un peu bleuâtres, le dessous des premiers articles des antennes testacé, ainsi que les pieds antérieurs (moins la base des cuisses), les tarses et le sommet des tibias intermédiaires, et les tarses postérieurs. Tête éparsement et à peine pointillée, obsolètement bifovéolée en avant. Prothorax fortement transverse, sensiblement arrondi sur les côtés, subconvexe, éparsement et très-finement pointillé. Elytres subparallèles (♂) ou faiblement subélargies en arrière (♀), assez densement et finement pointillées. Tibias postérieurs à peine recourbés en dessous vers leur dernier tiers. Tarses postérieurs à premier article à peine plus long que le deuxième.

Ebaeus cœrulescens. ERICHSON, Entomogr. 1, p. 115, 3. — KIESENWETTER, Ins. Deut., t. IV, p. 607, 3.

Long. $0^m,0031$ (1 l. 1/3). — Larg. $0^m,0014$ (2/3 l.).

PATRIE. L'Autriche, la Dalmatie, le nord de l'Allemagne.

OBS. Elle se distingue de la précédente par sa pubescence obscure au lieu d'être cendrée, et par ses antennes plus rembrunies à leur extrémité.

AA *Prothorax* rouge, avec une bande dorsale noire. *Elytres* entièrement noires ou violacées.

4. Ebaeus taeniatus. MULSANT ET REY.

Oblong, très-finement et à peine pubescent, noir, avec le prothorax rouge et paré sur son disque d'une large bande noire ; les deuxième à quatrième articles des antennes d'un roux-testacé ainsi que la base du suivant ; les genoux, les tibias et les tarses antérieurs et intermédiaires, la tranche inférieure des tibias postérieurs et leurs tarses d'un flave-testacé. Tête très-brillante, presque lisse. Prothorax fortement transverse, assez fortement arrondi sur les côtés, subconvexe, très-brillant, lisse. Elytres subparallèles, brillantes, très-finement, densement et obsolètement pointillées. Tibias postérieurs assez sensiblement recourbés en dessous vers leur dernier tiers. Tarses postérieurs à premier article un peu plus long que le deuxième (♀).

Long. $0^m,0031$ (1 l. 1/3). — Larg. $0^m,0013$ (1/2 l.).

PATRIE. Les Alpes Françaises.

OBS. Cette espèce nous a été communiquée M. Ch. Brisout de Barneville. Comme nous n'en avons eu sous les yeux qu'un seul exemplaire immature, nous nous dispensons d'en donner une description complète.

La forme transverse de son prothorax et ses élytres non sétosellées la rangent sans nul doute dans le genre *Ebaeus*. Mais, pour plus de certitude, il faudrait en avoir vu plusieurs échantillons.

AAA *Prothorax* entièrement rouge.

c *Elytres* bleuâtres, largement testacées au sommet dans les deux sexes.

5. Ebaeus collaris. ERICHSON.

Oblong, très-finement pubescent, très-brillant ; noir, avec le prothorax rouge, les élytres bleuâtres et largement d'un rouge testacé au sommet dans les deux sexes ; le milieu des palpes maxillaires, la base des antennes et les pieds testacés, avec les cuisses postérieures et la base des antérieures et intermédiaires noires. Tête presque lisse, à peine impressionnée entre les yeux. Prothorax fortement transverse, assez fortement arrondi sur les côtés, subconvexe, lisse. Elytres subparallèles ou faiblement élargies en arrière, finement et densement pointillées. Tibias postérieurs légèrement recourbés en dessous vers leur dernier tiers. Tarses postérieurs à premier article un peu plus long que le deuxième.

Ebaeus collaris. ERICHSON, Entomogr. 1, p. 117, 7. — KIESENWETTER, Ins. Deut., t. IV, p. 609, 7.
Ebaeus congressarius. FAIRMAIRE, Ann. Soc. Ent. Fr., 1857, p. 637.

Long. 0m,0038 (1 l. 2/3). Larg. 0m,0018 (3/4 l.).

♂ *Epistome* ordinairement pâle. *Elytres* profondément impressionnées à leur sommet, et munies en outre de deux appendices : l'intérieur plus grêle, flave, redressé, recourbé en arrière : l'extérieur beaucoup plus grand, d'un rouge-testacé, irrégulièrement dilaté. *Le deuxième article des tarses antérieurs* assez fortement prolongé au-dessus du troisième en forme de crochet subatténué et noir au bout. *Le sixième segment ventral* profondément entaillé à son sommet.

♀ *Epistome* ordinairement obscur. *Elytres* simples, largement et obtusément arrondies au sommet, avec l'angle sutural subrectangulaire et à peine émoussé. *Le deuxième article des tarses antérieurs* simple. *Le sixième segment ventral* entier à son sommet.

Corps oblong, revêtu d'une très-fine pubescence cendrée, couchée et peu serrée.

Tête sensiblement plus étroite que le prothorax dans les deux sexes, très-finement ou à peine pubescente ; presque lisse ; entièrement d'un noir très-brillant. *Front* subdéprimé, à peine impressionné entre les yeux. *Epistome* flave (♂) ou obscur (♀), transversalement cilié vers sa base. *Labre* subconvexe, brillant, d'un noir de poix, distinctement cilié vers son sommet. *Mandibules* d'un roux de poix avec leur pointe et parfois leur base rembrunies. *Les parties inférieures de la bouche* plus ou moins obscures, avec le pénultième article *des palpes maxillaires* d'un roux testacé ainsi que l'extrémité du précédent et la base du suivant.

Yeux saillants, subarrondis, noirs, touchant ou touchant presque au bord antérieur du prothorax.

Antennes aussi longues que la moitié du corps, subfiliformes ; très-finement pubescentes, distinctement ciliées ou fasciculées en dessous ; obsolètement ruguleuses ; obscures, avec le sommet du premier article et les trois ou quatre suivants testacés, et les sixième et septième parfois roussâtres à leur base ; le premier légèrement épaissi en massue suballongée :

le deuxième court, subovalaire, à peine égal à la moitié du précédent : les troisième et quatrième oblongs, un peu plus prolongés en dessous que les suivants : les cinquième à dixième suballongés, subégaux, à peine et graduellement moins dentés en scie inférieurement : le dernier très-allongé, beaucoup plus long que le pénultième, subcylindrique, obtusément acuminé au sommet.

Prothorax un peu plus étroit que les élytres à leur base, fortement transverse ; fortement arrondi aux angles antérieurs ; assez fortement sur les côtés et largement aux angles postérieurs ; légèrement et très-largement arrondi à la base et un peu plus sensiblement au bord antérieur, avec celui-ci faiblement prolongé dans son milieu au-dessus du niveau du vertex, et celle-là comme subtronquée au devant de l'écusson et munie d'un rebord étroit qui remonte sur les côtés jusque près des angles antérieurs ; presque indistinctement impressionné le long des angles postérieurs qui sont un peu plus largement rebordés et à peine relevés ; subconvexe ; à à peine pubescent ; lisse ; entièrement d'un rouge clair et très-brillant.

Ecusson fortement transverse, obtusément tronqué au sommet, à peine pubescent, très-finement pointillé, d'un noir assez brillant.

Elytres environ trois fois aussi longues que le prothorax, ou un peu plus ; subparallèles (♂) ou faiblement élargies en arrière (♀); étroitement subdéprimées le long de la suture et assez convexes sur le reste de leur surface ; à peine ou très-finement pubescentes ; finement et densement pointillées ; presque aussi brillantes que la tête et le prothorax ; d'un bleu foncé parfois un peu verdâtre, avec l'extrémité plus (♂) ou moins (♀) largement d'un rouge-testacé. *Epaules* assez saillantes, arrondies.

Dessous du corps brillant, finement pubescent, obsolètement pointillé ; noir, avec le bord apical des premiers segments ventraux à peine plus clair. *Métasternum* assez convexe, obsolètement sillonné sur sa ligne médiane. *Ventre* presque entièrement corné. *Pygidium* finement cilié sur ses bords.

Pieds allongés, grêles, finement pubescents, finement ruguleux, d'un roux testacé assez clair, avec les cuisses postérieures et la base des antérieures et intermédiaires noires. *Tibias postérieurs* légèrement recourbés en dessous vers leur dernier tiers. *Tarses* évidemment plus longs que la moitié des tibias, à premier, à quatrième articles graduellement plus courts : le premier des postérieurs paraissant parfois à peine plus long que le deuxième : le dernier allongé, graduellement élargi de la base à l'extrémité où il est tronqué, et plus épais que les précédents. *Ongles* petits, à pointe acérée et dépassant un peu la membrane.

PATRIE. Cette espèce, peu répandue dans les collections, se rencontre dans quelques parties de la Francce méridionale. MM. Brisout et de Bonvouloir nous en ont communiqué quelques individus provenant des environs de Gap.

ee *Elytres* d'un vert bleuâtre, concolores, à l'exception des appendices des ♂ qui sont testacés : avec un *calus* apical lisse bien prononcé chez les ♂

6. Ebaeus thoracicus. OLIVIER.

Oblong, très-finement pubescent, brillant ; noir, avec le prothorax rouge, et les élytres d'un vert-bleuâtre, concolores, à l'exception des appendices des ♂ : l'épistome souvent pâle, la base des antennes, les genoux, les tibias et les tarses antérieurs et intermédiaires et les tarses postérieurs testacés, et les intersections des segments ventraux à peine plus claires. Tête éparsement et très-finement pointillée. Prothorax fortement transverse, fortement arrondi sur les côtés, légèrement convexe, très-finement et à peine pointillé. Elytres subparallèles ou faiblement élargies en arrière, finement et densement pointillées. Tibias postérieurs à peine recourbés en dessous vers leur dernier tiers. Tarses postérieurs à premier article à peine plus long que le deuxième.

Malachius thoracicus. OLIVIER, Entom., t. II, n° 27, p. 9, 11, pl. 2, fig. 10. — FABRICIUS, Ent. Syst, Suppl., p. 70, 7, 8. — Id. Syst. El., p. 308, 14.
Ebaeus thoracicus. ERICHSON, Entomogr., t. I, p. 116, 13. — REDTENBACHER, Faun. Austr., 2e édit., p. 510, 2. — KIESENWETTER, Ins. Deut., t. IV, p. 608, 6.

Long. 0m,0029 (1 l. 1/3). — Larg. 0m,0008 (1/3 l.).

♂ *Antennes* aussi longues que la moitié du corps, à quatrième et à cinquième articles obtusément et un peu plus dilatés en dessous que les suivants. *Elytres* excavées au sommet le long de la suture, et munies chacune vers leur angle apical de deux appendices testacés : le supérieur petit, membraneux, redressé, supérieurement coudé en avant, peu distinct et le plus souvent couché dans l'excavation des élytres qui semble lui être destinée (1) :

(1) Dans cette espèce et la suivante, cette excavation qui est oblongue et sublongitudinale rappelle la même disposition qu'on remarque chez les *E. pedicularius*, *flavicorni*

l'inférieur beaucoup plus grand, corné, oblong, subélargi, verticalement redressé; offrant un peu extérieurement et au-dessus de l'appendice inférieur une espèce de *calus* lisse et assez prononcé. *Le deuxième article des tarses antérieurs* assez fortement prolongé au dessus du troisième en lame étroite, subatténuée et recourbée à son extrémité en forme de petit crochet noir. *Le sixième segment ventral* dilaté de chaque côté à sa base en forme de dent conique, avec la partie médiane un peu plus avancée et angulairement échancrée au sommet, les lobes latéraux de l'échancrure prolongés en forme de soie spiniforme légèrement recourbée en dedans. *Le sixième segment abdominal* débordant l'inférieur, profondément et subcarrément échancré à son sommet.

♀ *Antennes* à peine aussi longues que la moitié du corps, à quatrième et cinquième articles pas plus ou à peine plus prolongés en dessous que les suivants. *Elytres* simples et obtusément et individuellement arrondies à leur sommet qui est parfois plus largement rebordé, comme explané et couleur de poix, avec l'angle sutural peu marqué et fortement arrondi. *Le deuxième article des tarses antérieurs* simple. *Les sixièmes segments abdominal et ventral* transverses, entiers et subarrondis à leur sommet.

Corps oblong, revêtu d'une très-fine pubescence blanchâtre, souvent peu distincte.

Tête sensiblement plus étroite que le prothorax dans les deux sexes, très-finement pubescente, éparsement et très-finement pointillée; entièrement d'un noir brillant. *Front* subéprimé ou à peine convexe, sans impression sensible. *Epistome* pâle ou souvent ♀ d'un testacé obscur. *Labre* subconvexe, d'un noir de poix assez brillant, éparsement et subrugueusement pointillié, cilié de longs poils pâles et brillants. *Mandibules* d'un noir de poix avec leur extrémité plus ou moins largement roussâtre, parfois presque entièrement de cette dernière couleur. *Les parties inférieures de la bouche* d'un noir ou d'un brun de poix, avec le pénultième article des *palpes maxillaires* toujours plus clair ou subtestacé.

Yeux saillants, arrondis, noirs, touchant ou touchant presque au bord antérieur du prothorax.

Antennes aussi (♂) ou à peine aussi (♀) longues que la moitié du corps, subfiliformes ou à peine subatténuées vers leur extrémité; très-fine-

et appendiculatus; mais dans ces trois dernières, le bord interne de l'excavation est obtus ou arrondi, tandis qu'il est en forme d'arête tranchante chez les *E. thoracicus et glabricollis*. Elle est aussi dans ceux-ci beaucoup plus profonde.

ment pubescent, finement et distinctement ciliées surtout inférieurement; finement ruguleuses; obscures, avec les trois premiers articles un peu plus lisses et plus brillants; le premier noir, plus ou moins largement testacé à son sommet: les deuxième et troisième largement testacés en dessous ou parfois presque entièrement testacés: le quatrième plus ou moins testacé à sa base: le premier un peu épaissi en massue oblongue et subarquée: le deuxième court, brièvement subovalaire, à peine aussi long que la moitié du précédent: les troisième à septième oblongs, subégaux, obtusément dentés en scie en dessous: les huitième à dixième paraissant un peu plus longs, un peu plus étroits, simples et subégaux: le dernier très-allongé, beaucoup plus long que le pénultième, subcylindrico-fusiforme, subacuminé au sommet.

Prothorax un peu plus étroit que les élytres, fortement transverse; assez fortement arrondi aux angles antérieurs; fortement et largement arrondi sur les côtés simultanément avec les angles postérieurs; légèrement et largement arrondi à la base et un peu plus sensiblement au bord antérieur, avec celui-ci légèrement prolongé dans son milieu au dessus du niveau du vertex, et celle-là parfois subsinueusement subtronquée au devant de l'écusson et munie d'un rebord étroit qui remonte sur les côtés jusque près des angles antérieurs; presque indistinctement et obliquement impressionné le long des angles postérieurs qui sont effacés et non relevés; légèrement convexe; très-finement pubescent; très-finement, à peine et éparsement pointillé; entièrement d'un rouge brillant assez clair.

Ecusson transverse, subsemicirculaire, très-finement pubescent, à peine pointillé, d'un noir brillant et submétallique.

Elytres trois fois et demie aussi longues que le prothorax, à peine (♂) ou faiblement (♀) élargies en arrière; subdéprimées derrière l'écusson et faiblement convexes sur le reste de la surface; légèrement déclives en arrière et plus fortement sur les côtés; très-finement pubescentes; finement et distinctement pointillées, avec les points plus fins et plus serrés vers la base, graduellement un peu plus grossiers et plus lâches vers l'extrémité chez les ♂ seulement; d'un vert brillant, souvent bronzé ou bleuâtre, concolores, à l'exception des appendices des ♂. *Epaules* assez saillantes, arrondies.

Dessous du corps brillant; très-finement pubescent; finement et distinctement pointillé, plus densement et subruguleusement sur les côtés de la poitrine; noir avec le bord antérieur du prosternum souvent pâle et membraneux, et le bord apical des quatre ou cinq premiers segments ventraux à peine ou étroitement pellucides. *Métasternum* assez convexe, marqué sur sa ligne médiane d'un léger sillon lisse, plus ou moins obsolète. *Ventre* presque entièrement corné. *Pygidium* finement cilié à son sommet.

Pieds allongés, grêles, finement pubescents, très-finement et ruguleusement pointillés; d'un noir submétallique assez brillant, avec les insertions des trochanters d'un roux de poix, les tarses testacés ainsi que les genoux et les tibias antérieurs et intermédiaires: ceux-ci quelquefois un peu rembrunis à leur base, et le dernier article de tous les tarses toujours un peu plus foncé à son sommet. *Tibias postérieurs* à peine ou légèrement recourbés en dessous vers leur dernier tiers. *Tarses* un peu plus longs que la moitié des tibias, à premier, à quatrième articles graduellement plus courts; le premier des intermédiaires et postérieurs paraissant néanmoins, vu de dessus, pas plus long ou à peine plus long, et, vu par côté, évidemment plus long que le deuxième : le dernier allongé, graduellement et à peine élargi à son extrémité où il est à peine plus épais que les précédents. *Ongles* petits, grêles, à pointe acérée et un peu plus longue que la membrane.

PATRIE. Cette espèce est très-commune sur les herbes des prairies et des bois, dans toute la France : les environs de Paris et de Lyon, le Bourbonnais, la Bourgogne, le Beaujolais, le Bugey, la Bresse, la Provence, etc.

OBS. Elle varie un peu pour la couleur des pieds. Ainsi, les cuisses antérieures et intermédiaires sont quelquefois plus ou moins largement testacées à leur extrémité; les tibias antérieurs et intermédiaires sont assez souvent plus ou moins obscurcis à leur base; et les tarses sont rarement d'un testacé assez obscur.

ccc *Elytres* bleuâtres, concolores, avec l'appendice extérieur des ♂ obscur, sans *calus* apical lisse bien prononcé chez les ♂.

7. Ebaeus glabricollis. MULSANT ET REY.

Oblong, très-finement et à peine pubescent, très-brillant; noir avec le prothorax rouge et les élytres bleuâtres, concolores avec l'appendice intérieur des ♂ livide et l'extérieur obscur; l'épistome souvent pâle (♂), le dessous des trois premiers articles des antennes, les genoux, les tibias et les tarses antérieurs et intermédiaires et les tarses postérieurs testacés, et les intersections des segments ventraux un peu roussâtres. Tête presque lisse. Prothorax fortement transverse, fortement arrondi sur les côtés, un peu convexe, presque glabre, lisse. Elytres subparallèles (♂) ou subélargies en arrière (♀), très-finement et obsolètement pointillées. Tibias postérieurs légèrement recourbés en dessous vers leur dernier tiers. Tarses postérieurs à premier article à peine plus long que le deuxième.

Long. 0^{m},0029 (1 l. 1/3). — Larg. 0^{m},0008 (1/3 l.).

♂ *Antennes* aussi longues que la moitié du corps. *Elytres* excavées au sommet le long de la suture, et munies chacune vers leur angle apical de deux appendices : le supérieur ou intérieur petit, membraneux, redressé, supérieurement coudé en avant, d'un livide pâle, parfois peu saillant et renversé dans l'excavation des élytres, qui semble être pratiquée pour le loger : l'inférieur ou extérieur beaucoup plus grand, corné, oblong, subélargi, obscur ou noirâtre, verticalement plus ou moins redressé ; sans *calus* apical lisse prononcé. *Le deuxième article des tarses antérieurs* assez fortement prolongé au dessus du troisième en lame étroite, subatténuée et recourbée à son extrémité en forme de petit crochet noir. *Le sixième segment ventral* dilaté de chaque côté à sa base en forme de dent conique, fortement et angulairement échancré au milieu de son bord apical. *Le sixième segment abdominal* débordant l'inférieur, profondément échancré à son sommet.

♂ *Antennes* à peine aussi longues que la moitié du corps. *Elytres* simples et obtusément et individuellement arrondies à leur sommet qui est parfois étroitement pellucide, avec l'angle sutural peu marqué et sensiblement arrondi. *Le deuxième article des tarses antérieurs* simple. *Les sixièmes segments abdominal et ventral* transverses, entiers et subarrondis à leur sommet.

Corps oblong, revêtu d'un très-fine pubescence cendrée, souvent peu distincte.

Tête plus étroite que le prothorax dans les deux sexes, très-finement pubescente, à peine et éparsement pointillée ou presque lisse, entièrement d'un noir très-brillant. *Front* subdéprimé ou à peine convexe, sans impression sensible. *Epistome* pâle ou souvent (♀) d'un gris obscur. *Labre* subconvexe, d'un noir de poix assez brillant, légèrement cilié de poils pâles. *Mandibules* d'un roux de poix, avec leur pointe plus foncée. *Les parties inférieures de la bouche* d'un brun ou d'un noir de poix; avec le pénultième article des *palpes maxillaires* roussâtre.

Yeux saillants, arrondis, noirs, touchant ou touchant presque au bord antérieur du prothorax.

Antennes aussi (♂) ou à peine aussi (♀) longues que le prothorax; subfiliformes; très-finement pubescentes, finement et légèrement ciliées inférieurement; finement ruguleuses; obscures, avec les trois premiers articles testacés: le premier largement, les deux suivants à peine tachés de noir en dessus: le premier légèrement épaissi en massue oblongue: le deuxième court, subglobuleux, à peine égal à la moitié du précédent: le troisième obconique: les cinquième à septième oblongs: les huitième à dixième à peine plus longs, subégaux: le dernier allongé, beaucoup plus long que le pénultième, subcylindrico-fusiforme, subacuminé au sommet.

Prothorax un peu plus étroit que les élytres, fortement transverse; assez fortement arrondi aux angles antérieurs; fortement et largement arrondi sur les côtés simultanément avec les angles postérieurs; légèrement et très-largement arrondi à la base ainsi qu'au bord antérieur, avec celui-ci à peine prolongé dans son milieu au dessus du niveau du vertex, et celle-là parfois subtronquée au devant de l'écusson et munie d'un rebord très-étroit qui remonte sur les côtés jusqu'aux angles antérieurs; presque indistinctement ou non impressionné le long des angles postérieurs qui sont effacés et non relevés; légèrement, mais assez visiblement convexe; à peine pubescent ou presque glabre; lisse ou presque indistinctement pointillé; entièrement d'un rouge assez clair et très brillant.

Ecusson transverse, subsemicirculaire, à peine pubescent, à peine pointillé, d'un noir assez brillant.

Elytres presque trois fois et demie aussi longues que le prothorax, subparallèles (♂) ou faiblement élargies en arrière (♀); subdéprimées derrière l'écusson et légèrement convexes sur le reste de leur surface; très-finement et à peine pubescentes; très-finement, légèrement, obsolètement et densement pointillées, avec les points pas plus forts et pas plus lâches vers l'extrémité chez les ♂; d'un bleu foncé très-brillant, concolores, avec l'appendice interne des ♂ pâle et l'externe noirâtre. *Epaules* assez saillantes, arrondies.

Dessous du corps brillant, très-finement pubescent, très-finement pointillé; noir, avec le bord apical des quatre ou cinq premiers segments ventraux étroitement testacés ou roussâtres. *Métasternum* assez convexe, marqué sur sa ligne médiane d'un sillon lisse, plus ou moins obsolète. *Ventre* presque entièrement corné. *Pygidium* finement cilié à son sommet.

Pieds allongés, grêles, finement pubescents, très-finement et ruguleusement pointillés; d'un noir submétallique, avec les insertions des trochanters d'un roux de poix, les tarses testacés ainsi que les genoux et les tibias antérieurs et intermédiaires, ceux-ci quelquefois rembrunis à leur base, et le dernier article de tous les tarses un peu plus foncé à son sommet. *Tibias postérieurs* légèrement, parfois assez sensiblement recourbés en dessous vers leur dernier tiers. *Tarses* un peu plus longs que la moitié des tibias, à premier, à quatrième articles graduellement plus courts; le premier des intermédiaires et postérieurs paraissant néanmoins à peine plus long que le deuxième; le dernier allongé, graduellement et faiblement élargi à son extrémité où il est subtronqué et un peu plus épais que les précédents. *Ongles* petits, à pointe acérée et un peu plus longue que la membrane.

PATRIE. Cette espèce se trouve aux environs de Collioure (Pyrénées-Orientales).

OBS. Nous en avons vu quatre exemplaires identiques. Ils nous ont été généreusement communiqués par M. Ch. Brisout de Barneville.

Elle ressemble beaucoup à l'*Ebaeus thoracicus* pour la coloration. Elle s'en distingue néanmoins par les élytres plus finement et plus légèrement pointillées, sans calus apical lisse prononcé chez les ♂. De plus, chez ce même sexe, la ponctuation des élytres n'est pas sensiblement plus grossière et plus lâche vers l'extrémité qu'à la base; l'appendice externe est toujours obscur ou noirâtre, tandis que les deux appendices sont constamment testacés chez l'*E. thoracicus*. Le prothorax paraît un peu plus convexe et plus glabre, les antennes ont leurs articles intermédiaires un peu moins épais, c'est-à-dire un peu moins prolongés en dessous, etc.

Les tibias intermédiaires sont quelquefois plus ou moins obscurcis à leur base; les cuisses antérieures plus ou moins largement testacées à leur extrémité. Parfois aussi le sommet des tibias postérieurs est légèrement de cette dernière couleur.

L'*Ebaeus affinis*. LUCAS, ressemble beaucoup à l'espèce en question. Elle en diffère par ses tibias postérieurs entièrement testacés, et surtout par ses antennes, dont les troisième à dixième articles sont plus étroits et visibleblement plus allongés.

Genre *Hypebaeus*, Hypebaée. Kiesenwetter.

(Kiesenwetter, Ins. Deut., t. IV, p. 610.)

Etymologie : ὑπό, dessous : *Ebaeus*, nom du genre précédent.

Caractère. *Corps* oblong ou ovale-oblong.

Tête transverse, inclinée, brusquement et triangulairement rétrécie en avant, enfoncée sous le prothorax jusqu'aux yeux ou jusque près des yeux. *Front* très-large, fortement prolongé en avant du niveau antérieur des yeux. *Epistome* subcorné ou submembraneux, très-court, linéaire, séparé du front par une suture fine et subrectiligne. *Labre* corné, court, fortement transverse, obtusément tronqué en avant. *Mandibules* robustes, peu saillantes, longitudinalement engagées sous les côtés de l'épistome et du labre, arcuément recourbées à leur extrémité et faiblement bidentées à leur pointe. *Palpes maxillaires* à dernier article assez gros, aussi long que les deux précédents réunis ; légèrement subsécuriforme et largement tronqué au sommet chez les ♂ ; ovale-oblong, subatténué et plus ou moins faiblement tronqué au bout chez les ♀ ; à pénultième article très-court, notablement moins long que la moitié du suivant. *Palpes labiaux* à dernier article oblong, plus ou moins atténué vers son extrémité et plus ou moins étroitement tronqué au bout. *Menton* subcorné, transverse, largement et obtusément tronqué à son bord antérieur. *Languette* submembraneuse, assez large, angulée en avant.

Yeux assez saillants, arrondis, séparés du bord antérieur du prothorax par un intervalle nul ou presque nul.

Antennes assez courtes, pas plus longues que la moitié du corps ; de onze articles distincts ; insérées à l'angle antéro-externe du front, bien en avant d'une ligne idéale tangente au bord antérieur de chaque œil ; subfiliformes, latéralement subcomprimées à partir du troisième article ; à premier article en massue oblongue ou ovale-oblongue : le deuxième court, subglobuleux, plus court que la moitié du précédent : les troisième à dixième plus ou moins faiblement ou obsolètement dentés en scie en dessous : le troisième oblong, un peu moins long que le suivant : les quatrième à dixième oblongs ou suballongés, subégaux : le dernier plus ou moins allongé, beaucoup plus long que le pénultième.

Prothorax fortement transverse, sensiblement arrondi sur les côtés, plus légèrement et plus largement à son bord antérieur qui est un peu prolongé dans son milieu au-dessus du niveau du vertex ; subtronqué ou très-faiblement arrondi à sa base.

Ecusson transverse, subsemicirculaire.

Elytres oblongues, recouvrant entièrement l'abdomen ; à peine (♂) ou légèrement et arcuément (♀) élargies en arrière ; subimpressionnées et appendiculées au sommet chez les ♂ ; presque indistinctement rebordées en dehors et non carénées sur les côtés. *Epaules* assez saillantes.

Echancrures du dessous du prothorax subtriangulaires, peu profondes, à sommet émoussé ou arrondi.

Lames médianes des prosternum et mésosternum courtes, en forme d'angle très-ouvert. *Epimères du médipectus* assez développées, transversalement obliques. *Métasternum* obliquement coupé sur les côtés de son bord apical, faiblement prolongé entre les hanches postérieures en angle bifide au sommet. *Episternums du postpectus* assez larges à la base, rétrécis en arrière en forme de coin.

Hanches coniques : *les antérieures et les intermédiaires* contiguës : *les postérieures* légèrement écartées à leur base, fortement divergentes à leur sommet.

Ventre de six segments distincts, entièrement cornés : le premier plus ou moins voilé dans son milieu : le deuxième un peu plus grand que le suivant : les troisième et quatrième subégaux : le cinquième un peu plus développé que le précédent : le sixième assez saillant, subsemilunaire ou subtrapéziforme.

Pieds allongés, grêles : *les postérieurs* bien plus développés que les intermédiaires et ceux-ci un peu plus que les antérieurs, dans toutes leurs parties. *Trochanters* ovales ou ovale-oblongs : les postérieurs subacuminés ou étroitement arrondis au sommet. *Cuisses* débordant de beaucoup les côtés du corps, faiblement renflées avant leur milieu : *les postérieures* se recourbant un peu en dessus. *Tibias antérieurs et intermédiaires* presque droits : *les postérieurs* faiblement arqués en dehors, à peine ou faiblement recourbés en dessous après leur milieu. *Tarses* grêles, plus longs que la moitié des tibias, finement et densement ciliés en dessous; de cinq articles. simples dans les deux sexes ; avec les premier à quatrième graduellement plus courts : le premier des intermédiaires et postérieurs étant distinctement un peu plus long que le deuxième : le dernier allongé, faiblement élargi de la base à l'extrémité. *Ongles* très-petits, grêles ; chacun d'eux muni en dessous d'une membrane subaccollée ou subdétachée un peu plus courte ou presque aussi longue que lui.

Obs. Il était juste et conséquent de détacher, ainsi que l'a fait M. de Kiesenwetter, du genre *Ebaeus* les *Hypebaeus* qui en diffèrent essentiellement par le deuxième article des tarses antérieurs simple dans les deux sexes.

Ce sont des insectes de très-petite taille, finement soyeux ou pubescents mais non sétosellés en dessus.

Nous classerons les différentes espèces du genre *Hypebaeus* de la manière suivante :

a *Prothorax* entièrement d'un rouge testacé.

b *Elytres* testacées au sommet chez les ♀. *Prothorax* très-fortement transverse, fortement arrondi sur les côtés. *Brisouti*.

bb *Elytres* concolores au sommet chez les ♀. *Prothorax* fortement transverse, assez fortement arrondi sur les côtés. *Flavicollis*.

aa *Prothorax* fortement arrondi sur les côtés, d'un rouge testacé chez les ♀, flave chez les ♂, avec une large bande noire bifurquée en avant dans les deux sexes. *Tête* blanchâtre chez les ♂. *Appendice terminal des* ♂ noir. *Alicianus*.

c *Prothorax* assez fortement arrondi sur les côtés, flave (♂) ou testacé (♀) antérieurement. *Tête* flave et presque aussi large que le prothorax chez les ♂. *Appendice terminal des* ♂ testacé. *Albifrons*.

d *Prothorax* médiocrement arrondi sur les côtés, noir, concolore dans les deux sexes. *Tête* noire dans les deux sexes, aussi large que le prothorax chez les ♂. *Appendice terminal des* ♂ testacé. *Flavipes*.

a *Prothorax* entièrement d'un rouge testacé.

b *Elytres* des ♀ testacées à leur sommet, peu brillantes.

1. **Hypebaeus Brisouti**. Mulsant et Rey.

Oblong, très-finement et densement pubescent, assez brillant, avec le prothorax d'un rouge testacé et les élytres submétalliques et parées d'une tache apicale testacée ; quelques parties de la bouche, la base des antennes et les pieds d'un roux testacé. Tête presque lisse, à peine impressionnée entre les yeux. Prothorax très-fortement transverse, fortement arrondi sur les côtés, légèrement convexe, presque lisse. Elytres subélargies en arrière, très-finement et obsolètement pointillées. Tibias postérieurs à peine recourbés en dessous après leur milieu. Tarses postérieurs à premier article un peu plus long que le deuxième (♀).

Long. 0m,0023 (1 l.). — Larg. 0m,0010 (1/2 l.).

♂ Nous est inconnu.

♀ *Elytres* faiblement et arcuément élargies en arrière, assez largement testacées à leur sommet, simples et subarrondies à celui-ci. *Le sixième segment ventral* entier à son bord apical.

Corps oblong, revêtu d'une très-fine et très-courte pubescence blanchâtre, serrée et assez distincte.

Tête sensiblement plus étroite que le prothorax, très-finement pubescente, presque lisse, d'un noir assez brillant. *Front* subdéprimé, à peine impressionné sur son milieu. *Epistome* pâle. *Labre* subconvexe, brillant, d'un noir de poix. *Les autres parties de la bouche* d'un roux-testacé avec la pointe des *mandibules* et le dernier article des *palpes maxillaires* plus obscurs.

Yeux saillants, arrondis, noirs, touchant presque au bord antérieur du prothorax.

Antennes à peine moins longues que la moitié du corps, subfiliformes, presque simples en dessous; finement pubescentes, distinctement ciliées inférieurement vers le sommet de chaque article; obsolètement ruguleuses; testacées, graduellement et distinctement rembrunies vers leur extrémité; le premier article un peu épaissi en massue oblongue: le deuxième petit, court, à peine égal à la moitié du précédent: les troisième à dixième suballongés, subégaux: le dernier allongé, fusiforme, beaucoup plus long que le pénultième, subacuminé au sommet.

Prothorax sensiblement plus étroit que les élytres, très-fortement transverse; fortement arrondi sur les côtés et très-largement au bord antérieur qui est à peine prolongé dans son milieu au dessus du niveau du vertex; très-largement arrondi aux angles postérieurs; subtronqué au milieu de sa base qui est munie d'un rebord très-étroit remontant jusqu'au delà de la moitié des côtés; légèrement convexe; très-finement pubescent; presque lisse; entièrement d'un rouge testacé assez clair et assez brillant.

Ecusson subsemicirculaire, très-finement pubescent, à peine pointillé, d'un noir assez brillant.

Elytres environ quatre fois aussi longues que le prothorax, faiblement et arcuément élargies en arrière ; subconvexes sur le dos et sensiblement déclives en arrière et sur les côtés ; très-finement pubescentes ; très-finement, obsolètement et densement pointillées ; d'un noir submétallique, un peu verdâtre et parfois un peu moins brillant que la tête et le prothorax ; parées à leur extrémité d'une assez grande tache testacée. *Epaules* assez saillantes, arrondies.

Dessous du corps brillant, très-finement pubescent, obsolètement pointillé ; noir avec le dessous du prothorax d'un rouge-testacé. *Métasternum* assez convexe, obsolètement canaliculé sur sa ligne médiane. *Ventre* entièrement corné. *Pygidium* finement et obsolètement cilié à son sommet.

Pieds allongés, grêles, très-finement pubescents, très-obsolètement pointillés ou presque lisses, assez brillants, entièrement d'un roux-testacé clair ainsi que les trochanters, avec le dernier article des tarses un peu plus foncé au moins à leur extrémité. *Tibias postérieurs* à peine recourbés en dessous après leur milieu. *Tarses* un peu plus longs que la moitié des tibias ; à premier, à quatrième articles graduellement plus courts, le premier des intermédiaires et postérieurs étant un peu plus longs que le deuxième ; le dernier faiblement élargi de la base à l'extrémité où il est à peine plus épais que les précédents. *Ongles* très-petits, à pointe acérée et dépassant un peu la membrane.

Patrie. Cette espèce provient du département des Pyrénées-Orientales. Elle nous a été communiquée par M. Ch. Brisout, à qui nous l'avons dédiée, et qui a déjà doté la science de plusieurs monographies remarquables.

Obs. C'est sous toute réserve que nous donnons cette espèce. Est-ce une variété curieuse de l'*Hypebaeus flavicollis* ? Mais elle semble en différer par ses antennes à articles un peu plus allongés ; par son prothorax un peu plus fortement transverse, plus fortement arrondi sur les côtés, un peu plus rétréci en arrière, à angles postérieurs plus largement arrondis et plus effacés ; par ses élytres plus légèrement et plus obsolètement pointillées, un peu plus densement pubescentes, un peu moins brillantes, et surtout parées chez les ♀ d'une tache apicale testacée. Serait-ce plutôt une variété de la ♀ de l'*Hypabaeus alicianus* dont nous ne connaissons que le ♂ ? C'est là une question que nous ne pouvons résoudre, faute de matériaux suffisants.

bb *Elytres* des ♀ concolores, assez brillantes.

2. **Hypebaeus flavicollis.** Erichson.

Oblong ou ovale-oblong, très-finement pubescent, brillant, noir avec le prothorax d'un rouge-testacé, ainsi que l'extrémité des élytres des ♂ ; la plupart des parties de la bouche, la base des antennes et les pieds testacés. Tête presque lisse, obsolètement impressionnée sur son milieu. Prothorax fortement transverse, assez fortement arrondi sur les côtés, légèrement convexe, presque lisse. Elytres plus (♀) ou moins (♂) élargies en arrière, très-finement et densement pointillées. Tibias postérieurs à peine recourbés en dessous après leur milieu. Tarses postérieurs à premier article un peu plus long que le deuxième.

Ebaeus flavicollis. Erichson, Entomogr., t. I, p. 117, 8.— Redtenbacher, Faun. Austr., 2e édit., p. 540, 2.
Hypebaeus flavicollis. Kiesenwetter, Ins. Deut., t. I, p. 610, 1.

Long. 0m,0023 (1 l.). Larg. 0m,0010 (1/2 l.).

♂. *Antennes* aussi longues que la moitié du corps, faiblement et obtusément dentées en scie en dessous. *Elytres* oblongues, à peine élargies postérieurement, largement d'un roux-testacé à leur extrémité, impressionnées à leur sommet où elles sont munies chacune d'un appendice cyathiforme, redressé, testacé et noté souvent dans son milieu d'un point obscur. *Le sixième segment ventral* profondément et aigument incisé à son sommet jusqu'après sa moitié, avec les lobes latéraux arrondis à leur extrémité. *Le sixième segment abdominal* débordant un peu l'inférieur, en cône largement, obtusément et subsinueusement tronqué à son bord apical.

♀ *Antennes* à peine aussi longues que la moitié du corps, à peine ou presque indistinctement dentées en scie en dessous. *Elytres* légèrement et subovalairement élargies en arrière, concolores et largement, obtusément et simultanément arrondies au sommet, avec l'angle apical bien marqué, émoussé et légèrement arrondi. *Les sixièmes segments abdominal et ventral* subégaux, en cône largement et obtusément tronqué à son bord apical, avec celui-ci parfois à peine subsinué dans son milieu : l'inférieur plus ou moins largement impressionné à sa base.

Corps oblong (♂) ou ovale-oblong (♀), revêtu d'une très-fine pubescence blanchâtre, assez distincte.

Tête sensiblement plus étroite que le prothorax dans les deux sexes; très-finement pubescente ; presque lisse ou à peine pointillée ; d'un noir brillant, avec les fossettes antennaires et les joues souvent d'un roux de poix testacé. *Front* déprimé, largement et obsolètement impressionné dans son milieu. *Epistome* testacé. *Labre* subconvexe, d'un brun de poix assez brillant avec le pourtour extérieur souvent (♂) plus clair, cilié sur ses bords de longs poils pâles et brillants. *Mandibules* testacées avec leur pointe un peu plus foncée. *Les parties inférieures de la bouche* d'un testacé de poix, avec *les palpes* à peine plus sombres ou au moins le dernier article des *maxillaires*.

Yeux saillants, arrondis, noirs, touchant ou touchant presque au bord antérieur du prothorax.

Antennes aussi (♂) ou à peine aussi (♀) longues que le prothorax ; subfiliformes ou à peine subatténuées vers leur extrémité ; finement pubescentes, assez densement et assez longuement ciliées surtout en dessous ; obsolètement ruguleuses ; brunâtres, avec les quatre ou cinq premiers articles testacés : le premier néanmoins un peu plus foncé vers sa base : celui-ci un peu épaissi en massue ovale-oblongue : le deuxième petit, court, subglobuleux, moins long que la moitié du précédent : le troisième oblong, un peu moins long que le suivant : les quatrième à dixième oblongs, subégaux : les quatrième à septième plus ou moins obtusément dentés en scie en dessous: les huitième à dixième nullement ou indistinctement : le dernier allongé, beaucoup plus long que le pénultième, subcylindrico-fusiforme (♂) ou subelliptique (♀), acuminé (♂) ou obtusément acuminé (♀) au sommet.

Prothorax un peu plus étroit que les élytres, fortement transverse ; sensiblement arrondi aux angles antérieurs; assez fortement arrondi sur les côtés et largement au bord antérieur qui est légèrement prolongé dans son milieu au-dessus du niveau du vertex ; assez largement subtronqué à la base, avec celle-ci un peu relevée et munie d'un rebord très-étroit remontant jusqu'au delà du milieu des côtés ; non impressionné le long des angles postérieurs qui sont à peine marqués, très-obtus et non relevés ; légèrement convexe ; très-finement pubescent ; à peine pointillé ou presque lisse ; entièrement d'un rouge-testacé brillant.

Ecusson subsemicirculaire, finement pubescent, très-finement pointillé, d'un noir brillant.

Elytres environ trois fois et demie aussi longues que le prothorax, faiblement (♂) ou subovalairement (♀) élargies en arrière; subconvexes sur le dos et sensiblement déclives en arrière et sur les côtés; très-finement pubescentes; très-finement et densement pointillées; d'un noir brillant parfois un peu violacé ou bleuâtre, concolores chez les ♀, avec le fin rebord postical d'un testacé de poix, parées chacune chez les ♂ d'une grande tache apicale d'un roux-testacé. *Epaules* assez saillantes, arrondies.

Dessous du corps brillant, très-finement pubescent, très-finement et obsolètement pointillé; noir avec le dessous du prothorax, les hanches antérieures et le sommet des intermédiaires et postérieures d'un roux-testacé, et les intersections des segments ventraux couleur de poix et à peine pellucides. *Métasternum* assez convexe, presque lisse sur son disque, finement et obsolètement canaliculé sur sa ligne médiane. *Ventre* entièrement corné. *Pygidium* éparsement mais assez longuement cilié à son sommet.

Pieds allongés, grêles, très-finement pubescents, très-obsolètement pointillés ou presque lisses, assez brillants, entièrement testacés ainsi que les trochanters, avec le dernier article de tous les tarses un peu plus foncé. *Tibias postérieurs* à peine recourbés en dessous après leur milieu. *Tarses* évidemment plus longs que la moitié des tibias, à premier, à quatrième articles graduellement plus courts, le premier des antérieurs et intermédiaires étant évidemment un peu plus long que le deuxième : le dernier faiblement et subarcuément élargi de la base à l'extrémité, où il est obtusément tronqué et un peu plus épais que les précédents. *Ongles* très-petits, grêles, à pointe acérée et dépassant un peu la membrane.

Patrie. Cette espèce n'est pas bien rare, en mai et juin, sur les herbes et les arbrisseaux, dans presque toute la France méridionale : les environs d'Aiguemortes, de Cette, de Nîmes, de Montpellier, d'Avignon, de Beaucaire, d'Aix, de Marseille, de Toulon, d'Hyères, etc.

aa *Prothorax* d'un rouge-testacé chez les ♀, blanchâtre chez les ♂, avec une large bande médiane noire, raccourcie et bifurquée en avant; fortement arrondi sur les côtés. *Tête* blanchâtre chez les ♂. *Appendice terminal* des ♀ noir.

3. Hypebaeus alicianus. J. du Val.

Oblong ou ovale-oblong, très-finement et brièvement pubescent, peu brillant; noir, avec la tête entièrement d'un blanc flave chez les ♂, ainsi que le sommet des élytres des ♂ (moins l'appendice terminal) et le prothorax, celui-ci avec une large bande dorsale noire bifurquée en avant ; la base des antennes et les pieds antérieurs et intermédiaires testacés, les postérieurs plus ou moins obscurs, avec le dessous des cuisses, la base et le sommet des tibias d'un roux-testacé. Tête largement et distinctement impressionnée entre les yeux ; très-finement pointillée. Prothorax très-fortement transverse, fortement arrondi sur les côtés, légèrement convexe, presque lisse. Elytres subparallèles (♂) ou faiblement élargies en arrière (♀), densement et très-finement pointillées ou finement chagrinées. Tibias postérieurs à peine recourbés en dessous vers leur dernier tiers. Tarses postérieurs à premier article évidemment plus long que le deuxième (♂).

Ebaeus alicianus. JACQUELIN DU VAL, Glan. Ent., t. I, p. 38, 4.
Hypebaeus alicianus. KIESENWETTER, Ins. Deut, t. IV, p. 611.

Long. $0^{m},0022$ (1 l.). — Larg. $0^{m},0010$ (1/2 l.).

♂ *Tête* entièrement d'un blanc-flave. *Front* largement et fortement impressionné entre les yeux. *Elytres* parées à leur extrémité d'une tache commune, d'un blanc-flave, assez fortement impressionnées à leur sommet, et munies chacune à celui-ci d'un fort appendice noir, irrégulièrement subcupuliforme. *Cuisses antérieures et intermédiaires* ordinairement entièrement testacées.

♀ *Tête* entièrement noire. *Front* faiblement impressionné entre les yeux. *Elytres* concolores à leur extrémité, simples à leur sommet. *Cuisses antérieures et intermédiaires* plus ou moins rembrunies à leur base (1).

Corps oblong (♂) ou ovale-oblong (♀), revêtu d'une très-fine et courte pubescence blanchâtre, assez serrée et comme soyeuse.

Tête moins large que le prothorax, à peine pubescente, très-finement et obsolètement pointillée (♂), un peu brillante, entièrement flave, moins les yeux, chez les ♂, noire chez les ♀. *Front* largement et plus (♂) ou moins (♀) fortement impressionné entre les yeux. *Les différentes parties de la bouche* testacées, avec l'extrémité des *mandibules* plus foncée, et le sommet du dernier article des *palpes maxillaires* plus ou moins rembruni.

(1) Nous n'avons pas vu la ♀. Nous en avons tiré la définition d'après Jacquelin du Val. La couleur foncière du prothorax serait en outre, chez ce même sexe, d'un roux testacé au lieu d'être d'un blanc-flave.

Yeux grands, assez saillants, arrondis; noirs, touchant au bord antérieur du prothorax.

Antennes presque aussi longues que la moitié du corps, subfiliformes; finement pubescentes, distinctement ciliées ou fasciculées en dessous vers le sommet de chaque article; obsolètement ruguleuses; brunâtres, avec les quatre ou cinq premiers articles testacés; le premier épaissi en massue ovale-oblongue : le deuxième assez court, égal environ à la moitié du précédent : le troisième un peu oblong, obconique : les quatrième à dixième subdentés en scie en dessous, avec les dents graduellement plus affaiblies et plus obtuses vers l'extrémité : les quatrième à huitième à peine plus longs que larges : les neuvième et dixième suboblongs : le dernier allongé, beaucoup plus long que le pénultième, subcylindrico-fusiforme, obtusément acuminé au sommet.

Prothorax à peine plus étroit (♂) que les élytres à leur base, très-fortement transverse, deux fois aussi large que long; sensiblement arrondi aux angles antérieurs; fortement arrondi sur les côtés simultanément avec les angles postérieurs; largement arrondi au bord antérieur qui est légèrement prolongé dans son milieu au dessus du niveau du vertex; très-faiblement arrondi ou largement subtronqué à la base, avec celle-ci un peu relevée et munie d'un rebord très-fin qui remonte jusqu'au milieu des côtés environ; subimpressionné au devant de l'écusson; légèrement convexe; très-finement pubescent; très-obsolètement pointillé ou presque lisse; un peu brillant (♂); d'un blanc-flave (♂) ou d'un rouge-testacé (♀); paré sur le dos, dans les deux sexes, d'une large bande longitudinale noire, bifurquée en avant à partir de la moitié de sa longueur.

Ecusson transverse, trapéziforme, plus étroit en arrière, subarrondi ou obtusément tronqué au sommet, à peine pubescent, à peine pointillé, d'un noir peu brillant.

Elytres environ quatre fois aussi longues que le prothorax, subparallèles (♂) ou subarcuément élargies en arrière (♀); subdéprimées le long de la suture (♂) et sensiblement déclives sur les côtés; très-finement, brièvement et assez densement pubescentes; densement, très-finement et légèrement pointillées ou comme finement chagrinées; peu brillantes (♂); noires, concolores chez les ♀, d'un flave-testacé au sommet chez les ♂, avec l'appendice terminal noir. *Epaules* assez saillantes, arrondies.

Dessous du corps brillant, très-finement pubescent, obsolètement pointillé, noir. *Ventre* entièrement corné. *Pygidium* légèrement cilié à son sommet.

Pieds allongés, grêles, très-finement pubescents, obsolètement ruguleux, testacés, les postérieurs brunâtres avec le dessous des cuisses et la base et le sommet des tibias d'un roux-testacé. *Tibias postérieurs* à peine recourbés en dessous vers leur dernier tiers. *Tarses* plus longs que la moitié des tibias, à premier, à quatrième articles graduellement plus courts : le dernier allongé, faiblement élargi de la base à l'extrémité où il est un peu plus épais que les précédents. *Ongles* très-petits, pas plus longs que leur membrane.

PATRIE. Cette espèce se prend au Vernet (Pyrénées-Orientales).

OBS. Elle diffère de l'*Hypebaeus albifrons* par son prothorax encore plus court, plus fortement arrondi sur les côtés, à bande dorsale nettement bifurquée en avant, et par l'appendice terminal des ♂ noir.

c. **Prothorax noir, plus (♂) ou moins (♀) flave (♂) ou testacé (♀) antérieurement; assez fortement arrondi sur les côtés.** *Tête* flave chez les ♂. *Appendice terminal des* ♂ testacé.

4. Hypebaeus albifrons. FABRICIUS.

Oblong ou ovale-oblong, très-finement pubescent, assez brillant ; noir, avec la tête et une large bordure anticale du prothorax et l'extrémité des élytres flaves chez les ♂, le bord antérieur du prothorax d'un testacé plus ou moins obscur chez les ♀ ; la base des antennes et les pieds testacés dans les deux sexes, avec les cuisses postérieures plus ou moins rembrunies chez les ♀. Tête presque lisse, plus ou moins impressionnée. Prothorax très-fortement transverse, fortement arrondi sur les côtés, légèrement convexe, presque lisse. Elytres plus (♀) ou moins (♂) élargies postérieurement, densement, très-finement et obsolètement pointillées ou presque lisses. Tibias postérieurs légèrement recourbés en dessous vers leur dernier tiers. Tarses postérieurs à premier article un peu plus long que le deuxième.

Malachius albifrons. FABRICIUS, Syst. El., 1, p. 310, 24. — OLIVIER, Ent., t. II, n° 27, p. 13, 17, tab. 3, fig. 16.
Malachius anticus. LAPORTE, Rev. Ent. de G. Silbermann, 1836, t. IV, p. 28, 4 (♀).
Ebaeus albifrons. ERICHSON, Entomogr. 1, p. 118, 9.
Hypebaeus albifrons. KIESENWETTER, Ins. Deut., t. IV, p. 611.

Variété a. Prothorax flave, avec une grande tache basilaire bifestonnée en avant.

Variété b. Ceinture flave du prothorax plus ou moins interrompue dans son milieu ou réduite aux angles antérieurs.

Long. 0^m,0022 (1 l.). — Larg. 0^m,0010 (1/2 l.).

♂ *Antennes* assez distinctement dentées en scie en dessous. *Tête* presque aussi large que le prothorax, flave, avec une étroite bordure noire en arrière le long du vertex; presque lisse, moins brillante en avant. *Front* largement excavé entre les yeux. *Prothorax* avec une large bordure anticale flave, plus large sur les côtés où elle descend jusque près des angles postérieurs, plus rétrécie dans son milieu où elle est plus ou moins interrompue. *Elytres* oblongues, à peine élargies postérieurement, densement, très-finement et obsolètement pointillées, assez brillantes à la base, peu brillantes sur le reste de leur surface; parées chacune à leur extrémité d'une grande tache flave ou d'un flave-testacé; impressionnées à leur sommet où elles sont munies d'un fort appendice cyathiforme, assez brillant, redressé et d'un roux-testacé. *Le sixième segment ventral* transverse, très-largement et arcuément échancré à son bord apical; *le sixième segment abdominal* saillant, débordant de beaucoup l'inférieur, en cône semi-circulairement entaillé ou sinué à son sommet. *Cuisses postérieures* à peine rembrunies ou seulement à leur tranche supérieure.

♀ *Antennes* un peu plus faiblement dentées en scie en dessous. *Tête* sensiblement moins large que le prothorax, paraissant très-finement et obsolètement pointillée, entièrement d'un noir brillant. *Front* creusé, un peu en avant du niveau des yeux, d'une impression plus ou moins prononcée, en forme de chevron transversal dont le sommet est en arrière. *Prothorax* avec une bordure anticale d'un roux de poix testacé, plus ou moins large, parfois plus ou moins largement interrompue dans son milieu ou réduite aux angles antérieurs.

Elytres subovalairement élargies en arrière; très-finement et très-obsolètement pointillées ou presque lisses; entièrement d'un noir brillant; concolores, simples, largement, obtusément et simultanément arrondies au sommet, avec l'angle sutural bien marqué, mais émoussé et légèrement arrondi. *Le sixième segment ventral* subsemilunaire, entier à son bord apical; *le sixième segment abdominal* subégal à l'inférieur, trapéziforme, subsinueusement tronqué au sommet. *Cuisses postérieures* largement rembrunies, *les antérieures et intermédiaires* légèrement obscurcies à leur base.

Corps oblong (♂) ou ovale-oblong (♀), revêtu d'une très-courte pubescence blanchâtre, courte et assez serrée.

Tête presque aussi (♂) ou sensiblement moins (♀) large que le prothorax, à peine pubescente, presque lisse ou très-finement et obsolètement pointillée, flave (♂) ou d'un noir brillant (♀). *Front* largement plus ou moins excavé (♂) ou impressionné (♀) dans son milieu. *Epistome* flave (♂) ou testacé (♀). *Labre* subconvexe, flave (♂) ou testacé (♀), souvent plus (♀) ou moins (♂) rembruni à sa base, cilié sur ses bords de longs poils pâles. *Mandibules* testacées avec leur extrémité d'un noir de poix. *Les parties inférieures de la bouche* d'un testacé plus (♂) ou moins (♀) clair, avec *les palpes* ou au moins leur dernier article toujours plus obscurs.

Yeux saillants, arrondis, noirs, touchant ou touchant presque au bord antérieur du prothorax.

Antennes à peine aussi longues (♂) ou un peu plus courtes (♀) que la moitié du corps, subfiliformes; très-finement pubescentes, distinctement ciliées ou fasciculées en dessous vers le sommet de chaque article; obsolètement ruguleuses; testacées, graduellement plus ou moins légèrement rembrunies à leur extrémité à partir des cinquième ou sixième articles : le premier épaissi en massue ovale-oblongue : le deuxième court, subglobuleux, un peu moins long que la moitié du précédent : les troisième à dixième subégaux, plus ou moins, mais légèrement oblongs : les quatrième à dixième plus (♂) ou moins (♀) distinctement dentés en scie en dessous, avec les dents graduellement moins prononcées : le dernier beaucoup plus long que le pénultième, allongé, subfusiforme, obtusément acuminé au sommet.

Prothorax un peu plus étroit que les élytres; très-fortement transverse, presque deux fois aussi large que long; sensiblement arrondi aux angles antérieurs; fortement arrondi sur les côtés, simultanément avec les angles postérieurs; largement arrondi au bord antérieur qui est légèrement prolongé dans son milieu au dessus du niveau du vertex; faiblement arrondi à la base, avec celle-ci, parfois comme subtronquée dans son milieu, un peu relevée et munie d'un rebord fin remontant jusqu'au milieu des côtés environ; non ou presque indistinctement impressionné le long des angles postérieurs qui sont tout-à-fait effacés et non relevés; légèrement convexe; très-finement pubescent; très-finement et très-obsolètement pointillé ou presque lisse; d'un noir brillant, avec tout le bord antérieur paré d'une ceinture flave (♂) ou d'un roux-testacé (♀), descendant souvent (♂) sur les côtés jusque près des angles postérieurs, plus ou moins rétrécie et même souvent plus ou moins interrompue dans son milieu ; avec la couleur noire quelquefois bifurquée en avant à ce même endroit, d'autrefois, mais plus rarement, prolongée jusqu'au bord antical et laissant de chaque côté vers les angles antérieurs une tache flave (♂) ou d'un roux-testacé (♀) plus ou moins réduite.

Ecusson transverse, trapéziforme, plus étroit en arrière, subarrondi ou obtusément tronqué au sommet, à peine pubescent, à peine pointillé, d'un noir brillant.

Elytres environ quatre fois aussi longues que le prothorax, faiblement (♂) ou subarcuément (♀) élargies en arrière, subdéprimées le long de la suture derrière l'écusson (♀), ou subconvexes sur leur disque (♀) et sensiblement déclives postérieurement et sur les côtés; très-finement et obsolètement pointillées (♂) ou presque lisses (♀) ; plus (♀) ou moins (♂) brillantes ; noires, concolores chez les ♀, largement testacées au sommet chez les ♂. *Epaules* assez saillantes, arrondies.

Dessous du corps brillant, très-finement pubescent, très-finement et obsolètement pointillé ; noir, avec la partie antérieure du dessous du prothorax et le sommet des hanches testacés, et les intersections des segments ventraux légèrement pâles et pellucides. *Métasternum* assez convexe, presque lisse sur son disque, finement et à peine canaliculé sur sa ligne médiane. *Ventre* entièrement corné. *Pygidium* éparsement et distinctement cilié à son sommet.

Pieds allongés, grêles, très-finement pubescents, très-finement, obsolètement et subrugueusement pointillés, assez brillants ; testacés, avec le sommet du dernier article de tous les tarses généralement un peu plus foncé, les cuisses antérieures et intermédiaires à peine ou légèrement rembrunies à leur base chez les ♀, les postérieures souvent presque entièrement obscurcies chez le même sexe, et les tibias postérieurs, surtout chez les ♂, quelquefois d'un testacé obscur avec l'extrémité plus claire. *Tibias postérieurs* légèrement recourbés en dessous vers leur dernier tiers. *Tarses* évidemment plus longs que la moitié des tibias ; à premier, à quatrième articles graduellement plus courts ; le premier des intermédiaires et des postérieurs étant évidemment, soit vu de dessus, soit vu de côté, un peu plus long que le deuxième : le dernier allongé, graduellement et très-faiblement élargi vers son extrémité où il est subtronqué et à peine plus épais que les précédents. *Ongles* très-petits, pas plus longs que leur membrane.

Patrie. Cette espèce est commune en été, sur les herbes et sur les arbrisseaux, dans toute la France septentrionale et tempérée : aux environs de Paris et de Lyon, la Bourgogne, le Beaujolais, etc.

Obs. Elle varie un peu pour la couleur des pieds et les dessins du prothorax. Ainsi par exemple, la couleur noire, dans celui-ci, s'avance parfois dans son milieu jusqu'au bord antérieur, laissant de chaque côté une tache plus ou moins restreinte ; d'autrefois elle émet seulement en avant deux languettes plus ou moins prolongées, comme chez l'*Hypebaeus alicianus* ♂.
Quant aux pieds, les cuisses, surtout les postérieures, sont plus ou moins rembrunies, et les tibias postérieurs sont parfois plus ou moins foncés.

Sur une cinquantaine d'exemplaires ♀, nous n'en avons vu aucun à élytres testacées au sommet.

M. Perris à fait connaître la larve de cette espèce. (*Mém. de la Soc. des Sci. de Liège*, t. X, p. 241.)

d *Prothorax* noir, concolore dans les deux sexes ; médiocrement arrondi sur les côtés. *Tête* noire dans les deux sexes. *Appendice terminal des* ♂ testacé.

5. **Hypebaeus flavipes**. Fabricius.

Oblong ou ovale-oblong, très-finement pubescent, brillant ; noir, avec le tiers postérieur des élytres flave chez les ♂ ; la bouche (moins les palpes), la base des antennes et les pieds antérieurs et intermédiaires testacés, avec la base de leurs cuisses plus ou moins rembrunie ; les pieds postérieurs d'un noir de poix, avec le sommet des cuisses et la base des tibias testacés. Tête presque lisse, subimpressionnée entre les yeux. Prothorax fortement transverse, médiocrement arrondi sur les côtés, subconvexe, presque lisse. Elytres plus (♀) ou moins (♂) élargies en arrière, très-finement et très-obsolètement pointillées. Tibias postérieurs légèrement recourbés en dessous vers leur dernier tiers. Tarses postérieurs à premier article évidemment plus long que le deuxième.

Malachius flavipes. Fabricius, Syst. El. 1, p. 309, 23. — Olivier, Ent. t. II, nº 27, p. 14, 19, tab. 3, fig. 19 (♀).
Malachius praeustus. Fabricius, Syst. El. 1, p. 308, 17 (♂).
Malachius productus. Olivier, Ent., t. II, nº 27, p. 13, 18, tab. 3, fig. 17 (♂).
Ebaeus flavipes. Erichson, Entomogr. 1, p. 118, 10. — Redtenbacher, Faun. Austr., 2e édit., p. 540, 6 (♂ ♀).
Hypebaeus flavipes. Kiesenwetter, Ins. Deut., t. IV, p. 611, 2 (♂ ♀).

Long. $0^m,0022$ (1 l.). Larg. $0^m,0010$ (1/2 l.).

♂ *Antennes* aussi longues que la moitié du corps, légèrement dentées en scie en dessous. *Tête*, les yeux compris, aussi large que le prothorax. *Elytres* oblongues, à peine élargies postérieurement, flaves ou blanchâtres dans leur dernier tiers; impressionnées à leur sommet où elles sont munies chacune d'un fort appendice cyathiforme, redressé et testacé. *Le sixième segment ventral* très-court, très-largement et à peine échancré à son bord apical; le *sixième segment abdominal* débordant l'inférieur, transverse, subtrapéziforme, subtronqué ou obtusément arrondi au sommet.

♀ *Antennes* un peu plus courtes que la moitié du corps, à peine dentées en scie en dessous. *Tête*, les yeux compris, sensiblement moins large que le prothorax. *Elytres* subovalairement élargies postérieurement, d'un noir brillant; concolores ou parfois légèrement testacées à l'angle apical; simples, largement, obtusément et simultanément arrondies au sommet, avec l'angle sutural bien marqué, un peu émoussé ou à peine arrondi. *Les sixièmes segments abdominal et ventral* subégaux, subsemilunaires, entiers à leur bord postérieur.

Corps oblong (♂) ou ovale-oblong (♀), revêtu d'une très-fine pubescence cendrée, courte et parfois obsolète.

Tête aussi large (♂) ou sensiblement moins large (♀) que le prothorax; à peine pubescente, presque lisse; d'un noir brillant, souvent d'un roux de poix antérieurement. *Front* subdéprimé, creusé entre les yeux d'une impression plus ou moins distincte et souvent subfovéolée. *Epistome* et *labre* testacés (♂) ou d'un testacé de poix plus ou moins obscur (♀) : celui-ci subconvexe, brillant, cilié sur ses bords d'assez longs poils pâles et brillants. *Mandibules* testacées avec leur extrémité d'un roux de poix. *Les parties inférieures de la bouche* d'un testacé de poix, avec *les palpes* toujours obscurs.

Yeux saillants, arrondis, noirs, touchant ou touchant presque au bord antérieur du prothorax.

Antennes aussi (♂) ou un peu moins (♀) longues que la moitié du corps, subfiliformes; très-finement pubescentes, distinctement ciliées ou fasciculées en dessous, surtout vers le sommet de chaque article; obsolètement ruguleuses; brunâtres, avec les quatre ou cinq premiers articles testacés; le premier épaissi en massue ovale-oblongue : le deuxième assez court, brièvement ovalaire, à peine égal à la moitié du précédent : les troisième à dixième subégaux, oblongs, faiblement ou à peine dentés en scie en dessous : le dernier allongé, beaucoup plus long que le pénultième, subfusiforme, obtusément acuminé au sommet.

Prothorax un peu plus étroit que les élytres, fortement transverse ; légèrement arrondi aux angles antérieurs, médiocrement sur les côtés, simultanément avec les angles postérieurs ; très-largement arrondi au bord antérieur qui est à peine prolongé dans son milieu au dessus du niveau du vertex ; à peine plus étroit en arrière ; très-largement arrondi à la base avec celle-ci comme subtronquée dans son milieu, un peu relevée et munie d'un rebord très fin qui remonte sur les côtés jusque près des angles antérieurs ; non ou indistinctement impressionné le long des angles postérieurs qui sont effacés et non relevés ; faiblement convexe ; très-finement pubescent ; très-obsolètement pointillé ou presque lisse ; d'un noir brillant, concolore.

Ecusson transverse, semicirculaire, très-finement pubescent, obsolètement pointillé, ou presque lisse, d'un noir brillant.

Elytres près de quatre fois aussi longues que le prothorax ; faiblement (♂) ou subovalairement élargies en arrière (♀) ; subdéprimées le long de la suture derrière l'écusson (♂) ou subconvexes sur le dos (♀) et sensiblement déclives en arrière et sur les côtés ; très-finement pubescentes ; très-finement, très-obsolètement et assez densement pointillées ; d'un noir brillant ; parées chez les ♂ d'une tache apicale flave ou blanchâtre occupant tout le tiers postérieur ; concolores chez les ♀ ou seulement avec l'angle sutural un peu roussâtre ou testacé. *Epaules* assez saillantes, arrondies.

Dessous du corps brillant, très-finement pubescent, très-finement et obsolètement pointillé ; noir, avec les intersections des segments ventraux à peine pellucides. *Métasternum* assez convexe, lisse sur son disque, à peine et finement canaliculé sur sa ligne médiane. *Ventre* entièrement corné. *Pygidium* assez longuement cilié à son sommet.

Pieds allongés, grêles, très-finement pubescents, très-finement, obsolètement et subrugueusement pointillés, assez brillants ; *les antérieurs et les intermédiaires* testacés, ainsi que l'insertion et la base des trochanters, avec les cuisses rembrunies au moins jusqu'à leur moitié : *les postérieurs* presque entièrement obscurs, moins le sommet des cuisses et la base des tibias, avec l'insertion des trochanters d'un testacé de poix. *Tibias postérieurs* légèrement recourbés en dessous vers leur dernier tiers. *Tarses* un peu plus longs que la moitié des tibias, à premier, à quatrième articles graduellement plus courts, le premier des intermédiaires et des postérieurs étant évidemment, soit vu de dessus, soit vu de côté, plus long que le deuxième : le dernier allongé, graduellement et faiblement élargi de la base à l'extrémité où il est subtronqué et un peu plus épais que les précédents. *Ongles* très-petits, pas plus longs que leur membrane.

Patrie. Cette espèce se trouve en battant les chênes, les coudriers et autres arbres ou arbrisseaux, dans les mêmes localités que les précédents; mais il est un peu moins répandu.

Obs. Elle a tout à fait le port de l'*Hypebaeus albifrons*, dont elle se distingue facilement par la tête noire chez les ♂, et par le prothorax concolore dans les deux sexes, moins fortement transverse et moins fortement arrondi sur les côtés.

Les pieds postérieurs, surtout les tibias et les tarses, sont parfois un peu moins obscurs et roussâtres. Le sommet des élytres est quelquefois assez largement testacé chez les ♀.

Genre *Charopus*, Charope. Erichson.

(Erichson, Entomogr., t. 1., p. 119.)

(Etymologie : χαροπὸς, joyeux, qui réjouit la vue.)

Caractères. *Corps* oblong (♂) ou subovalaire (♀).

Tête transverse, inclinée, fortement et subtriangulairement rétrécie en avant; tantôt un peu dégagée, tantôt plus ou moins enfoncée sous le prothorax, souvent même presque jusqu'aux yeux. *Front* très-large, assez fortement prolongé en avant du bord antérieur de ceux-ci. *Epistome* subcorné ou submembraneux, très-court ou sublinéaire, séparé du front par une suture fine et rectiligne. *Labre* corné, fortement transverse, assez largement tronqué en avant où il présente un rebord membraneux. *Mandibules* robustes, peu saillantes, longitudinalement engagées sous les côtés de l'épistome et du labre, arcuément recourbées à leur extrémité et légèrement bidentées à leur pointe. *Palpes maxillaires* subfiliformes à dernier article assez grand, aussi long que les deux suivants réunis, ovale-oblong, sensiblement atténué ou subacuminé à son sommet, très-étroitement tronqué au bout; le pénultième court, moins long que la moitié du suivant. *Palpes la-*

biaux à dernier article oblong, atténué à son extrémité et étroitement tronqué au bout. *Menton* subcorné, transverse, largement tronqué à son bord antérieur. *Languette* submembraneuse, large, à peine et obtusément arrondie en avant.

Yeux plus ou moins saillants, arrondis, séparés du bord antérieur du prothorax par un intervalle souvent assez sensible, parfois très-court, rarement presque nul.

Antennes assez courtes; de onze articles distincts; insérées à l'angle antéro-externe du front, sensiblement en avant d'une ligne idéale tangente au bord antérieur de chaque œil; subfiliformes, latéralement subcomprimées à partir du troisième article; à premier article en massue oblongue : le deuxième court, subglobuleux, moins long que la moitié du précédent : les troisième à dixième oblongs ou suballongés, tantôt visiblement, tantôt presque indistinctement dentés en scie en dessous : le dernier plus ou moins allongé, beaucoup plus long que le pénultième.

Prothorax carré ou oblong, largement arrondi à son bord antérieur qui est faiblement prolongé dans son milieu au dessus du niveau du vertex; plus ou moins rétréci postérieurement; tronqué et parfois plus ou moins prolongé en arrière sur la base des élytres.

Ecusson tranverse, subtronqué ou obtusément arrondi au sommet.

Elytres oblongues, non distinctement rebordées en dehors; subparallèles, appendiculées et recouvrant entièrement l'abdomen chez les ♂ qui sont *ailés;* sensiblement obovalairement élargies en arrière, raccourcies et laissant à nu les deux ou trois derniers segments de l'abdomen chez les ♀ qui sont *aptères*. *Epaules* peu saillantes (♂) ou effacées (♀).

Echancrures du dessous du prothorax triangulaires, assez profondes, à sommet un peu émoussé ou subarrondi.

Lames médianes des prosternum et mésosternum courtes, en forme d'angle très-ouvert et souvent peu senti. *Epimères du médipectus* assez développées, obliquement disposées. *Métasternum* très-obliquement coupé sur les côtés de son bord apical, faiblement prolongé entre les hanches postérieures en angle bifide au sommet. *Episternums du postpectus* assez larges à la base, rétrécis en arrière en forme d'onglet.

Hanches coniques; *les antérieures et les intermédiaires* contiguës (1);

(1) Les intermédiaires sont sublongitudinales, assez développées et couchées sur la base du métasternum.

les postérieures subconico-cylindriques, rapprochées mais non contiguës à leur base, épaissies et légèrement divergentes à leur sommet, sublongitudinalement disposées.

Ventre de six segments distincts, presque entièrement cornés : le premier plus ou moins voilé à sa base dans son milieu : les deuxième à quatrième subégaux : le cinquième un peu moins court : le dernier assez saillant, subogival ou trapéziforme.

Pieds très-allongés, assez grêles : *les postérieurs* bien plus développés que les intermédiaires et ceux-ci sensiblement plus que les antérieurs, dans toutes leurs parties. *Trochanters* ovales ou ovale-oblongs, les postérieurs subacuminés au sommet. *Cuisses* débordant de beaucoup les côtés du corps, subcomprimées, faiblement renflées avant leur milieu ; *les postérieures* se recourbant un peu en dessus. *Tibias antérieurs et intermédiaires* presque droits ou faiblement arqués à leur base : *les postérieurs* légèrement arqués en dehors sur toute leur longueur, faiblement recourbés en dessous après leur milieu. *Tarses* assez grêles, à peine ou un peu plus longs que la moitié des tibias, très-finement ciliés en dessous, de cinq articles, simples dans les deux sexes ; avec les premiers à quatrième articles graduellement un peu plus courts ; le premier des intermédiaires et postérieurs paraissant, vu de dessus, plus long que le deuxième : le dernier allongé, subélargi de la base à l'extrémité. *Ongles* petits, acérés ; chacun d'eux muni en dessous d'une membrane subdétachée un peu plus courte que lui.

Nous grouperons ainsi les espèces du genre *Charopus* :

a *Prothorax* oblong, beaucoup plus long que large, lobé et sensiblement prolongé sur la base des élytres. *Tibias antérieurs et intermédiaires* testacés . *Flavipes*.

aa *Prothorax* un peu plus long que large, sensiblement rétréci en arrière, légèrement prolongé sur la base des élytres.

b *Dessus du corps* mat. *Concolor*.

bb *Dessus du corps* brillant. *Nitidus*.

aaa *Prothorax* pas plus long que large, à peine ou légèrement rétréci en arrière, non ou à peine prolongé sur la base des élytres.

c *Tibias antérieurs et intermédiaires* concolores. *Docilis*.

cc *Tibias antérieurs et intermédiaires* testacés. *Pallipes*.

a *Prothorax* oblong, beaucoup plus long que large, lobé et sensiblement prolongé sur la base des élytres. *Tibias antérieurs et intermédiaires* testacés.

1. Charopus flavipes. PAYKULL.

Suballongé (♂) ou ovalairement élargi en arrière (♀), très-finement pubescent, obsolètement chagriné ou presque lisse, très-peu brillant, d'un noir bronzé ou verdâtre, avec l'épistome pâle, la base des antennes, les tibias et les tarses antérieurs et intermédiaires et souvent (♀) les postérieurs testacés. Tête plus ou moins impressionnée en avant. Prothorax oblong, beaucoup plus long que large, sensiblement rétréci en arrière, sensiblement prolongé sur la base des élytres, subconvexe, transversalement impressionné avant sa base. Elytres suparallèles (♂) ou obovalaires (♀). Tibias postérieurs sensiblement recourbés en dessous vers leur dernier tiers. Tarses postérieurs à premier article un peu plus long que le deuxième.

Malachius flavipes. PAYKULL, Faun. Suec., t. I, p. 274, 7. — GYLLENHALL, Ins. Suec., t. I, p. 365, 10.
Charopus pallipes. ERICHSON, Entomogr., t. I, p. 120, 1. — REDTENBACHER, Faun. Austr., 2e édit., p. 540.
Charopus flavipes. JACQUELIN DU VAL, Ann. Soc. Entom. de Fr., 1857, p. 93. — KIESENWETTER, Ins. Deut., t. IV, p. 613, 1.

Long. 0m,0025 (1 1/4 l.). — Larg. 0m,0007 à 0m0012 (1/3 à 1/2 l.).

♂ *Elytres* suballongées, subparallèles, *avec des ailes* par dessous, recouvrant entièrement l'abdomen, légèrement et transversalement impressionnées avant le sommet, munies chacune sur la suture, à l'endroit même de l'impression, d'un appendice membraneux, obscur, linéaire, styliforme, subverticalement redressé, un peu renflé et légèrement coudé en arrière dans son milieu. *Epaules* assez saillantes, débordant sensiblement les angles postérieurs du prothorax. *Le sixième segment ventral* profondément fendu à son sommet. *Tibias postérieurs* ordinairement concolores.

♀ *Elytres* obovalairement élargies en arrière, *sans ailes* par dessous, raccourcies et laissant à nu le dernier ou les deux derniers segments de l'abdomen, simples ou subexplanées au sommet, largement, obtusément et individuellement arrondies à celui-ci, avec l'angle sutural peu marqué et obtus. *Epaules* peu saillantes, débordant un peu les angles postérieurs du prothorax. *Le sixième segment ventral* entier et subtronqué à son sommet. *Tibias postérieurs* ordinairement testacés.

Corps suballongé (♂) ou ovale-oblong (♀); revêtu d'une très-fine pubescence blanchâtre, courte et peu serrée.

Tête, les yeux compris, un peu plus (♂) ou aussi (♀) large que le prothorax; très-finement et éparsement pubescente, obsolètement chagrinée ou presque lisse; entièrement d'un noir bronzé un peu brillant. *Front* à peine convexe, plus ou moins distinctement biimpressionné en avant. *Épistome* flave ou pâle. *Labre* subconvexe, brillant, obscur, avec le bord antérieur souvent roussâtre et submembraneux, cilié vers son sommet de longs poils pâles et brillants. *Mandibules* assez saillantes, d'un roux-testacé, avec la base plus obscure et la pointe à peine plus foncée. *Les parties inférieures de la bouche* brunâtres, avec les *palpes* noirs.

Yeux saillants, arrondis, noirs, séparés du bord antérieur du prothorax par un intervalle sensible.

Antennes à peine aussi longues que la moitié du corps, subfiliformes: finement pubescentes, assez longuement ciliées en dessous au sommet de chaque article; obsolètement ruguleuses; noires, avec le sommet du premier article, les deuxième, troisième et quatrième en entier et la base du cinquième testacés: le premier légèrement épaissi en massue suballongée: le deuxième court, subglobuleux, sensiblement moins long que la moitié du précédent: les troisième à dixième oblongs, subégaux, presque simples en dessous; les cinq ou six derniers paraissant graduellement et à peine plus épais: le dernier allongé, beaucoup plus long que le pénultième, subfusiforme, subacuminé au sommet.

Prothorax sensiblement plus étroit que les élytres à leur base, oblong, beaucoup plus long que large; très-largement arrondi à son bord antérieur qui est à peine prolongé dans son milieu au dessus du niveau du vertex; légèrement arrondi à ses angles antérieurs et sur les côtés; sensiblement rétréci en arrière, avec les angles postérieurs obtus; tronqué, lobé et sensiblement prolongé à sa base sur la base des élytres; subconvexe antérieurement, et creusé postérieurement d'une impression transversale assez marquée, subarquée en arrière et qui force la base à se relever, celle-ci à peine ou presque indistinctement rebordée; très-finement et éparsement pubescent; obsolètement chagriné; entièrement d'un noir-bronzé ou verdâtre peu brillant.

Ecusson en carré transverse, évidemment tronqué au sommet, à peine pubescent, obsolètement chagriné, d'un noir-verdâtre.

Elytres trois fois aussi longues que le prothorax (♂) ou un peu moins (♀); subparallèles (♂) ou ovalairement élargies en arrière (♀); plus (♀) ou moins (♂) convexes; finement et éparsement pubescentes; presque lisses; entièrement d'un noir-bronzé ou verdâtre et très-peu brillant. *Epaules* plus (♂) ou moins (♀) saillantes.

Dessous du corps brillant, très-finement et à peine pubescent, très-obsolètement pointillé; d'un noir un peu verdâtre, avec le bord apical des segments ventraux à peine pellucide. *Métasternum* subconvexe, à peine subsillonné sur sa ligne médiane. *Ventre* presque entièrement corné, presque lisse. *Pygidium* longuement et finement cilié au sommet.

Pieds allongés, grêles, très-finement pubescents, densement et finement ruguleux; d'un noir submétallique, avec les insertions de tous les trochanters, et la base des antérieurs et intermédiaires testacés, ainsi que les genoux, les tibias et les tarses antérieurs et intermédiaires, avec ceux-ci un peu plus obscurs à leur extrémité: les ♀ ayant de plus les tibias et les tarses postérieurs plus ou moins testacés. *Tibias postérieurs* assez sensiblement arqués en dehors, assez distinctement recourbés en dessous vers leur dernier tiers. *Tarses* à peine plus longs que la moitié des tibias, à premier, à quatrième articles graduellement un peu plus courts: le dernier allongé, à peine élargi de la base à l'extrémité où il est à peine plus épais que les précédents. *Ongles* petits, acérés, un peu plus longs que leur membrane.

Patrie. Cette espèce, qu'on rencontre en Suède et en Allemagne, doit probablement se trouver dans la France septentrionale.

aa *Prothorax* un peu plus long que large, sensiblement rétréci en arrière, légèrement prolongé sur la base des élytres.

b *Dessus du corps* mat.

2. Charopus concolor. Fabricius.

Oblong (♂) ou courtement et ovalairement élargi en arrière, finement et brièvement pubescent, très-finement chagriné ou presque lisse, mat, d'un noir-verdâtre ou bleuâtre avec les deuxième et troisième articles des antennes d'un testacé de poix. Tête largement impressionnée entre les yeux. Prothorax un peu plus long que large, sensiblement rétréci en arrière, légèrement prolongé sur la base des élytres, subconvexe. Elytres oblongues

(♂) *ou courtement ovalaires* (♀). *Tibias postérieurs un peu recourbés en dessous vers leur dernier tiers. Tarses postérieurs à premier article un peu plus long que le deuxième.*

Malachius concolor. FABRICIUS, Syst. El., t. I, p. 310, 27.
Charopus concolor. ERICHSON. Entomogr., t. I, p. 121, 2. — REDTENBACKER, Faun. Austr., 2e édit., p. 541. — KIESENWETTER, Ins. Deut., t. IV, p. 615, 3.

Long. 0m,0027 (1 1/4 l.). — Larg. 0m,007 à 0m,0013 (1/3 à 1/2 l.).

♂ *Elytres* oblongues, *avec des ailes* par dessous ; recouvrant entièrement l'abdomen ; munies à leur sommet d'une lanière infléchie, plus ou moins roussâtre.

♀ *Elytres* courtement ovalaires, convexes, *sans ailes* par dessous ; plus courtes que l'abdomen ; largement, obtusément et simultanément arrondies au sommet avec l'angle sutural fortement arrondi.

Corps oblong (♂) ou courtement et ovalairement élargi en arrière (♀), revêtu d'une très-fine pubescence blanchâtre, très-courte et assez serrée.

Tête presque aussi large que le prothorax, très-finement pubescente, très-obsolètement chagrinée ou presque lisse, entièrement d'un noir-verdâtre peu brillant. *Epistome* livide ou d'un gris-obscur. *Labre* subconvexe, d'un noir de poix assez brillant, avec le bord antérieur un peu roussâtre et cilié de longs poils pâles. *Mandibules et parties inférieures de la bouche* d'un brun de poix, avec *les palpes* noirs.

Yeux assez saillants, subarrondis, brunâtres, séparés du bord antérieur du prothorax par un intervalle sensible.

Antennes presque aussi longues que la moitié du corps, filiformes ; finement pubescentes, distinctement ciliées ou fasciculées en dessous au sommet de chaque article ; subruguleuses ; d'un noir submétallique avec le sommet du premier article et les deuxième et troisième entièrement d'un testacé plus ou moins obscur ; le premier sensiblement épaissi en massue oblongue : le deuxième court, subglobuleux, moins long que la moitié du précédent : les troisième et quatrième oblongs, obconiques : les cinquième à dixième suballongés, subégaux, subcylindriques ou à peine plus étroits à leur base : le dernier très-allongé, beaucoup plus long que le pénultième, subcylindrico-fusiforme, obtusément acuminé au sommet.

Prothorax sensiblement plus étroit que les élytres à leur base, un peu plus long que large ; largement arrondi à son bord antérieur qui est un peu prolongé dans son milieu au dessus du niveau du vertex ; sensiblement arrondi à ses angles antérieurs et légèrement sur les côtés surtout en avant ; sensiblement rétréci en arrière, avec les angles postérieurs obtus et assez largement arrondis ; subtronqué, sublobé et légèrement prolongé à sa base sur la base des élytres ; subconvexe, faiblement impressionné au devant de l'écusson, avec la base non ou indistinctement rebordée ; finement pubescent ; très-obsolètement chagriné ou presque lisse ; entièrement d'un noir-verdâtre ou bleuâtre et très-peu brillant.

Ecusson en carré fortement transverse, subtronqué au sommet, à peine pubescent, finement chagriné, d'un noir-verdâtre peu brillant.

Elytres deux fois et demie à trois fois aussi longues que le prothorax ; oblongues (♂) ou courtement ovalaires (♀) ; plus (♀) ou moins (♂) convexes ; finement, brièvement et assez densement pubescentes ; très-finement et obsolètement chagrinées ; entièrement d'un noir-verdâtre ou bleuâtre et presque tout à fait mat. *Epaules* peu saillantes, arrondies.

Dessous du corps assez brillant, très-finement pubescent, obsolètement pointillé d'un noir submétallique, avec le bord apical des segments ventraux parfois un peu roussâtre. *Métasternum* subconvexe, à peine subsillonné sur sa ligne médiane. *Ventre* presque entièrement corné. *Pygidium* distinctement cilié sur ses bords.

Pieds allongés, grêles, très-finement ruguleux, entièrement d'un noir submétallique. *Tibias postérieurs* légèrement arqués en dehors, un peu recourbés en dessous vers leur dernier tiers. *Tarses* à peine plus longs que la moitié des tibias, à premier à quatrième articles graduellement plus courts : le dernier allongé, très-faiblement élargi de la base à l'extémité où il est à peine plus épais que les précédents. *Ongles* petits, acérés, un peu plus longs que leur membrane.

Patrie. Cette espèce, plus particulière à la Corse et à l'Algérie, est rare en France. Elle se rencontre dans les parties les plus méridionales de notre riche contrée. Elle nous a été généreusement communiquée par M. Godart, de Lyon, et par M. Henri de Bonvouloir, de Paris.

Obs. Quelquefois les deuxième et troisième articles des antennes sont presque entièrement obscurs ou à peine testacés en dessous.

bb *Dessus du corps* brillant.

3. Charopus nitidus. KUSTER.

Oblong ou ovalairement élargi en arrière, très-finement pubescent, très-finement et obsolètement pointillé, brillant, d'un vert-bronzé foncé, avec les deuxième, troisième et quatrième articles des antennes d'un roux-testacé. Tête à peine impressionnée entre les yeux. Prothorax un peu plus long que large, sensiblement rétréci en arrière, légèrement prolongé sur la base des élytres, subconvexe. Elytres oblongues (♂) ou subovalaires (♀). Tibias postérieurs légèrement recourbés en dessous vers leur dernier tiers. Tarses postérieurs à premier article un peu plus long que le deuxième.

Charopus nitidus. KUSTER, Kœf. Eur., XVIII, 18. — KIESENWETTER, Ann. Soc. Ent. Fr., 1851, p. 621.

Long. 0m,0023 (1 l.). — Larg. 0m,0010 (1/2 l.).

PATRIE. La Sardaigne.

OBS. Un seul catalogue mentionne cette espèce de la France méridionale. Jusqu'à plus amples renseignements, nous ne l'admettons qu'avec doute comme espèce française, et nous nous dispenserons donc de la décrire complétement.

Elle ressemble, du reste, beaucoup au *Charopus concolor*, dont elle est pourtant facile à distinguer par sa couleur bien plus brillante, et par ses élytres moins courtement ovalaires chez les ♀.

Elle diffère du *Charopus docilis* par son prothorax un peu moins court et plus sensiblement prolongé sur la base des élytres.

aaa *Prothorax* pas plus long que large, non ou à peine prolongé en arrière sur la base des élytres.

c *Tibias antérieurs et intermédiaires* concolores.

4. Charopus docilis. KIESENWETTER.

Oblong (♂) ou ovalairement élargi en arrière (♀), finement et brièvement pubescent, finement chagriné, peu brillant, d'un vert-bronzé très-foncé ou bleuâtre, avec l'épistome pâle et le deuxième article des antennes d'un roux-testacé. Tête largement impressionnée en avant. Prothorax pas plus long que large, à peine (♂) ou un peu (♀) plus étroit en arrière, légèrement convexe. Elytres subparallèles (♂) ou ovalairement élargies en arrière (♀). Tibias postérieurs assez sensiblement recourbés en dessous après leur milieu. Tarses postérieurs à premier article évidemment plus long que le deuxième.

Charopus docilis. KIESENWETTER, Ann. Soc. Ent. Fr., 1851, p. 619.

Long. $0^m,0015$ (2/3 l.). — Larg. $0^m,0006$ à $0^m,0010$ (1/4 à 1/2 l.).

♂ *Antennes* presque aussi longues que la moitié du corps, légèrement dentées en scie en dessous. *Elytres* oblongues, subparallèles ou faiblement élargies en arrière; *avec des ailes* par dessous; recouvrant entièrement l'abdomen; subdéprimées le long de la suture; fortement et transversalement excavées au sommet; munies chacune à l'angle interne du lobe supérieur d'un appendice obscur, membraneux, sublinéaire, en forme de lanière assez longue, infléchie, obliquement tronquée au sommet, avec celui-ci angulairement et aigument dilaté en dedans où il se termine par une soie pâle et un peu frisée. *Epaules* un peu saillantes, débordant les angles postérieurs du prothorax. *Le sixième segment ventral* subogival, largement subimpressionné, longitudinalement fendu à son sommet jusque près de la base; *Le sixième segment abdominal* débordant un peu l'inférieur, subtrapéziforme, largement, obtusément et subsinueusement tronqué à son bord apical.

♀ *Antennes* un peu moins longues que la moitié du corps, faiblement et obtusément dentées en scie en dessous. *Elytres* assez fortement et obovalairement élargies en arrière; *sans ailes* par dessous; raccourcies et laissant à nu les deux ou trois derniers segments de l'abdomen; convexes; simples, largement, obtusément et individuellement subarrondies au sommet avec l'angle sutural fortement arrondi. *Epaules* effacées, ne débordant pas les angles postérieurs du prothorax. *Les sixièmes segments abdominal et ventral* subégaux : le supérieur trapéziforme, largement subarrondi ou obtusément tronqué, l'inférieur subogival, étroitement arrondi à leur bord apical.

Corps oblong (♂) ou ovalairement élargi en arrière (♀), revêtu d'une fine pubescence blanchâtre, courte et assez serrée.

Tête, les yeux compris, aussi large ou presque aussi large que le prothorax, à peine pubescente, finement et obsolètement chagrinée, entièrement d'un vert-bronzé foncé et un peu brillant. *Front* marqué entre les yeux d'une large et faible impression, prolongée en avant au moins jusqu'au niveau de l'insertion des antennes. *Epistome* ordinairement flave. *Labre* subconvexe, brillant, d'un noir de poix, cilié à son sommet de longs poils pâles. *Mandibules* d'un noir de poix avec leur extrémité roussâtre. *Les parties inférieures de la bouche* couleur de poix avec *les palpes* noirs.

Yeux saillants, arrondis, noirs, séparés du bord antérieur du prothorax par un intervalle ou très-court ou nul ou presque nul.

Antennes presque aussi longues (♂) ou un peu moins longues (♀) que la moitié du corps, subfiliformes, finement pubescentes, assez longuement ciliées, surtout en dessous, au sommet de chaque article ; subruguleuses ; plus brillantes à leur base ; noires, avec le deuxième article et parfois la base du troisième testacés ou d'un testacé de poix ; à premier article légèrement épaissi en massue oblongue ; le deuxième court, subglobuleux, à peine aussi long que la moitié du précédent : les troisième à dixième suboblongs, subégaux, plus (♀) ou moins (♂) faiblement en dents de scie en dessous, les troisième et quatrième un peu plus distinctement : le dernier allongé, beaucoup plus long que le pénultième, obtusément acuminé au sommet.

Prothorax un peu plus (♂) ou pas plus (♀) étroit que les élytres à leur base ; pas plus (♂) ou à peine plus (♀) long que large ; en forme de carré arrondi aux angles et plus (♂) ou moins (♀) légèrement rétréci en arrière ; largement arrondi au bord antérieur qui est faiblement prolongé dans son milieu au dessus du niveau du vertex ; assez sensiblement arrondi antérieurement sur les côtés ; subsinueusement subtronqué à sa base, avec celle-ci à peine ou très-faiblement prolongée sur la base des élytres, non (♀) ou à peine (♂) relevée, très-finement (♂) ou à peine (♀) rebordée ; uni (♀) ou presque indistinctement impressionné vers les angles postérieurs (♂) ; légèrement convexe sur le dos et sensiblement déclive sur les côtés ; finement pubescent ; finement chagriné ; entièrement d'un vert-bronzé foncé peu brillant, souvent un peu bleuâtre.

Ecusson transverse, trapéziforme, subtronqué ou obtusément arrondi au sommet, très-finement pubescent, finement chagriné, d'un vert-bronzé foncé et peu brillant.

Elytres environ trois fois aussi longues que le prothorax ; subparallèles (♂) ou obovalaires (♀) ; plus (♀) ou moins (♂) convexes ; finement et assez densement pubescentes ; obsolètement ridées ou finement ruguleuses ;

d'un vert bronzé foncé peu brillant, souvent un peu bleuâtre. *Epaules* un peu saillantes (♀) ou effacées (♂).

Dessous du corps assez brillant, finement pubescent, très-finement et obsolètement pointillé, d'un noir-verdâtre, avec le bord antérieur du prosternum et les intersections des segments ventraux plus ou moins étroitement pâles et submembraneux. *Métasternum* assez convexe, plus (♂) ou moins (♀) lisse sur son disque, à peine ou très-obsolètement canaliculé sur sa ligne médiane. *Ventre* presque entièrement corné. *Pygidium* finement cilié sur ses bords.

Pieds allongés, grêles, finement pubescents, densement et finement ruguleux; d'un noir-verdâtre et assez brillant, avec les insertions des trochanters d'un testacé de poix. *Tibias postérieurs* légèrement arqués en dehors, plus (♂) ou moins (♀) sensiblement recourbés en dessous après leur milieu. *Tarses* à peine plus longs que la moitié des tibias, légèrement ciliés en dessus au sommet de chaque article, à premier à quatrième articles graduellement plus courts : le dernier allongé, faiblement élargi de la base à l'extrémité où il est subtronqué et à peine plus épais que les précédents. *Ongles* petits, acérés, un peu plus longs que la membrane.

Patrie. Cette espèce se rencontre de la même manière que le *Charopus pallipes*, mais elle est beaucoup plus rare. Nous l'avons capturée aux environs de Lyon et de Cluny, ainsi que dans le Beaujolais. On la trouve aussi dans le Languedoc, aux environs de Montpellier et dans le Roussillon.

Obs. Elle est facile à distinguer de la suivante dont elle a le port, par sa taille un peu moindre, par ses pieds concolores, par les élytres des ♂ munies d'un seul appendice, infléchi, en forme de lanière assez longue.

cc *Tibias antérieurs et intermédiaires* testacés.

5. Charopus pallipes. Olivier.

Oblong (♂) ou ovalairement élargi en arrière (♀), finement et brièvement pubescent, très-finement et obsolètement pointillé, peu brillant, d'un vert-bronzé foncé, avec l'épistome blanchâtre, la base des antennes, les tibias antérieurs et intermédiaires et souvent (♀) les postérieurs testacés. Tête obsolètement impressionnée entre les yeux. Prothorax pas plus long que large, à peine plus étroit en arrière, légèrement convexe. Elytres subparallèles (♂) ou obovalairement et sensiblement élargies en arrière (♀). Tibias postérieurs faiblement recourbés en dessous après leur milieu. Tarses postérieurs à premier article évidemment plus long que le deuxième.

Malachius pallipes. OLIVIER, Entomol., t. II, n° 27, p. 11, 14, tab. 2, fig. 7.
Charopus grandicollis. KIESENWETTER, Ann. Soc. Ent. Fr., 1851, p. 620.

Long. 0^m,0017 (3/4 l.). — Larg. 0^m,0007 à 0^m,0012 (1/3 à 1/2 l.).

♂ *Antennes* légèrement dentées en scie en dessous. *Elytres* oblongues, subparallèles; *avec des ailes* par dessous; subdéprimées le long de la suture, recouvrant entièrement l'abdomen, fortement et transversalement excavées au sommet, munies chacune vers l'angle sutural de deux appendices obscurs et redressés : l'*interne ou supérieur* en forme d'épine ou de lanière sétacée : l'*externe ou inférieur* large, latéralement comprimé, obtusément subsécuriforme. *Epaules* un peu saillantes, débordant les angles postérieurs du prothorax. *Le sixième segment ventral* subogival, largement subimpressionné, fendu à son sommet jusque près de sa base; *le sixième segment abdominal* débordant à peine l'inférieur, trapéziforme, largement et obtusément tronqué ou subarrondi à son bord apical. *Tibias antérieurs et intermédiaires* seuls testacés, parfois légèrement rembrunis à leur base.

♀ *Antennes* faiblement et très-obtusément dentées en scie en dessous. *Elytres* assez fortement et obovalairement élargies en arrière, *sans ailes* par dessous, raccourcies et laissant à nu les deux ou trois derniers segments de l'abdomen, convexes, simples, largement, obtusément et individuellement arrondies au sommet, avec l'angle sutural peu marqué, obtus et arrondi. *Epaules* effacées, ne débordant pas les angles postérieurs du prothorax. *Les sixièmes segments abdominal et ventral* subégaux, trapéziformes, largement et obtusement tronqués ou subarrondis à leur bord apical, l'inférieur néanmoins plus étroitement. *Tibias* un peu plus grêles que chez les ♂, tous testacés.

Corps oblong (♂) ou ovalairement élargi en arrière (♀); revêtu d'une fine pubescence blanchâtre, courte et assez serrée.

Tête, les yeux compris, aussi ou presque aussi large que le prothorax; à peine pubescente, obsolètement chagrinée ou presque lisse; entièrement d'un vert-bronzé foncé un peu brillant. *Front* subdéprimé ou faiblement convexe, marqué entre les yeux d'une impression plus ou moins obsolète, parfois (♂) prolongée en avant en se bifurquant. *Epistome* flave ou blanchâtre. *Labre* subconvexe, brillant, plus ou moins obscur, avec le bord antérieur souvent pâle et submembraneux, cilié à son sommet de longs poils pâles et brillants. *Mandibules* d'un noir de poix avec leur extrémité plus ou moins roussâtre. *Les parties inférieures de la bouche* d'un brun de poix quelquefois assez clair, avec *les palpes* noirs.

Yeux saillants, arrondis, noirs, séparés du bord antérieur du prothorax par un intervalle plus ou moins court, souvent presque nul.

Antennes à peine aussi longues que la moitié du corps; subfiliformes; finement pubescentes, assez longuement ciliées en dessous au sommet de chaque article; subruguleuses; noires, avec les deuxième et troisième et souvent quatrième articles et le sommet du premier testacés: celui-ci légèrement épaissi en massue oblongue: le deuxième court, subglobuleux, à peine égal à la moitié du précédent: les troisième à dixième légèrement (♂) ou obsolètement (♀) dentés en scie en dessous: les troisième et quatrième un peu plus distinctement que les suivants, subégaux: les cinquième à dixième oblongs, subégaux: le dernier allongé, beaucoup plus long que le pénultième, subfusiforme, obtusément acuminé au sommet.

Prothorax un peu plus (♂) ou pas plus (♀) étroit que les élytres à leur base, pas plus long que large; en forme de carré arrondi à ses angles, et plus (♀) ou moins (♂) mais très-légèrement rétréci en arrière; largement arrondi au bord antérieur qui est faiblement prolongé dans son milieu au dessus du niveau du vertex; légèrement arrondi sur les côtés surtout antérieurement; subtronqué à la base, avec celle-ci non ou à peine prolongée sur la base des élytres, non (♀) ou à peine (♂) relevée, très-finement (♂) ou à peine (♀) rebordée, et parfois subsinuée au dessus de l'écusson; presque uni (♀) ou obsolètement et subtransversalement impressionné (♂) de chaque côté avant la base et quelquefois subfovéolé sur le milieu de celle-ci; légèrement convexe sur le dos et plus (♀) ou moins (♂) sensiblement déclive sur les côtés; finement pubescent; très-finement, densement et obsolètement pointillé; entièrement d'un vert-bronzé foncé et peu brillant.

Ecusson transverse, trapéziforme, subarrondi ou subtronqué au sommet, à peine pubescent, à peine pointillé; d'un vert-bronzé foncé et peu brillant.

Elytres deux fois et demie (♀) ou deux fois et trois-quarts (♂) aussi longues que le prothorax; subparallèles (♂) ou obovalaires (♀); plus (♀) ou moins (♂) convexes; finement et assez densement pubescentes; très-finement, densement et obsolètement pointillées ; entièrement d'un vert très-foncé et peu brillant. *Epaules* peu saillantes (♂) ou effacées (♀).

Dessous du corps assez brillant, finement pubescent, très-finement et obsolètement pointillé ; d'un vert-bronzé très-foncé, avec le bord antérieur de l'antépectus et les intersections des segments ventraux plus ou moins étroitement blanchâtres et submembraneux. *Métasternum* assez convexe, plus ou moins lisse sur son disque, indistinctement canaliculé sur sa ligne médiane. *Ventre* presque entièrement corné. *Pygidium* distinctement et finement cilié à son sommet.

Pieds allongés ; grêles, finement pubescents, densement et finement ruguleux ; d'un noir verdâtre et assez brillant, avec les insertions de tous les trochanters et la base des antérieurs et intermédiaires d'un testacé de poix, les tibias et tarses antérieurs et intermédiaires testacés, avec ceux-ci plus ou moins obscurcis à leur extrémité et ceux-là parfois légèrement rembrunis à leur base : les ♀ ayant de plus les tibias et la base des tarses postérieurs testacés, les trochanters antérieurs et intermédiaires entièrement et la base des postérieurs souvent de cette même couleur. *Tibias postérieurs* assez sensiblement arqués en dehors et en outre faiblement recourbés en dessous après leur milieu. *Tarses* à peine plus longs que la moitié des tibias, ciliés en dessus d'un ou deux poils au sommet de chaque article ; à premier à quatrième articles graduellement un peu plus courts : le dernier subarcuément élargi de la base à l'extrémité où il est subtronqué et un peu plus épais que les précédents. *Ongles* petits, acérés, un peu plus longs que leur membrane.

Patrie. Cette espèce n'est pas bien rare, sur les herbes des bois et des prairies, dans presque toute la France : les environs de Paris et de Lyon, le Beaujolais, la Bourgogne, etc.

Obs. Elle varie pour la couleur des pieds surtout chez les ♂, dont les tibias postérieurs sont quelquefois testacés à leur extrémité ainsi que la base des tarses.

Les ♂ diffèrent en outre des ♀ par une teinte généralement plus mate.

Cette espèce a été quelquefois confondue, dans les synonymies, avec le *Charopus flavipes*, Paykull, lequel s'en distingue par sa taille un peu plus grande ; par son prothorax oblong, plus fortement rétréci en arrière, sensiblement prolongé sur la base des élytres, assez fortement et transversalement impressionné avant sa base, et par les élytres des ♂ munies à leur sommet d'un seul appendice, styliforme.

Ici se placerait le

Charopus madidus. Kiesenwetter.

(Ins. Deut., t. IV, p. 614, 2.)

Nigro-virescens, subopacus, prothoracis basin versus leviter angustati margine basali obscure testaceo, tibiis anterioribus tarsisque flavis.

Long. 1 lin.

Mas : *Elytris oblongo-obovatis, apice obtuse acuminatis, ante apicem intrusis et appendicula lineari spinosis.*

Patrie. Le Tyrol.

Genre *Homoeodipnis*, Homœodipne. Jacquelin du Val.

Jacquelin du Val, Glan. Ent., t. I, p. 47 ; et Gen. Col. Eur., t. III, 2e partie, p. 178, pl. 44, fig. 216).

(Etymologie : ὅμοιος, semblable ; δίπνοος, qui a deux palpes.)

Caractère. *Corps* ovale-oblong.

Tête transverse, inclinée, fortement et subtriangulairement rétrécie en avant, ordinairement engagée sous le prothorax jusqu'aux yeux. *Front* très-large, prolongé en avant bien au delà du niveau de ceux-ci. *Epistome* corné, très-court, sublinéaire, séparé du front par une suture rectiligne. *Labre* corné, très-court, très-fortement transverse ou sublinéaire, largement tronqué en avant. *Mandibules* assez robustes, très-peu saillantes, longitudinalement engagées sous les côtés de l'épistome et du labre, arcuément recourbées à leur extrémité et légèrement bidentées à leur pointe. *Palpes maxillaires* semblables dans les deux sexes ; à dernier article très-grand, aussi long que les deux précédents réunis, mais beaucoup plus épais, renflé, courtement ovalaire, largement tronqué au sommet : le pénultième court, notablement moins long que le deuxième et que la moitié du dernier. *Palpes labiaux* petits, à dernier article subégal au deuxième, subacuminé vers son extrémité et tronqué au bout. *Menton* transverse. *Languette* membraneuse, assez développée.

Yeux assez saillants, arrondis, touchant presque toujours au bord antérieur du prothorax.

Antennes assez courtes, de onze articles distincts ; insérées à l'angle antéro-externe du front, bien avant d'une ligne idéale tangente au bord antérieur de chaque œil ; filiformes, faiblement subcomprimées latéralement à partir du troisième article ; simples ou non visiblement dentées en dessous ; à premier article allongé, presque aussi long que les trois suivants réunis : le deuxième petit, subglobuleux, égal environ au quart du précédent : les troisième et quatrième suboblongs : les cinquième à dixième oblongs subégaux : le dernier subelliptique, un peu plus long que le pénultième.

Prothorax fortement transverse ; faiblement arrondi à son bord antérieur, avec celui-ci non prolongé dans son milieu au-dessus du niveau du vertex ; sensiblement arrondi sur les côtés ; subtronqué à sa base.

Ecusson transverse, subsemicirculaire.

Elytres ovales-oblongues, recouvrant entièrement l'abdomen ; déprimées à leur base, assez sensiblement élargies en arrière ; simples au sommet dans les deux sexes ; à peine ou très-finement rebordées en dehors. *Epaules* un peu saillantes.

Echancrures du dessous du prothorax petites, peu profondes, subtriangulaires, à sommet un peu arrondi.

Lames médianes des prosternum et mésosternum courtes, en angle très-ouvert et souvent peu senti. *Epimères du médipectus* assez développées, obliquement disposées. *Métasternum* obliquement coupé sur les côtés de son bord apical, faiblement prolongé entre les hanches postérieures en angle bifide au sommet. *Episternums du postpectus* assez larges à la base, rétrécis en arrière en forme d'onglet.

Hanches coniques : *les antérieures et les intermédiaires* contiguës : *les postérieures* rapprochées mais non contiguës, un peu divergentes à leur sommet.

Ventre de six segments distincts, presque entièrement cornés : le premier plus ou moins voilé dans son milieu, surtout à sa base ; les deuxième à cinquième subégaux : le sixième fortement transverse, trapéziforme, largement tronqué à son bord apical.

Pieds allongés, grêles ; *les postérieurs* bien plus développés que les intermédiaires et ceux-ci assez sensiblement plus que les antérieurs dans toutes leurs parties. *Trochanters* ovale-oblongs. *Cuisses* débordant sensiblement les côtés du corps ; un peu renflées dans leur milieu : *les postérieures* se recourbant à peine ou faiblement en dessus. *Tibias* très-légèrement arqués à leur base : *les postérieurs* non ou à peine recourbés en dessous vers leur dernier tiers. *Tarses* grêles, un peu plus longs que la moitié des tibias, très-finement ciliés en dessous, simples dans les deux sexes ; de cinq articles chez les ♀ : les antérieurs seulement de quatre chez les ♂ ; à premier à quatrième articles graduellement un peu plus courts : le dernier allongé, faiblement subélargi de la base à l'extrémité. *Ongles* très-petits, chacun d'eux muni en dessous d'une membrane accolée à peu près aussi longue que lui.

Obs. Ce genre, fondé avec raison par Jacquelin du Val, se distingue des précédents par la grosseur du dernier article des palpes maxillaires, par la longueur du premier article des antennes, par les élytres simples au sommet dans les deux sexes et par les tarses antérieurs des ♂ de quatre articles seulement. Il diffère des genres suivants par la structure des palpes maxillaires qui sont semblables dans les deux sexes.

Les *Homoeodipnis* sont de très-petits insectes, finements pubescents et non sétosellés.

1. **Homoeodipnis Javeti.** Jacquelin du Val.

Ovale-oblong, finement pubescent, assez brillant, noir, avec une large bordure sur les côtés du prothorax, le bord antérieur du front, la bouche, les antennes et les pieds d'un roux-testacé, et les cuisses postérieures plus ou moins obscurcies à leur base. Tête presque lisse, subégale ou obsolètement subimpressionnée en avant. Prothorax fortement transverse, sensiblement arrondi sur les côtés, lisse, subconvexe. Elytres ovalairement élargies en arrière, obsolètement et subruguеusement pointillées. Tibias postérieurs un peu recourbés en dessous vers leur tiers postérieur. Tarses postérieurs à premier article un peu plus long que le deuxième.

Homoeodipnis Javeti. Jacquelin du Val, Ann. Soc. Ent. Fr., 1852, p. 705. — Gen. Col. Eur., t. III, tab. 44, fig. 216.

Variété a. Prothorax et cuisses postérieures entièrement d'un roux-testacé.

Long. 0m,0015(2/3 l.). — Larg. 0m,0008 (1/3 l.).

♂ *Tarses antérieurs* de quatre articles.

♀ *Tarses antérieurs* de cinq articles.

Corps ovale-oblong, revêtu d'une fine pubescence blanchâtre, pas trop serrée, mais bien distincte et donnant aux élytres une teinte un peu grisâtre.

Tête, les yeux compris, sensiblement plus étroite que le prothorax; très-finement pubescente; lisse ou presque lisse; d'un noir brillant, avec la partie antérieure plus ou moins largement d'une couleur d'un roux-testacé qui remonte parfois jusqu'au niveau des yeux. *Front* légèrement convexe, égal ou à peine et très-obsolètement bifovéolé en avant. *Epistome et labre* d'un roux-testacé: celui-ci légèrement cilié à son sommet. *Mandibules* d'un roux-testacé, avec leur pointe d'un noir de poix. Toutes *les parties inférieures de la bouche*, y compris *les palpes*, d'un roux-testacé.

Yeux assez saillants, subarrondis, noirs ou noirâtres, séparés du bord antérieur du prothorax par un intervalle presque toujours nul.

Antennes un peu plus courtes que la moitié du corps; très-finement pubescentes, distinctement ciliées, surtout en dessous, au sommet de chaque article; obsolètement ruguleuses; entièrement d'un roux-testacé; à premier article légèrement épaissi en massue allongée, presque aussi long qne les trois suivants réunis: le deuxième petit, égal environ au quart du précédent: les troisième et quatrième un peu plus grands, subégaux: les cinquième à dixième oblongs, subégaux, nullement en dents de scie en dessous: le dernier un peu plus long que le pénultième, subelliptique, subacuminé au sommet.

Prothorax à peine plus étroit que les élytres à leur base, fortement transverse, plus de deux fois aussi large que long; très-largement arrondi à son bord antérieur qui n'est pas visiblement prolongé dans son milieu au dessus du niveau du vertex; sensiblement arrondi aux angles antérieurs et sur les côtés, plus largement aux angles postérieurs; subsinueusement subtronqué au milieu de sa base, avec celle-ci un peu relevée et munie d'un rebord très-fin qui remonte au moins jusqu'au milieu des côtés; légèrement convexe, assez sensiblement déclive sur les côtés, finement pubescent; lisse ou presque lisse; d'un noir assez brillant dans son milieu et paré de chaque côté d'une large bande d'un rouge-testacé, occupant au moins chacune le tiers de la largeur.

Ecusson transverse, subsemicirculaire, à peine pubescent, presque lisse, d'un noir brillant.

Elytres quatre fois aussi longues que le prothorax ; subovalairement élargies en arrière ; déprimées derrière l'écusson le long de la suture environ jusqu'à la moitié de la longueur, assez convexes postérieurement, déclives sur les côtés et en arrière ; largement et simultanément arrondies au sommet, avec l'angle sutural bien marqué, un peu émoussé ou à peine arrondi ; finement et distinctement pubescentes ; obsolètement, subrugueusement et assez densement pointillées ; entièrement d'un noir assez brillant, parfois un peu violâtre. *Epaules* un peu saillantes, arrondies.

Dessous du corps brillant ; finement pubescent ; obsolètement et subrugueusement pointillé ; noir, avec le dessous du prothorax d'un rouge-testacé, et les intersections des segments ventraux plus ou moins pâles, et l'anus parfois d'un roux de poix. *Métasternum* assez convexe, plus lisse sur son disque, à peine canaliculé sur sa ligne médiane. *Ventre* presque entièrement corné. *Pygidium* largement et subsinueusement tronqué à son bord apical, finement et légèrement cilié au sommet.

Pieds allongés, grêles ; très-finement pubescents, obsolètement ruguleux, assez brillants ; testacés, avec les cuisses postérieures plus ou moins largement obscurcies à leur base. *Tibias postérieurs* à peine recourbés en dessous vers leur dernier tiers. *Tarses* grêles, un peu plus longs que la moitié des tibias, avec les premier à quatrième articles graduellement un peu plus courts : le dernier allongé, faiblement subélargi de la base à l'extrémité, où il est subtronqué et à peine plus épais que les précédents. *Ongles* très-petits, pas plus ou à peine plus longs que leur membrane.

PATRIE. Cette intéressante petite espèce se trouve, mais assez rarement, dans la France méridionale, les Pyrénées-Orientales, le Languedoc, la Provence, etc. Nous l'avons prise aux environs d'Hyères, en juin, sur les fleurs des cytises. M. Gabillot nous dit l'avoir capturée sur les fleurs des genêts, à Montagny, à trois lieues au sud de Lyon.

OBS. *La variété* a offre le prothorax entièrement rouge ou seulement avec une légère tache anticale obscure, et alors les cuisses postérieures ne sont pas ordinairement rembrunies à leur base.

Genre *Colotes*, Colote. Erichson.

(Erichson, Entomogr., t. 1, p. 129.)

(Etymologie : κωλώτης, lézard.)

Caractère. *Corps* ovale-oblong.

Tête transverse, inclinée, fortement et triangulairement rétrécie en avant, ordinairement engagée sous le prothorax jusqu'aux yeux ou jusque près des yeux ; fortement comprimée ou excavée de chaque côté, sur les joues au-devant de ceux-ci, chez les ♂. *Front* très-large, prolongé en avant bien au-delà du niveau des yeux. *Epistome* subcorné, très-court, très-fortement transverse, séparé du front par une suture rectiligne. *Labre* corné, très-court, très-fortement transverse, obtusément tronqué ou subarrondi en avant. *Mandibules* assez robustes, peu saillantes, longitudinalement engagées sous les côtés de l'épistome et du labre, arcuément recourbées à leur extrémité et légèrement bidentées à leur pointe. *Palpes maxillaires* dissemblables dans les deux sexes ; à dernier article très-grand, comprimé, presque carré chez les ♂ ; fortement et largement sécuriforme chez les ♀ ; le pénultième grand, aussi long que le deuxième mais beaucoup plus épais, comprimé, subdisciforme ou subsemicirculaire chez les ♂ ; petit, court et transverse chez les ♀ : le deuxième assez grêle et obliquement coupé au sommet dans les deux sexes. *Palpes labiaux* assez courts, à dernier article subacuminé vers son extrémité et tronqué au bout. *Menton* transverse. *Languette* membraneuse, assez grande, largement subtronquée en avant.

Yeux saillants, arrondis, touchant ou touchant presque au bord antérieur du prothorax.

Antennes assez courtes, de onze articles distincts ; assez rapprochés à leur base, insérées à l'angle antéro-externe du front, bien en avant d'une ligne idéale tangente au bord antérieur de chaque œil ; filiformes, faiblement subcomprimées latéralement à partir du troisième article ; simples ou non dentées en scie en dessous ; à premier article en massue allongée, aussi long que les trois suivants réunis : le deuxième petit, subglobuleux, à peine égal au quart du précédent : les troisième et quatrième oblongs, subégaux : les cinquièmes à dixième allongés, subégaux : le dernier très-allongé, plus long que le pénultième.

Prothorax subtransverse, largement arrondi au bord antérieur qui est à peine prolongé dans son milieu au-dessus du niveau du vertex ; sensiblement arrondi sur les côtés ; tronqué à sa base.

Ecusson transverse, semicirculaire.

Elytres ovale-oblongues, recouvrant entièrement l'abdomen, subdéprimées ou faiblement convexes à leur base, sensiblement élargies en arrière ; simples au sommet dans les deux sexes ; à peine ou très-finement rebordées en dehors ; offrant sur les côtés une nervure ou carène obtuse, bien prononcée, submarginale, formant comme une espèce de repli latéral, naissant sous le calus huméral et prolongée en mourant jusque vers le tiers postérieur : cachant en dessous des ailes assez développées chez les ♂, parfois plus ou moins avortées chez les ♀ . *Epaules* peu saillantes.

Echancrures du dessous du prothorax petites, peu profondes, triangulaires, à sommet non émoussé.

Lames médianes des prosternum et mésosternum très-courtes, peu visibles, en angle très-ouvert. *Epimères du médipectus* assez développées, transversalement obliques. *Métasternum* très-obliquement coupé sur les côtés de son bord apical, sensiblement prolongé entre les hanches postérieures en angle bifide au sommet. *Episternums du postpectus* assez large à la base, rétrécis en arrière en forme de coin.

Hanches coniques, saillantes ; *les antérieures et les intermédiaires* contiguës ; *les postérieures* un peu écartées à leur base, un peu divergentes au sommet.

Ventre de six segments distincts, entièrement cornés ; le premier plus ou moins voilé dans son milieu à. sa base : les deuxième à quatrième subégaux : le cinquième paraissant un peu ou à peine plus court : le dernier transversal, trapéziforme.

Pieds allongés, grêles : *les postérieurs* sensiblement plus développés que les intermédiaires et ceux-ci que les antérieurs, dans toutes leurs parties. *Trochanters* ovales ou ovale-oblongs, les postérieurs subacuminés au sommet. *Cuisses* débordant sensiblement les côtés du corps, subcomprimées, légèrement renflées dans leur milieu : *les postérieures* se recourbant faiblement en dessus. *Tibias antérieurs et intermédiaires* très-faiblement, *les postérieurs* plus distinctement arqués à leur base : ceux-ci à peine recourbés en dessous vers leur dernier tiers. *Tarses* grêles, sensiblement plus longs que la moitié des tibias, très-finement et densement ciliés en dessous, simples dans les deux sexes; tous de cinq articles chez les ♀, les antérieurs des ♂ seulement de quatre articles; à premier à quatrième article graduellement un peu plus courts : les premier et deuxième des postérieurs allongés : le dernier de tous les tarses allongé, graduellement subélargi de la base à l'extrémité. *Ongles* très-petits, acérés; chacun d'eux muni en dessous d'une membrane détachée un peu moins longue que lui.

Obs. Ce genre est bien tranché, d'abord à cause de la conformation de ses palpes maxillaires dissemblables dans les deux sexes; ensuite par la côte submarginale des élytres, caractère qu'on ne rencontre que dans le genre suivant, dans notre *Apalochrus* et dans *l'Attalus dalmatinus*.

Les *Colotes* sont de très-petite taille, éparsement pubescents et non sétosellés.

1. Colotes maculatus. Laporte.

Ovale-oblong, brièvement et éparsement pubescent; noir, avec les côtés du prothorax d'un rouge-testacé, et les élytres parées d'une tache suturale et d'une bordure marginale blanchâtres et d'une tache apicale flave; la partie antérieure de la tête flave ou d'un roux-testacé; la bouche, la base des antennes, les trochanters, les genoux, les tibias et les tarses testacés. Tête obsolètement impressionnée entre les yeux, plus ou moins brillante, très-finement pointillée. Prothorax subtransverse, assez brillant, presque lisse, médiocrement convexe. Elytres obovalairement élargies en arrière, brillantes, assez densement et fortement ponctuées. Tibias postérieurs à peine recourbés en dessous vers leur dernier tiers. Tarses postérieurs à premier article allongé, un peu plus long que le deuxième.

Malachius maculatus. Laporte, Rev. Ent. de G. Silbermann, 1836, t. IV, p. 29, 7.
Colotes trinotatus. Erichson, Entomogr., t. I, p. 130, 1. — Redtenbacher, Faun. Austr., 2e édit., p. 542. — Kiesenwetter, Ins. Deut., t. IV, p. 619.

Variété a. Prothorax entièrement noir.
Variété b. Prothorax entièrement rouge.

Long. 0^m,0022 (1 l.). — Larg. 0^m,0011 (1/2 l.).

♂ *Antennes* presque aussi longues que la moitié du corps. *Tête* creusée vers les joues, au devant des yeux, d'une forte excavation transversale, paraissant destinée à loger à la fois le premier article des antennes et l'arête antérieure du dernier article des palpes maxillaires. *Front* peu brillant, assez densement et finement pointillé, surtout en arrière ; brusquement d'un flave-testacé à partir du niveau antérieur des yeux. *Parties de la bouche* d'un flave-testacé. *Palpes maxillaires* à dernier et pénultième articles très-grands et très-épais. *Sixième segment ventral* largement et subtriangulairement échancré à son bord apical. *Tarses antérieurs* de quatre articles.

♀ *Antennes* un peu moins longues que la moitié du corps. *Tête* sans excavation sur les joues. *Front* assez brillant, finement et éparsement pointillé, graduellement roussâtre, seulement à son bord antérieur et d'une manière indéterminée. *Parties de la bouche* d'un roux-testacé. *Palpes maxillaires* à dernier article seul très-grand et très-épais, largement sécuriforme *Le sixième segment ventral* entier et obtusément arrondi à son bord apical. *Tarses antérieurs* de cinq articles.

Corps ovale-oblong, revêtu d'une très-fine et très-courte pubescence cendrée, éparse et peu apparente.

Tête les yeux compris, un peu plus étroite que le prothorax ; presque glabre ; très-finement et plus (♂) ou moins (♀) densement pointillée ; plus (♀) ou moins (♂) brillante ; noire, avec la partie antérieure plus (♂) ou moins (♀) largement flave (♂) ou testacée (♀). *Front* subconvexe, marqué dans son milieu entre les yeux d'une faible impression obsolète, souvent peu distincte ; offrant parfois en avant les vestiges affaiblis de deux petites fossettes. *Epistome et labre* flaves (♂) ou testacés (♀) : celui-ci distinctement cilié en avant de poils pâles. *Mandibules* flaves (♂) ou testacées (♀), avec leur fine pointe rembrunie. *Les parties inférieures de la bouche* testacées, avec la tranche externe et apicale du dernier article des *palpes maxillaires* un peu plus foncée et le dernier article des *palpes labiaux* plus ou moins obscur.

Yeux saillants, arrondis, noirs, séparés du bord antérieur du prothorax par un intervalle nul ou très-court.

Antennes presque aussi longues (♂) ou un peu moins longues (♀) que la moitié du corps ; très-finement pubescentes, distinctement ciliées ou fasciculées en dessous surtout vers le sommet de chaque article ; très-obsolètement subruguleuses ; assez brillantes ; noires, avec les quatre premiers articles et la base du cinquième flaves ou testacés : le premier légèrement épaissi en massue allongée, aussi long que les trois suivants réunis : le deuxième petit, à peine égal au quart du précédent : les troisième et quatrième oblongs, obconiques, subégaux : les cinquième à dixième allongés, subégaux , subcylindriques ou à peine plus étroits à leur base : le dernier très-allongé, plus long que le précédent, subcylindrico-fusiforme, subacuminé au sommet.

Prothorax presque aussi large que les élytres à leur base, subtransverse ou un peu moins long que large ; largement arrondi à son bord antérieur qui est à peine prolongé dans son milieu au-dessus du niveau du vertex ; sensiblement arrondi aux angles antérieurs et sur les côtés en avant ; sensiblement rétréci en arrière et comme obliquement et subsinueusement coupé aux angles postérieurs ; subsinueusement tronqué et distinctement rebordé à la base, avec le rebord prolongé d'une manière plus fine jusqu'après le milieu des côtés ; médiocrement convexe sur le dos, sensiblement déclive sur les côtés ; à peine pubescent ; presque lisse ; assez brillant, noir, avec les côtés plus ou moins lavés de rouge-testacé.

Ecusson transverse, semi-circulaire, presque glabre, presque lisse, d'un noir brillant.

Elytres plus de quatre fois aussi longues que le prothorax, graduellement et obovalairement élargies en arrière ; largement, obtusément et simultanément arrondies au sommet, avec l'angle sutural bien marqué et légèrement arrondi ; faiblement convexes ou subdéprimées derrière l'écusson, assez convexes postérieurement, déclives sur les côtés et en arrière ; très-finement, brièvement et éparsement pubescentes ; assez densement et fortement ponctuées, avec les points graduellement plus faibles et souvent obsolètes vers l'extrémité ; surmontées sur les côtés d'une forte nervure ou carène submarginale, lisse, obtuse mais bien prononcée, allant mourir, en se rapprochant du bord, vers le tiers postérieur ; d'un noir brillant, avec le sommet testacé ou d'un flave-testacé ; parées en outre sur le milieu de la suture d'une tache oblongue et blanchâtre, et, sur les côtés, d'une bordure marginale de même couleur, assez large, naissant de dessous le calus huméral et prolongée jusqu'au tiers postérieur où elle se réunit à la tache apicale au moyen d'un étroit rebord testacé. *Epaules* peu saillantes, arrondies.

Dessous du corps brillant ; à peine pubescent ; à peine pointillé, plus distinctement et plus densement sur les côtés du postpectus ; noir, avec le dessous du prothorax d'un roux-testacé sur les côtés, et le sommet des quatre ou cinq promiers segments ventraux à peine couleur de poix. *Métasternum* assez convexe, presque indistinctement et très-finement canaliculé sur sa ligne médiane. *Pygidium* finement et assez longuement cilié à son sommet.

Pieds allongés, grêles, très-finement et à peine pubescents ; presque lisses ou à peine ruguleux ; brillants ; noirs, avec les trochanters, les genoux, les tibias et les tarses testacés, et le sommet du dernier article de ceux-ci un peu plus foncé. *Tibias postérieurs* presque invisiblement recourbés en dessous à leur derniers tiers. *Tarses* grêles, sensiblement plus longs que la moitié des tibias ; avec les premier à quatrième articles graduellement un peu plus courts, le premier des postérieurs allongé, un peu plus long que le deuxième : le dernier de tous les tarses allongé, graduellement et faiblement élargi de la base à l'extrémité où il est tronqué et un peu plus épais que les précédents. *Ongles* très-petits, acérés, un peu plus longs que leur membrane.

PATRIE. Cette jolie espèce se rencontre sur les herbes dans les lieux marécageux, principalement dans les parties méridionales de la France : le Languedoc, la Provence, etc. Nous l'avons capturée quelquefois dans les environs de Lyon.

OBS. Le prothorax varie pour la couleur. Il est parfois entièrement noir, d'autrefois plus ou moins lavé de rouge sur les côtés, plus rarement en entier de cette dernière couleur, principalement chez les exemplaires provenant des environs de Marseille.

Cette espèce a été pendant longtemps répandue dans les collections sous le nom de *Malachius suturalis*. DEJEAN (Catal. 1837, p. 123.)

Genre *Antidipnis*, ANTIDIPNE. WOLLASTON.

(Wollaston, And. Mag. of. Nat. Hist., 2e sér., vol. IIe, p. 237.)

(Etymologie : ἀντί contrairement ; δίπνοος, qui a deux palpes.)

CARACTÈRE. *Corps* ovalaire voûté.

Tête transverse, inclinée, assez fortement et subtriangulairement rétrécie en avant, engagée sous le prothorax jusque près des yeux ; faiblement comprimée de chaque côté, vers les joues au-devant de ceux-ci, chez les ♂. *Front* très-large, prolongé en avant, bien au delà du niveau des yeux. *Epistome* corné, très-court, très-fortement transverse, séparé du bord antérieur du front par une suture très-fine, plus ou moins arquée en arrière. *Labre* corné, très-court, très-fortement transverse, subtronqué ou obtusément arrondi en avant. *Mandibules* assez robustes, longitudinalement engagées sous les côtés de l'épistome et du labre, arcuément recourbées à leur extrémité et légèrement bidentées à leur pointe. *Palpes maxillaires* dissemblables dans les deux sexes : à deuxième article assez grêle, obliquement coupé en dedans au sommet dans les deux sexes : le pénultième grand, un peu moins long que le deuxième, beaucoup plus épais, subcomprimé, subcunéiforme chez les ♂; normal, petit et beaucoup plus court que le deuxième chez les ♀ : le dernier très-grand, oblong, aussi épais mais beaucoup plus long que le pénultième, comprimé, presque en forme de fer de cognée, subarrondi au sommet chez les ♂; de grosseur moyenne, aussi long que les deux précédents réunis, mais un peu plus épais, ovale-oblong, atténué et étroitement tronqué au bout chez les ♀. *Palpes labiaux* assez petits, à dernier article ovale-oblong, subacuminé et étroitement tronqué au bout. *Menton* transverse. *Languette* membraneuse, assez grande, largement et à peine arrondie en avant.

Yeux petits, assez saillants, subarrondis, séparés du bord antérieur du prothorax par un intervalle plus ou moins court.

Antennes courtes, de onze articles distincts ; assez écartées à leur base, insérées à l'angle antéro-externe du front bien avant d'une ligne idéale tangente au bord antérieur de chaque œil ; filiformes, non ou à peine comprimées latéralement à partir du troisième article; simples ou obscurément submoniliformes ; à premier article en massue allongée, presque aussi long que les trois suivants réunis : le deuxième petit, subglobuleux, un peu plus court que le tiers du précédent : les troisième à dixième assez courts, subégaux : le dernier subelliptique, beaucoup plus long que le pénultième.

Prothorax transverse, à peine arrondi à son bord antérieur qui n'est pas prolongé dans son milieu au-dessus du niveau du vertex; légèrement arrondi sur les côtés ; subtronqué à la base.

Ecusson transverse, semicirculaire.

Elytres ovalaires, convexes, recouvrant entièrement l'abdomen, simples au sommet et sans ailes en dessous ordinairement dans les deux sexes ; à peine ou très-finement rebordées en dehors ; offrant une côte submarginale sensible, naissant au calus huméral, et prolongée en s'affaiblissant jusqu'au tiers postérieur environ, en formant entre elle et le bord externe une espèce de repli latéral. *Epaules* peu saillantes.

Echancrures du dessous du prothorax petites, triangulaires.

Lames médianes des prosternum et mésosternum très-courtes, peu visibles, en angle très-ouvert. *Epimères du médipectus* assez développées, transversalement obliques. *Métasternum* très-obliquement coupé sur les côtés de son bord apical, légèrement prolongé entre les hanches postérieures en angle bifide au sommet. *Episternums du postpectus* larges à la base, rétrécis en coin en arrière.

Hanches petites, coniques ; *les antérieures et les intermédiaires* contiguës : *les postérieures* légèrement écartées à leur base, un peu épaissies et divergentes au sommet.

Ventre de six segments distincts, entièrement cornés ; le premier plus ou moins voilé dans son milieu : les deuxième à quatrième graduellement un peu plus courts : le cinquième à peine plus développé : le sixième transversal, subtriangulaire ou semilunaire.

Pieds assez allongés, grêles ; *les postérieurs* sensiblement plus développés que les intermédiaires, et ceux-ci un peu plus que les antérieurs, dans toutes leurs parties. *Trochanters* ovales ou ovale-oblongs : les postérieurs subacuminés au sommet. *Cuisses* débordant légèrement les côtés du corps, à peine renflées vers leur milieu ; *les postérieures* presque droites. *Tibias* aussi longs que les cuisses et les trochanters réunis, faiblement arqués à leur base : *les postérieurs* à peine recourbés en dedans après leur milieu. *Tarses* grêles, sensiblement plus longs que la moitié des tibias, très-finement ciliés en dessous, simples dans les deux sexes ; tous de cinq articles chez les ♀ : les antérieurs de quatre articles seulement chez les ♂ ; avec les premier à quatrième articles graduellement un peu plus courts : le premier des postérieurs assez allongé, un peu plus long que le deuxième : le dernier de tous les tarses allongé, graduellement et faiblement élargi vers son extrémité. *Ongles* très-petits, chacun d'eux muni en dessous d'une membrane subaccolée à peu près aussi longue que lui.

Obs. Ce genre se remarque, outre la structure des palpes et la côte submarginale des élytres, par sa forme voûtée et plus ramassée, par ses élytres sans ailes en dessous surtout chez les ♀, plus convexes, régulièrement et ovalairement élargies dès leur base, tandis que dans les deux genres précédents elles ne sont subovalairement élargies qu'en arrière.

Les *Antidipnis* sont de très-petits insectes, à peine pubescents et non sétosellés.

1. Antidipnis punctatus. Erichson.

Ovalaire, voûté, à peine pubescent ou presque glabre, brillant, noir, avec le bord postérieur du prothorax, la bouche (moins les palpes maxillaires); la base des antennes, les trochanters, les genoux, les tibias et les tarses d'un roux-testacé. Tête subconvexe, presque lisse. Prothorax transverse, assez convexe, lisse. Elytres ovalairement et régulièrement élargies dès la base, convexes, assez fortement et profondément ponctuées. Tibias postérieurs à peine recourbés en dedans après leur milieu. Tarses postérieurs à premier article allongé, un peu plus long que le deuxième.

Charopus punctatus. Erichson, Entomogr., t. I, p. 122, 5 (♀).
Colotes rubripes. J. du Val, Ann. Soc. Ent. Fr., 1852, p 707.
Antidipnis rubripes, J. du Val, Gen. Col. Eur., t. III, 2e part., pl. 44, fig. 217.
Antidipnis punctatus. Kiesenwetter, Ins. Deut., t. IV, p. 620.

Variété a. Prothorax plus ou moins largement lavé de rouge en arrière ou presque entièrement d'un rouge-acajou. *Cuisses* à peine rembrunies à leur base.

Long. 0m,0021 (1 l.). — Larg. 0m,0010 (1/2 l.).

♂ *Tête* largement lavée de roux-testacé à sa partie antérieure, latéralement subcomprimée et comme subétranglée, vers les joues au devant des yeux, distinctement et largement échancrée en avant au dessus de l'épistome. *Palpes maxillaires* à pénultième et dernier articles très-grands et très-épais. *Le cinquième segment ventral* subangulairement et obtusément prolongé dans le milieu de son bord apical : *le dernier* petit, peu saillant, transverse, subtriangulaire, sensiblement débordé en tous sens par le segment correspondant. *Tarses antérieurs* de quatre articles.

♀ *Tête* à peine ou étroitement roussâtre à sa partie antérieure, non comprimée ni étranglée au devant des yeux, à peine ou faiblement et largement échancrée en avant au dessus de l'épistome. *Palpes maxillaires* à dernier article seul un peu plus épais que les autres : le pénultième assez petit. *Le cinquième segment ventral* normalement coupé à son bord postérieur : *le dernier* assez grand, semilunaire, fortement impressionné dans son milieu à sa base. *Tarses* de cinq articles.

Corps ovalaire ou subovalaire, revêtu, surtout sur les élytres, d'une très-fine et courte pubescence blanchâtre, éparse et souvent peu distincte.

Tête, les yeux compris, un peu plus étroite que le prothorax; presque glabre, presque lisse ou à peine distinctement pointillée; d'un noir brillant, avec la partie antérieure plus (♂) ou moins (♀) d'un roux-testacé (♂) ou roussâtre (♀). *Front* subconvexe, égal. *Epistome et labre* d'un roux-testacé: celui-ci distinctement cilié de poils pâles dans son pourtour, et celui-là seulement sur ses côtés et à sa base. *Mandibules* d'un roux-testacé, avec leur fine pointe rembrunie. *Les parties inférieures de la bouche* d'un roux-testacé, avec *les palpes maxillaires* d'un roux de poix.

Yeux assez saillants, subarrondis, noirs, séparés du bord antérieur du prothorax par un intervalle plus ou moins court.

Antennes un peu plus courtes que la moitié du corps; très-finement pubescentes, distinctement ciliées surtout en dessous vers le sommet de chaque article; très-obsolètement subruguleuses; assez brillantes; testacées ou d'un roux-testacé, graduellement un peu obscurcies vers leur extrémité, avec le premier article souvent un peu rembruni en dessus: celui-ci légèrement épaissi en massue allongée, presque aussi long que les trois suivants réunis: le deuxième court, un peu moins long que le tiers du précédent: les troisième à dixième assez courts, subégaux; à peine plus longs que larges et comme submoniliformes: le dernier beaucoup plus long que le pénultième, subelliptique, subacuminé au sommet.

Prothorax plus étroit que les élytres à leur base, fortement transverse; très-largement ou à peine arrondi au bord antérieur qui n'est pas distinctement prolongé dans son milieu au dessus du niveau du vertex; légèrement arrondi aux angles antérieurs et sur les côtés, plus fortement et assez largement aux angles postérieurs; sibsinueusement subtronqué à la base, avec celle-ci très-finement et à peine rebordée; assez convexe sur le dos, assez fortement déclive sur les côtés; presque glabre ou à peine pubescent; lisse; d'un noir brillant, avec tout le bord postérieur plus ou moins rougeâtre ou roussâtre, quelquefois étroitement, d'autrefois plus ou moins largement.

Ecusson transverse, semi-circulaire, presque glabre, presque lisse, d'un noir brillant.

Elytres quatre fois aussi longues que le prothorax; ovalairement et régulièrement élargies à partir de leur base; largement et simultanément subarrondies au sommet (1), avec l'angle sutural un peu marqué et sensiblement arrondi; sans ailes en dessous, ordinairement dans les deux sexes; convexes sur le dos, assez fortement déclives en arrière et sur les côtés; à peine et séparément pubescentes; assez densement et fortement ponctuées, avec les points graduellement plus faibles vers l'extrémité; surmontées latéralement d'une côte ou carène submarginale, allant mourir vers le tiers postérieur; parfois plus ou moins obsolètement et longitudinalement impressionnées derrière le calus huméral au dessus et le long de ladite carène; entièrement d'un noir brillant. *Epaules* peu saillantes, assez largement arrondies.

Dessous du corps brillant, très-finement et assez densement pubescent et comme soyeux ; à peine pointillé ou presque lisse; noir, avec le dessous du prothorax plus ou moins roussâtre. *Métasternum* assez convexe, à peine ou indistinctement canaliculé sur sa ligne médiane. *Ventre* entièrement corné, quelquefois à peine pellucide aux intersections des segments. *Pygidium* finement cilié à son sommet.

Pieds assez allongés, grêles; finement pubescents; très-obsolètement ruguleux; assez brillants; d'un noir de poix, avec les trochanters, le sommet des cuisses, les tibias et les tarses d'un roux-testacé, et l'extrémité du dernier article de ceux-ci et parfois les tibias postérieurs un peu plus sombres. *Tibias postérieurs* à peine recourbés en dedans après leur milieu. *Tarses* grêles, sensiblement plus longs que la moitié des tibias, avec les premier à quatrième articles graduellement un peu plus courts : le premier des postérieurs assez allongé, un peu plus long que le deuxième : le dernier de tous les tarses allongé, graduellement et très-faiblement élargi de la base à l'extrémité où il est subtronqué et à peine plus épais que les précédents. *Ongles* très-petits, non ou à peine plus longs que leur membrane.

Patrie. Cette espèce est assez commune, en été, dans les provinces les plus méridionales de la France. Nous l'avons rencontrée aux environs d'Hyères, de La Seyne et de Marignane, sous les algues et autres plantes marines accumulées sur le littoral de la mer ou des étangs salés.

Obs. Dans la *variété* a, le prothorax est souvent presque entièrement d'un rouge-acajou.

(1). Quelquefois elles paraissent obtusément subtronquées chez les ♀.

TROISIÈME RAMEAU.

TROGLOPATES.

Caractères. *Antennes* insérées à l'angle antéro-externe du front, bien en avant d'une ligne idéale qui serait tangente au bord antérieur de chaque œil. *Tête* toujours plus large que le prothorax, plus ou moins angulairement dilatée à la hauteur des yeux, plus ou moins fortement rétrécie derrière ceux-ci, avec les côtés des tempes plus ou moins obliquement dirigés de dehors en dedans derrière les mêmes organes. *Front* profondément et largement excavé en devant chez les ♂. *Prothorax* transverse, fortement rétréci ou subétranglé postérieurement.

Obs. Ce qui distingue surtout les insectes de ce rameau, c'est d'abord l'excavation du front chez les ♂ et le volume transversal de la tête ; ensuite un prothorax qui, bien que transverse, est fortement rétréci ou bien subétranglé en arrière, particularité que nous n'avons jusqu'alors rencontrée que chez les espèces à prothorax oblong (*Sphinginus*) du genre *Antholinus*.

Les *Troglopates* se répartissent dans deux genres bien tranchés qui peuvent être caractérisés de la manière suivante :

Elytres	*avec des ailes* en dessous, normalement développées et recouvrant entièrement l'abdomen dans les deux sexes. *Excavation frontale des* ♂ non étranglée. *Antennes* assez grêles. *Prothorax* transverse, cyathiforme ou subcyathiforme. *Tarses antérieurs* de quatre articles chez les ♂.	G. Troglops.
	sans ailes en dessous, fortement raccourcies, tronquées, laissant à nu les cinq ou six derniers segments de l'abdomen, dans les deux sexes. *Excavation frontale des* ♂ deux fois étranglée. *Antennes* assez épaisses *Prothorax* subtransverse, fortement rétréci en arrière. *Tarses antérieurs* de cinq articles dans les deux sexes	G. Atelestus.

Genre *Troglops*, Trogopls. Erichson.

(Erichson, Entomogr. I. 1. p. 125.)

(Etymologie : τρώγλη, trou ; ὤψ, visage.)

Catactères. *Corps* oblong ou suballongé.

Tête transverse, inclinée, brusquement et triangulairement rétrécie en avant, plus ou moins dégagée, fortement et angulairement dilatée à la hauteur des yeux, plus large que la partie antérieure du prothorax dans les deux sexes, avec les côtés des tempes très-obliquement et brusquement dirigés de dehors en dedans derrière les yeux. *Front* très-large, prolongé en avant bien au-delà du niveau de ceux-ci, creusé chez les ♂, sur toute sa largeur, d'une forte et profonde excavation transversale. *Epistome* subcorné, très-court ou sublinéaire, séparé du front par une suture très-fine, subrectiligne ou à peine arquée en arrière. *Labre* court, fortement transverse, subtronqué et submembraneux à son bord antérieur. *Mandibules* assez robustes, peu saillantes, longitudinalement engagées sous les côtés de l'épistome et du labre, arcuément recourbées à leur extrémité et légèrement bifides au sommet. *Palpes maxillaires* graduellement élargis vers leur extrémité ; à deuxième article assez grêle : le troisième petit, beaucoup plus court que la moitié du suivant : le dernier un peu plus long que le deuxième, plus (♂) ou moins (♀) largement tronqué au sommet ; sensiblement épaissi, oblong ou en forme de fer de cognée chez les ♂ ; ovale-oblong chez les ♀. *Palpes labiaux* petits, à dernier article assez épais, subovalaire, assez largement tronqué au bout. *Menton* transverse. *Languette* submenbraneuse, assez large, antérieurement arrondie.

Yeux saillants, arrondis, séparés du bord antérieur du prothorax par un intervalle assez grand.

Antennes assez longues, de onze articles distincts, assez écartés à leur base ; insérées à l'angle antéro-externe du front, bien en avant d'une ligne idéale tangente au bord antérieur de chaque œil ; filiformes, latéralement subcomprimées à partir du troisième article ; simples ou à peine dentées en scie en dessous ; à premier article légèrement épaissi en massue ovale-oblongue, à peine aussi long que les deux suivants réunis : le deuxième court, à peine égal à la moitié du précédent : les troisième à sixième oblongs ou suballongés, subégaux : le dernier très-allongé, subcylindrique, beaucoup plus long que le pénultième.

Prothorax transverse, cyathiforme, sensiblement arrondi à son bord antérieur qui est à peine prolongé dans son milieu au-dessus du niveau du vertex ; très-fortement et brusquement rétréci ou subétranglé vers la base, avec celle-ci tronquée et sensiblement prolongée sur la base des élytres.

Ecusson en carré transverse, obtusément tronqué ou subarrondi au sommet.

Elytres oblongues, recouvrant entièrement l'abdomen, simples au sommet et avec des ailes en dessous ordinairement dans les deux sexes ; à peine ou très-finement rebordées en dehors. *Epaules* saillantes.

Echancrures du dessous du prothorax petites, triangulaires, peu profondes.

Lames médianes des prosternum et mésosternum courtes, en forme d'angle plus ou moins ouvert. *Epimères du médipectus* assez développées, transversalement obliques. *Métasternum* très-obliquement coupé sur les côtés de son bord apical, sensiblement prolongé entre les hanches postérieures en angle bifide au sommet. *Episternums du postpectus* assez larges à la base, rétrécis en arrière en forme d'onglet.

Hanches coniques : *les antérieures et les intermédiaires* contiguës, celles-ci couchées : *les postérieures* légèrement écartées à leur base, sensiblement divergentes à leur sommet.

Ventre de six segments distincts, entièrement cornés : le premier plus ou moins voilé dans son milieu : les deuxième à cinquième assez développés, subégaux : le sixième transverse, semi-lunaire.

Pieds allongés, grêles ; *les postérieurs* beaucoup plus longs que les intermédiaires et ceux-ci un peu plus que les antérieurs, dans toutes leurs parties. *Trochanters* ovale-oblongs, les postérieurs étroitement arrondis au sommet. *Cuisses* débordant notablement les côtés du corps, à peine renflées avant leur milieu : *les postérieures* se recourbant légèrement en dessus. *Tibias* un peu plus longs que les cuisses et les trochanters réunis ; *les antérieurs et intermédiaires* presque droits : *les postérieurs* faiblement arqués à leur base, à peine recourbés en dessous vers leur derniers tiers. *Tarses* grêles, plus longs que la moitié des tibias, densement et très-finement ciliés en dessous, simples dans les deux sexes ; tous de cinq articles chez les ♀ : les antérieurs des ♂ seulement de quatre articles ; à premier article aussi long ou un peu plus court que le deuxième, les deuxième à quatrième graduellement plus courts : le dernier allongé, graduellement subélargi vers son extrémité. *Ongles* petits, chacun d'eux muni en dessous d'une membrane accollée aussi longue que lui.

Obs. Ce genre remarquable se reconnait de prime-abord par le développement transversal de la tête et la forme du prothorax.

Les diverses espèces du genre *Troglops* peuvent être groupées de la manière suivante :

a *Prothorax* distinctement lobé et fortement et transversalement impressionné à sa base, à côtés sinués ou subétranglés au devant des angles postérieurs qui sont droits.

b *Prothorax* rouge, à disque noir. *Pieds postérieurs* entièrement noirs. *Front des* ♂ non cornu supérieurement. *Albicans.*

bb *Prothorax* entièrement rouge. *Pieds postérieurs* noirs avec les tibias et les tarses testacés. *Front des* ♂ seulement bituberculé supérieurement. *Silo.*

aa *Prothorax* non distinctement lobé et non transversalement impressionné à sa base, à côtés graduellement et fortement rétrécis en arrière, mais non sinués ou subétranglés au devant des angles postérieurs qui sont obtus ou très-ouverts.

c *Prothorax* noir, avec le bord postérieur seul rougeâtre. *Front des* ♂ bicornu. *Cephalotes.*

cc *Prothorax* entièrement rouge. *Cruentus.*

a *Prothorax* distinctement lobé et fortement et transversalement impressionné à sa base, subétranglé au devant des angles postérieurs qui sont droits.

b *Prothorax* rouge, à disque noir. *Pieds postérieurs* entièrement noirs

1. Troglops albicans. Linné.

Suballongé, presque glabre en dessus, brillant ; noir, avec le prothorax rouge, à disque plus ou moins largement noir ; la base des antennes, les tibias et lés tarses intermédiaires d'un roux-testacé. Tête très-finement pointillée. Prothorax transverse, cyathiforme ; fortement rétréci, subétranglé et lobé en arrière ; convexe antérieurement et fortement et transversalement impressionné avant sa base ; très-finement pointillé. Elytres oblongues, éparsement et très-obsolètement pointillées. Tibias postérieurs à peine recourbés en dessous vers leur dernier tiers. Tarses postérieurs à premier article subégal au deuxième.

Cantaris albicans. Linné, Syst. Nat., t. II, p. 649, 14.
Malachius angulatus. Fabricius, Syst. El., t. I, p. 308, 15.
Troglops albicans. Erichson, Entomogr., 1, p. 126, 1. — Redtenbacker, Faun. Austr., 2e édit., p. 542. — Kiesenwetter, Ins. Deut., t. IV, p. 617, 1.

Long. 0m,0033 (1 l. 1/2). — Larg. 0m,0014 (2/3 l.).

♂ *Antennes* sensiblement plus longues que la moitié du corps, avec les troisième à sixième articles faiblement et obtusément dentés en scie en dessous. *Tête*, les yeux compris, beaucoup plus large que le prothorax, noire sur le vertex, entièrement testacée en avant depuis le niveau du milieu des yeux, avec cette même couleur envahissant les joues et retournant en dessous, où elle occupe toute la page inférieure moins la partie médiane. *Front* creusé en devant entre les yeux d'une large et profonde excavation transversale, occupant toute la largeur, et dont l'arête inférieure offre sur son milieu deux légères protubérances, derrière l'intervalle desquelles on aperçoit une fossette distincte à bord postérieur un peu relevé en tubercule très-obsolète. *Vertex*, vu de dessus, fortement et largement échancré, avec l'échancrure entaillant également l'arête supérieure de l'excavation, où se remarquent, sur les bords de l'entaille, deux espèces de petits tubercules obsolètes, assez écartés l'un de l'autre. *Tarses antérieurs* de quatre articles.

♀ *Antennes* un peu plus longues que la moitié du corps, avec les troisième à sixième articles nullement ou presque indistinctement dentés en scie en dessous. *Tête*, les yeux compris, sensiblement plus large que le prothorax, noire avec les fossettes antennaires et le bord antérieur des joues rougeâtres. *Front* déprimé, subimpressionné et légèrement bifovéolé dans son milieu. *Vertex* simple, inerme. *Tarses antérieurs* de cinq articles.

Corps suballongé, presque entièrement glabre en dessus.

Tête, les yeux compris, sensiblement (♀) ou beaucoup (♂) plus large que le prothorax ; très-finement ou à peine pubescente ; assez densement et finement pointillée sur le vertex chez les ♂, plus obsolètement chez les ♀. *Front* très-large, testacé et profondément excavé chez les ♂ ; presque entièrement noir, plan, éparsement et obsolètement pointillé chez les ♀, et marqué entre les yeux, chez ce dernier sexe, tantôt d'une légère impression transversale, tantôt de deux petites fossettes plus ou moins obsolètes, assez écartées l'une de l'autre, laissant parfois apparaître entre elles un sillon longitudinal très-fin, visible seulement à un certain jour. *Epistome* testacé ou rougeâtre, brillant, paré d'une série transversale de longs poils pâles. *Labre* subconvexe, d'un noir ou d'un brun de poix, avec le bord antérieur pâle ou rosé, submembraneux, cilié d'assez longs poils pâles et brillants. *Mandibules* d'un noir de poix avec l'extrémité un peu roussâtre. *Les parties inférieures de la bouche* d'un testacé obscur avec *les mâchoires* et *les palpes* noirs.

Yeux saillants, noirs, séparés du bord antérieur du prothorax par un intervalle assez grand.

Antennes sensiblement (♂) ou seulement un peu (♀) plus longues que la moitié du corps ; finement pubescentes, légèrement ciliées en dessous vers le sommet de chaque article; finement ruguleuses; noires, avec les quatre premiers articles d'un roux-testacé, et le quatrième parfois un peu taché de brun en dessus : le premier légèrement épaissi en massue ovale-oblongue : le deuxième assez court, égal environ à la moitié du précédent : les troisième à sixième oblongs ou suballongés, subégaux : les septième à dixième allongés, subégaux : le dernier très-allongé, beaucoup plus long que le pénultième, subcylindrique (♂) ou subcylindrico-fusiforme (♀), subacuminé au sommet.

Prothorax un peu plus étroit antérieurement que les élytres à leur base, transverse, cyathiforme ; sensiblement et largement arrondi à son bord antérieur qui est à peine prolongé dans son milieu au dessus du niveau du vertex ; légèrement arrondi aux angles antérieurs; fortement et subangulairement arrondi sur ses côtés avant leur milieu ; fortement rétréci en arrière où il est à peine aussi large que la moitié du diamètre antérieur ; visiblement sinué et comme étranglé avant la base, avec celle-ci distinctement lobée, tronquée, assez fortement prononcée sur la base des élytres, et relevée en forme de bourrelet, lequel remonte jusqu'au delà du milieu des côtés en forme de rebord tranchant ou de gouttière ; à angles postérieurs presque droits ; convexe sur le dos et fortement et transversalement impressionné avant la base; à peine pubescent ou presque glabre ; très-finement pointillé surtout sur les côtés, presque lisse sur son milieu ; d'un rouge brillant, avec une grande tache noire, couvrant tout le disque et parfois dilatée, vers sa moitié, de chaque côté jusqu'au bord latéral.

Ecusson en carré transverse, obtusément arrondi au sommet, presque glabre, presque lisse, d'un noir brillant.

Elytres oblongues, presque quatre fois aussi longues que le prothorax; subparallèles jusqu'au tiers de leur longueur et puis faiblement et arcuément élargies en arrière; simultanément, largement et obtusément arrondies au sommet, avec l'angle sutural assez marqué mais sensiblement arrondi; individuellement subimpressionnées près de la suture avant leur premier quart; faiblement convexes sur le dos et sensiblement déclives en arrière et sur les côtés ; glabres ; éparsement et très-obsolètement pointillées; entièrement d'un noir brillant submétallique, un peu violâtre. *Epaules* saillantes, arrondies.

Dessous du corps brillant, très-finement et à peine pubescent, très-obsolètement pointillé ou presque lisse ; entièrement noir, ou avec le dessous de la tête testacé (♂) excepté dans son milieu. *Métasternnm* asesz convexe, tout à fait lisse sur son disque, très-finement et à peine canaliculé, surtout en arrière, sur sa ligne médiane. *Ventre* entièrement corné, avec le sommet des premiers segments parfois à peine pellucide ou couleur de poix : le dernier semilunaire, souvent longitudinalement impressionné sur son milieu. *Pygidium* éparsement et longuement cilié au sommet.

Pieds allongés, grêles; très-finement pubescents, obsolètement ruguleux; d'un noir assez brillant avec les tibias et les tarses antérieurs et intermédiaires testacés, ainsi que parfois le sommet des cuisses antérieures. *Tibias postérieurs* légèrement arqués à leur base, à peine ou non recourbés en dessous vers leur dernier tiers. *Tarses* un peu plus longs que la moitié des tibias, à deuxième à quatrième articles graduellement plus courts : le premier des postérieurs et intermédiaires paraissant aussi long ou pas plus long que le deuxième : le dernier allongé, graduellement subélargi de la base à l'extrémité où il est tronqué et un peu plus épais que les précédents. *Ongles* petits, pas plus longs que leur membrane.

Patrie. Cette espèce se rencontre en battant les coudriers, les chênes, etc., dans les mois de juin et de juillet, dans plusieurs parties de la France. Nous l'avons capturée dans le Bugey, la Bourgogne, le Beaujolais.

Obs. Elle varie par le développement de la tache noire du prothorax qui ne laisse parfois qu'une étroite bordure extérieure testacée. Chez les ♂ surtout, les cuisses antérieures et intermédiaires sont quelquefois plus ou moins largement testacées à leur extrémité. D'autrefois, chez les ♀, les tarses et les tibias intermédiaires sont obscurs, avec la base de ceux-ci plus claire.

aaa *Prothorax* entièrement rouge. *Pieds postérieurs* noirs avec leurs tibias et leurs tarses testacés.

2. Troglops silo. Erichson.

Suballongé, presque glabre en dessus, brillant, noir, avec le prothorax entièrement rouge ; la base des antennes, la partie antérieure de la tête, l'extrémité des cuisses antérieures, les tibias antérieurs, les genoux et les tibias intermédiaires, les tibias postérieurs d'un roux-testacé et les tarses un peu plus foncés. Tête très-finement pointillée. Prothorax transverse, cyathiforme; fortement rétréci, subétranglé et lobé en arrière ; convexe antérieurement et fortement et transversalement impressionné avant sa base. Elytres oblongues, éparsement et très-finement pointillées. Tibias postérieurs à peine recourbés en dessous vers leur dernier tiers. Tarses postérieurs à premier article subégal au deuxième.

Troglops silo. ERICHSON, Entomogr., 1, p. 127, 2.

Long. 0^m,0032 (1 l. 1/2.). — Larg. 0^m,0014 (2/3 l.).

♂ *Antennes* sensiblement plus longues que la moitié du corps, à troisième et quatrième articles faiblement ou à peine dentés en scie en dessous. *Tête* les yeux compris, beaucoup plus large que le prothorax ; noire sur le vertex, entièrement testacée en avant depuis le niveau du milieu des yeux, avec cette même couleur envahissant les joues et retournant par dessous, où elle occupe toute la page inférieure moins le milieu. *Front* creusé en devant entre les yeux d'une large et profonde excavation transversale, occupant toute la largeur, à fond inégal, et dont l'arête inférieure se relève dans son milieu en deux légères protubérances assez rapprochées. *Vertex* vu de dessus, très-largement et subcirculairement échancré, avec les côtés de l'échancrure avancée en forme d'angle ou de tubercule anguleux et obtus, situé en dedans et près des yeux. *Tarses antérieures* de quatre articles.

♀ *Antennes* un peu plus longues que la moitié du corps, à troisième et quatrième articles non dentés en scie en dessous. *Tête* les yeux compris, un peu mais sensiblement plus large que le prothorax ; noire, avec le bord antérieur, le dessous des yeux, les joues et la page inférieure, moins le milieu, d'un rouge-testacé. *Front* déprimé, marqué dans son milieu entre les yeux d'une légère fossette ponctiforme , en avant de laquelle est une large impression transversale, subarquée en arrière et assez prononcée ; paré au milieu de sa partie noire d'une petite tache rougeâtre, plus ou moins nébuleuse mais presque toujours apparente. *Vertex* simple, inerme. *Tarses antérieurs* de cinq articles.

Corps suballongé, presque entièrement glabre en dessus.

Tête les yeux compris, un peu (♀) ou beaucoup (♂) plus large que le prothorax, très-finement pubescente, noire et finement pointillée sur le vertex. *Front* très-large, testacé et profondément excavé chez les ♂ ; déprimé, éparsement et obsolètement pointillé chez les ♀ , et creusé entre les yeux, chez ce dernier sexe, d'une large impression transversale, subarquée en arrière ; noir, chez les ♀ , avec les côtés au devant des yeux et le bord antérieur rougeâtre, et une tache ou transparence de même couleur située sur le milieu de la partie noire. *Epistome* testacé ou rougeâtre, brillant, avec une série transversale de poils pâles. *Labre* d'un brun ou d'un noir de poix, avec le bord antérieur pâle et submembraneux, distinctement cilié. *Les autres parties de la bouche* d'un roux-testacé avec la pointe des *mandibules* rembrunie, *les mâchoires* et *les palpes* noirs.

Yeux saillants, noirs, séparés du bord antérieur du prothorax par un intervalle assez grand.

Antennes sensiblement (♂) ou un peu (♀) plus longues que la moitié du corps; finement pubescentes, légèrement ciliées en dessous vers le sommet de chaque article; finement ruguleuses; noires, avec les quatre premiers articles d'un roux-testacé, quelquefois tous (♀) tachés de brun en dessus ou (♂) les deuxième, troisième et quatrième articles seulement: le premier plus (♂) ou moins (♀) épaissi en massue subovalaire (♂) ou ovale-oblongue (♀); le deuxième assez court, à peine égal à la moitié du précédent: les troisième et quatrième oblongs, obconiques, subégaux: les quatrième à dixième suballongés ou allongés, subégaux: le dernier allongé, sensiblement plus long que le pénultième, subcylindrico-fusiforme (♂) ou subfusiforme (♀), obtusément acuminé (♂) ou subacuminé (♀) au sommet.

Prothorax un peu plus étroit antérieurement que les élytres à leur base, transverse, cyathiforme; sensiblement et largement arrondi à son bord antérieur qui est à peine prolongé dans son milieu au-dessus du niveau du vertex; sensiblement arrondi aux angles antérieurs; fortement arrondi en avant sur les côtés; fortement rétréci en arrière où il est à peine aussi large que la moitié du diamètre antérieur; visiblement sinué ou subétranglé avant la base, avec celle-ci distinctement lobée, tronquée, assez fortement prolongée sur la base des élytres, et relevée en forme de bourrelet étroit, lequel remonte sur les côtés jusque près des angles antérieurs en forme de rebord tranchant ou de gouttière; à angles postérieurs droits ou presque droits; convexe sur le dos et fortement et transversalement impressionné avant la base; presque glabre; presque lisse sur son disque et à peine pointillé sur les côtés; entièrement d'un rouge brillant et parfois plus ou moins testacé.

Ecusson en carré transverse, un peu plus étroit en arrière et obtusément arrondi au sommet, presque glabre, presque lisse ou à peine pointillé, d'un noir brillant.

Elytres oblongues, presque quatre fois aussi longues que le prothorax ; subparallèles dans leur premier quart et puis faiblement et arcuément élargies en arrière ; simultanément, largement et obtusément arrondies au sommet avec l'angle sutural assez marqué et légèrement arrondi ; transversalement subimpressionnées vers leur premier quart, faiblement convexes sur le reste de leur surface, et sensiblement déclives en arrière et sur les côtés ; glabres ; éparsément et obsolètement pointillées ; entièrement d'un noir très-brillant et submétallique. *Epaules* saillantes, arrondies.

Dessous du corps brillant, très-finement et à peine pubescent ; très-obsolètement pointillé ou presque lisse ; noir avec le dessous de la tête presque entièrement d'un roux-testacé. *Métasternum* assez convexe, finement et obsolètement canaliculé sur sa ligne médiane. *Ventre* entièrement corné, avec les intersections des segments à peine pellucides : le deuxième semi-lunaire, plus ou moins impressionné dans son milieu sur toute sa longueur (♀). *Pygidium* subarrondi et légèrement cilié à son sommet.

Pieds allongés, grêles, très-finement pubescents, obsolètement ruguleux, assez brillants ; noirs, avec l'insertion des trochanters roussâtre, l'extrémité des cuisses antérieures, les tibias antérieurs, les genoux et les tibias intermédiaires, et les tibias postérieurs d'un roux-testacé, tous les tarses d'un testacé un peu obscur surtout à leur sommet. *Tibias postérieurs* légèrement arqués à leur base, à peine ou non recourbés en dessous vers leur dernier tiers. *Tarses* un peu plus longs que la moitié des tibias, à deuxième à quatrième articles graduellement plus courts : le premier des intermédiaires et postérieurs subégal au deuxième : le dernier allongé, subélargi de la base à l'extrémité où il est tronqué et un peu plus épais que les précédents. *Ongles* petits, pas plus longs que leur membrane.

Patrie. Cette espèce, particulière à la Corse et à la Sardaigne, est exclusivement méridionale. Nous l'avons rencontrée, mais rarement, aux environs de Marseille. Elle se prend aussi dans le Piémont.

Obs. Elle ressemble beaucoup à la précédente, dont elle diffère par la couleur du prothorax et des tibias postérieurs. Elle est aussi un peu plus petite.

Les cuisses antérieures et même les intermédiaires sont quelquefois largement testacées dans leur dernière moitié, surtout chez les ♂.

aa *Prothorax* non distinctement lobé et non transversalement impressionné à sa base, non subétranglé au devant des angles postérieurs qui sont très-obtus.

c *Prothorax* noir avec le bord postérieur seul rougeâtre. *Front des* ♂ supérieurement cornu.

3. Troglops cephalotes. Olivier.

Oblong, presque glabre en dessus, brillant; noir, avec le bord postérieur du prothorax rougeâtre; la partie antérieure de la tête chez les ♂ du moins, la base des antennes, l'extrémité des cuisses antérieures, les tibias et les tarses antérieurs et intermédiaires testacés. Tête subaspèrement pointillée sur le vertex. Prothorax transverse, subcyathiforme, fortement rétréci en arrière, assez convexe, lisse, impressionné au devant de l'écusson. Elytres oblongues, très-obsolètement pointillées et comme subondulées. Tibias postérieurs presque indistinctement recourbés en dessous vers leur dernier tiers. Tarses postérieurs à premier article un peu moins long que le deuxième (♂).

Malachius cephalotes. Olivier, Ent., t. II, nº 27, pag. 12, 16, tab. 3, fig. 15 (♀).
Troglops Dufouri. Perris, Ann. Soc. Lin., Lyon, 1857; Nouv. exc. dans les grandes Landes, t. IV, p. 128 (♂).
Troglops corniger. Kiesenwetter, Ins. Deut., t. IV, p. 729. (suppl.) (♂).

Long. 0m,0031 (1 l. 1/2). — Larg. 0m,0012 (1/2 l.).

♂ *Tête*, les yeux compris, beaucoup plus large que le prothorax; déprimée, rugueusement pointillée et obsolètement bimamelonnée à sa partie antérieure; noire sur le vertex, testacée en avant depuis le niveau du milieu des yeux environ, avec cette même couleur embrassant les joues et retournant en dessous où elle occupe toute la page inférieure moins le milieu. *Front* creusé d'une large et profonde excavation transversale, occupant la majeure partie de la tête d'une joue à l'autre, munie sur son milieu près de son arête inférieure d'une forte dent comprimée, redressée, subtronquée au sommet et plus ou moins rembrunie à sa naissance; avec toute l'arête supérieure de l'excavation ciliée d'assez longs poils fauves, dirigés en bas. *Vertex*, vu de dessous, fortement et largement échancré, et armé de chaque côté, en dedans des yeux et sur le bord externe de l'échancrure, d'une forte dent cornue, terminée par une pointe subulée et intérieurement dirigée; avec le fond de l'échancrure distinctement et subrugueusement pointillé. *Tarses antérieurs* de quatre articles : le premier paraissant un peu plus court que le deuxième, sensiblement dilaté en dessous en forme de parallélogramme oblique.

♀ *Tête*, les yeux compris, sensiblemement plus large que le prothorax; noire avec la partie antérieure un peu roussâtre. *Front* déprimé, légèrement impressionné sur son milieu. *Vertex* simple, inerme. *Tarses antérieurs* de cinq articles.

Corps oblong, presque entièrement glabre en dessus.

Tête, les yeux compris, toujours plus large que le prothorax, très-finement pubescente, finement et subaspèrement pointillée sur le vertex, noire, très-largement testacée en avant (♂) ou seulement un peu roussâtre à son bord antérieur (♀). *Front* très-large, profondément excavé chez les ♂; éparsement et obsolètement pointillé et subimpressionné chez les ♀. *Epistome et labre* d'un brun de poix : celui-ci un peu plus pâle à son sommet, cilié sur ses bords de poils pâles et brillants. *Mandibules* d'un noir de poix avec leur base plus ou moins testacée et leur pointe roussâtre. *Les parties inférieures de la bouche* d'un testacé obscur, avec *les mâchoires et les palpes* d'un noir de poix.

Yeux saillants, noirs, séparés du bord antérieur du prothorax par un intervalle assez grand.

Antennes sensiblement plus longues que la moitié du corps ; très-finement pubescentes ; légèrement et éparsement ciliées en dessous ; finement ruguleuses ; d'un ferrugineux obscur, avec les quatre ou cinq premiers articles plus clairs : le premier médiocrement épaissi en massue oblongue : le deuxième assez court, obconique, à peine aussi long que la moitié du précédent : le troisième oblong, obconique, paraissant un peu moins long que le suivant : les quatrième à sixième suballongés, subégaux, non distinctement dentés en scie en dessous : les septième à dixième allongés, subégaux, subcylindriques ou à peine plus étroits à leur base : le dernier très-allongé, plus long que le pénultième, subcylindrique, subacuminé au sommet.

Prothorax à peine plus étroit antérieurement que les élytres à leur base ; sensiblement arrondi à son bord antérieur qui est un peu prolongé dans son milieu au-dessus du niveau du vertex ; légèrement arrondi aux angles antérieurs ; fortement arrondi sur les côtés en avant ; fortement rétréci en arrière où il est à peine aussi large que la moitié du diamètre antérieur ; subsinueusement tronqué à la base, avec celle-ci non lobée mais faiblement prolongée sur la base des élytres, et distinctement relevée en bourrelet étroit, lequel remonte sur les côtés jusque près des angles antérieurs en forme de rebord tranchant ou de gouttière ; à angles postérieurs obtus, à sommet parfois paraissant obscurément réfléchi en dehors en forme de dent très-obsolète et très-émoussée ; assez convexe sur le dos et subtriangulairement impressionné au devant de l'écusson ; glabre ; lisse ; d'un noir brillant, avec la base parée d'une bordure rougeâtre, plus ou moins étroite et remontant jusque vers le milieu des côtés.

Ecusson transverse, subtrapéziforme, obtusément tronqué ou subarrondi au sommet, subconvexe, glabre, presque lisse, d'un noir brillant.

Elytres oblongues, au moins trois fois aussi longues que le prothorax ; subparallèles jusqu'au tiers de leur longueur et puis faiblement et arcuément élargies en arrière ; simultanément, largement et obtusément arrondies au sommet, avec l'angle sutural un peu marqué mais assez fortement arrondi ; individuellement subimpressionnées vers le milieu de leur premier tiers et faiblement convexes sur le reste de leur surface, sensiblement déclives en arrière sur les côtés ; glabres ; très-obsolètement et très-finements pointillées et comme subondulées ; entièrement d'un noir brillant, parfois un peu violâtre. *Epaules* saillantes, arrondies.

Dessous du corps brillant, très-finement et éparsement pubescent, éparsement et obsolètement pointillé et un peu plus densement sur les côtés du postpectus ; noir, avec le dessous de la tête testacé (♂) excepté sur son milieu. *Métasternum* assez convexe, presque lisse sur son disque, non visiblement canaliculé sur sa ligne médiane. *Ventre* entièrement corné. *Pygidium* distinctement et assez longuement cilié sur ses bords.

Pieds allongés, grêles, très-finement pubescents, assez densement, finement et ruguleusement pointillés ; d'un noir assez brillant, avec le sommet des cuisses antérieures, les tibias antérieurs et intermédiaires testacés et les tarses un peu plus foncés. *Tibias postérieurs* faiblement arqués à leur base, non recourbés mais légèrement sinués en dessous vers leur dernier tiers. *Tarses* sensiblement plus longs que la moitié des tibias, à deuxième à quatrième articles graduellement plus courts : le premier paraissant un peu moins long que le deuxième : le dernier allongé, subélargi de la base à l'extrémité où il est tronqué et un peu plus épais que les précédents. *Ongles* petits, pas plus longs que leur membrane.

PATRIE. Cette espèce est rare en France. On la rencontre quelquefois aux environs de Paris. M. Perris l'a prise en secouant un toit de chaume, à

Biscarosse, dans les Landes. Nous l'avons capturée nous-mêmes, dans le mois d'août, courant parmi les herbes, près d'Aix en Savoie.

Obs. Quelquefois la base des tibias postérieurs est plus ou moins testacée.

Nous croyons que le *Malachius cephalotes* d'Olivier doit s'appliquer à l'espèce en question. La description et la figure s'y adaptent mieux qu'à toute autre du même genre.

Cette espèce est remarquable par la structure du vertex et du premier article des tarses artérieurs chez les ♂. Elle est proportionnellement moins allongée que toutes ses congénères.

La figure donnée par Jacquelin du Val. (Gen. Col. Eur., t. III, pl. 43, fig. 215 et 215 a ♂) sous le nom de *Troglops albicans* doit se rapporter à notre *Troglops cephalotes* ♂. La structure des tarses antérieurs ne laisse aucun doute à cet égard.

cc *Prothorax* entièrement rouge.

4. Troglops cruentus. Kiesenwetter.

Suballongé, presque glabre en dessus, brillant; noir, avec le prothorax entièrement ou presque entièrement rouge; la base des antennes, les tibias et les tarses antérieurs et intermédiaires d'un roux-testacé plus ou moins obscur. Tête finement et subaspèrement pointillée. Prothorax transverse, subcyathiforme, fortement rétréci en arrière, assez convexe, presque lisse, subimpressionné au milieu de sa base. Elytres oblongues, éparsement et très-finement pointillées. Tibias postérieurs à peine recourbés en dessous vers leur dernier tiers. Tarses postérieurs à premier article subégal au deuxième (♀).

Troglops cruentus. Kiesenwetter, Ins. Deut., t. IV, p. 618, 2.

Long. 0m,0034 (1 l. 1/2.). — Larg. 0m,0013 (1/2 l.).

♂ *Tête* sensiblement plus large que le prothorax. *Front* transversalement et profondément excavé. *Tarses antérieurs* de quatre articles.

♀ *Tête* un peu plus large que le prothorax, presque entièrement noire en dessus. *Front* déprimé, marqué entre les yeux d'une impression sensible, en forme de chevron ouvert en avant. *Tarses antérieurs* de cinq articles.

Corps suballongé, presque entièrement glabre en dessus.

Tête, les yeux compris, un peu (♀) ou sensiblement (♂) plus large que le prothorax, très-finement et à peine pubescente, finement et subaspèrement pointillée, d'un noir brillant en dessus avec les joues d'un rouge-testacé (♀). *Front* très-large, déprimé, marqué entre les yeux d'une impression sensible et en forme de chevron à ouverture antérieure (♀). *Epistome* un peu roussâtre. *Labre* d'un noir de poix, cilié à son bord apical. *Les autres parties de la bouche* d'un roux-testacé obscur avec *les palpes* noirs.

Yeux saillants, noirs, séparés du bord antérieur du prothorax par un intervalle sensible.

Antennes un peu plus (♀) longues que la moitié du corps ; finement pubescentes, légèrement ciliées en dessous ; finement ruguleuses ; obscures, avec les quatre ou cinq premiers articles d'un roux-testacé mais plus ou moins rembruni en dessus ; le premier légèrement épaissi en massue oblongue : le deuxième assez court, à peine égal à la moitié du précédent : le troisième oblong-obconique, le quatrième paraissant un peu plus long que le troisième : les cinquième à troisième assez allongés, subégaux, simples en dessous, faiblement ou à peine rétrécis à leur base : le dernier allongé, sensiblement plus long que le pénultième, subcylindrico-fusiforme, subacuminé au sommet (♀).

Prothorax assez sensiblement plus étroit antérieurement, que les élytres à leur base ; transverse, subcyathiforme ou en cœur fortement tronqué ; assez fortement arrondi à son bord antérieur qui est un peu prolongé dans son milieu au-dessus du niveau du vertex ; sensiblement arrondi aux angles antérieurs et en avant sur les côtés où il offre sa plus grande largeur ; fortement rétréci en arrière et presque en ligne droite jusqu'aux angles postérieurs qui sont obtus et très-ouverts ; tronqué à la base, avec celle-ci non distinctement lobée ni prolongée sur la base des élytres, subsinuée au devant de l'écusson, et légèrement relevée en forme de bourrelet étroit, lequel remonte sur les côtés jusque près des angles antérieurs en forme de rebord tranchant ; assez convexe sur le dos et assez largement et subtriangulairement subimpressionné au milieu de la base ; glabre, presque lisse ou éparsement et obsolètement pointillé sur les côtés ; d'un rouge très-brillant, avec la région des angles antérieurs parfois un peu rembrunie.

Ecusson en carré transverse, subarrondi au sommet, presque glabre, à peine pointillé, d'un noir brillant.

Elytres oblongues, environ trois fois et demie aussi longues que le prothorax ; subparallèles dans leur premier tiers et puis légèrement et arcuément élargies en arrière ; largement et individuellement arrondies au sommet, avec l'angle sutural effacé ; transversalement et simultanément impressionnées vers leur premier tiers, subconvexes sur le reste de leur surface et sensiblement déclives en arrière et sur les côtés ; glabres ; éparsement et très-finement pointillées ; entièrement d'un noir très-brillant et subviolacé. *Epaules* saillantes, arrondies.

Dessous du corps brillant, très-finement pubescent, très-obsolètement pointillé ou presque lisse ; noir, avec le dessous de la tête presque entièrement d'un rouge-testacé. *Métasternum* assez convexe, finement et obsolètement canaliculé sur sa ligne médiane. *Ventre* entièrement corné, avec les intersections des segments parfois à peine pellucides. *Pygidium* légèrement cilié sur ses bords.

Pieds allongés, grêles, très-finement pubescents, finement ruguleux, assez brillants ; noirs avec l'insertion des trochanters d'un testacé de poix, les tibias et les tarses antérieurs et intermédiaires d'un roux-testacé plus ou moins obscur, ainsi que parfois le dessous de l'extrémité des cuisses antérieures. *Tibias postérieurs* à peine recourbés en dessous vers leur dernier tiers. *Tarses* un peu plus longs que la moitié des tibias ; à deuxième à quatrième articles graduellement plus courts : le premier paraissant subégal au deuxième : le dernier allongé, subélargi de la base à l'extrémité où il est tronqué et un peu plus épais que les précédents. *Ongles* petits, pas plus longs que la membrane.

Patrie. Cette intéressante espèce, particulière à la Lusace, a été rencontrée dans le Bugey, sur les herbes, par M. Godart, qui a eu la complaisance de nous la communiquer.

Obs. Nous n'avons pas vu le ♂. Elle se distingue du *Troglops silo* par la structure de son prothorax qui n'est ni lobé ni transversalement impressionné à la base, à côtés non sinués au devant des angles postérieurs qui sont très-obtus.

Genre *Atelestus*. Ateleste. Erichson.

(Erichson, Entomogr., t. I, p. 122.)

(Etymologie : ἀτέλεστος, difficile.)

Caractère. *Corps* suballongé.

Tête transverse, inclinée, assez fortement rétrécie et obtuse en avant, plus ou moins dégagée, fortement et subangulairement (♂) dilatée à la hauteur des yeux ; plus large que la partie antérieure du prothorax chez le ♂ seulement ; avec les côtés des tempes plus (♂) ou moins (♀) obliquement dirigés de dehors en dedans derrière les yeux. *Front* très-large, prolongé en avant bien au-delà du niveau de ceux-ci ; creusé, chez les ♂, d'une excavation transversale profonde et deux fois étranglée, occupant presque toute la largeur. *Epistome* subcorné, très-court, sublinéaire, séparé du front par une suture très-fine et largement subangulée en arrière dans son milieu. *Labre* corné, très-court, fortement transverse, subinfléchi, largement tronqué et submembraneux à son bord antérieur. *Mandibules* robustes, assez courtes et assez larges, un peu saillantes en avant du labre, arcuément recourbées en dedans à leur extrémité et bidentées à leur pointe. *Palpes maxillaires* assez développés, subfiliformes, à dernier article ovale-oblong, tronqué au bout, un peu plus épais et un peu plus long que le deuxième : le pénultième très-court, à peine aussi long que le quart du suivant. *Palpes labiaux* petits, à dernier article en ovale-acuminé. *Menton* transverse. *Languette* peu distincte.

Yeux situés sur la partie dilatée de la tête, mais relativement peu saillants, subarrondis, séparés du bord antérieur du prothorax par un intervalle plus ou moins grand.

Antennes assez longues, de onze articles distincts ; assez écartées à leur base, insérées à l'angle antéro-externe du front, bien en avant d'une ligne idéale tangente au bord antérieur de chaque œil, filiformes, assez épaisses, latéralement subcomprimées à partir du troisième article ; simples et non dentées en scie en dessous ; à premier article épaissi en massue obconique : le deuxième assez court, égal environ à la moitié du précédent : les troisième et quatrième oblongs : les cinquième et sixième suballongés, subégaux : les septième à dixième allongés, subégaux : le dernier plus long que le pénultième, cylindrique.

Prothorax transverse, subcyathiforme ou subcordiforme, largement arrondi à son bord antérieur qui est à peine prolongé dans son milieu au-dessus du niveau du vertex ; très-fortement et brusquement rétréci en arrière, largement tronqué à la base, avec celle-ci à peine prolongée sur la base des élytres.

Ecusson fortement transverse, obtusément tronqué au sommet.

Elytres coriaces, fortement raccourcies et tronquées au sommet, laissant à nu les quatre derniers segments de l'abdomen ; sans ailes en dessous dans les deux sexes ; non distinctement rebordées en dehors. *Epaules* plus ou moins saillantes.

Echancrures du dessous du prothorax très-peu profondes, subarrondies.

Lames médianes des prosternum et mésosternum très-courtes, en forme d'angle très-ouvert. *Epimères du médipectus* à peine transversales. *Métasternum* très-obliquement coupé sur les côtés de son bord apical ; sensiblement prolongé entre les hanches postérieures en angle large, triangulairement entaillé à son sommet ; presque totalement voilé dans son milieu par le développement des hanches intermédiaires. *Episternums du postpectus* rétrécis en arrière en forme d'onglet.

Hanches très-développées, conico-cylindriques : *les antérieures* contiguës et convergentes à leur sommet : *les intermédiaires* subparallèlement (1) disposées, subcontiguës, couchées et cachant, par leur développement, la majeure partie du milieu du métasternum, touchant presque par leur sommet aux *hanches postérieures* : celles-ci subcontiguës ou très-rapprochées à leur naissance, fortement divergentes à leur extrémité.

Ventre de six segments distincts, presque entièrement cornés : le premier plus ou moins voilé dans son milieu : les deuxième à cinquième assez développés, subégaux : le dernier plus ou moins transverse ou semilunaire.

Pieds allongés, mais assez robustes : *les postérieurs* beaucoup plus longs que les intermédiaires et ceux-ci sensiblement plus que les antérieurs, dans toutes leurs parties. *Trochanters* ovale-oblongs, étroitement arrondis au sommet. *Cuisses* débordant considérablement les côtés du corps, à peine renflées avant leur milieu, se recourbant légèrement en dessus. *Tibias* plus

(1) Cette disposition des hanches intermédiaires, ajoutée à la consistance plus épaisse et plus coriace des élytres, rapproche nos *Atelestus* du genre *Dasytes* de la tribu suivante, et cette considération nous a amenés à leur assigner la dernière place parmi les *Vésiculifères*.

ou moins arqués à leur base : *les antérieurs* un peu moins longs : *les intermédiaires* presque aussi longs : *les postérieurs* plus longs que les cuisses et les trochanters réunis. *Tarses* assez grêles, presque aussi longs que les tibias, très-finement et densement pubescents, ou subtomenteux en dessous ; de cinq articles dans les deux sexes, avec les premier à quatrième graduellement plus courts, les premier, deuxième et troisième des postérieurs allongés et le premier seulement un peu plus long que le deuxième ; à premier article des antérieurs parfois assez grand et assez épais chez les ♂, où il est assez fortement prolongé au-dessous du deuxième : le dernier article de tous les tarses allongé, à peine élargi vers son extrémité. *Ongles* petits, chacun d'eux muni en dessous d'une membrane subaccollée un peu plus courte que lui.

Obs. Ce genre, d'un faciès tout particulier, se reconnaît facilement par la grosseur de la tête chez les ♂, par l'excavation du front chez le même sexe, par les élytres fortement raccourcies dans les deux sexes et ne recouvrant pas la moitié du dos de l'abdomen, et par le grand développement des tarses, soit relativement aux tibias, soit d'une manière absolue.

1. **Atelestus brevipennis**. Laporte.

Suballongé, très-finement pubescent, assez brillant, noir, avec une bande basilaire blanchâtre commune aux deux élytres, la base des antennes et les tarses testacés. Tête épaisse, obtuse en avant, obsolètement pointillée. Prothorax transverse, subcordiforme, fortement rétréci en arrière, presque lisse ou obsolètement pointillé, assez convexe. Elytres raccourcies, tronquées au sommet, légèrement pilosellées, finement et subrugueusement pointillées, subconvexes. Tarses postérieurs à premier article un peu plus long que le deuxième.

Malachius brevipennis. Laporte, Rev. Entomog. de G. Silbermann, 1836, t. IV, p. 29, 8.

Atelestus hemipterus. Erichson, Entomogr., t. I, p. 123.

Long. 0^m,0030 (1 l. 1/3). — Larg. 0^m,0013 (1/2 l.).

♂ *Antennes* sensiblement plus longues que la moitié du corps. *Tête*, les yeux compris, sensiblement plus large que le prothorax, longitudinalement sillonnée sur le milieu du vertex. *Front* marqué à sa partie antérieure de deux impressions bien distinctes, assez larges, subarrondies, subcontiguës et transversalement disposées ; creusé en outre, entre les yeux, d'une large et profonde excavation transversale, à fond lisse, deux fois étranglée de manière à former trois trous ou fortes et larges fossettes, contiguës ou réunies et disposées sur une ligne transversale : celle du milieu transverse et triangulaire : les latérales un peu obliques, subovales, joignant le bord antéro-interne des yeux. *Elytres* subparallèles. *Epaules* saillantes, avec le *calus* bien marqué, lisse et brillant. *Trochanters antérieurs* lisses, subdétachés et tronqués (1) à leur sommet. *Tibias antérieurs* sensiblement et graduellement épaissis vers leur extrémité : *les intermédiaires* plus faiblement et graduellement épaissis vers leur extrémité, également légèrement arqués sur leur tranche externe : *Tarses antérieurs* à premier article assez grand et assez épais, obliquement coupé par dessous à son sommet d'arrière en avant et assez fortement prolongé en dessous du deuxième.

♀ *Antennes* aussi longues ou à peine plus longues que la moitié du corps. *Tête*, les yeux compris, aussi large ou à peine aussi large que le prothorax. *Front* simple, déprimé, parfois presque tout à fait plan, d'autrefois largement et obsolètement impressionné entre les yeux ou très-faiblement biimpressionné en avant. *Elytres* légèrement et graduellement élargies en arrière depuis la base. *Epaules* effacées, sans *calus* sensible, lisse et brillant. *Trochanters antérieurs* subaccollés et subacuminés à leur sommet. *Tibias antérieurs* faiblement et graduellement épaissis vers leur extrémité, presque droits à leur tranche externe : *les intermédiaires* assez grêles ou à peine et graduellement épaissis vers leur extrémité, également presque droits à leur tranche externe. *Tarses antérieurs* à premier article pas plus épais que les suivants, presque simple ou un peu obliquement coupé au sommet.

Corps suballongé ou allongé, revêtu d'une très-fine pubescence blanchâtre, soyeuse et assez distincte.

Tête, les yeux compris, plus large (♂) ou à peine aussi large (♀) que le prothorax, très-finement pubescente, finement et obsolètement pointillée; entièrement d'un noir brillant. *Front* très-large, transversalement et profondément excavé chez les ♂, presque plan ou obsolètement impressionné chez les ♀. *Epistome* assez brillant; d'un testacé de poix, souvent pâle. *Labre* subconvexe, assez brillant, d'un brun de poix avec le bord antérieur

(1) Parfois la troncature paraît faiblement subéchancrée.

pâle et légèrement cilié. Les autres *parties de la bouche* d'un roux de poix avec la pointe des *mandibules* et *les palpes* obscurs.

Yeux peu saillants; subarrondis, noirs, séparés du bord antérieur du prothorax par un intervalle plus (♀) ou moins (♀) grand.

Antennes sensiblement (♂) ou à peine (♀) plus longues que la moitié du corps; très-finement pubescentes, en outre légèrement et finement ciliées, avec un ou deux cils un peu plus longs au sommet de chaque article, surtout en dessous; obsolètement ruguleuses; testacées à leur base et graduellement obscurcies vers leur extrémité, avec le premier article taché de noir en dessus, surtout vers sa base : le premier plus (♂) ou moins (♀) épaissi en massue oblongue, obconique ou ovale-oblongue, plus (♂) ou moins (♀) largement tronquée au sommet : le deuxième assez court, obconiqne, égal à la moitié du précédent : les troisième et quatrième oblongs, subégaux : les cinquième et sixième suballongés, subégaux : les septième à dixième allongés, à peine rétrécis à leur base : le dernier un peu plus long que le pénultième, subcylindrique, subacuminé au sommet.

Prothorax un peu plus large en avant que les élytres à leur base, transverse, subcyathiforme ou en cœur tronqué; largement arrondi à son bord antérieur qui est non ou à peine prolongé dans son milieu au dessus du niveau du vertex; sensiblement arrondi aux angles antérieurs, avec les postérieurs obtus et légèrement arrondis; fortement arrondi en avant sur les côtés; fortement rétréci en arrière où il n'est pas plus large que la moitié du diamètre antérieur; tronqué à la base, avec celle-ci subsinuée dans son milieu, faiblement relevée en forme de bourrelet très-étroit, lequel remonte sur les côtés jusqu'après leur milieu en forme de rebord plus fin et plus tranchant; assez convexe sur le dos, assez fortement déclive sur les côtés, assez sensiblement impressionné au devant de l'écusson ; très-finement pubescent; plus ou moins obsolètement et finement pointillé sur les côtés, plus ou moins lisse sur le disque ; entièrement d'un noir assez brillant.

Ecusson fortement transverse, obtusément tronqué au sommet, presque glabre, finement pointillé, d'un noir assez brillant.

Elytres une fois et demie aussi longues que le prothorax, en carré long, fortement raccourcies en arrière, laissant à nu les quatre derniers segments de l'abdomen; assez coriaces; subparallèles (♂), ou graduellement subélargies en arrière (♀) depuis leur base; individuellement et un peu obliquement tronquées au sommet, avec l'angle sutural légèrement et l'angle apical externe largement arrondis; sans ailes en dessous dans les deux sexes; simultanément et transversalement subimpressionnées vers leur premier tiers, subconvexes postérieurement et légèrement déclives sur les côtés; finement, distinctement mais peu densement pubescentes et en outre éparsement et finement pilosellées; finement et subrugueusement pointillées; d'un noir assez brillant; parées d'une large bande blanchâtre, commune, subbasilaire et n'atteignant pas les côtés. *Epaules* plus (♂) ou moins (♀) saillantes, légèrement arrondies (♂) ou effacées (♀).

Dessous du corps brillant, finement pubescent, finement et subrugueusement pointillé; noir, avec le bord apical des segments ventraux parfois étroitement rosé. *Métasternum* déprimé, en majeure partie voilé par les hanches intermédiaires. *Ventre* presque entièrement corné ou à peine et très-finement submembraneux aux intersections des segments: le dernier semilunaire, parfois impressionné dans son milieu à sa base.

Pieds allongés, assez robustes, finement pubescents, obsolètement et subrugueusement pointillés, assez brillants; noirs, avec l'insertion des trochanters roussâtre, les tarses et souvent le sommet des tibias d'un roux-testacé. *Tibias antérieurs et intermédiaires* plus (♂) ou moins (♀) épais, presque droits (♀) ou légèrement arqués (♂) en dehors: *les postérieurs* grêles, à peine arqués à leur base, faiblement sinués et à peine recourbés en dessous vers leur dernier tiers. *Tarses antérieurs* assez robustes; les autres assez grêles, presque aussi longs que les tibias; à premier à quatrième articles graduellement plus courts: le premier des postérieurs seulement un peu plus long que le deuxième: le dernier allongé, à peine et graduellement élargi de la base à l'extrémité où il est subtronqué et à peine plus épais que les précédents. *Ongles* petits, acérés, un peu plus longs que la membrane.

PATRIE. Cette espèce habite les contrées méridionales de la France, les environs de Toulon, des Martigues, de Marignane, etc. On la rencontre courant au soleil, sur le galet, au bord de la mer ou des étangs salés.

OBS. Elle varie peu. Toutefois les tibias sont parfois presque entièrement d'un roux-testacé, et les tarses, ordinairement de cette dernière couleur, sont quelquefois rembrunies ou d'un testacé-obscur.

Var. a. Prothorax plus ou moins rembruni sur le milieu de son disque.

2. Atelestus Peragallonis. PERRIS.

Suballongé, très-légèrement pubescent, d'un noir de poix brillant, avec le prothorax et quelquefois (♂) la tête d'un rouge-clair, les antennes, les tibias et les tarses d'un rouge-testacé, et une tache arrondie blanchâtre près de la base de chaque élytre. Tête grosse. Front très-large. Prothorax subtransverse, plus ou moins fortement rétréci en arrière, presque lisse. Elytres oblongues, sensiblement élargies postérieurement, obsolètement et finement ponctuées. Abdomen convexe, très-finement pointillé. Pieds grêles, très-allongés.

Atelestus Peragallonis. PERRIS, Ann. Soc. Ent. Fr., 1866, p. 186 et 187.

Long. 0m,0028 (1 1/4 l.). — Larg. 0m 0011 (1/2 l.).

♂ *Tête* fortement et angulairement dilatée sur les côtés à la hauteur des yeux qui sont assez petits et subarrondis ; beaucoup plus large que le prothorax ; d'un rouge clair et vif, avec une tache nébuleuse de chaque côté sur le vertex contre le bord antérieur du prothorax. *Front* plus pâle supérieurement, fortement et transversalement excavé entre les yeux ; avec l'excavation profonde, occupant presque toute la largeur de la tête, largement et circulairement échancrée dans le milieu de son arête supérieure, et armée d'une forte dent déprimée qui s'avance au-dessous de l'échancrure en forme de lame triangulaire assez aiguë et à arêtes latérales assez tranchantes et un peu rembrunies. *Région de l'épistome* impressionnée de chaque côté vers les tubercules antennifères qui sont lisses ; fortement relevée dans son milieu en une lame large, triangulaire, finement chagrinée, et dont la pointe rembrunie se recourbe un peu vers le sommet de la dent sus-indiquée. *Antennes* aussi longues que le corps, graduellement un peu plus obscures vers leur extrémité, avec les sixième à dixième articles allongés, subparallèles : le dernier très-allongé, linéaire. *Prothorax* fortement rétréci postérieurement. *Le sixième segment ventral* triangulairement échancré à son sommet. *Le sixième segment abdominal* terminé par un angle à côtés subsinués.

♀ *Tête* obtusément et subangulairement dilatée sur les côtés à la hauteur des yeux qui sont assez grands et subovalaires; sensiblement plus large que le prothorax; d'un noir de poix brillant, avec souvent une légère transparence rougeâtre sur le milieu entre les yeux. *Front* déprimé, creusé entre ceux-ci d'une impression plus ou moins large, plus ou moins prononcée et parfois à fond lisse. *Région de l'épistome* simplement subconvexe. *Antennes* sensiblement moins longues que le corps, non ou à peine plus foncées vers leur extrémité, avec les sixième à dixième articles suballongés mais un peu rétrécis vers leur base: le dixième allongé, fusiforme. *Prothorax* assez fortement rétréci postérieurement. *Le sixième segment ventral* entier et subarrondi à son sommet, ainsi que le *sixième segment abdominal.*

Corps suballongé, sensiblement élargi en arrière, brillant, très-légèrement pubescent.

Tête plus ou moins inclinée, grosse, plus ou moins angulairement dilatée sur les côtés, très-finement pointillée, très-légèrement pubescente, brillante, d'un rouge-clair (♂) ou d'un noir de poix (♀). *Front* très-large. *Labre* membraneux et rosat à sa base, convexe, d'un noir de poix brillant et légèrement cilié à sa partie antérieure. *Mandibules* d'un rouge-testacé à leur base, noires et brillantes à leur extrémité. *Les parties inférieures de la bouche* d'un rouge-testacé, avec *les palpes* noirs, très-finement pointillés et légèrement pubescents.

Yeux plus ou moins grands, plus ou moins proéminents, subarrondis ou subovalaires, noirs.

Antennes plus ou moins allongées, finement chagrinées, très-finement pubescentes, légèrement ciliées ou fasciculées en dessous; d'un rouge-testacé, souvent un peu plus obscures (♂) vers leur extrémité; avec le premier article plus ou moins rembruni sur sa face interne, légèrement épaissi en massue allongée, subarquée, tronquée au bout: le deuxième court, obconique, beaucoup moins long que le suivant: les troisième à dixième plus (♂) ou moins (♀) allongés, subparallèles (♂) ou un peu rétrécis vers leur base (♀): le dernier sensiblement plus long que le pénultième, très-allongé et linéaire (♂), allongé et fusiforme (♀), obtusément acuminé au sommet.

Prothorax à peine plus étroit que les élytres à leur base, empiétant un peu sur celle-ci; subtransverse; large antérieurement, plus ou moins fortement rétréci postérieurement; fortement arrondi et prolongé au milieu de son bord antérieur qui est parfois très-finement rebordé latéralement; à côtés assez largement arrondis avec les angles antérieurs, presque rectilignes ou faiblement sinués en arrière où ils sont très-finement rebordés, avec les angles postérieurs obtus et subarrondis ; subtronqué à sa base, avec celle-ci distinctement rebordée sur toute sa largeur et assez largement sinuée ou circulairement échancrée au-dessus de l'écusson ; subconvexe sur le dos, transversalement subimpressionné sur son milieu au devant de sa base ; très-finement et à peine pubescent ; à peine pointillé ou presque lisse ; d'un rouge très-brillant asssez clair, avec le milieu du disque quelquefois nébuleusement rembruni.

Ecusson subtransverse, trapéziforme, subarrondi au sommet, très-finement pointillé, à peine pubescent, d'un noir brun assez brillant.

Elytres oblongues, une fois et demie aussi longues que le prothorax ; graduellement et sensiblement élargies en arrière ; subrectilignes sur les côtés qui sont largement arrondis postérieurement en même temps que les angles postéro-externes ; obtusément tronquées au sommet avec l'angle sutural subarrondi ; fortement raccourcies et laissant à découvert les quatre derniers segments abdominaux ; transversalement déprimées ou subimpressionnées à leur base et subconvexes sur leur partie postérieure ; très-finement et rugueusement pointillées antérieurement, graduellement plus éparsement et plus finement en avançant vers l'extrémité ; finement et très-légèrement pubescentes, avec la pubescence pâle et couchée, et çà et là, surtout vers la base et vers le sommet, quelques longs poils très-mous et redressés ; d'un noir de poix beaucoup plus brillant en arrière ; parées sur chacune, un peu derrière la base, d'une grande tache subarrondie ou subtransverse, d'un blanc un peu flave, ne touchant ni aux côtés ni à la suture. *Epaules* à peine saillantes, presque effacées.

Dessous du corps très-finement et obsolètement pointillé, légèrement pubescent ; d'un noir de poix brillant, avec le dessous de la tête et du prothorax rouge. *Abdomen* convexe, très-finement et obsolètement pointillé, légèrement pubescent, d'un noir de poix brillant ; avec le *dernier segment* éparsement et longuement cilié de chaque côté. *Ventre* subdéprimé, plus ou moins déformé, à intersections souvent rosées et membraneuses latéralement.

Pieds grêles, très-allongés, très-finement chagrinés, finement pubescents, noirs, avec les trochanters d'un roux de poix, les tibias et les tarses d'un rouge-testacé, et les tibias postérieurs assez souvent un peu obscurcis dans leur milieu. *Cuisses* sublinéaires ou à peine renflées. *Tibias* grêles, un peu plus longs que les cuisses : *les antérieurs et intermédiaires* presque droits, *les postérieurs* un peu cambrés. *Tarses* allongés, étroits, sensiblement moins longs que les tibias, avec leurs quatre premiers articles graduellement plus courts : *les antérieurs* à article moins allongés ou même assez courts : *les intermédiaires et postérieurs* à articles plus ou moins allongés : *le dernier* un peu moins long que les deux précédents réunis, graduellement et plus ou moins fortement élargi vers son extrémité où il est un peu plus épais que les précédents. *Crochets* petits, offrant en dedans un lobe membraneux soudé.

Patrie. Cette belle espèce a été prise en abondance sur la plage du Caros, à Nice, par M. Peragallo, qui nous en a donné généreusement plusieurs exemplaires.

Obs. Cette espèce se distingue suffisamment par sa colloration, de l'*Atelestus brevipennis*. En outre, les antennes sont beaucoup plus grêles, les élytres sont plus sensiblement élargies en arrière, et le ♂ n'a pas le premier article des tarses antérieurs prolongé au-dessous du deuxième.

FIN

TABLE ALPHABÉTIQUE

DES ESPÈCES DÉCRITES

FIN DE LA TABLE

LYON. — IMPRIMERIE PITRAT AINÉ, RUE GENTIL, 4.

TABLE ALPHABÉTIQUE

FOSSIPÈDES

BRÉVICOLLES

ERRATA

DES

FOSSIPÈDES ET BRÉVICOLLES

Dédicace. Guillebau, *lisez* Guillebeau.

Tableau, ligne 14 pallida, *lisez* minuta. Linné.

Verso — 2 fusicornis, *lisez* fuscicornis.

— — 18 hemisphericus, *lisez* hemisphæricus.

Page 4 — 10 tegments, *lisez* téguments.

— 6 — 20 facile, *lisez* faciles.

— 6 — dernière, à cessé, *lisez* a cessé.

— 8 — 2, en, à supprimer.

— 11 — avant-dernière, *βα*, *lisez* *β*.

— 12 — 9 *obsolète*, *lisez obsolètes*.

— 17 — 12 La, *lisez* la.

— 32 — 13 dessous, *lisez* dessus.

— 37 — 13 supprimez le premier des.

— 37 — dernière, sctites, *lisez* scirtes.

— 38 — 18 Lampiriens, *lisez* Lampyriens.

— 39 — 13 Eunicétites, *lisez* Eucinétites.

— 41 titre Dasciliens, *lisez* Dascilliens.

— 41 ligne 25 labiaux, supprimez la virgule.

— 43 titre Dasciliens, *lisez* Dascilliens.

— 43 ligne 32 mettez *point et virgule* après *subcarénée* et après *avant*.

— 46 tableau, 3e ligne transversale, *hanches supérieures*, *lisez hanches postérieures*.

— 46 tableau, ligne 31, courtement ou, *lisez* courtement ovalaire ou.

— 46 tableau, ligne 33, *lame*, *lisez lames*.

— 50 ligne 17 (2 l 2/4), *lisez* (2 l. 1/4).

— 53 — 2 *pallida*, *lisez minuta*.

— 55 — 33 *pallida*, *lisez minuta*.

— 56 — 7 (2 l.), *lisez* 2 l.

Page 56 ligne 13 *submaculata, lisez submaculato.*
— 58 — 7 dssous, *lisez* dessous.
— 58 — 26 trosième, *lisez* troisième.
— 70 — 9 FUSICORNIS, *lisez* FUSCICORNIS.
— 70 — 19 *fusicornis, lisez fuscicornis.*
— 70 — 23 1/2 l, *lisez* 1 l. 1/2.
— 73 — 11 1/4 l, *lisez* 1 l. 1/4.
— 75 — 15 côtes, *lisez* côtés.
— 75 — 15 longuement, *lisez* largement.
— 75 — 17 1 2/4 l.), *lisez* (1 l 2/3).
— 77 — 25 rebord, supprimez la virgule.
— 79 — 11 pallida, *lisez* minuta.
— 79 — 26 pele, *lisez* pâle.
— 84 — 3 var. c., *lisez* d.

Mettez les deux lignes qui suivent en gaillarde, corps 8, avec *troisième article des antennes* en italiques.

Page 86 ligne 23 0,m0010 2/3, *lisez* 0,0015.
— 89 — 12 fusicornis, *lisez* fuscicornis.
— 90 — 1 (2/5 l.), *lisez* (1 l. 1/3).
— 94 — 2 article, *lisez* articles.
— 94 — 25 moirs, *lisez* moins.
— 95 — 8 quatrième ou cinquième, *lisez* quatre ou cinq.
— 100 — 27 ♂, *lisez* ♀.
— 100 — 11 après 0,004, ouvrez la parenthèse.
— 116 — 23 allongées, *lisez* allongés.
— 117 — 2 après à peine, supprimez la virgule.

Planche I figure 7 pallida, *lisez* minuta.
— I — 14 — — —
— I — 15 — — —
— I — 16 — — —
— I — 17 — — —
— II — 12 d'un, *lisez* du.
— II — 14 d'un, *lisez* du.
— IV — 7 du même, *du scirtes hemisphæricus* ♂.

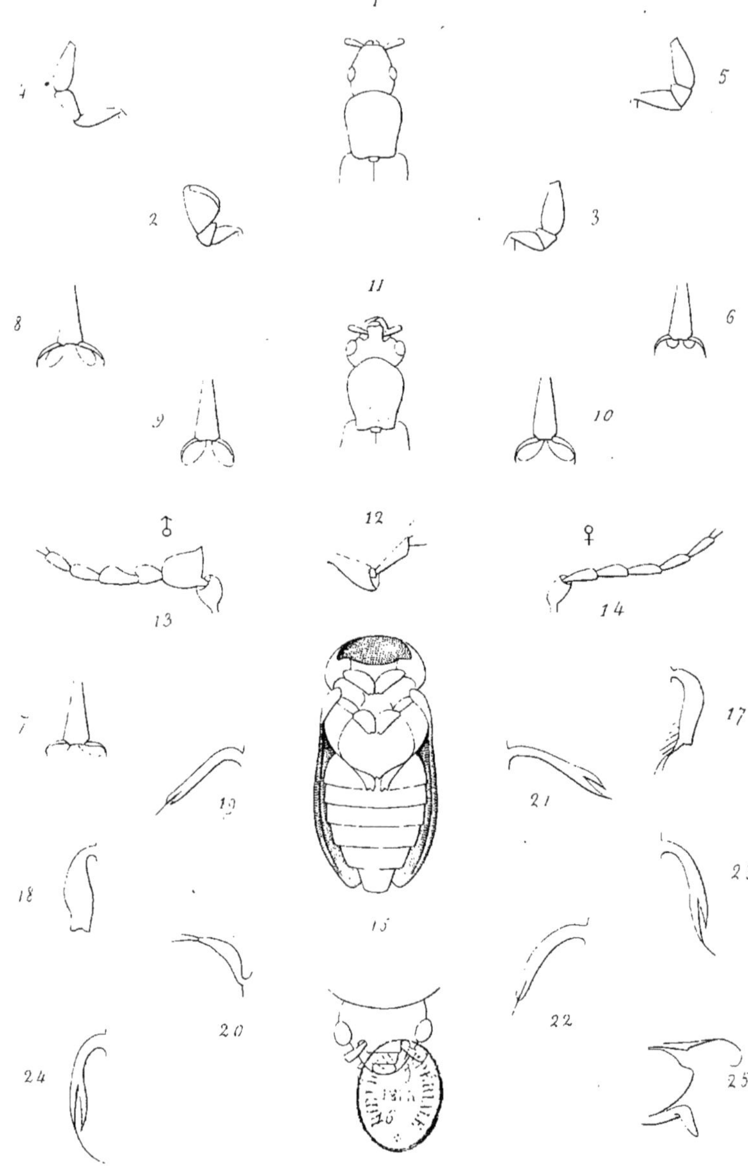

C. Rey del. Impr. Fugère Dénard sc.

EXPLICATION DES PLANCHES

Planche I.

Fig. 1. Tête et prothorax de l'*Apalochrus flavolimbatus*.
— 2. Palpe maxillaire du genre *Apalochrus*.
— 3. Palpe maxillaire du genre *Anthodytes*.
— 4. Palpe maxillaire de la plupart des *Malachius*.
— 5. Palpe maxillaire du *Malachius inortatus* (sous-genre *Micrinus*).
— 6. Ongles et membranes du genre *Apalochrus*.
— 7. Ongles et membranes du genre *Anthodytes*.
— 8. Ongles et membranes de la plupart des *Malachius*.
— 9. Ongles et membranes du *Malachius semilimbatus*.
— 10. Ongles et membranes des *Malachius dilaticornis* et *dentifrons*.
— 11. Tête et prothorax de l'*Anthodytes cyanipennis*.
— 12. Base des antennes du genre *Apalochrus*.
— 13. Base des antennes de l'*Anthodytes cyanipennis* ♂.
— 14. Base des Antennes de l'*Anthodytes cyanipennis* ♀.
— 15. Dessous du corps du *Malachius aeneus* et de la plupart des *Malachiaires*.
— 16. Tête vue de face d'un *Malachius*.
— 17. Profil et direction de l'appendice chez le *malachius rufus* ♂. (Elytre droite.) (1)
— 18. Profil et direction de l'appendice chez le *malachius rufus* ♂ variété. (Elytre gauche.)
— 19. Profil et direction de l'appendice chez le *malachius marginellus* ♂. (Elytre gauche.)

(1) Tous ces profils d'appendices sont pris intérieurement vers la suture

— 20. Profil et direction de l'appendice chez le *malachius semilimbatus* ♂. (Elytre gauche.)

— 21. Profil et direction de l'appendice chez le *malachius parilis* ♂. (Elytre droite.)

— 22. Profil et direction de l'appendice chez le *malachius elegans* ♂. (Elytre gauche.)

— 23. Profil et direction de l'appendice chez le *malachius geniculatus* ♂. (Elytre droite.)

— 24. Profil et direction de l'appenpice chez le *malachius spinipennis* ♂. (Elytre gauche.)

— 25. Profil et direction des appendices chez le *malachius spinosus* ♂. (Elytre droite.)

Planche 11.

Fig. 1. Antenne du *malachius rufus* ♂.
— 2. — — *malachius rufus* ♀.
— 3. — — *malachius marginellus* ♂.
— 4. — — *malachius marginellus* ♀.
— 5. — — *malachius semilimbatus* ♂.
— 6. — — *malachius semilimbatus* ♀.
— 7. — — *malachius parilis* ♂
— 8. — — *malachius parilis* ♀.
— 9. — — *malachius elegans* ♂.
— 10. — — *malachius elegans* ♀.
— 11. — — *malachius geniculatus* ♂.
— 12. — — *malachius geniculatus* ♀.
— 13. — — *malachius spinipennis* ♂.
— 14. — — *malachius spinipennis* ♀.
— 15. — — *malachius spinosus* ♂.
— 16. — — *malachius spinosus* ♀.

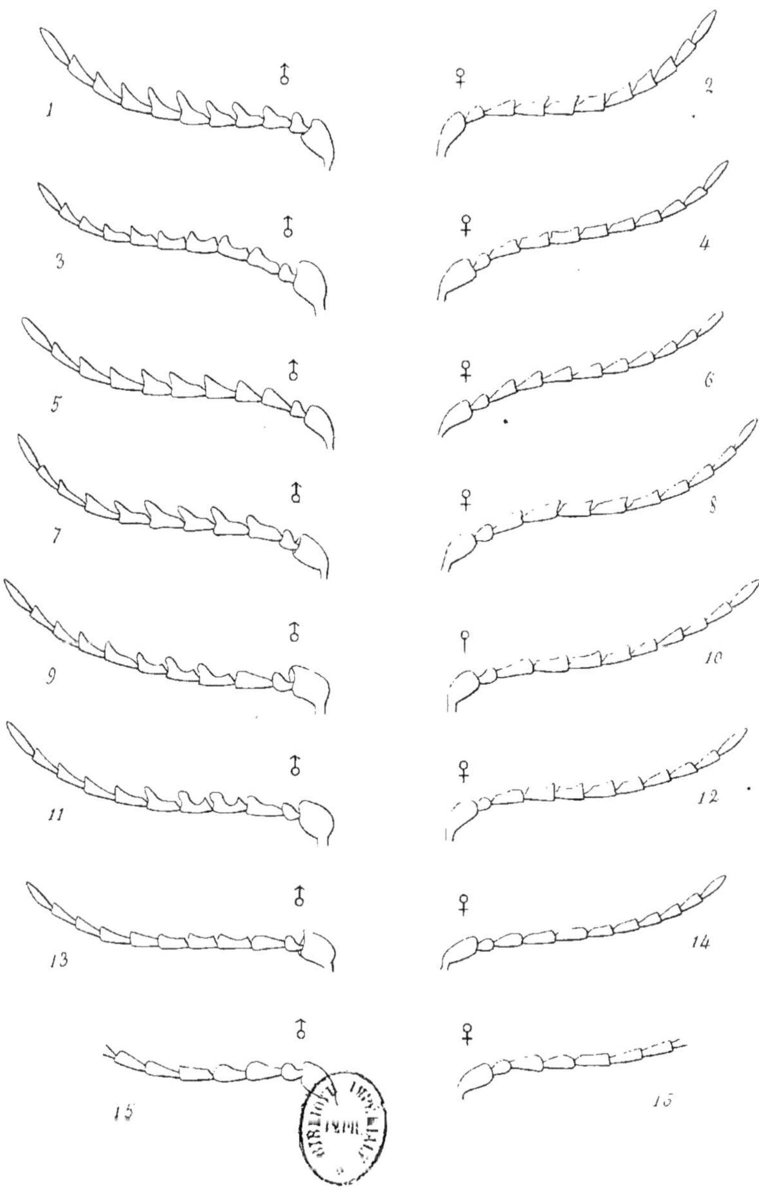

Imp. Dupré. Lecomte sc.

Planche III.

Fig. 1. Base de l'antenne du *malachius Barnevillei* ♂.
— 2. — — — *malachius Barnevillei* ♀.
— 3. — — — *malachius aeneus* ♂.
— 4. — — — *malachius rubidus* ♂.
— 5. — — — *malachius bipustulatus* ♂.
— 6. — — — *malachius bipustulatus* ♀.
— 7. — — — *malachius australis* ♂.
— 8. — — — *malachius australis* ♀.
— 9. — — — *malachius viridis* ♂.
— 10. — — — *malachius viridis* ♀.
— 11. — — — *malachius dilaticornis* ♂.
— 12. — — — *malachius dilaticornis* ♀.
— 13. — — — *malachius dentifrons* ♂.
— 14. — — — *malachius dentifrons* ♀.
— 15. — — — *malachius inornatus* ♂.
— 16. — — — *malachius inornatus* ♀.

VÉSICULIFÈRES Pl. III

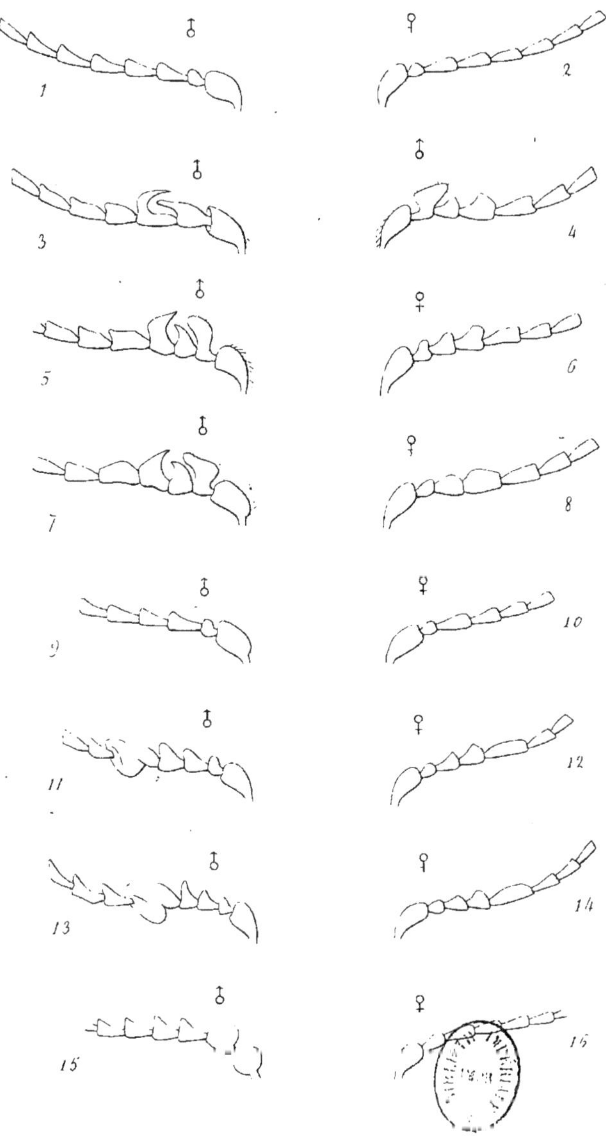

C. Rey del. Impr. Fagere Déchaud s.

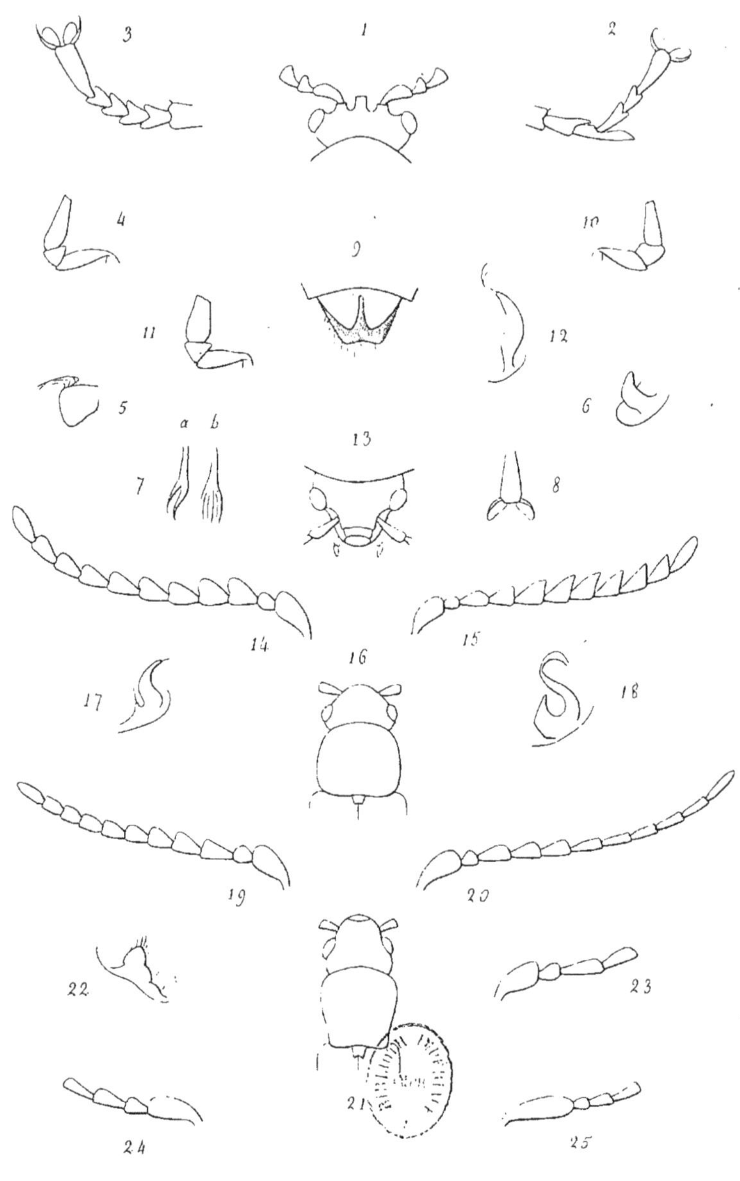

C. Rey del. Imp. Fugère Dechaud sc.

Planche IV.

Fig. 1. Tête vue de dessus du *Malachius dentifrons* ♂.
— 2. Tarse antérieur d'un *Axinotarsus* ♂, avec la forme des crochets et de leur membrane.
— 3. Tarse antérieur de l'*Anthocomus sanguinolentus* ♂, avec la forme des crochets et de leur membrane.
— 4. Palpe maxillaire du genre *Axinotarsus.*
— 5. Forme et direction de l'appendice inférieur des *Axinotarsus ruficollis et pulicarius.* (Elytre gauche) ♂.
— 6. Forme et direction de l'appendice de l'*Axinotarsus marginalis.* (Elytre droite) ♂.
— 7. Lanière supérieure des *Axinotarsus ruficollis* (a) et *pulicarius* (b) ♂.
— 8. Ongles et membranes des *Anthocomus equestris* et *fasciatus*, sous-genre *Celidus.*
— 9. Sixième segment ventral de la plupart des *Malachiates* et aussi de plusieurs *Anthocomates.*
— 10. Palpe maxillaire du genre *Anthocomus.*
— 11. Palpe maxillaire du genre *Ceraphcles.*
— 12. Forme et direction de l'appendice de l'*Anthocomus sanguinolentus* ♂. (Elytre gauche).
— 13. Tête vue de face de l'*Anthocomus sanguinolentus.*
— 14. Antenne de l'*Anthocomus sanguinolentus* ♂.
— 15. Antenne de l'*Anthocomus equestris* ♂, sous-genre *Celidus.*
— 16. Tête et prothorax du genre *Anthocomus.*
— 17. Forme et direction de l'appendice de l'*Anthocomus equestris* ♂. (Elytre gauche), sous-genre *Celidus.*
— 18. Forme et direction de l'appendice de l'*Anthocomus fasciatus* ♂. (Elytre gauche), sous-genre *Celidus.*

— 19. Antenne de l'*Anthocomus fasciatus* ♂, sous-genre *Celidus*.
— 20. Antenne du *Carapheles lateplagiatus* ♂.
— 21. Tête et prothorax du genre *Carapheles*.
— 22. Forme et direction de l'appendice du *Carapheles lateplagiatus* ♂.
— 23. Proportion relative des quatre premiers articles des antennes dans le genre *Antholinus* et genres voisins.
— 24. Proportion relative des quatre premiers articles des antennes dans le genre *Charopus*.
— 25. Proportion relative des quatre premiers articles des antennes dans les genres *Homoeodipnis*, *Colotes* et *Antidipnis*.

Planche V.

Fig. 1. Sixième segment ventral de l'*Antholinus lateralis* ♂.
— 2. Sixième segment ventral de l'*Antholinus lateralis* ♀.
— 3. Tarse antérieur des vrais *Antholinus* ♂.
— 4. Id. des *Antholinus* ♂, sous-genre *Sphinginus*.
— 5. Antenne d'un vrai *Antholinus* ♂.
— 6. Antenne d'un *Antholinus*, sous-genre *Abrinus* ♂.
— 7. Palpe maxillaire d'un vrai *Antholinus* ♂ ♀.
— 8. Palpe maxillaire d'un *Antholinus*, sous-genre *Abrinus* ♂.
— 9. Palpe maxillaire d'un *Antholinus*, sous-genre *Sphinginus* ♂.
— 10. Palpe maxillaire du genre *Pelochrus* ♂ ♀.
— 11. Tête et prothorax de l'*Antholinus analis*, sous-genre *Abrinus*.
— 12. Antenne d'un *Antholinus*, sous-genre *Sphinginus*.
— 13. Antenne du genre *Pelochrus* ♀.
— 14. Tête et prothorax de l'*Antholinus lobatus*, sous-genre *Sphinginus*.
— 15. Tête et prothorax du genre *Pelochrus*.
— 16. Palpe maxillaire du genre *Nepachys*.
— 17. Id. de l'*Attalus dalmatinus*.
— 18. Antenne du *Nepachys pulchellus* ♂.
— 19. Id. du *Nepachys pulchellus* ♀.
— 20. Tarse antérieur du *Nepachys cardiacae* ♂.
— 21. Id. du *Nepachys pulchellus* ♂.
— 22. Forme et direction de l'appendice du *Nepachys cardiacae* ♂. (Elytre droite).
— 23. Forme et direction de l'appendice du *Nepachys pulchellus* ♂. (Elytre gauche).

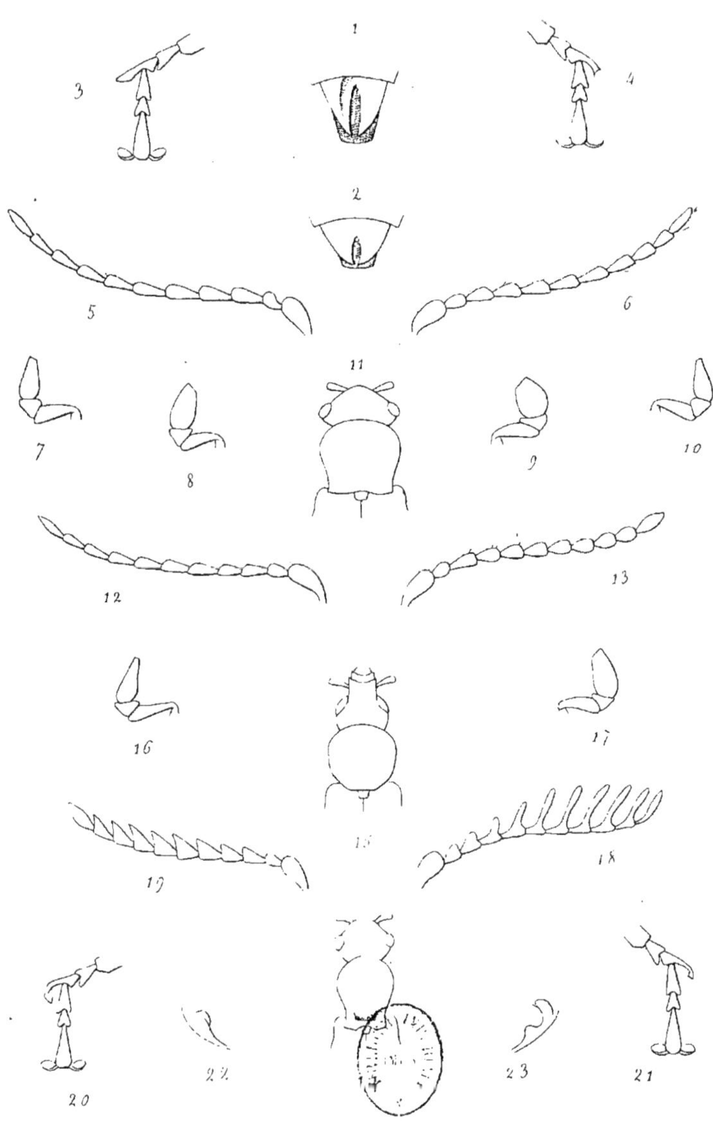

C. Rey del. impr. Fugère

Planche VI.

Fig. 1. Tête et prothorax de l'*Attalus dalmatinus*.
— 2. Tarse antérieur de l'*Attalus gracilentus* ♂.
— 3. Id. de l'*Attalus dalmatinus* ♂.
— 4. Sixième segment ventral de l'*Attalus* ♂.
— 5. Sixième segment ventral de l'*Attalus dalmatinus* ♂.
— 6. Forme et direction de l'appendice de l'*Ebaeus flavicornis* ♂. (Elytre droite, vn de dehors).
— 7. Forme et direction de l'appendice de l'*Ebaeus appendiculatus* ♂ (Elytre gauche, vue de dehors·)
— 8. Forme et direction de l'appendice de l'*Ebaeus thoracicus* ♂. (Elytre droite, vue de dehors.)
— 9. Forme et direction de l'appendice de l'*Ebaeus collaris* ♂. (Elytre gauche, vue de dehors.)
— 10. Palpe maxillaire de l'*Ebaeus thoracicus* ♂.
— 11. Id. de l'*Ebaeus thoracicus* ♀.
— 12. Tarse antérieur des *Ebaeus* ♂.
— 13. Id. des *Hypebaeus* ♂.
— 14. Sixième segment ventral de l'*Ebaeus thoracicus* ♂.
— 15. Palpe maxillaire de l'*Hypebaeus flavicollis* ♂.
— 16. Id. de l'*Hypebaeus albifrons* ♂.
— 17. Sixième segment ventral de l'*Hypebaeus flavicollis* ♂.
— 18. Id. Id. de l'*Hypebaeus albifrons* ♂.
— 19. Id. Id. de l'*Hypebaeus flavipes* ♂.
— 20. Palpes maxillaires du *Charopus pallipes* ♂.
— 21. Id. de l'*Homoeodipnis Javeti* ♂ ♀.
— 22. Id. du *Colotes maculatus* ♂.
— 23. Id. du *Colotes maculatus* ♀.
— 24. Id. de l'*Antidipnis punctatus* ♂.
— 25. Id. de l'*Antidipnis punctatus* ♀.
— 26. Sixième segment ventral du *Colotes maculatus* ♂.
— 27. Cinquième et sixième segments ventraux de l'*Antidipnis punctatus* ♂.

VÉSICULIFÈRES

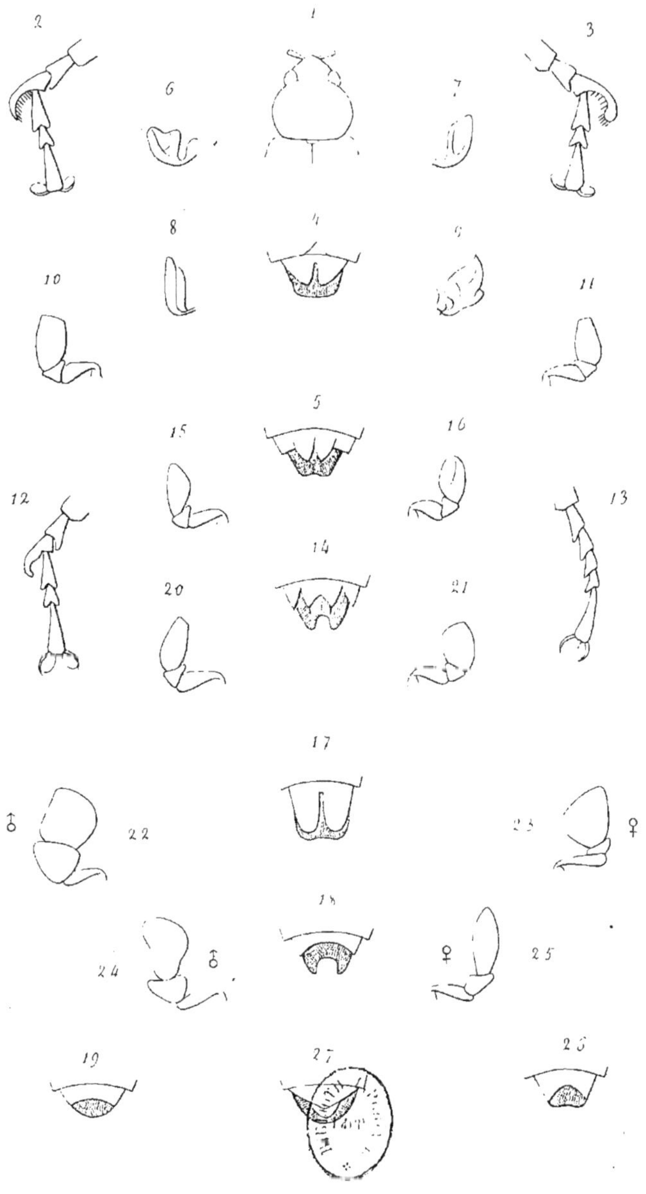

C Rey del. — imp. Fugère — Déchaud sc

Planche VII.

Fig. 1. Forme générale du *Charopus pallipes* ♀.

— 2. Tête et prothorax du *Charopus flavipes*.

— 3. Id. du *Charopus concolor*.

— 4. Forme et direction de l'appendice du *Charopus flavipes* ♂. (Elytre droite, vue de dehors.)

— 5. Forme et direction de l'appendice du *Charopus docilis* ♂. (Elytre droite, vue de dehors.)

— 6. Forme et direction des appendices du *Charopus pallipes* ♂. (Elytre gauche, vue de dedans.)

— 7. Ongles et membranes du genre *Charopus*.

— 8. Vertex et prothorax du *Troglops albicans* ♂.

— 9. Id. du *Troglops cephalotes* ♂.

— 10. Tarse antérieur du *Troglops albicans* ♂, avec les ongles et leur membrane.

— 11. Tarse antérieur du *Troglops cephalotes* ♂, avec les ongles et leur membrane.

— 12. Tête et prothorax de l'*Atelestus brevipennis* ♀.

— 13. Dessous du corps du genre *Atelestus*.

— 14. Tête vue de face de l'*Atelestus brevipennis* ♂.

— 15. Tarse antérieur de l'*Atelestus brevipennis* ♂.

— 16. Tarse postérieur de l'*Atelestus brevipennis*, avec les ongles et leur membrane.

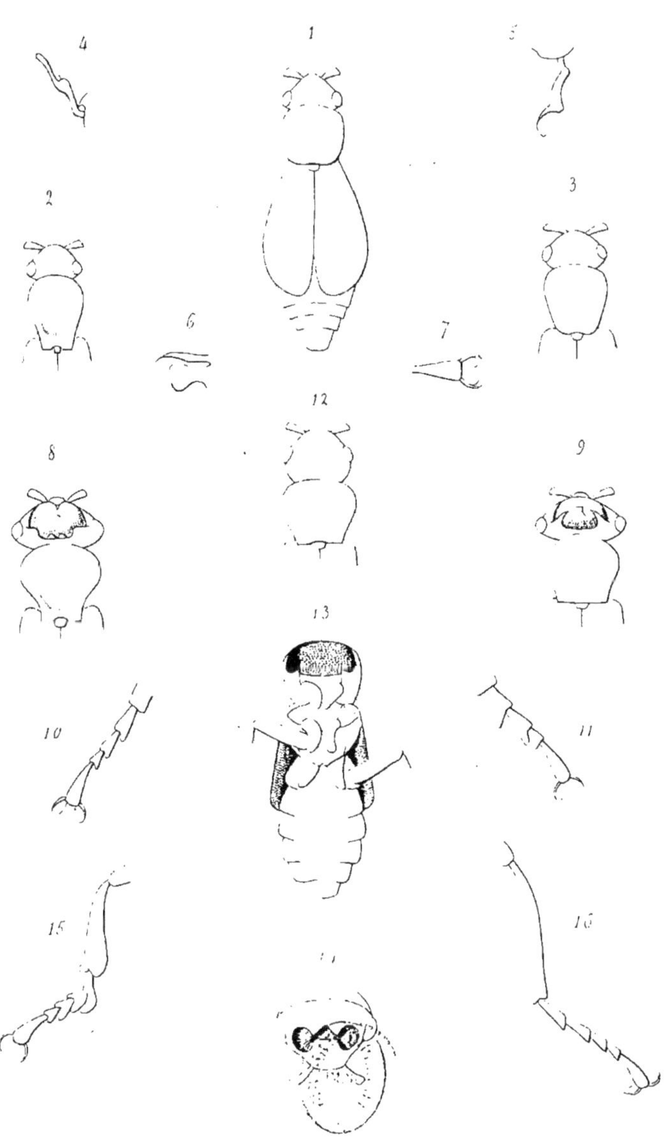

C. Rey del. Dechaud sc.

Impr. Fugère

OUVRAGES DU MÊME AUTEUR

HISTOIRE NATURELLE DES COLÉOPTÈRES DE FRANCE.

— LAMELLICORNES. *Paris*, [illegible] 1 vol. in-8.

— PALPICORNES. *Paris*, [illegible] in-8.

— SULCICOLLES. — SÉCURIPALPES. [illegible]

— LATIGÈNES. *Paris*, 1854. [illegible]

HÉTÉROMÈRES:

— PECTINIPÈDES. *Paris*, 1856. 1 vol. in-8.

— BARBIPALES. — LONGIPÈDES. — LATIPENNES. [illegible] 1 vol. in-8.

— VÉSICANTS. *Paris*, 1857. 1 vol. in-8.

— ANGUSTIPENNES. *Paris*, [illegible] 1 vol. in-8.

— COLLIGÈRES. 1866. 1 vol. in-8, avec Rey.

— ROSTRIFÈRES. *Paris*, 1859. 1 vol. in-8.

— ALTISIDES, par C. Foudras. [illegible] 1859-60. 1 vol. in-8.

— MOLLIPENNES. *Paris*, 1862. 1 vol. in-8.

— LONGICORNES. 1862-1863. 1 vol. in-8.

— ANGUSTICOLLES. — DIVERSIPALPES. 1 vol. in-8, avec REY.

— TÉRÉDILES. 1864. 1 vol. in-8, avec REY.

— FOSSIPÈDES et [illegible] in-8, avec Rey.

— SCUTICOLLES. 1864, in-8, avec Rey.

SPÉCIÈS DES COLÉOPTÈRES TRIMÈRES SÉCURIPALPES. [illegible] 1850-1851. 1 vol. en deux parties, grand in-8.

MONOGRAPHIE DES COCCINELLIDES. [illegible], in-8.

OPUSCULES ENTOMOLOGIQUES, grand in-8.

— 1er cahier. [illegible] Mémoires divers.

— 2me cahier. 1853. Id.

— 3me cahier. 1853. Coccinellides.

— 4me cahier. 1853. Parvilabres.

— 5me cahier. [illegible] Id.

— 6me cahier. 1855. Mémoires divers.

— 7me cahier. 1856. Id.

— 8me cahier. 1858. Id.

— 9me cahier. 1859. Parvilabres, etc.

— 10me cahier. 1859. Parvilabres.

— 11me cahier. 1859-60. Mémoires divers.

— 12me cahier. 1861. Id.

— 13me cahier. 1863. Id.

COURS D'HISTOIRE NATURELLE. *Paris*, 1856 [illegible]

— — *Paris*. 1859 [illegible]

— — *Paris*, 1860 [illegible]

HISTOIRE NATUR. DES PUNAISES DE FRANCE. — SCUTELLÉRIDES. [illegible]

— PENTATOMIDES. [illegible] in-8.

ESSAI D'UNE CLASSIFICATION DES TROCHILIDÉS. [illegible] in-8, av. [illegible]

SOUS PRESSE

HISTOIRE NATURELLE DES COLÉOPTÈRES DE FRANCE. — PALPIGÈRES [illegible]

LYON. — [illegible]

www.ingramcontent.com/pod-product-compliance
Ingram Content Group UK Ltd.
Pitfield, Milton Keynes, MK11 3LW, UK
UKHW012009240726
13965UKWH00001B/253